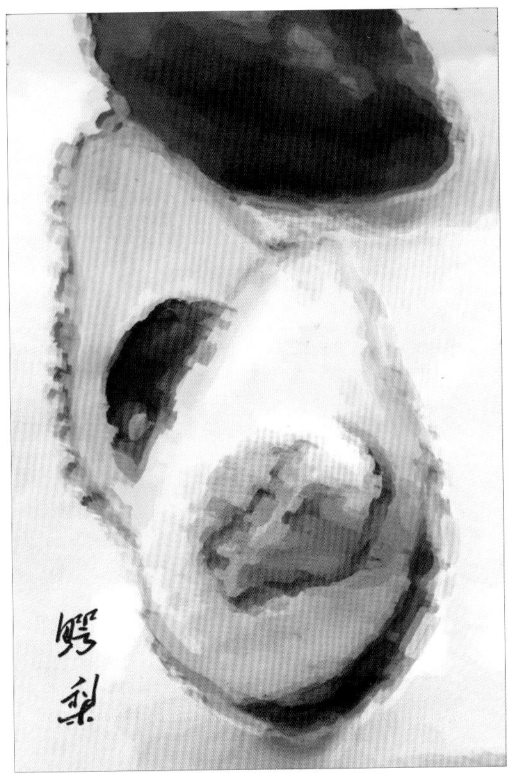

1 2 3 4 5 6

1. 制作水果油画
2. 制作女孩渐变背景
3. 制作家居海报
4. 制作荷花餐具
5. 制作摄影作品展示
6. 制作摄影海报

U0232226

1. 制作汽车广告
2. 制作金属效果
3. 制作手绘变形金刚
4. 制作素描图像效果
5. 制作家居网页
6. 制作婚纱摄影网页
7. 制作火车拼贴
8. 制作照片艺术效果

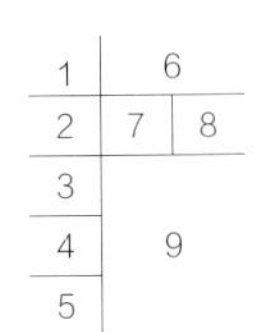

1. 制作美妆宣传单
2. 制作彩色半调人像
3. 制作儿童怀旧照片
4. 制作光晕下的景色
5. 制作眼妆广告
6. 制作蒙版效果
7. 制作素描人物
8. 柔和分离色调效果
9. 变换时尚背景

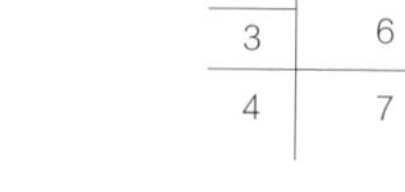

1. 制作混合风景
2. 创建 LOMO 特效动作
3. 制作动感舞者
4. 调整图像色调
5. 清除照片中的涂鸦
6. 制作文字效果
7. 课堂练习

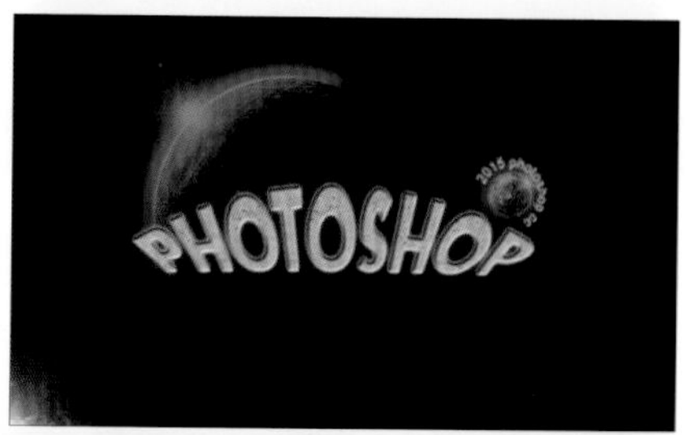

Photoshop CC 图形图像处理标准教程

微课版

互联网 + 数字艺术教育研究院 策划
姜洪侠 张楠楠 主编 刘定一 副主编

人民邮电出版社
北京

图书在版编目（CIP）数据

Photoshop CC图形图像处理标准教程：微课版 / 姜洪侠，张楠楠主编. -- 北京：人民邮电出版社，2016.3（2019.6重印）
ISBN 978-7-115-41779-4

Ⅰ．①P… Ⅱ．①姜… ②张… Ⅲ．①图象处理软件—教材 Ⅳ．①TP391.41

中国版本图书馆CIP数据核字(2016)第031065号

内容提要

本书全面系统地介绍了 Photoshop CC 的基本操作方法和图形图像处理技巧，包括平面设计概述、图像处理基础知识、初识 Photoshop CC、绘制和编辑选区、绘制图像、修饰图像、编辑图像、绘制图形及路径、调整图像的色彩和色调、图层的应用、应用文字、通道与蒙版、滤镜效果、动作的应用、商业实训案例等内容。

本书将案例融入软件功能的介绍过程中，力求通过课堂案例演练，使学生快速掌握软件的应用技巧；在学习了基础知识和基本操作后，通过课后习题实践，拓展学生的实际应用能力。在本书的最后一章，精心安排了专业设计公司的几个精彩实例，力求通过这些实例的制作，提高学生的艺术设计创意能力。

本书适合 Photoshop 初学者使用，也可作为高等院校相关专业 Photoshop 课程的教材。

◆ 主　　编　姜洪侠　张楠楠
副 主 编　刘定一
责任编辑　邹文波
执行编辑　税梦玲
责任印制　彭志环

◆ 人民邮电出版社出版发行　　北京市丰台区成寿寺路 11 号
邮编　100164　　电子邮件　315@ptpress.com.cn
网址　http://www.ptpress.com.cn
三河市中晟雅豪印务有限公司印刷

◆ 开本：787×1092　1/16　　彩插：2
印张：21.75　　2016 年 3 月第 1 版
字数：610 千字　　2019 年 6 月河北第 8 次印刷

定价：45.00 元

读者服务热线：(010) 81055256　印装质量热线：(010) 81055316
反盗版热线：(010) 81055315

前言 FOREWORD

编写目的

Photoshop 功能强大、易学易用，深受图形图像处理爱好者和平面设计人员的喜爱。为了让读者能够快速且牢固地掌握 Photoshop 软件，人民邮电出版社充分发挥在线教育方面的技术优势、内容优势、人才优势，潜心研究，为读者提供一种“纸质图书+在线课程”相配套，全方位学习 Photoshop 软件的解决方案。读者可根据个人需求，利用图书和“微课云课堂”平台上的在线课程进行碎片化、移动化的学习，以便快速全面地掌握 Photoshop 软件以及与之相关联的其他软件。

平台支撑

“微课云课堂”目前包含近 50 000 个微课视频，在资源展现上分为“微课云”“云课堂”两种形式。“微课云”是该平台中所有微课的集中展示区，用户可随需选择；“云课堂”是在现有微课云的基础上，为用户组建的推荐课程群，用户可以在“云课堂”中按推荐的课程进行系统化学习，或者将“微课云”中的内容进行自由组合，定制符合自己需求的课程。

✧ “微课云课堂”主要特点

微课资源海量，持续不断更新：“微课云课堂”充分利用了出版社在信息技术领域的优势，以人民邮电出版社 60 多年的发展积累为基础，将资源经过分类、整理、加工以及微课化之后提供给用户。

资源精心分类，方便自主学习：“微课云课堂”相当于一个庞大的微课视频资源库，按照门类进行一级和二级分类，以及难度等级分类，不同专业、不同层次的用户均可以在平台中搜索自己需要或者感兴趣的内容资源。

多终端自适应，碎片化移动化：绝大部分微课时长不超过十分钟，可以满足读者碎片化学习的需要；平台支持多终端自适应显示，除了在 PC 端使用外，用户还可以在移动端随心所欲地进行学习。

FOREWORD

✧ **“微课云课堂”使用方法**

扫描封面上的二维码或者直接登录“微课云课堂”(www.ryweike.com)→用手机号码注册→在用户中心输入本书激活码(6967905f)，将本书包含的微课资源添加到个人账户，获取永久在线观看本课程微课视频的权限。

此外，购买本书的读者还将获得一年期价值168元VIP会员资格，可免费学习50 000个微课视频。

内容特点

本书章节内容按照“课堂案例—软件功能解析—课堂练习—课后习题”这一思路进行编排，且在本书最后一章设置了专业设计公司的3个精彩实例，以帮助读者综合应用所学知识。

课堂案例：通过精心挑选的课堂案例中的操作，读者能快速熟悉软件的基本操作和设计基本思路。

软件功能解析：在对软件的基本操作有一定了解之后，再通过对软件具体功能的详细解析，读者可深入掌握该功能。

课堂练习和课后习题：为帮助读者巩固所学知识，本书设置了课堂练习这一环节；同时为了拓展读者的实际应用能力，设置了难度略为提升的课后习题。

资源下载

为方便读者线下学习或教师教学，本书提供书中所有案例的微课视频、基本素材和效果文件，以及教学大纲、PPT课件、教学教案等资料，用户请登录微课云课堂网站并激活本课程，进入下图所示界面，单击“下载地址”进行下载。

致　　谢

本书由互联网+数字艺术教育研究院策划，由姜洪侠、张楠楠任主编，由刘定一任副主编，杨斐完成了第7章和第8章的编写工作，在此对杨斐表示感谢。另外，相关专业制作公司的设计师为本书提供了很多精彩的商业案例，也在此表示感谢。

编　者

2015年10月

目录 CONTENTS

CONTENTS

CONTENTS

CONTENTS

CONTENTS

CONTENTS

Chapter

1

第1章 平面设计概述

本章主要介绍平面设计的基础知识，其中包括平面设计的概念、平面设计的基本要素、平面设计的工作流程、平面设计的常见任务和常用尺寸、平面设计的应用软件等内容。作为一个平面设计师只有对平面设计的基础知识进行全面的了解和掌握，才能更好地完成平面设计的创意和设计制作任务。

课堂学习目标

- 了解平面设计的概念和基本要素
- 了解平面设计的工作流程和常见任务
- 掌握平面设计的常用尺寸和应用软件

1.1 平面设计的概念

1922 年，美国人威廉・阿迪逊・德威金斯最早提出和使用了“平面设计（Graphic design）”一词。20 世纪 70 年代，设计艺术得到了充分的发展，“平面设计”成为国际设计界认可的术语。

平面设计是一个包含经济学、信息学、心理学和设计学等领域的创造性视觉艺术学科。它通过二维空间进行表现，通过图形、文字、色彩等元素的编排和设计来进行视觉沟通和信息传达。平面设计的形式表现和媒介使用主要是印刷或平面的。平面设计师可以利用专业知识和技术来完成创作计划。

1.2 平面设计的基本要素

平面设计作品的基本要素主要包括图形、文字及色彩。这 3 个要素组成了一组完整的平面设计作品。每个要素在平面设计作品中都起到了举足轻重的作用，3 个要素之间的相互影响和各种不同变化都会使平面设计作品产生更加丰富的视觉效果。

1.2.1 图形

通常，人们在阅读一则平面设计作品的时候，首先注意到的是图片，其次是标题，最后才是正文。如果说标题和正文作为符号化的文字受地域和语言背景限制，那么图形信息的传递则不受国家、民族、种族语言的限制，它是一种通行于世界的语言，具有广泛的传播性。因此，图形创意策划的选择直接关系到平面设计作品的成败。图形的设计也是整个设计内容最直观的体现，最大限度地表现了作品的主题和内涵，效果如图 1-1 所示。

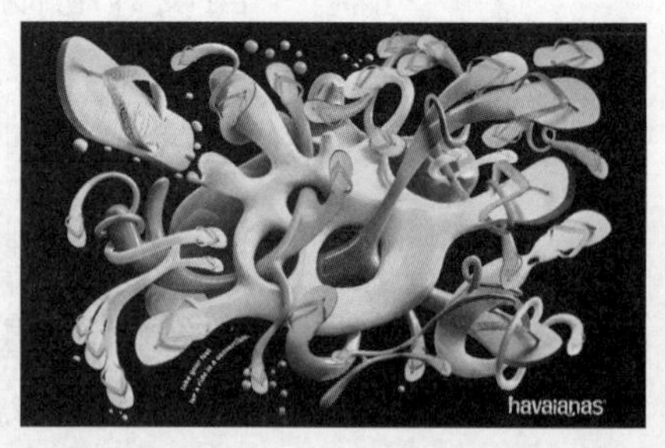

图 1-1

1.2.2 文字

文字是最基本的信息传递符号。在平面设计工作中，相对于图形而言，文字的设计安排也占有相当重要的地位，是体现内容传播功能最直接的形式。在平面设计作品中，文字的字体造型和构图编排恰当与否都直接影响到作品的诉求效果和视觉表现力，效果如图 1-2 所示。

1.2.3 色彩

平面设计作品给人的整体感受取决于作品画面的整体色彩。色彩作为平面设计组成的重要因素之一，色彩的色调与搭配受宣传主题、企业形象、推广地域等因素的共同影响。因此，在平面设计中要考虑消费者对颜色的一些固定心理感受以及相关的地域文化，效果如图 1-3 所示。

图 1-2

图 1-3

1.3 平面设计的工作流程

平面设计的工作流程是一个有明确目标、有正确理念、有负责态度、有周密计划、有清晰步骤、有具体方法的工作过程，好的设计作品都是在完美的工作流程中产生的。

1.3.1 客户交流

客户提出设计项目的构想和工作要求，并提供项目相关文本和图片资料，包括公司介绍、项目描述、基本要求等。

1.3.2 调研需求

根据客户提出的设计构想和要求，设计师运用客户的相关文本和图片资料，对客户的设计需求进行分析，并对客户同行业或同类型的设计产品进行市场调研。

1.3.3 样稿讨论

根据已经做好的分析和调研，设计师组织设计团队，依据创意构想设计出项目的创意草稿并制作出样稿。拜访客户，双方就设计的草稿内容，进行沟通讨论；就双方的设想，根据需要补充相关资料，达成设计构想上的共识。

1.3.4 签订协议

就设计草稿达成共识后，双方确认设计的具体细节、设计报价和完成时间，并签订《设计协议书》，客户支付项目预付款，设计工作正式展开。

1.3.5 提案讨论

设计师团队根据前期的市场调研和客户需求，结合双方草稿讨论的意见，开始设计方案的策划、设计和制作工作。设计师一般要完成三个设计方案，提交给客户选择；并与客户开会讨论提案，客户根据提案作品，提出修改建议。

1.3.6 修改完善

根据提案会议的讨论内容和修改意见，设计师团队对客户基本满意的方案进行修改调整，进一步完善整体设计，并提交客户进行确认；等客户再次反馈意见后，设计师再次对客户提出的细节修改进行更细致的调整，使方案顺利完成。

1.3.7 验收项目

在设计项目完成后，和客户一起对完成的设计项目进行验收，并由客户在设计合格确认书上签字。客户按协议书规定支付项目设计余款，设计方将项目制作文件提交客户，整个项目执行完成。

1.3.8 后期制作

在设计项目完成后，客户可能需要设计方进行设计项目的印刷包装等后期制作工作。如果设计方承接了后期制作工作，就需要和客户签订详细的后期制作合同，并执行好后期的制作工作，给客户提供满意的印刷和包装成品。

1.4 平面设计的常见任务

目前常见的平面设计项目，可以归纳为七大类：广告设计、书籍设计、刊物设计、包装设计、网页设计、标志设计、VI 设计。

1.4.1 广告设计

现代社会中，信息传递的速度日益加快，传播方式多种多样。广告凭借着各种信息传递媒介充满了人们日常生活的方方面面，已成为社会生活中不可缺少的一部分。与此同时，广告艺术也凭借着异彩纷呈的表现形式、丰富多彩的内容信息及快捷便利的传播条件，强有力地冲击着我们的视听神经。

广告的英语译文为 Advertisement，最早从拉丁文 Adverture 演化而来，其含义是“吸引人注意”。通俗意义上讲，广告即广而告之。不仅如此，广告还同时包含两方面的含义：从广义上讲是指向公众通知某一件事并最终达到广而告之的目的；从狭义上讲，广告主要指营利性的广告，即广告主为了某种特定的需要，通过一定形式的媒介，耗费一定的费用，公开而广泛地向公众传递某种信息并最终从中获利的宣传手段。

广告设计是指通过图像、文字、色彩、版面、图形等视觉元素，结合广告媒体的使用特征构成的艺术表现形式，是为了实现传达广告目的和意图的艺术创意设计。

平面广告的类别主要包括有 DM 直邮广告、POP 广告、杂志广告、报纸广告、招贴广告、网络广告和户外广告等。广告设计的效果如图 1-4 所示。

图 1-4

1.4.2 书籍设计

书籍是人类思想交流、知识传播、经验宣传、文化积累的重要依托，承载着古今中外的智慧结晶。书籍设计的艺术领域更是丰富多彩。

书籍设计（Book Design）又称书籍装帧设计，是指书籍的整体策划及造型设计。策划和设计过程包含了印前、印中、印后对书的形态与传达效果的分析。书籍设计的内容很多，包括开本、封面、扉页、字体、版面、插图、护封、纸张、印刷、装订和材料的艺术设计，属于平面设计范畴。

关于书籍的分类，有许多种方法，标准不同，分类也就不同。一般而言，我们按书籍的内容涉及的范围来分类，可分为文学艺术类、少儿动漫类、生活休闲类、人文科学类、科学技术类、经营管理类、医疗教育类等。书籍设计的效果如图 1-5 所示。

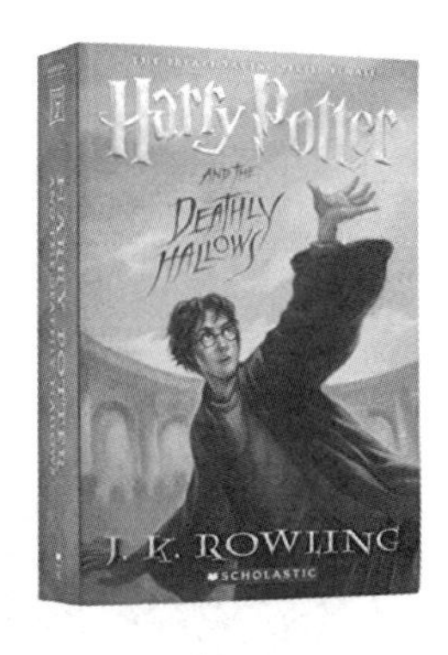

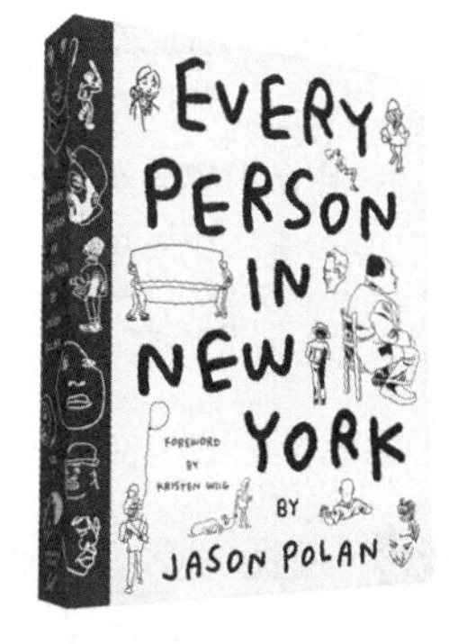

图 1-5

1.4.3 刊物设计

作为定期出版物，刊物是指经过装订、带有封面的期刊，同时刊物也是大众类印刷媒体之一。这种媒体形式最早出现在德国，但在当时，期刊与报纸并无太大区别，随着科技发展和生活水平的不断提高，期刊开始与报纸越来越不一样，其内容也越偏重专题、质量、深度，而非时效性。

期刊的读者群体有其特定性和固定性，所以，期刊媒体对特定的人群更具有针对性，例如进行专业性较强的行业信息交流。正是由于这种特点，期刊内容的传播效率相对比较精准。同时，由于期刊大多为月刊和半月刊，注重内容质量的打造，因此比报纸的保存时间要长很多。

在设计期刊时所依据的规格主要是参照其样本和开本进行版面划分，设计的艺术风格、设计元素和设计色彩都要和刊物本身的定位相呼应。由于期刊一般会选用质量较好的纸张进行印刷，因此图片印刷质量高、细腻光滑，画面图像的印刷工艺精美、还原效果好、视觉形象清晰。

期刊类媒体分为消费者期刊、专业性期刊、行业性期刊等不同类别，具体包括财经期刊、IT 期刊、动漫期刊、家居期刊、健康期刊、教育期刊、旅游期刊、美食期刊、汽车期刊、人物期刊、时尚期刊、数码期刊等。刊物设计的效果如图 1-6 所示。

图 1-6

1.4.4 包装设计

包装设计是艺术设计与科学技术相结合的设计，是技术、艺术、设计、材料、经济、管理、心理、市场等多功能综合要素的体现，是多学科融会贯通的一门综合学科。

包装设计的广义概念是指包装的整体策划工程，主要内容包括包装方法的设计、包装材料的设计、视觉传达设计、包装机械的设计与应用、包装试验、包装成本的设计及包装的管理等。

包装设计的狭义概念是指选用适合商品的包装材料，运用巧妙的制造工艺手段，为商品进行的容器结构功能化设计和形象化视觉造型设计，使之利于整合容纳、保护产品、方便储运、优化形象、传达属性和销售。

包装设计按商品内容分类，可以分为日用品包装、食品包装、烟酒包装、化妆品包装、医药包装、文体包装、工艺品包装、化学品包装、五金家电包装、纺织品包装、儿童玩具包装、土特产包装等。包装设计的效果如图 1-7 所示。

图 1-7

1.4.5 网页设计

网页设计是指根据网站所要表达的主旨，将网站信息进行整合归纳后进行的版面编排和美化设计。通过网页设计，让网页信息更有条理，页面更具有美感，从而提高网页的信息传达和阅读效率。网页设计者要掌握平面设计的基础理论和设计技巧，熟悉网页配色、网站风格、网页制作技术等网页设计知识，创造出符合项目设计需求的艺术化和人性化的网页。

根据网页的不同属性，可将网页分为商业性网页、综合性网页、娱乐性网页、文化性网页、行业性网页、区域性网页等类型。网页设计的效果如图 1-8 所示。

图 1-8

1.4.6 标志设计

标志是具有象征意义的视觉符号。它借助图形和文字的巧妙设计组合，艺术地传递出某种信息，表达某种特殊的含义。标志设计是指将具体的事物和抽象的精神通过特定的图形和符号固定下来，使人们在看到标志设计的同时，自然地产生联想，从而对企业产生认同。对于一个企业而言，标志渗透到了企业运营的各个环节，例如日常经营活动、广告宣传、对外交流、文化建设等。作为企业的无形资产，它的价值随同企业的增值不断累积。

标志按功能分类，可以分为政府标志、机构标志、城市标志、商业标志、纪念标志、文化标志、环境标志、交通标志等。标志设计的效果如图 1-9 所示。

图 1-9

1.4.7 VI 设计

VI（Visual Identity）即企业视觉识别，指以建立企业的理念识别为基础，将企业理念、企业使命、企业价值观经营概念变为静态的具体识别符号，并进行具体化、视觉化的传播。企业视觉识别是具体指通过各种媒体将企业形象广告、标志、产品包装等有计划地传递给社会公众，树立企业整体统一的识别形象。

VI 是 CI 中项目最多、层面最广、效果最直接的向社会传递信息的部分，最具有传播力和感染力，也最容易被公众所接受，短期内获得的影响也最明显。社会公众可以一目了然地掌握企业的信息，产生认同感，进而达到企业识别的目的。成功的 VI 设计能使企业及产品在市场中获得较强的竞争力。

VI 视觉识别主要由两大部分组成，即基础识别部分和应用识别部分。其中，基础识别部分主要包括企业标志设计、标准字体与印刷专用字体设计、色彩系统设计、辅助图形、品牌角色（吉祥物）等；应用识别部分包括办公系统、标识系统、广告系统、旗帜系统、服饰系统、交通系列、展示系统等。VI 设计效果如图 1-10 所示。

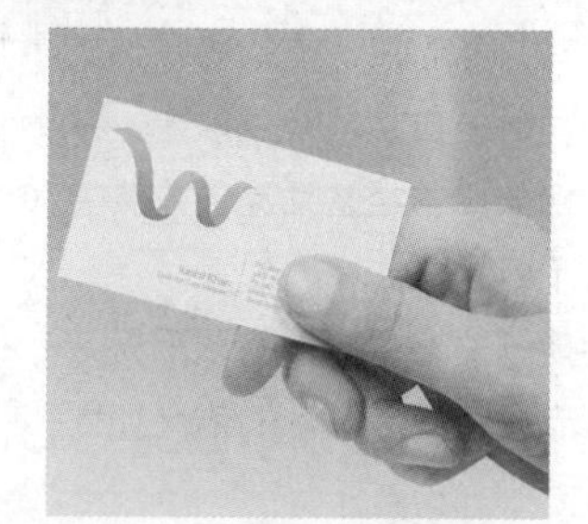

图 1-10

1.5 平面设计的常用尺寸

在设计制作平面设计作品之前，平面设计师一定要了解并掌握印刷常用纸张开数和常见开本尺寸，还要熟悉常用的平面设计作品尺寸。下面通过表 5-1~表 5-4 来介绍相关内容。

表 5-1　印刷常用纸张开数

正度纸张：787mm×1092mm		大度纸张：889mm×1194mm	
开数（正）	尺寸单位（mm）	开数（大）	尺寸单位（mm）
全开	781×1086	全开	844×1162
2 开	530×760	2 开	581×844
3 开	362×781	3 开	387×844
4 开	390×543	4 开	422×581

续表

正度纸张：787mm × 1092mm		大度纸张：889mm × 1194mm	
开数（正）	尺寸单位（mm）	开数（大）	尺寸单位（mm）
6 开	362 × 390	6 开	387 × 422
8 开	271 × 390	8 开	290 × 422
16 开	195 × 271	16 开	211 × 290
32 开	135 × 195	32 开	211 × 145
64 开	97 × 135	64 开	105 × 145

表 5-2 印刷常见开本尺寸

正度开本：787mm × 1092mm		大度开本：889mm × 1194mm	
开数（正）	尺寸单位（mm）	开数（大）	尺寸单位（mm）
2 开	520 × 740	2 开	570 × 840
4 开	370 × 520	4 开	420 × 570
8 开	260 × 370	8 开	285 × 420
16 开	185 × 260	16 开	210 × 285
32 开	185 × 130	32 开	220 × 142
64 开	92 × 130	64 开	110 × 142

表 5-3 名片设计的常用尺寸

类别	方角（mm）	圆角（mm）
横版	90 × 55	85 × 54
竖版	50 × 90	54 × 85
方版	90 × 90	90 × 95

表 5-4 其他常用的设计尺寸

类别	标准尺寸（mm）	4 开（mm）	8 开（mm）	16 开（mm）
招贴画	540 × 380			
普通宣传册				210 × 285
三折页广告				210 × 285
手提袋	400 × 285 × 80			
文件封套	220 × 305			
信纸、便条	185 × 260			210 × 285
挂旗		540 × 380	376 × 265	
IC 卡	85 × 54			

1.6 平面设计的应用软件

目前在平面设计工作中，经常使用的主流软件有 Photoshop、Illustator 和 InDesign，这 3 款软件每一款都有鲜明的功能特色。要想根据创意制作出完美的平面设计作品，就需要熟练使用这 3 款软件，并能很好地利用不同软件的优势，将其巧妙地结合使用。

1.6.1 Adobe Photoshop

Photoshop 是 Adobe 公司出品的最强大的图像处理软件之一，是集编辑修饰、制作处理、创意编排、图像输入与输出于一体的图形图像处理软件，深受平面设计人员、电脑艺术和摄影爱好者的喜爱。Photoshop 通过软件版本升级，使功能不断完善，已经成为迄今为止世界上最畅销的图像处理软件。Photoshop 软件启动界面如图 1-11 所示。

图 1-11

Photoshop 的主要功能包括绘制和编辑选区、绘制与修饰图像、绘制图形及路径、调整图像的色彩和色调、图层的应用、文字的使用、通道和蒙版的使用、滤镜及动作的应用。这些功能可以全面地辅助平面设计作品的创作。

Photoshop 适合完成的平面设计任务有图像抠像、图像调色、图像特效、文字特效、插图设计等。

1.6.2 Adobe Illustrator

Illustrator 是 Adobe 公司推出的专业矢量绘图工具，是出版、多媒体和在线图像的工业标准矢量插画软件。Adobe Illustrator 的应用人群主要包括印刷出版线稿的设计者和专业插画家、多媒体图像的艺术家和网页或在线内容的制作者。Illustrator 软件启动界面如图 1-12 所示。

图 1-12

Illustrator 的主要功能包括图形的绘制和编辑、路径的绘制与编辑、图像对象的组织、颜色填充与描边编辑、文本的编辑、图表的编辑、图层和蒙版的使用、使用混合与封套效果、滤镜效果的使用、样式外观与效果的使用。这些功能可以全面地辅助平面设计作品的创作。

Illustrator 适合完成的平面设计任务包括插图设计、标志设计、字体设计、图表设计、单页设计排版、折页设计排版等。

1.6.3 Adobe InDesign

InDesign 是由 Adobe 公司开发的专业排版设计软件，是专业出版方案的新平台。它功能强大、易学易用，能够使读者通过内置的创意工具和精确的排版控制为打印或数字出版物设计出极具吸引力的页面版式，深受版式编排人员和平面设计师的喜爱，已经成为图文排版领域最流行的软件之一。InDesign 软件启动界面如图 1-13 所示。

InDesign 的主要功能包括绘制和编辑图形对象、路径的绘制与编辑、编辑描边与填充、编辑文本、处理图像、版式编排、处理表格与图层、页面编排、编辑书籍和目录。这些功能可以全面地辅助平面设计作品的创意设计与排版制作。

InDesign 适合完成的平面设计任务包括图表设计、单页排版、折页排版、广告设计、报纸设计、杂志设计、书籍设计等。

图 1-13

Photoshop CC

Chapter 2

第 2 章 图像处理基础知识

本章主要介绍 Photoshop CC 图像处理的基础知识，包括位图与矢量图、分辨率、图像色彩模式和文件常用格式等。通过本章的学习，可以快速掌握这些基础知识，更快、更准确地处理图像。

课堂学习目标

- 了解位图、矢量图和分辨率
- 熟悉图像的不同色彩模式
- 熟悉软件常用的文件格式

2.1 位图和矢量图

图像文件可以分为两大类：位图和矢量图。在绘图或处理图像的过程中，这两种类型的图像可以相互交叉使用。

2.1.1 位图

位图图像也叫点阵图像，是由许多单独的小方块组成的，这些小方块称为像素点。每个像素点都有特定的位置和颜色值，位图图像的显示效果与像素点是紧密联系在一起的，不同排列和着色的像素点组合在一起构成了一幅色彩丰富的图像。像素点越多，图像的分辨率越高，相应地，图像文件的数据量也会越大。

一幅位图图像的原始效果如图 2-1 所示。使用放大工具放大后，可以清晰地看到像素的小方块形状与不同的颜色，效果如图 2-2 所示。

图 2-1

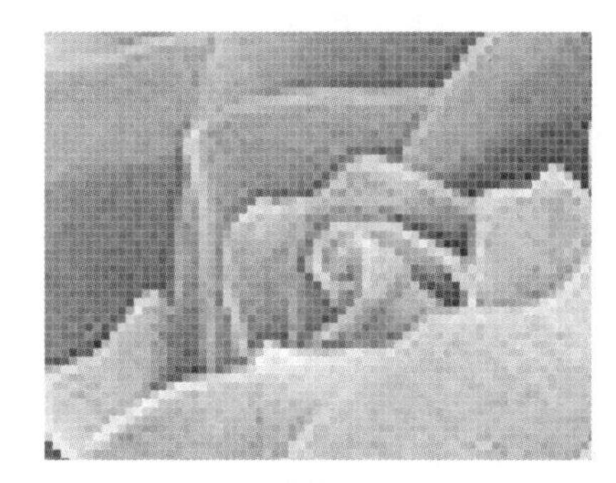

图 2-2

位图与分辨率有关，如果在屏幕上以较大的倍数放大显示图像，或以低于创建时的分辨率打印图像，图像就会出现锯齿状的边缘，并且会丢失细节。

2.1.2 矢量图

矢量图也叫向量图，是一种基于图形的几何特性来描述的图像。矢量图中的各种图形元素称为对象，每一个对象都是独立的个体，都具有大小、颜色、形状和轮廓等属性。

矢量图与分辨率无关，可以将其设置为任意大小，清晰度不会变，也不会出现锯齿状的边缘。在任何分辨率下显示或打印，都不会损失细节。一幅矢量图的原始效果如图 2-3 所示。使用放大工具放大后，其清晰度不变，效果如图 2-4 所示。

图 2-3

图 2-4

矢量图所占的容量较少，但这种图形的缺点是不易制作色调丰富的图像，而且绘制出来的图形无法像位图那样精确地描绘各种绚丽的景象。

2.2 分辨率

分辨率是用于描述图像文件信息的术语。分辨率分为图像分辨率、屏幕分辨率和输出分辨率。下面将分别进行讲解。

2.2.1 图像分辨率

在 Photoshop CC 中，图像中每单位长度上的像素数目称为图像的分辨率，其单位为像素/英寸或是像素/厘米。

在相同尺寸的两幅图像中，高分辨率的图像包含的像素比低分辨率的图像包含的像素多。例如，一幅尺寸为 1 英寸 × 1 英寸的图像，其分辨率为 72 像素/英寸，这幅图像包含 5184 个像素（72 × 72 = 5184）。同样尺寸，分辨率为 300 像素/英寸的图像包含 90000 个像素。相同尺寸下，分辨率为 72 像素/英寸的图像效果如图 2-5 所示；分辨率为 10 像素/英寸的图像效果如图 2-6 所示。由此可见，在相同尺寸下，高分辨率的图像更能清晰地表现图像内容。注：1 英寸=2.54 厘米。

图 2-5

图 2-6

提示

如果一幅图像所包含的像素是固定的，那么增加图像尺寸后会降低图像的分辨率。

2.2.2 屏幕分辨率

屏幕分辨率是显示器上每单位长度显示的像素数目。屏幕分辨率取决于显示器大小及其像素设置。PC 显示器的分辨率一般约为 96 像素/英寸，Mac 显示器的分辨率一般约为 72 像素/英寸。在 Photoshop CC 中，图像像素被直接转换成显示器像素，当图像分辨率高于显示器分辨率时，屏幕中显示的图像比实际尺寸大。

2.2.3 输出分辨率

输出分辨率是照排机或打印机等输出设备产生的每英寸的油墨点数（dpi）。打印机的分辨率在 720 dpi 以上的可以使图像获得比较好的效果。

2.3 图像的色彩模式

Photoshop CC 提供了多种色彩模式，这些色彩模式正是作品能够在屏幕和印刷品上成功表现的重要保障。在这些色彩模式中，经常使用到的有 CMYK 模式、RGB 模式、Lab 模式以及 HSB 模式。另外，还有索引模式、灰度模式、位图模式、双色调模式和多通道模式等。这些模式都可以在模式菜单下选取，每种色彩模式都有不同的色域，并且各个模式之间可以转换。下面将介绍主要的色彩模式。

2.3.1 CMYK 模式

CMYK 代表了印刷上用的 4 种油墨颜色：C 代表青色，M 代表洋红色，Y 代表黄色，K 代表黑色。CMYK 颜色控制面板如图 2-7 所示。

CMYK 模式在印刷时应用了色彩学中的减法混合原理，即减色色彩模式，是图片、插图和其他 Photoshop 作品中最常用的一种印刷方式。因为在印刷中通常都要进行四色分色，出四色胶片，然后再进行印刷。

2.3.2 RGB 模式

与 CMYK 模式不同的是，RGB 模式是一种加色模式，通过红、绿、蓝 3 种色光相叠加而形成更多的颜色。RGB 是色光的彩色模式，一幅 24bit 的 RGB 图像有 3 个色彩信息的通道：红色（R）、绿色（G）和蓝色（B）。RGB 颜色控制面板如图 2-8 所示。

每个通道都有 8 bit 的色彩信息，即一个 0 ~ 255 的亮度值色域。也就是说，每一种色彩都有 256 个亮度水平级。3 种色彩相叠加，可以有 256 × 256 × 256=16777216 种可能的颜色。这么多种颜色足以表现出绚丽多彩的世界。

在 Photoshop CC 中编辑图像时，RGB 模式应是最佳的选择。因为它可以提供全屏幕的多达 24 bit 的色彩范围。一些计算机领域的色彩专家称之为“True Color（真彩显示）”。

2.3.3 灰度模式

灰度图又叫 8 bit 深度图。每个像素用 8 个二进制位表示，能产生 2^8（256）级灰色调。当一个彩色文件被转换为灰度模式文件时，所有的颜色信息都将从文件中丢失。尽管 Photoshop CC 允许将一个灰度模式文件转换为彩色模式文件，但不可能将原来的颜色完全还原。所以，当要转换灰度模式时，应先做好图像的备份。

与黑白照片一样，一个灰度模式的图像只有明暗值，没有色相和饱和度这两种颜色信息。0%代表白，100%代表黑。其中的 K 值用于衡量黑色油墨用量，颜色控制面板如图 2-9 所示。

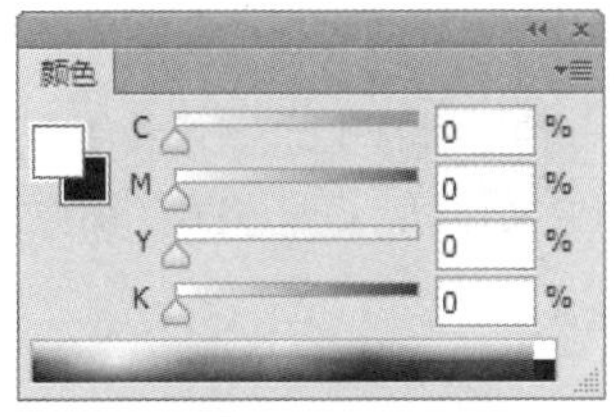

图 2-7

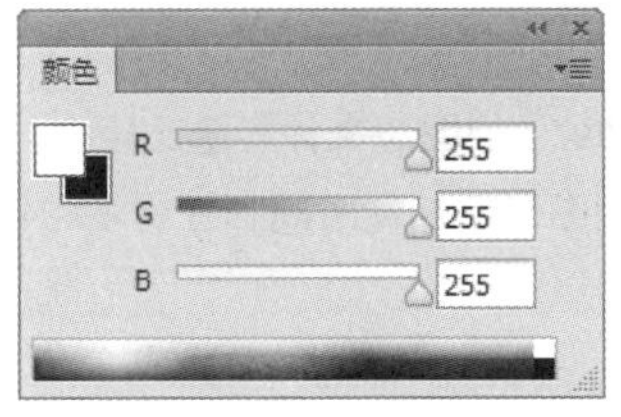

图 2-8

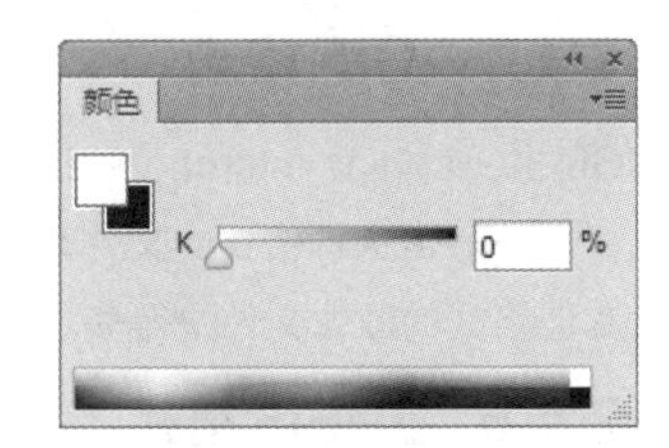

图 2-9

提示

将彩色模式转换为双色调（Duotone）模式或位图（Bitmap）模式时，必须先转换为灰度模式，然后由灰度模式转换为双色调模式或位图模式。

2.4 常用的图像文件格式

当用 Photoshop CC 制作或处理好一幅图像后，就要进行存储。这时，选择一种合适的文件格式就显得十分重要。Photoshop CC 有 20 多种文件格式可供选择。在这些文件格式中，既有 Photoshop CC 的专用格式，也有用于应用程序交换的文件格式，还有一些比较特殊的格式。下面将介绍几种常用的文件格式。

2.4.1 PSD 格式

PSD 格式和 PDD 格式是 Photoshop CC 自身的专用文件格式，能够支持从线图到 CMYK 的所有图像类型，但由于在一些图形处理软件中不能很好地支持，因此其通用性不强。PSD 格式和 PDD 格式能够保存图像数据的细小部分，如图层、附加的遮膜通道等 Photoshop CC 对图像进行特殊处理的信息。在没有最终决定图像存储的格式前，最好先以这两种格式存储。另外，Photoshop CC 打开和存储这两种格式的文件比其他格式更快。但是这两种格式也有缺点，就是它们所存储的图像文件容量大，占用的磁盘空间较多。

2.4.2 TIFF 格式

TIFF 格式是标签图像格式。TIFF 格式对于色彩通道图像来说是最有用的格式，具有很强的可移植性，可以用于 PC、Macintosh 以及 UNIX 工作站 3 大平台，是这 3 大平台上使用最广泛的绘图格式。

使用 TIFF 格式存储时应考虑到文件的大小，因为 TIFF 格式的结构要比其他格式更复杂。但 TIFF 格式支持 24 个通道，能存储多于 4 个通道的文件格式。TIFF 格式还允许使用 Photoshop CC 中的复杂工具和滤镜特效。TIFF 格式非常适合于印刷和输出。

2.4.3 BMP 格式

BMP 是 Windows Bitmap 的缩写，可以用于绝大多数 Windows 下的应用程序。

BMP 格式使用索引色彩，并且可以使用 16MB 色彩渲染图像。BMP 格式能够存储黑白图、灰度图和 16MB 色彩的 RGB 图像等，这种格式的图像具有极为丰富的色彩。此格式一般在多媒体演示、视频输出等情况下使用，但不能在 Macintosh 程序中使用。在存储 BMP 格式的图像文件时，还可以进行无损失压缩，这样能够节省磁盘空间。

2.4.4 GIF 格式

GIF（Graphics Interchange Format）的图像文件容量比较小，形成一种压缩的 8 bit 图像文件。正因为这样，一般用这种格式的文件来缩短图形的加载时间。在网络中传送图像文件时，GIF 格式的图像文件要比其他格式的图像文件快得多。

2.4.5 JPEG 格式

JPEG（Joint Photographic Experts Group）的中文意思为“联合摄影专家组”。JPEG 格式既是 Photoshop CC 支持的一种文件格式，也是一种压缩方案，是 Macintosh 上常用的一种存储类型。JPEG 格式是压缩格式中的“佼佼者”。与 TIFF 文件格式采用的 LIW 无损失压缩相比，JPEG 的压缩比例更大，但 JPEG 使用的有损失压缩会丢失部分数据。用户可以在存储前选择图像的最后质量，控制数据的损失程度。

2.4.6 EPS 格式

EPS（Encapsulated Post Script）格式是 Illustrator CC 和 Photoshop CC 之间可交换的文件格式。Illustrator 软件制作出来的流动曲线、简单图形和专业图像一般都存储为 EPS 格式。Photoshop 可以获取这种格式的文件。在 Photoshop CC 中，也可以把其他图形文件存储为 EPS 格式，在排版类的 PageMaker 和绘图类的 Illustrator 等其他软件中使用。

2.4.7 选择合适的图像文件存储格式

可以根据工作任务的需要选择合适的图像文件存储格式，下面就根据图像的不同用途介绍应该选择的图像文件存储格式。

印刷：TIFF、EPS。

出版物：PDF。

Internet 图像：GIF、JPEG、PNG。

Photoshop CC 工作：PSD、PDD、TIFF。

Chapter 3

第3章 初识 Photoshop CC

本章首先对 Photoshop CC 进行概述，然后介绍 Photoshop CC 的功能特色。通过本章的学习，可以对 Photoshop CC 的多种功能有一个大体的了解，有助于在制作图像的过程中快速地定位，并应用相应的知识点完成图像的制作任务。

课堂学习目标

- 熟练掌握软件的工作界面和基本操作
- 掌握参考线和绘图颜色的设置
- 掌握图层的基本操作方法

Photoshop CC

3.1 工作界面的介绍

3.1.1 菜单栏及其快捷方式

熟悉工作界面是学习 Photoshop CC 的基础。熟练掌握工作界面的内容，有助于初学者日后得心应手地驾驭 Photoshop CC。Photoshop CC 的工作界面主要由菜单栏、属性栏、工具箱、控制面板和状态栏组成，如图 3-1 所示。

图 3-1

菜单栏：菜单栏中共包含 11 个菜单命令。利用菜单命令可以完成编辑图像、调整色彩和添加滤镜效果等操作。

属性栏：属性栏是工具箱中各个工具的功能扩展。通过在属性栏中设置不同的选项，可以快速地完成多样化的操作。

工具箱：工具箱中包含了多个工具。利用不同的工具可以完成对图像的绘制、观察和测量等操作。

控制面板：控制面板是 Photoshop CC 的重要组成部分。通过不同的功能面板，可以完成图像中填充颜色、设置图层和添加样式等操作。

状态栏：状态栏可以提供当前文件的显示比例、文档大小、当前工具和暂存盘大小等提示信息。

1. 菜单分类

Photoshop CC 的菜单栏依次分为："文件"菜单、"编辑"菜单、"图像"菜单、"图层"菜单、"类型"菜单、"选择"菜单、"滤镜"菜单、"3D"菜单、"视图"菜单、"窗口"菜单及"帮助"菜单，如图 3-2 所示。

文件(F) 编辑(E) 图像(I) 图层(L) 类型(Y) 选择(S) 滤镜(T) 3D(D) 视图(V) 窗口(W) 帮助(H)

图 3-2

各菜单功能如下。

"文件"菜单包含了各种文件的操作命令。

"编辑"菜单包含了各种编辑文件的操作命令。

"图像"菜单包含了各种改变图像大小、颜色等的操作命令。

"图层"菜单包含了各种调整图像中图层的操作命令。

"类型"菜单包含了各种对文字的编辑和调整功能。

"选择"菜单包含了各种关于选区的操作命令。

"滤镜"菜单包含了各种添加滤镜效果的操作命令。

"3D"菜单包含了各种创建 3D 模型、控制框架和编辑光线的操作命令。

"视图"菜单包含了各种对视图进行设置的操作命令。

"窗口"菜单包含了各种显示或隐藏控制面板的操作命令。

"帮助"菜单提供了各种帮助信息。

2. 菜单命令的不同状态

子菜单命令：有些菜单命令中包含了更多相关的菜单命令，包含子菜单的菜单命令右侧会显示黑色的三角形▶，单击带有三角形的菜单命令，就会显示出子菜单，如图 3-3 所示。

不可执行的菜单命令：当菜单命令不符合运行的条件时，就会显示为灰色，即不可执行状态。例如，在 CMYK 模式下，滤镜菜单中的部分菜单命令将变为灰色，不能使用。

可弹出对话框的菜单命令：当菜单命令后面显示有省略号"…"时（如图 3-4 所示），表示单击此菜单能够弹出相应的对话框，可以在对话框中进行设置。

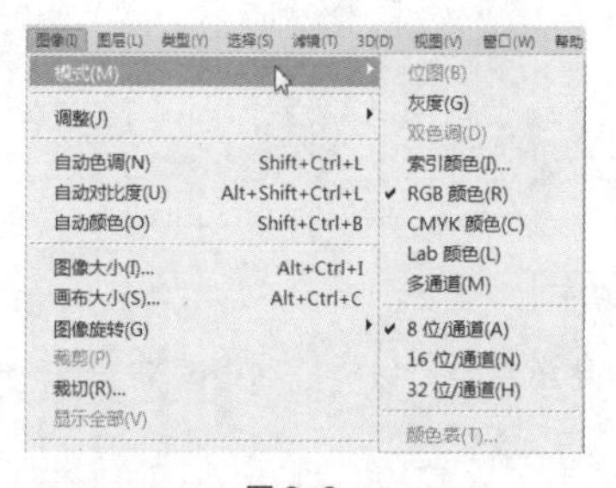

图 3-3

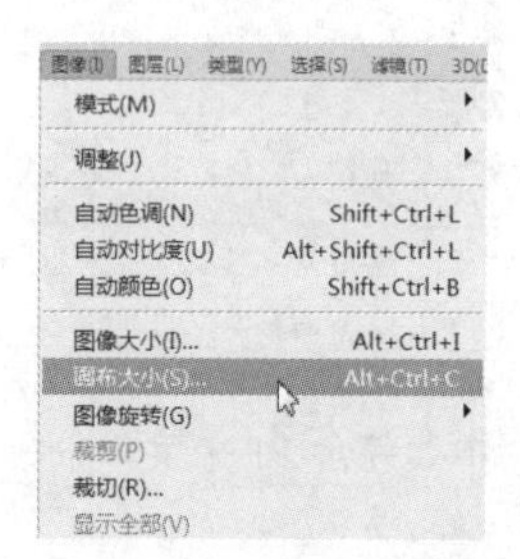

图 3-4

3. 显示或隐藏菜单命令

可以根据操作需要隐藏或显示指定的菜单命令。不经常使用的菜单命令可以暂时隐藏。选择"窗口 > 工作区 > 键盘快捷键和菜单"命令，弹出"键盘快捷键和菜单"对话框，如图 3-5 所示。

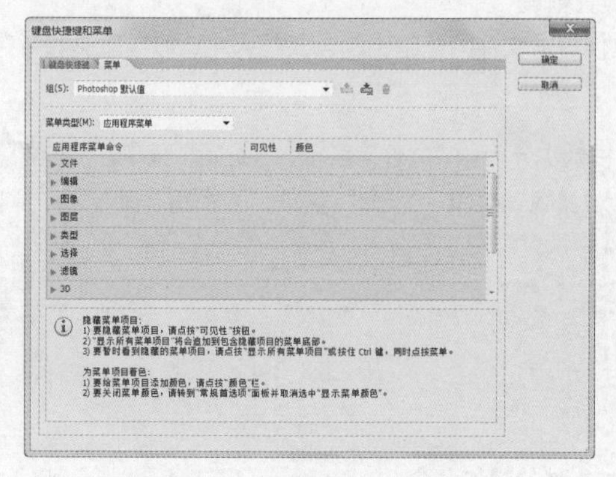

图 3-5

单击“应用程序菜单命令”栏中命令左侧的三角形按钮▶，将展开详细的菜单命令，如图 3-6 所示。单击“可见性”选项下方的眼睛图标👁，将其相对应的菜单命令隐藏，如图 3-7 所示。

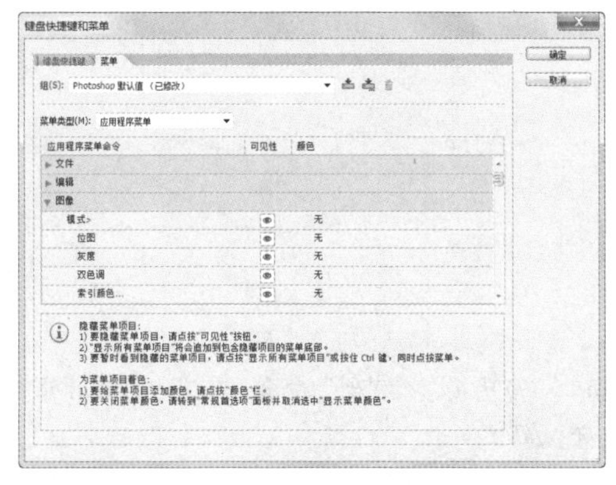

图 3-6

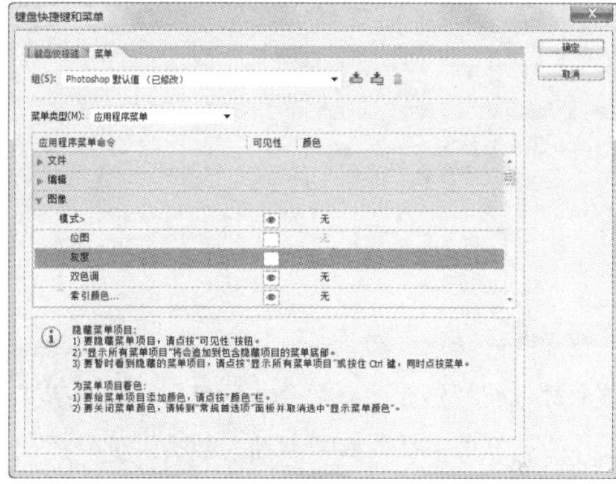

图 3-7

设置完成后，单击“存储对当前菜单组的所有更改”按钮，保存当前的设置。也可单击“根据当前菜单组创建一个新组”按钮，将当前的修改创建为一个新组。隐藏应用程序菜单命令前后的菜单效果如图 3-8 和图 3-9 所示。

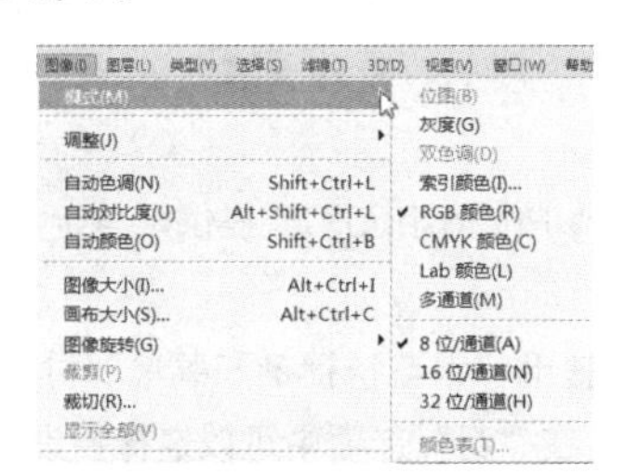

图 3-8

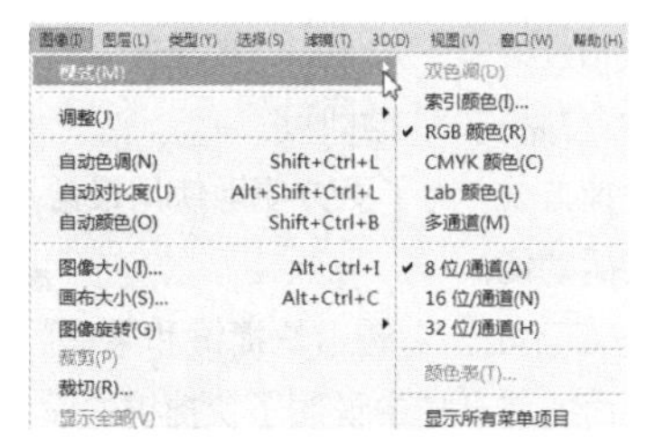

图 3-9

4．突出显示菜单命令

为了突出显示需要的菜单命令，可以为其设置颜色。选择“窗口 > 工作区 > 键盘快捷键和菜单”命令，弹出“键盘快捷键和菜单”对话框，在要突出显示的菜单命令后面单击“无”下拉按钮，在弹出的下拉列表中可以选择需要的颜色标注命令，如图 3-10 所示。可以为不同的菜单命令设置不同的颜色，如图 3-11 所示。设置好颜色后，菜单命令的效果如图 3-12 所示。

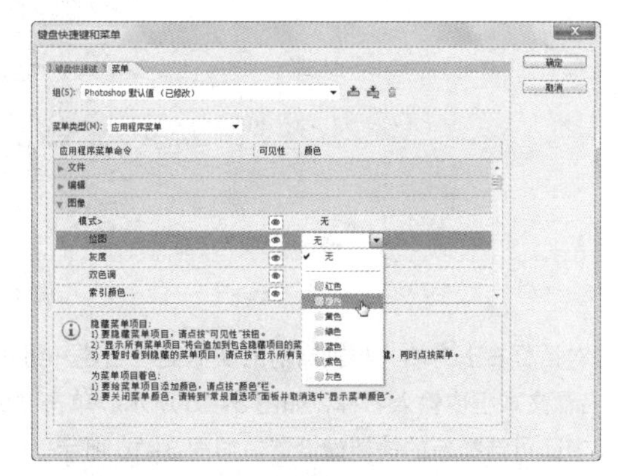

图 3-10

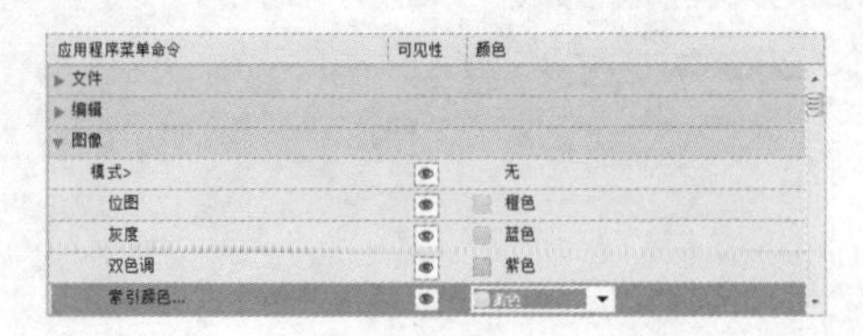

图 3-11

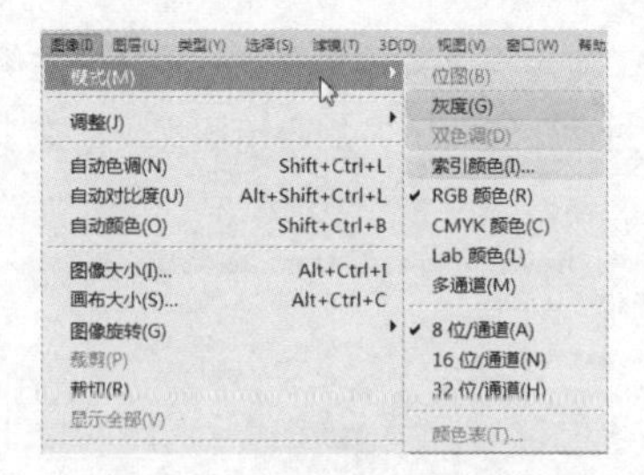

图 3-12

如果要暂时取消显示菜单命令的颜色，可以选择“编辑 > 首选项 > 常规”命令，在弹出的对话框中选择“界面”选项，然后取消勾选“显示菜单颜色”复选框即可。

5. 键盘快捷方式

使用键盘快捷方式：当要选择命令时，可以使用菜单命令旁标注的快捷键。例如，要选择“文件 > 打开”命令，直接按 Ctrl+O 组合键即可。

按住 Alt 键的同时，单击菜单栏中文字后面带括号的字母，可以打开相应的菜单，再按菜单命令中带括号的字母即可执行相应的命令。例如，要选择“选择”命令，按 Alt+S 组合键即可弹出菜单，要想选择中的“色彩范围”命令，再按 C 键即可。

自定义键盘快捷方式：为了更方便地使用最常用的命令，Photoshop CC 提供了自定义键盘快捷方式和保存键盘快捷方式的功能。

选择“窗口 > 工作区 > 键盘快捷键和菜单”命令，弹出“键盘快捷键和菜单”对话框，如图 3-13 所示。在对话框下面的信息栏中说明了快捷键的设置方法，在“组”选项中可以选择要设置快捷键的组合，在“快捷键用于”选项中可以选择需要设置快捷键的菜单或工具，在下面的选项窗口中选择需要设置的命令或工具进行设置，如图 3-14 所示。

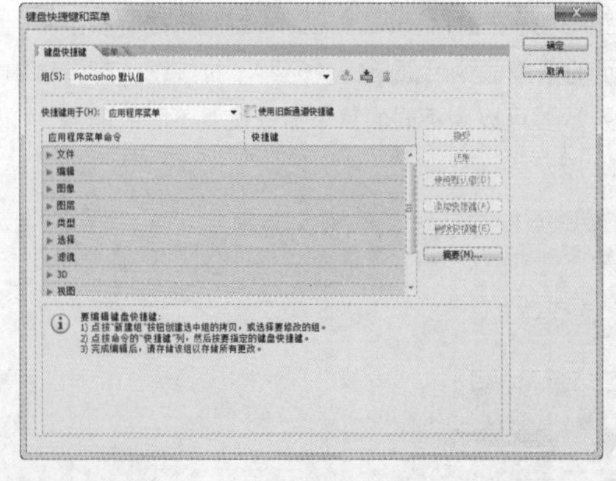

图 3-13

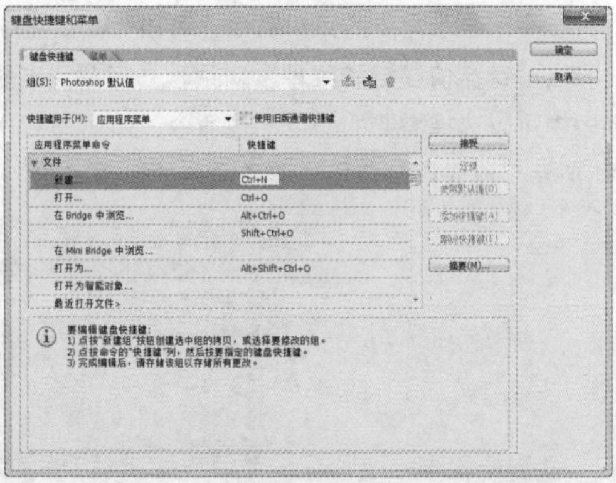

图 3-14

设置新的快捷键后，单击对话框右上方的“根据当前的快捷键组创建一组新的快捷键”按钮，弹出“另存为”对话框，在“文件名”文本框中输入名称，如图 3-15 所示。单击“保存”按钮则存储新的快捷键设置。这时，在“组”选项中即可选择新的快捷键设置，如图 3-16 所示。

图3-15

图3-16

更改快捷键设置后，需要单击“存储对当前快捷键组的所有更改”按钮对设置进行存储，单击“确定”按钮，应用更改的快捷键设置。要将快捷键的设置删除，可以在对话框中单击“删除当前的快捷键组合”按钮，Photoshop CC 会自动还原为默认设置的快捷键。

提示

在为控制面板或应用程序菜单中的命令定义快捷键时，这些快捷键必须包括 Ctrl 键或一个功能键；并且在为工具箱中的工具定义快捷键时，必须使用 A ~ Z 之间的字母。

3.1.2 工具箱

Photoshop CC 的工具箱包括选择工具、绘图工具、填充工具、编辑工具、颜色选择工具、屏幕视图工具和快速蒙版工具等，如图 3-17 所示。想要了解每个工具的具体名称，可以将光标放置在具体工具的上方，此时会出现一个黄色的图标，上面会显示该工具的具体名称，如图 3-18 所示。工具名称后面括号中的字母代表选择此工具的快捷键，只要在键盘上按下该字母键，就可以快速切换到相应的工具上。

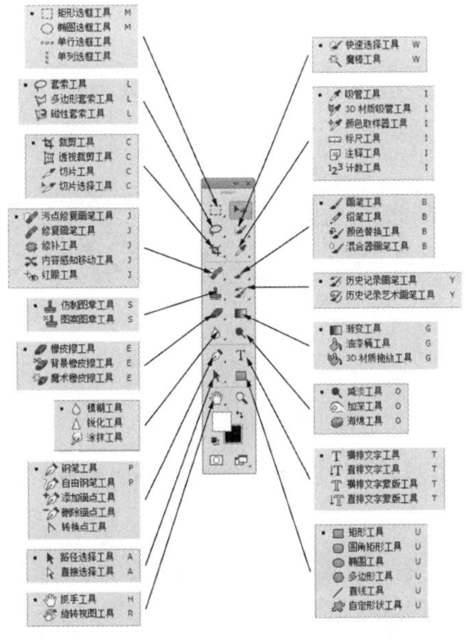

图3-17

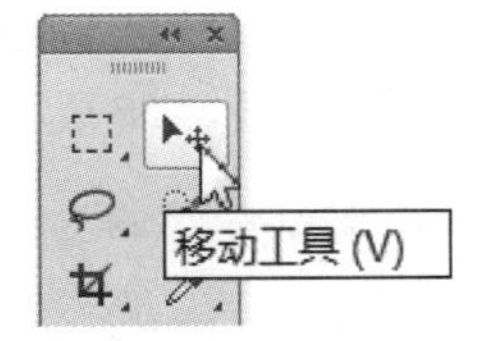

图3-18

切换工具箱的显示状态：Photoshop CC 的工具箱可以根据需要在单栏与双栏之间自由切换。当工具箱显示为双栏时，如图 3-19 所示。单击工具箱上方的双箭头图标，工具箱即可转换为单栏，以节省工作空间，如图 3-20 所示。

图 3-19

图 3-20

显示隐藏工具箱：在工具箱中，部分工具图标的右下方有一个黑色的小三角，该小三角表示在该工具下还有隐藏的工具。用鼠标在工具箱中有小三角的工具图标上单击，并按住鼠标不放，弹出隐藏的工具选项，如图 3-21 所示。将鼠标指针移动到需要的工具图标上，即可选择该工具。

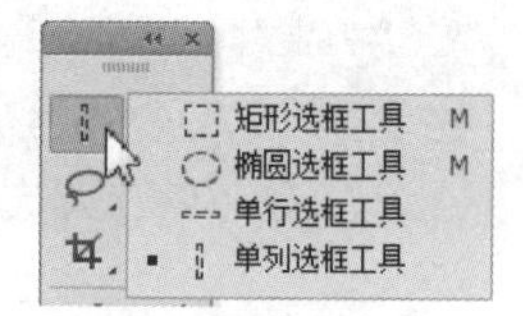

图 3-21

恢复工具箱的默认设置：要想恢复工具默认的设置，可以选择该工具后，在相应的工具属性栏中，用鼠标右键单击工具图标，在弹出的菜单中选择“复位工具”命令，如图 3-22 所示。

图 3-22

鼠标指针的显示状态：当选择工具箱中的工具后，鼠标指针就变为工具图标。例如，选择“裁剪”工具，图像窗口中的鼠标指针也随之显示为裁剪工具的图标，如图 3-23 所示。选择“画笔”工具，鼠标指针显示为画笔工具的对应图标，如图 3-24 所示。按下 Caps Lock 键，鼠标指针转换为精确的十字形图标，如图 3-25 所示。

图 3-23

图 3-24

图 3-25

3.1.3 属性栏

当选择某个工具后，会出现相应的工具属性栏，可以通过属性栏对工具进行进一步的设置。例如，当选择“魔棒”工具时，工作界面的上方会出现相应的魔棒工具属性栏，可以应用属性栏中的各个命令对工具做进一步的设置，如图 3-26 所示。

图 3-26

3.1.4 状态栏

打开一幅图像时，图像的下方会出现该图像的状态栏，如图 3-27 所示。

显示比例区 100% 文档:554.3 K/554.3K 图像信息区

图 3-27

状态栏的左侧显示当前图像缩放显示的百分数。在显示区的文本框中输入数值可改变图像窗口的显示比例。

在状态栏的中间部分显示当前图像的文件信息，单击三角形图标▶，在弹出的菜单中可以选择当前图像的相关信息，如图 3-28 所示。

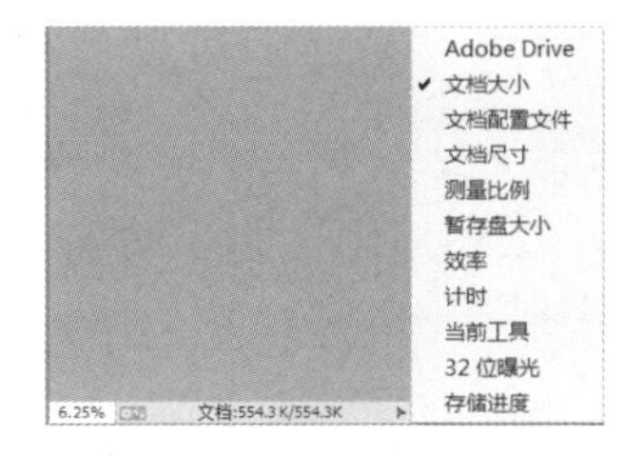

图 3-28

3.1.5 控制面板

控制面板是处理图像时另一个不可或缺的部分。Photoshop CC 界面为用户提供了多个控制面板组。

收缩与展开控制面板：控制面板可以根据需要进行伸缩。面板的展开状态如图 3-29 所示。单击控制面板上方的双箭头图标▸▸，可以将控制面板收缩，如图 3-30 所示。如果要展开某个控制面板，可以直接单击其标签，相应的控制面板会自动弹出，如图 3-31 所示。

拆分控制面板：若需要单独拆分出某个控制面板，则可用鼠标选中该控制面板的选项卡并向工作区拖曳，如图 3-32 所示，选中的控制面板将被单独地拆分出来，如图 3-33 所示。

图 3-29

图 3-30

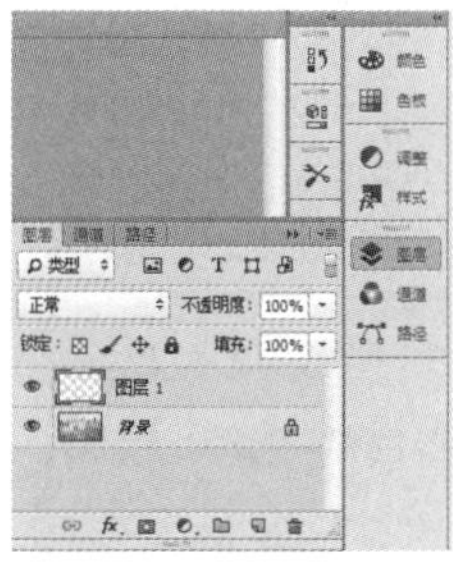

图 3-31

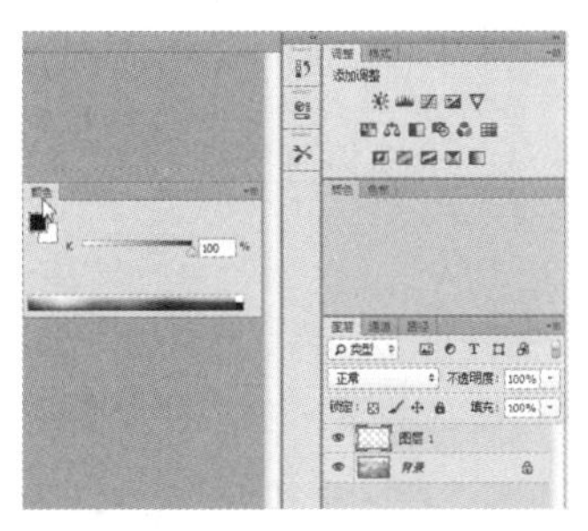

图 3-32

图 3-33

组合控制面板：可以根据需要将两个或多个控制面板组合到一个面板组中，这样可以节省操作的空间。要组合控制面板，可以选中外部控制面板的选项卡，用鼠标将其拖曳到要组合的面板组中，面板组周围出现蓝色的边框，如图 3-34 所示。此时，释放鼠标，控制面板将被组合到面板组中，如图 3-35 所示。

控制面板弹出式菜单：单击控制面板右上方的图标，可以弹出控制面板的相关命令菜单，应用这些菜单可以提高控制面板的功能性，如图 3-36 所示。

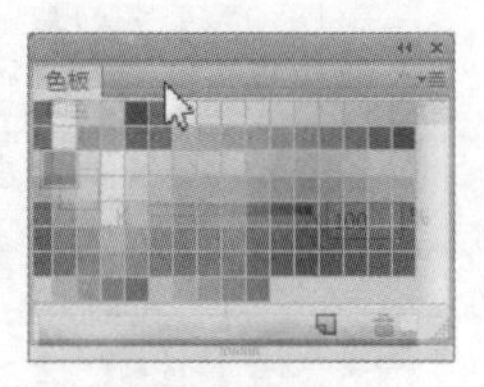

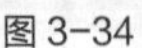
图 3-34

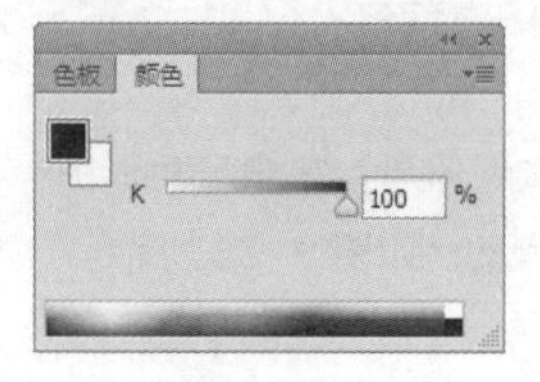

图 3-35

图 3-36

隐藏与显示控制面板：按 Tab 键，可以隐藏工具箱和控制面板；再次按 Tab 键，可以显示出隐藏的部分。按 Shift+Tab 组合键，可以隐藏控制面板；再次按 Shift+Tab 组合键，可以显示出隐藏的部分。

按 F5 键显示或隐藏“画笔”控制面板；按 F6 键显示或隐藏“颜色”控制面板；按 F7 键显示或隐藏“图层”控制面板；按 F8 键显示或隐藏“信息”控制面板。按住 Alt+F9 组合键显示或隐藏“动作”控制面板。

自定义工作区：可以依据操作习惯自定义工作区、存储控制面板及设置工具的排列方式，设计出个性化的 Photoshop CC 界面。

设置完工作区后，选择“窗口 > 工作区 > 新建工作区”命令，弹出“新建工作区”对话框，如图 3-37 所示。输入工作区名称，单击“存储”按钮，即可将自定义的工作区进行存储。

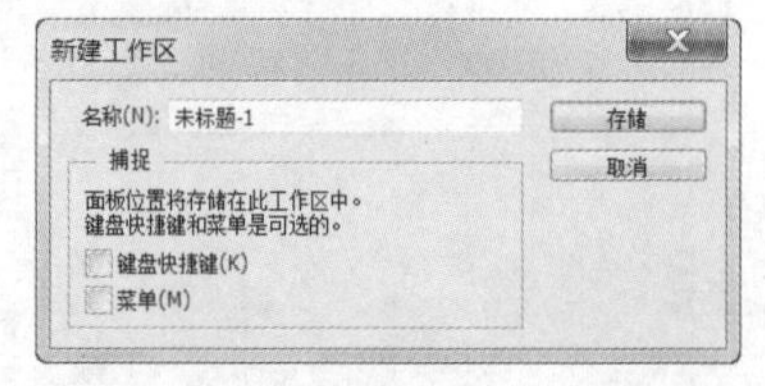

图 3-37

使用自定义工作区时，在“窗口 > 工作区”的子菜单中选择新保存的工作区名称。如果要再恢复使用 Photoshop CC 默认的工作区状态，可以选择“窗口 > 工作区 > 复位基本功能”命令进行恢复。选择“窗口 > 工作区 > 删除工作区”命令，可以删除自定义的工作区。

3.2 文件操作

掌握文件的基本操作方法是开始设计和制作作品所必须的技能。下面将具体介绍 Photoshop CC 软件中的基本操作方法。

3.2.1 新建图像

新建图像是使用 Photoshop CC 进行设计的第一步。如果要在一个空白的图像上绘图，就要在 Photoshop CC 中新建一个图像文件。

选择“文件 > 新建”命令，或按 Ctrl+N 组合键，弹出“新建”对话框，如图 3-38 所示。在对话框中可以设置新建图像的名称、图像的宽度和高度、分辨率和颜色模式等选项，设置完成后单击“确定”按钮，即可完成新建图像，如图 3-39 所示。

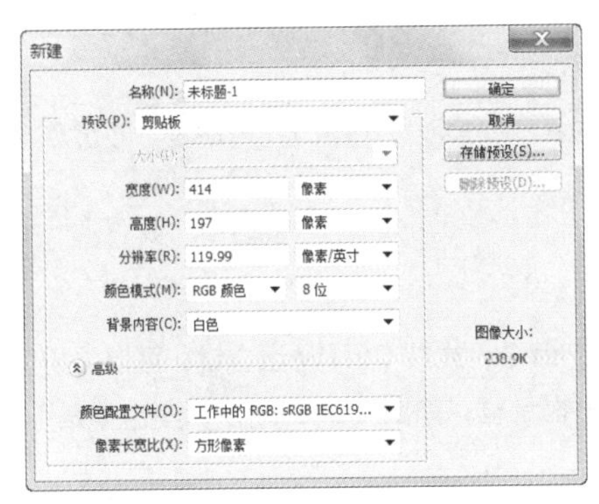

图 3-38

图 3-39

3.2.2 打开图像

如果要对照片或图片进行修改和处理，就要在 Photoshop CC 中打开需要的图像。

选择“文件 > 打开”命令，或按 Ctrl+O 组合键，弹出“打开”对话框，在对话框中搜索路径和文件，确认文件类型和名称，如图 3-40 所示；然后单击“打开”按钮，或直接双击文件，即可打开所指定的图像文件，如图 3-41 所示。

图 3-40

图 3-41

提示

在“打开”对话框中，也可以一次同时打开多个文件，只要在文件列表中将所需的几个文件选中，并单击“打开”按钮即可。在“打开”对话框中选择文件时，按住 Ctrl 键的同时，用鼠标单击，可以选择不连续的多个文件；按住 Shift 键的同时，用鼠标单击，可以选择连续的多个文件。

3.2.3 保存图像

编辑和制作完图像后，就需要将图像进行保存，以便于下次打开继续操作。

选择“文件 > 存储”命令，或按 Ctrl+S 组合键，可以存储文件。当设计好的作品进行第一次存储时，选择“文件 > 存储”命令，将弹出“另存为”对话框，如图 3-42 所示。在对话框中输入文件名、选择文件格式后，单击“保存”按钮，即可将图像保存。

提示

当对已经存储过的图像文件进行各种编辑操作后，选择“存储”命令，将不弹出“另存为”对话框，计算机直接保存最终确认的结果，并覆盖原始文件。

3.2.4 关闭图像

将图像进行存储后，可以将其关闭。选择“文件 > 关闭”命令，或按 Ctrl+W 组合键，可以关闭文件。关闭图像时，若当前文件被修改过或是新建的文件，则会弹出提示框，如图 3-43 所示，单击“是”按钮即可存储并关闭图像。

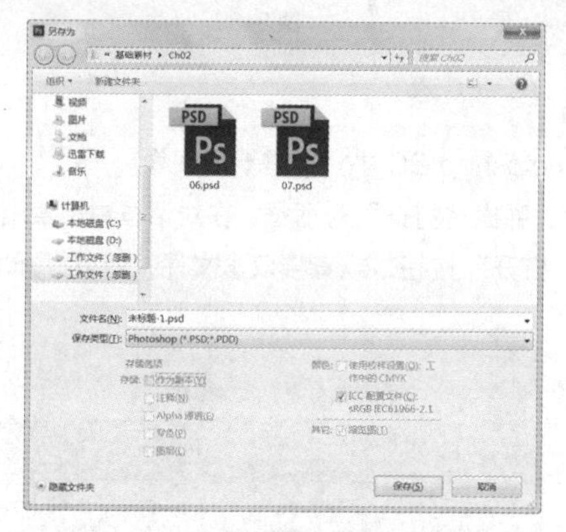

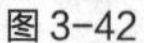

图 3-42

图 3-43

3.3 图像的显示效果

使用 Photoshop CC 编辑和处理图像时，可以通过改变图像的显示比例，以使工作更便捷、高效。

3.3.1 100%显示图像

100%显示图像，如图 3-44 所示。在此状态下可以对文件进行精确编辑。

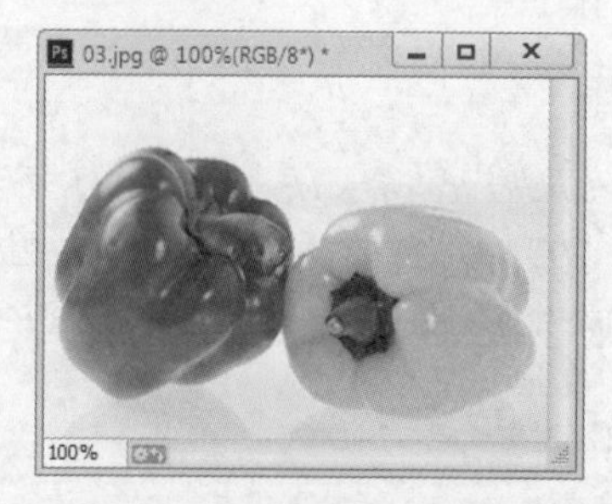

图 3-44

3.3.2 放大显示图像

选择“缩放”工具，图像中指针将变为放大图标，每单击一次鼠标，图像就会放大一倍。当图像以 100%的比例显示时，用鼠标在图像窗口中单击一次，图像则以 200%的比例显示，效果如图 3-45 所示。

当要放大一个指定的区域时，在需要的区域按住鼠标不放，选中的区域会进行放大显示，当放大到需要的大小后松开鼠标，如图 3–46 所示。取消勾选“细微缩放”复选框，可在图像上框选出矩形选区，以将选中的区域放大。

按 Ctrl+ + 组合键，可逐次放大图像，如图 3–47 所示。例如，从 100%的显示比例放大到 200%、300%、400%。

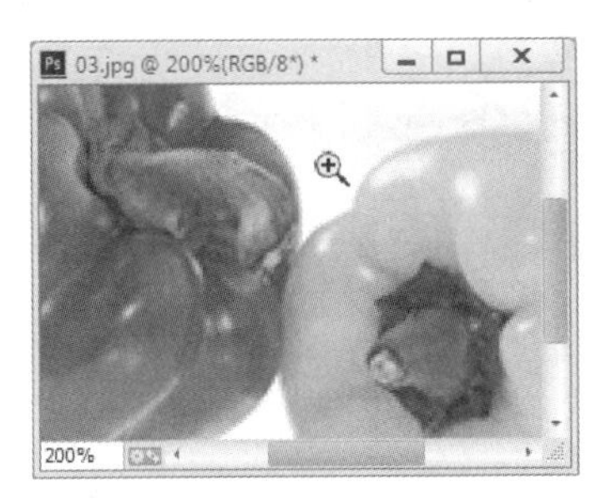

图 3–45

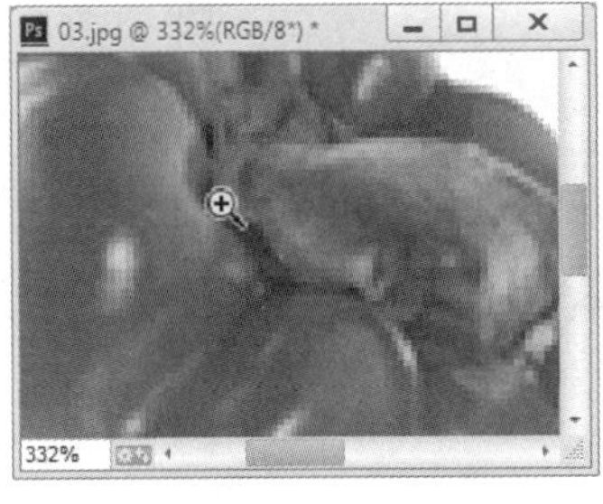

图 3–46

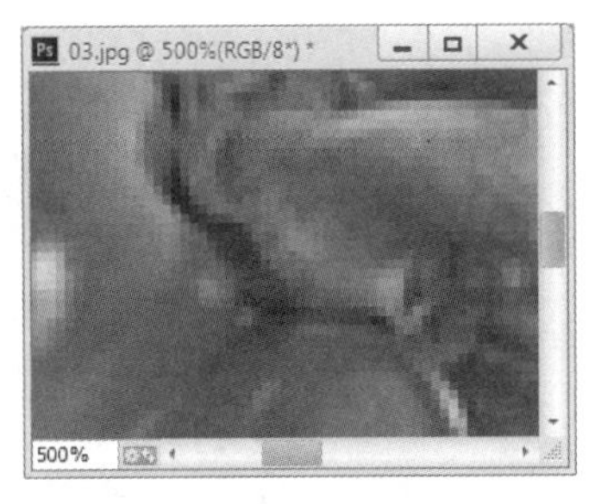

图 3–47

3.3.3 缩小显示图像

缩小显示图像，一方面可以用有限的屏幕空间显示出更多的图像；另一方面可以看到一个较大图像的全貌。

选择“缩放”工具，在图像中鼠标指针变为放大工具图标，按住 Alt 键不放，光标变为缩小工具图标。每单击一次鼠标，图像将缩小显示一级。缩小显示后效果如图 3–48 所示。按 Ctrl+ – 组合键，可逐次缩小图像，如图 3–49 所示。

也可在缩放工具属性栏中单击“缩小工具”按钮，如图 3–50 所示，则光标变为缩小工具图标，每单击一次鼠标，图像将缩小显示一级。

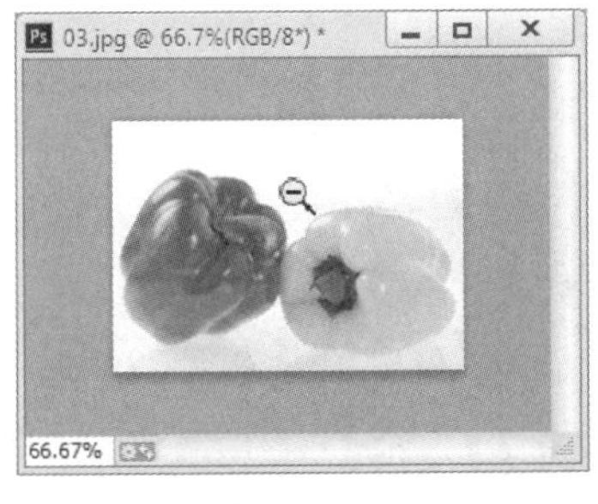

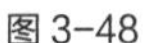

图 3–48

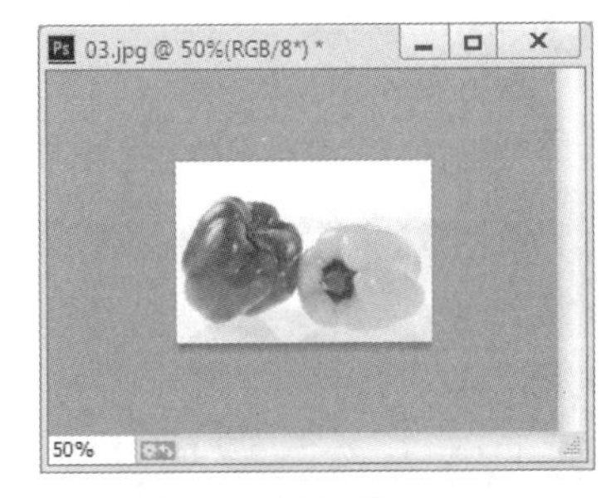

图 3–49

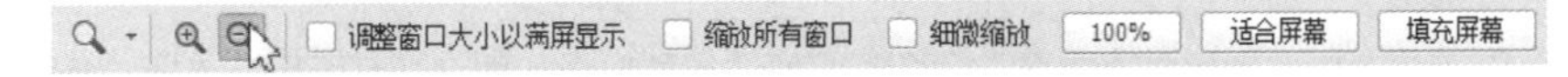

图 3–50

3.3.4 全屏显示图像

如果要将图像的窗口放大到填满整个屏幕，可以在缩放工具的属性栏中单击“适合屏幕”按钮 适合屏幕 ，再勾选“调整窗口大小以满屏显示”选项，如图 3–51 所示。这样在放大图像时，窗口就会和屏幕的尺寸相适应，效果如图 3–52 所示。单击“100%”按钮 100% ，图像将以实际像素比例显示。在属性栏中选择“填充屏幕”按钮 填充屏幕 ，缩放图像以适合屏幕。

图 3-51

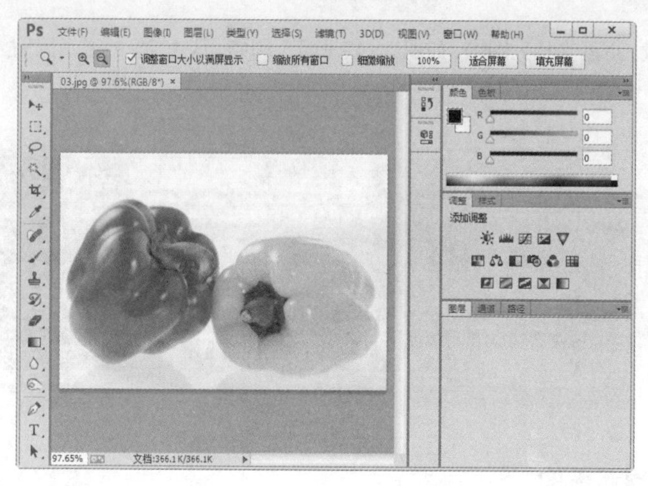

图 3-52

3.3.5 图像窗口显示

当打开多个图像文件时，会出现多个图像文件窗口，这就需要对窗口进行布置和摆放。

同时打开多幅图像，效果如图 3-53 所示。按 Tab 键，关闭操作界面中的工具箱和控制面板，如图 3-54 所示。

图 3-53

图 3-54

选择“窗口 > 排列 > 全部垂直拼贴”命令，图像的排列效果如图 3-55 所示。选择“窗口 > 排列 > 全部水平拼贴”命令，图像的排列效果如图 3-56 所示。

选择“窗口 > 排列 > 双联水平”命令，图像的排列效果如图 3-57 所示。选择“窗口 > 排列 > 双联垂直”命令，图像的排列效果如图 3-58 所示。

图 3-55

图 3-56

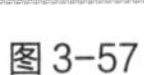

图 3-57

图 3-58

选择“窗口 > 排列 > 三联水平”命令，图像的排列效果如图 3-59 所示。选择“窗口 > 排列 > 三联垂直”命令，图像的排列效果如图 3-60 所示。

图 3-59

图 3-60

选择“窗口 > 排列 > 三联堆积”命令，图像的排列效果如图 3-61 所示。选择“窗口 > 排列 > 四联”命令，图像的排列效果如图 3-62 所示。

选择“窗口 > 排列 > 将所有内容合并到选项卡中”命令，图像的排列效果如图 3-63 所示。选择“窗口 > 排列 > 在窗口中浮动”命令，图像的排列效果如图 3-64 所示。

图 3-61

图 3-62

图 3-63

图 3-64

选择“窗口 > 排列 > 使所有内容在窗口中浮动”命令，图像的排列效果如图 3-65 所示。选择“窗口 > 排列 > 层叠”命令，图像的排列效果与图 3-65 所示相同。选择“窗口 > 排列 > 平铺”命令，图像的排列效果如图 3-66 所示。

图 3-65

图 3-66

“匹配缩放”命令可以将所有窗口都匹配到与当前窗口相同的缩放比例。如图 3-67 所示，将 05 素材图放大到 150%显示，再选择“窗口 > 排列 > 匹配缩放”命令，所有图像窗口都将以 150%显示图像，如图 3-68 所示。

图 3-67

图 3-68

“匹配位置”命令可以将所有窗口都匹配到与当前窗口相同的显示位置。如图 3-69 所示为原显示位置，选择“窗口 > 排列 > 匹配位置”命令，所有图像窗口显示相同的位置，如图 3-70 所示。

图 3-69

图 3-70

“匹配旋转”命令可以将所有窗口的视图旋转角度都匹配到与当前窗口相同。在工具箱中选择“旋转视图”工具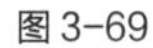，将 05 素材图片的视图旋转，如图 3-71 所示，选择“窗口 > 排列 > 匹配旋转”命令，所有图像窗口都以相同的角度旋转，如图 3-72 所示。

图 3-71

图 3-72

“全部匹配”命令是将所有窗口的缩放比例、图像显示位置、画布旋转角度与当前窗口进行匹配。

3.3.6 观察放大图像

选择“抓手”工具，在图像中指针变为形状，用鼠标拖曳图像，可以观察图像的每个部分，效果如图 3-73 所示。直接用鼠标拖曳图像周围的垂直和水平滚动条，也可观察图像的每个部分，效果如图 3-74 所示。如果正在使用其他的工具进行工作，按住 Spacebar（空格）键，可以快速切换到“抓手”工具。

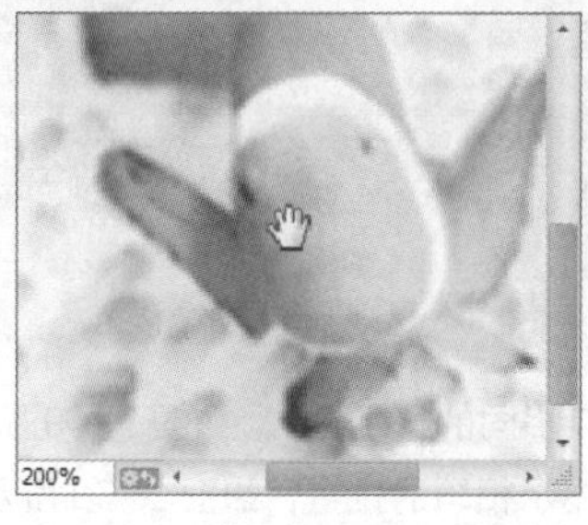

图 3-73

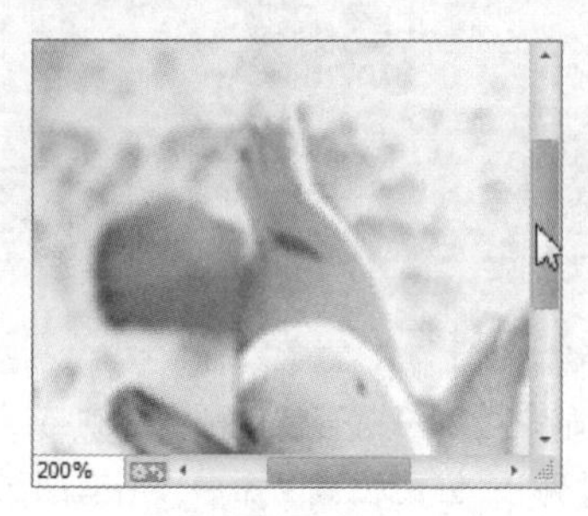

图 3-74

3.4 标尺、参考线和网格线的设置

标尺、参考线和网格线的设置可以使图像处理更加精确。实际设计任务中的许多问题都需要使用标尺、参考线和网格线来解决。

3.4.1 标尺的设置

设置标尺可以精确地编辑和处理图像。选择“编辑 > 首选项 > 单位与标尺”命令，弹出相应的对话框，如图 3-75 所示。

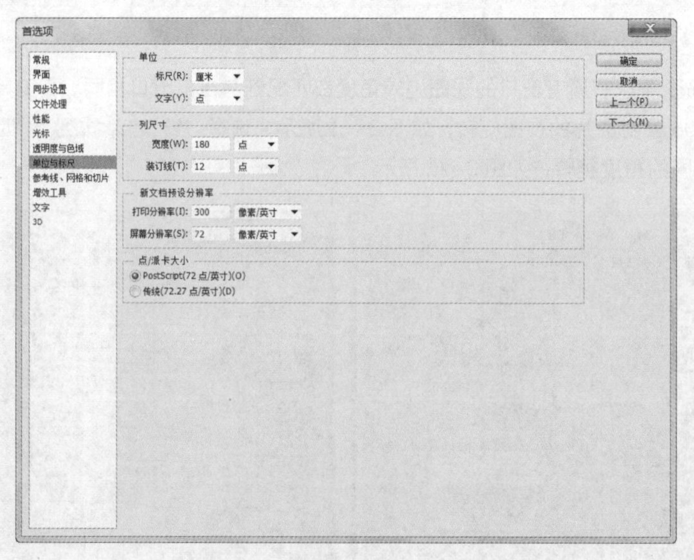

图 3-75

单位：用于设置标尺和文字的显示单位，有不同的显示单位供选择。

列尺寸：用列来精确确定图像的尺寸。

点/派卡大小：与输出有关。

选择“视图 > 标尺”命令，可以将标尺显示或隐藏，如图3-76和图3-77所示。

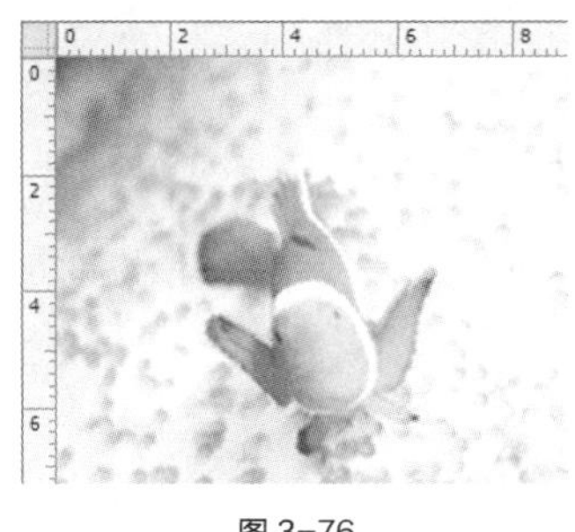

图3-76　　图3-77

将光标放在标尺的x和y轴的0点处，如图3-78所示。单击并按住鼠标不放，向右下方拖曳鼠标到适当的位置，如图3-79所示，释放鼠标，标尺的x和y轴的0点就变为鼠标移动后的位置，如图3-80所示。

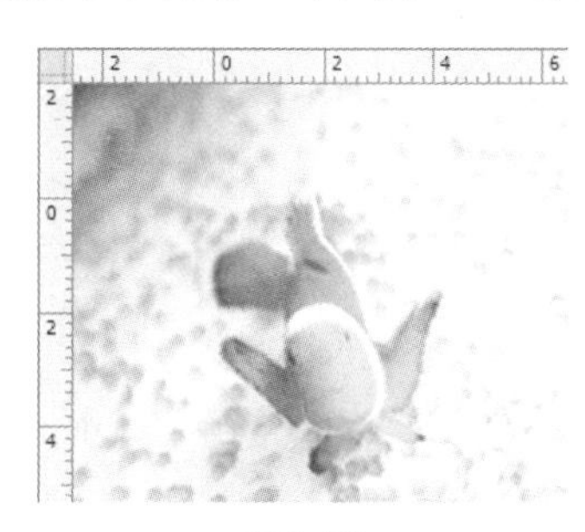

图3-78　　图3-79　　图3-80

3.4.2 参考线的设置

设置参考线：设置参考线可以使编辑图像的位置更精确。将鼠标指针放在水平标尺上，按住鼠标不放，向下拖曳出水平的参考线，如图3-81所示。将鼠标指针放在垂直标尺上，按住鼠标不放，向右拖曳出垂直的参考线，如图3-82所示。

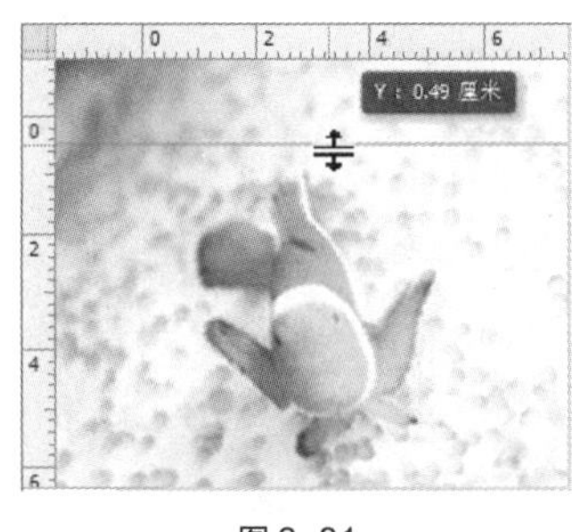

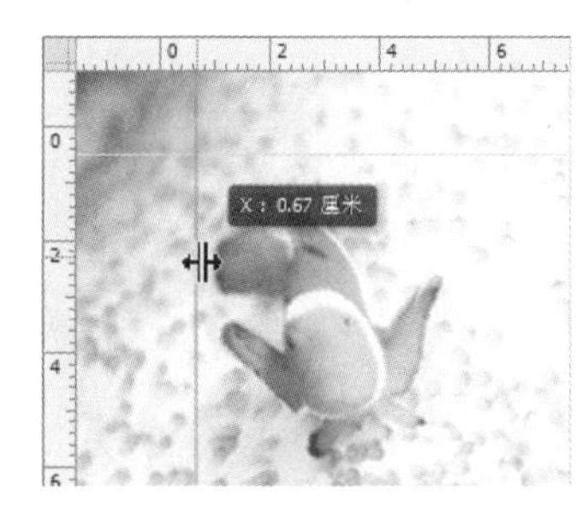

图3-81　　图3-82

显示或隐藏参考线：选择“视图 > 显示 > 参考线”命令，可以显示或隐藏参考线，此命令只有存在参考线的前提下才能应用。

移动参考线：选择“移动”工具，将指针放在参考线上，指针变为时，按住鼠标拖曳，可以移动参考线。

锁定、清除、新建参考线：选择“视图 > 锁定参考线”命令或按 Alt +Ctrl+；组合键，可以将参考线锁定，参考线锁定后将不能移动。选择“视图 > 清除参考线”命令，可以将参考线清除。选择“视图 > 新建参考线”命令，弹出“新建参考线”对话框，如图 3-83 所示，设定后单击“确定”按钮，图像中出现新建的参考线。

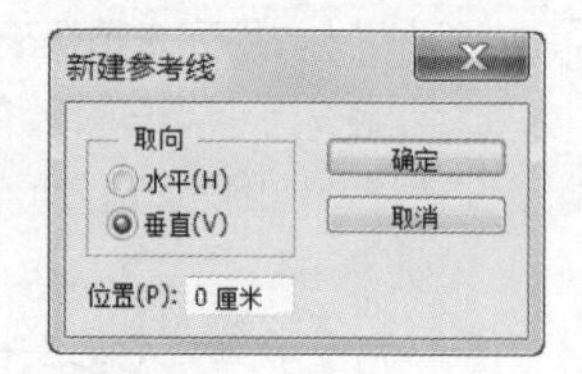

图 3-83

3.4.3 网格线的设置

设置网格线可以将图像处理得更精准。选择“编辑 > 首选项 > 参考线、网格和切片”命令，弹出相应的对话框，如图 3-84 所示。

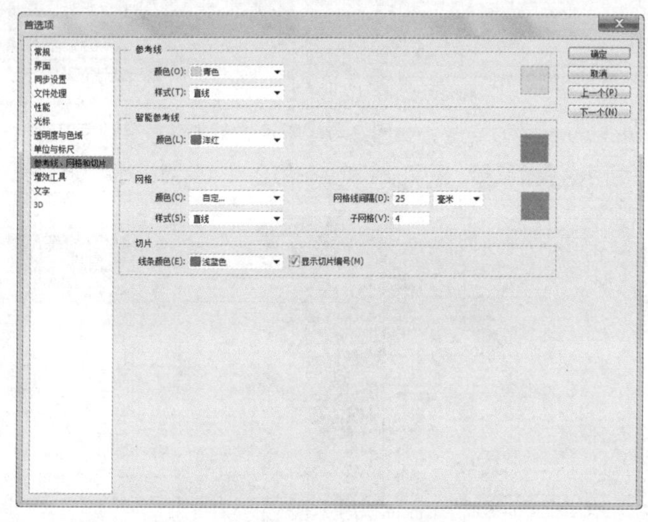

图 3-84

参考线：用于设定参考线的颜色和样式。

网格：用于设定网格的颜色、样式、网格线间隔和子网格等。

切片：用于设定切片的颜色和显示切片的编号。

选择“视图 > 显示 > 网格”命令，可以显示或隐藏网格，如图 3-85 和图 3-86 所示。

图 3-85

图 3-86

反复按 Ctrl+R 组合键，可以将标尺显示或隐藏。反复按 Ctrl+；组合键，可以将参考线显示或隐藏。反复按 Ctrl+’组合键，可以将网格显示或隐藏。

3.5 图像和画布尺寸的调整

根据制作过程中不同的需求，可以随时调整图像与画布的尺寸。

3.5.1 图像尺寸的调整

打开一幅图像，选择“图像 > 图像大小”命令，弹出“图像大小”对话框，如图 3-87 所示。

图像大小：通过改变“宽度”“高度”和“分辨率”选项的数值，改变图像的文档大小，图像的尺寸也相应改变。

缩放样式 ⚙：勾选此选项后，若在图像操作中添加了图层样式，可以在调整大小时自动缩放样式大小。

尺寸：指沿图像的宽度和高度的总像素数，单击尺寸右侧的按钮▾，可以改变计量单位。

调整为：指选取预设以调整图像大小。

约束比例 8：单击“宽度”和“高度”选项左侧出现锁链标志 8，表示改变其中一项设置时，两项会成比例地同时改变。

分辨率：指位图图像中的细节精细度，计量单位是像素/英寸（ppi），每英寸的像素越多，分辨率越高。

重新采样：不勾选此复选框，尺寸的数值将不会改变，“宽度”“高度”和“分辨率”选项左侧将出现锁链标志 8，改变数值时 3 项会同时改变，如图 3-88 所示。

图 3-87

图 3-88

在“图像大小”对话框中可以改变选项数值的计量单位，在选项右侧的下拉列表中进行选择，如图 3-89 所示。单击“调整为”选项右侧的▾按钮，在弹出的下拉菜单中选择“自动分辨率”命令，弹出“自动分辨率”对话框，系统将自动调整图像的分辨率和品质效果，如图 3-90 所示。

图 3-89

图 3-90

3.5.2 画布尺寸的调整

图像画布尺寸的大小是指当前图像周围的工作空间的大小。选择“图像 > 画布大小”命令，弹出“画布大小”对话框，如图 3-91 所示。

当前大小：显示的是当前文件的大小和尺寸。

新建大小：用于重新设定图像画布的大小。

定位：可调整图像在新画面中的位置，可偏左、居中或在右上角等，如图 3-92 所示。

设置不同的调整方式，图像调整后的效果如图 3-93 所示。

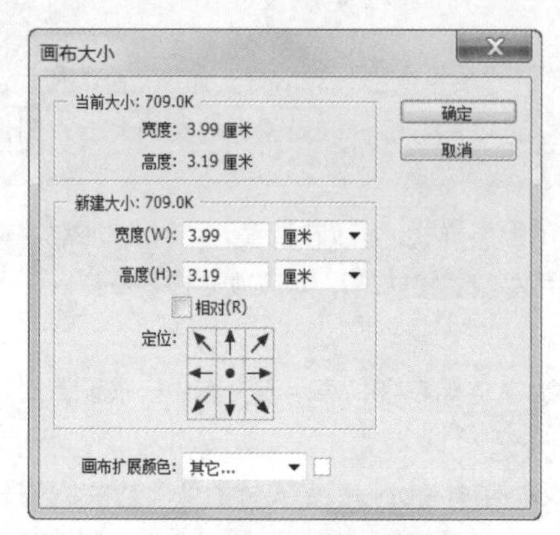

图 3-91

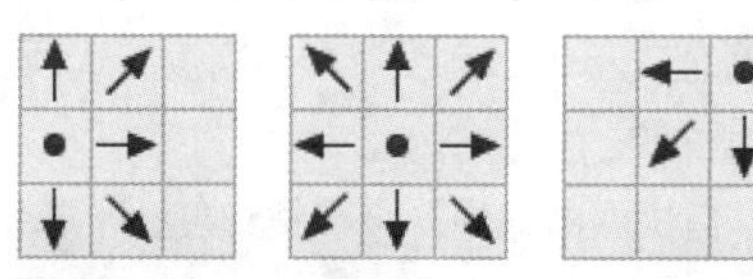

图 3-92

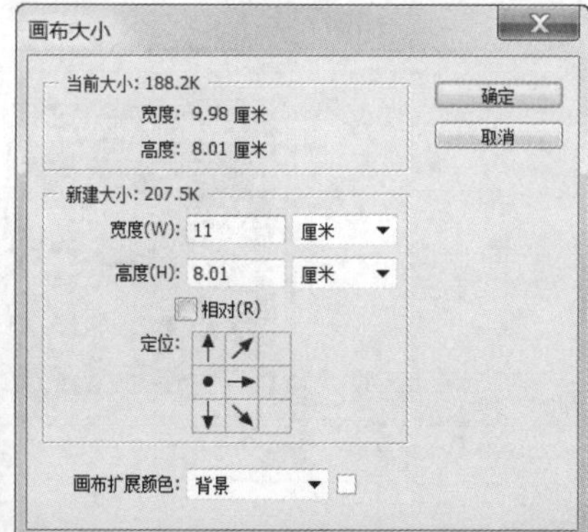

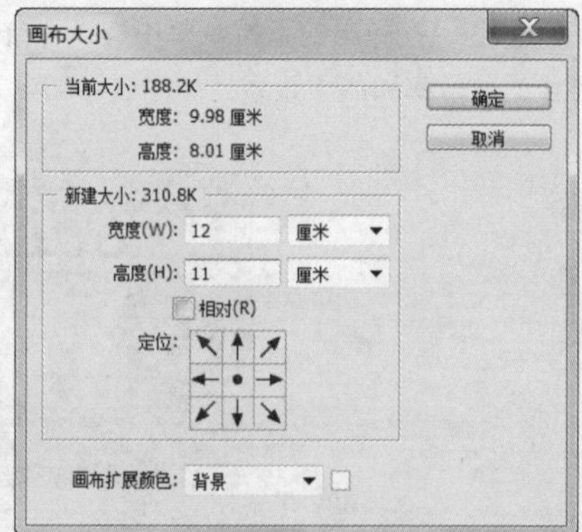

图 3-93

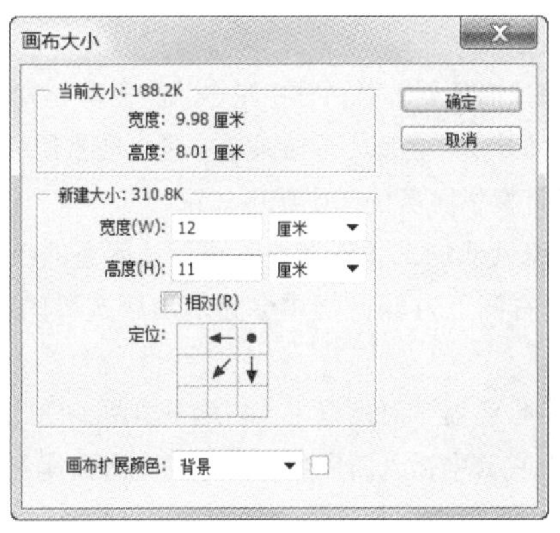

图 3-93（续）

画布扩展颜色：在此选项的下拉列表中可以选择填充图像周围扩展部分的颜色。在列表中可以选择前景色、背景色或 Photoshop CC 中的默认颜色，也可以自己调整所需颜色。在“画布大小”对话框中进行设置，如图 3-94 所示，单击“确定”按钮，效果如图 3-95 所示。

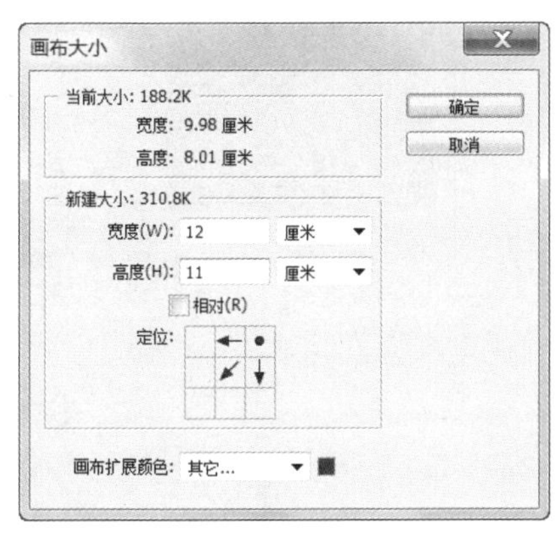

图 3-94

图 3-95

3.6 设置绘图颜色

在 Photoshop CC 中可以使用“拾色器”对话框、“颜色”控制面板和“色板”控制面板对图像进行色彩的设置。

3.6.1 使用“拾色器”对话框设置颜色

可以在“拾色器”对话框中设置颜色。

使用颜色滑块和颜色选择区：用鼠标在颜色色带上单击或拖曳两侧的三角形滑块，如图 3-96 所示，可以使颜色的色相产生变化。

在“拾色器”对话框左侧的颜色选择区中，可以选择颜色的明度和饱和度，垂直方向表示的是明度的变化，水平方向表示的是饱和度的变化。

选择好颜色后，在对话框的右侧上方的颜色框中会显示所选择的颜色，右侧下方是所选择颜色的 HSB、RGB、CMYK 和 Lab 值，选择好颜色后，单击“确定”按钮，所选择的颜色将变为工具箱中的前景或背景色。

使用颜色库按钮选择颜色：在“拾色器”对话框中单击“颜色库”按钮 颜色库 ，弹出“颜色库”对话框，如图 3-97 所示。在对话框中，“色库”下拉菜单中是一些常用的印刷颜色体系，如图 3-98 所示，其中“TRUMATCH”是为印刷设计提供服务的印刷颜色体系。

在颜色色相区域内单击或拖曳两侧的三角形滑块，可以使颜色的色相产生变化，在颜色选择区中选择带有编码的颜色，在对话框的右侧上方颜色框中会显示出所选择的颜色，右侧下方是所选择颜色的 CMYK 值。

通过输入数值选择颜色：在“拾色器”对话框中，右侧下方的 HSB、RGB、CMYK、Lab 色彩模式后面都带有可以输入数值的数值框，在其中输入所需颜色的数值也可以得到希望的颜色。

选中对话框左下方的“只有 Web 颜色”复选框，颜色选择区中出现供网页使用的颜色，如图 3-99 所示，在右侧的数值框 # 66ccff 中，显示的是网页颜色的数值。

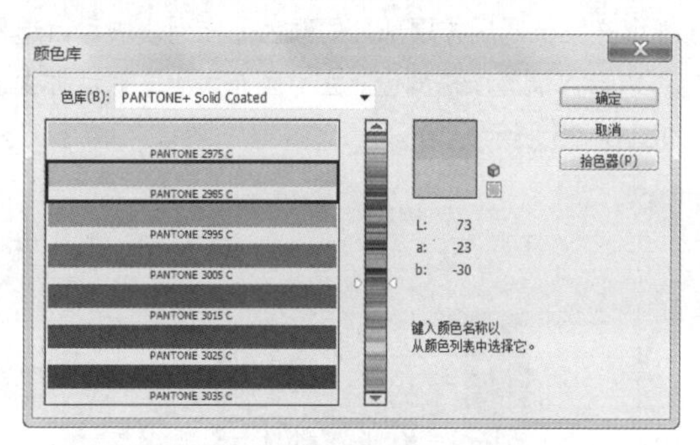

图 3-96

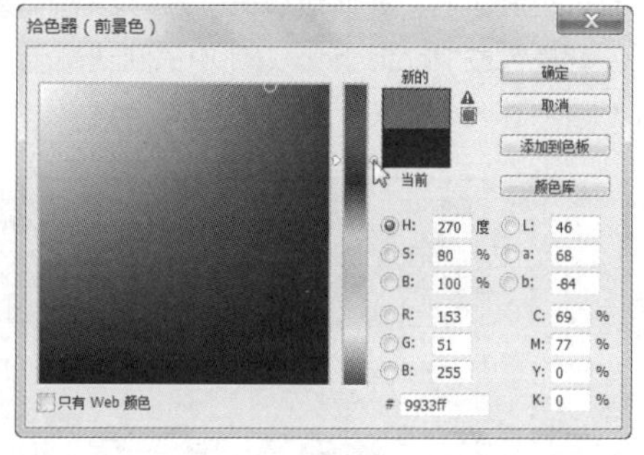

图 3-97

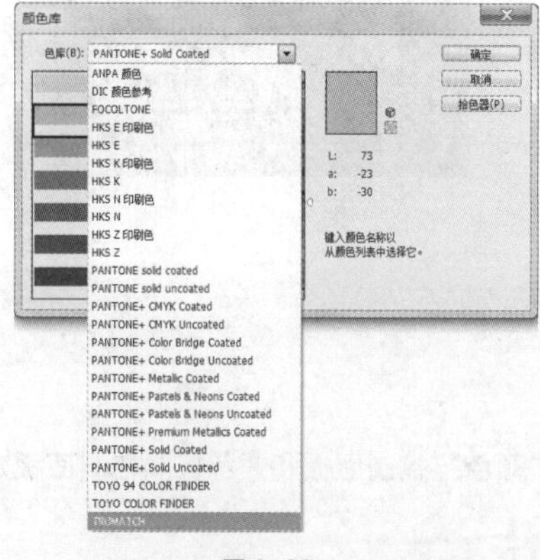

图 3-98

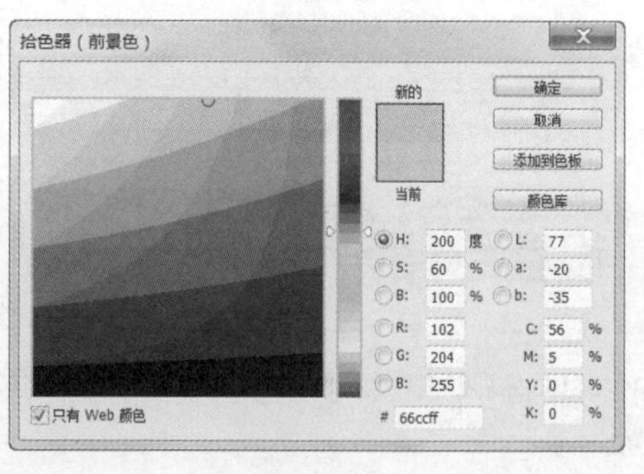

图 3-99

3.6.2 使用“颜色”控制面板设置颜色

“颜色”控制面板可以用来改变前景色和背景色。选择“窗口 > 颜色”命令，弹出“颜色”控制面板，如图 3-100 所示。

在“颜色”控制面板中，可先单击左侧的设置前景色或设置背景色图标来确定所调整的是前景色还是背景色，然后拖曳三角滑块或在色带中选择所需的颜色，或直接在颜色的数值框中输入数值调整颜色。

单击“颜色”控制面板右上方的图标，弹出下拉命令菜单，如图 3-101 所示，此菜单用于设定“颜色”控制面板中显示的颜色模式，可以在不同的颜色模式中调整颜色。

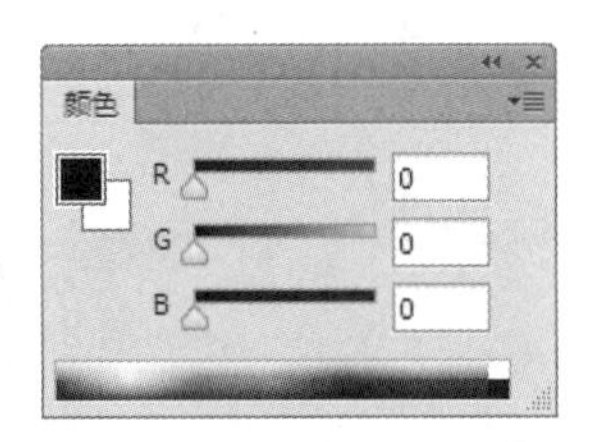

图 3-100

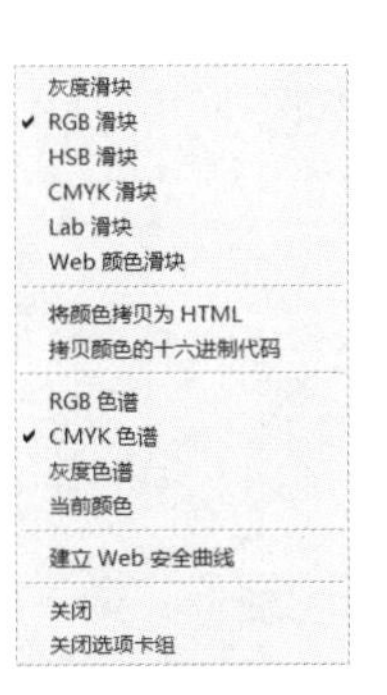

图 3-101

3.6.3 使用“色板”控制面板设置颜色

“色板”控制面板可以用来选取一种颜色来改变前景色或背景色。选择“窗口 > 色板”命令，弹出“色板”控制面板，如图 3-102 所示。单击“色板”控制面板右上方的图标，弹出下拉命令菜单，如图 3-103 所示。

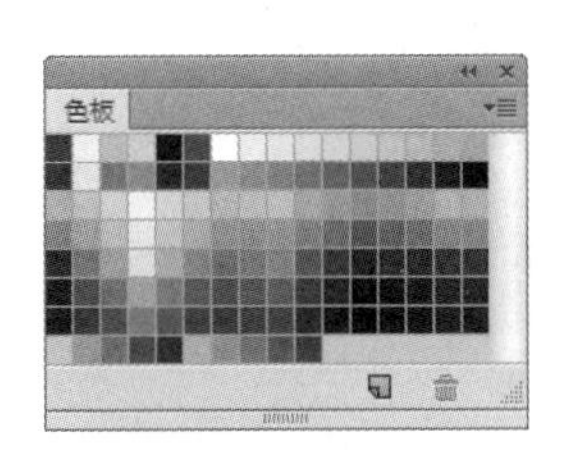

图 3-102

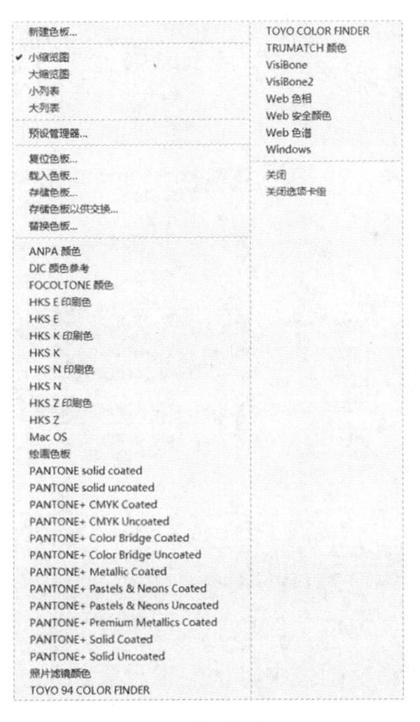

图 3-103

新建色板：用于新建一个色板。

小缩览图：可使控制面板显示为小图标方式。

小列表：可使控制面板显示为小列表方式。

预设管理器：用于对色板中的颜色进行管理。

复位色板：用于恢复系统的初始设置状态。

载入色板：用于向“色板”控制面板中增加色板文件。

存储色板：用于将当前“色板”控制面板中的色板文件存入硬盘。

替换色板：用于替换“色板”控制面板中现有的色板文件。“ANPA 颜色”选项以下都是配置的颜色库。

在“色板”控制面板中，将指针移到空白处，指针变为油漆桶，如图 3-104 所示，此时单击鼠标，弹出“色板名称”对话框，如图 3-105 所示，单击“确定”按钮，即可将当前的前景色添加到“色板”控制面板中，如图 3-106 所示。

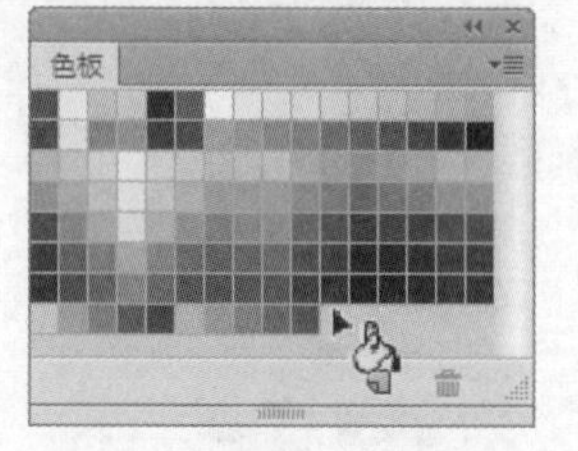

图 3-104

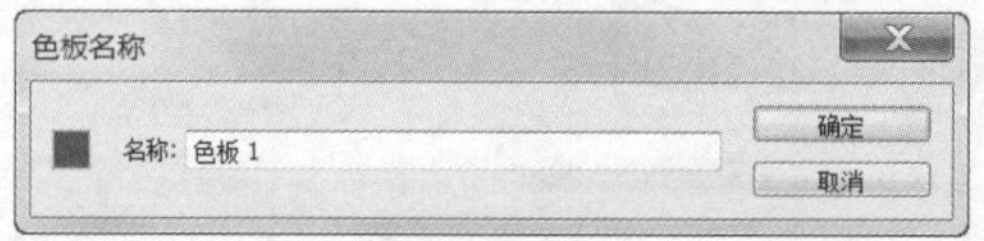

图 3-105

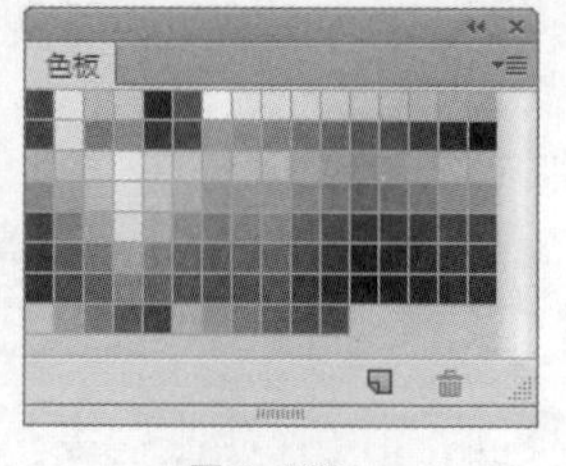

图 3-106

在“色板”控制面板中，将指针移到色标上，指针变为吸管，如图 3-107 所示，此时单击鼠标，将设置吸取的颜色为前景色，如图 3-108 所示。

提示

在“色板”控制面板中，按住 Alt 键的同时，将指针移到颜色色标上，指针变为剪刀，此时单击鼠标，将删除当前的颜色色标。

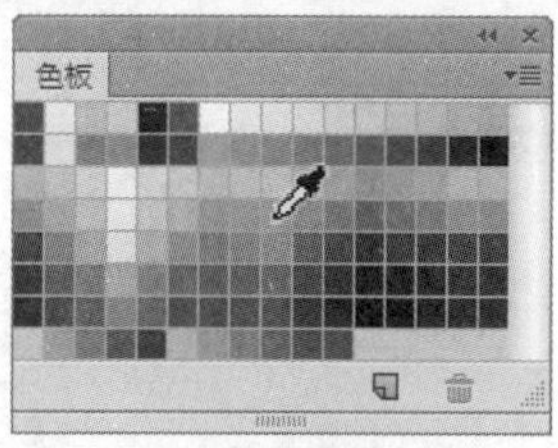

图 3-107

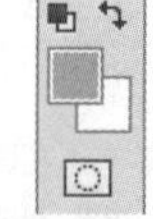

图 3-108

3.7 了解图层的含义

使用图层可在不影响图像中其他图像元素的情况下处理某一图像元素。可以将图层想象成是一张张叠起来的硫酸纸。可以透过图层的透明区域看到下面的图层。通过更改图层的顺序和属性，可以改变图像的合成。图像效果如图 3-109 所示，其图层原理图如图 3-110 所示。

图 3-109

图 3-110

3.7.1 “图层”控制面板

“图层”控制面板列出了图像中的所有图层、组和图层效果，如图 3-111 所示。可以使用“图层”控制面板来搜索图层、显示和隐藏图层、创建新图层以及处理图层组。还可以在“图层”控制面板的弹出式菜单中设置其他命令和选项。

图 3-111

图层搜索功能：在 类型 框中可以选取 6 种不同的搜索方式。类型：可以通过单击“像素图层”按钮、“调整图层”按钮、“文字图层”按钮、“形状图层”按钮和“智能对象”按钮来搜索需要的图层类型。名称：可以通过在右侧的框中输入图层名称来搜索图层。效果：通过图层应用的图层样式来搜索图层。模式：通过图层设定的混合模式来搜索图层。属性：通过图层的可见性、锁定、链接、混合和蒙版等属性来搜索图层。颜色：通过不同的图层颜色来搜索图层。

图层的混合模式 正常 ：用于设定图层的混合模式，共包含有 27 种混合模式。不透明度：用于设定图层的不透明度。填充：用于设定图层的填充百分比。眼睛图标：用于打开或隐藏图层中的内容。锁链图标：表示图层与图层之间的链接关系。T 图标：表示此图层为可编辑的文字层。fx 图标：为图层添加了样式。

在“图层”控制面板的上方有 4 个工具图标，如图 3-112 所示。

锁定透明像素：用于锁定当前图层中的透明区域，使透明区域不能被编辑。

锁定图像像素：使当前图层和透明区域不能被编辑。

锁定位置：使当前图层不能被移动。

锁定全部：使当前图层或序列完全被锁定。

在“图层”控制面板的下方有 7 个工具按钮图标，如图 3-113 所示。

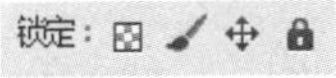

锁定：

图 3-112

图 3-113

链接图层：使所选图层和当前图层成为一组，当对一个链接图层进行操作时，将影响一组链接图层。

添加图层样式：为当前图层添加图层样式效果。

添加图层蒙版：将在当前层上创建一个蒙版。在图层蒙版中，黑色代表隐藏图像，白色代表显示图像。可以使用画笔等绘图工具对蒙版进行绘制，还可以将蒙版转换成选择区域。

创建新的填充或调整图层：可对图层进行颜色填充和效果调整。

创建新组：用于新建一个文件夹，可在其中放入图层。

创建新图层：用于在当前图层的上方创建一个新层。

删除图层：可以将不需要的图层拖曳到此处进行删除。

3.7.2 “图层”菜单

单击“图层”控制面板右上方的图标，弹出命令菜单，如图 3-114 所示。

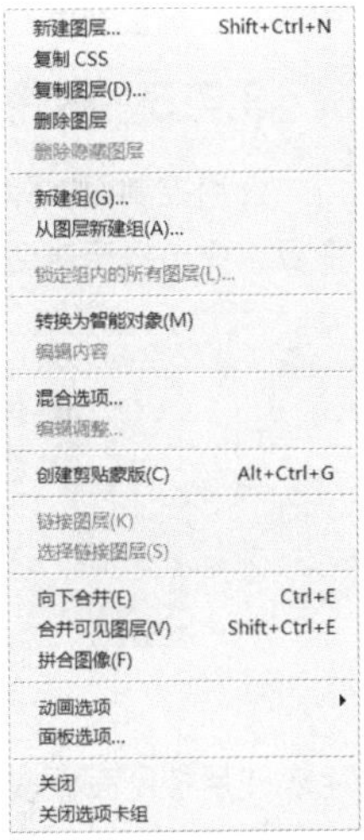

新建图层... Shift+Ctrl+N
复制 CSS
复制图层(D)...
删除图层
删除隐藏图层
新建组(G)...
从图层新建组(A)...
锁定组内的所有图层(L)...
转换为智能对象(M)
编辑内容
混合选项...
编辑调整...
创建剪贴蒙版(C) Alt+Ctrl+G
链接图层(K)
选择链接图层(S)
向下合并(E) Ctrl+E
合并可见图层(V) Shift+Ctrl+E
拼合图像(F)
动画选项
面板选项...
关闭
关闭选项卡组

图 3-114

3.7.3 新建图层

使用控制面板弹出式菜单：单击“图层”控制面板右上方的图标，弹出其命令菜单，选择“新建图层”命令，弹出“新建图层”对话框，如图 3-115 所示。

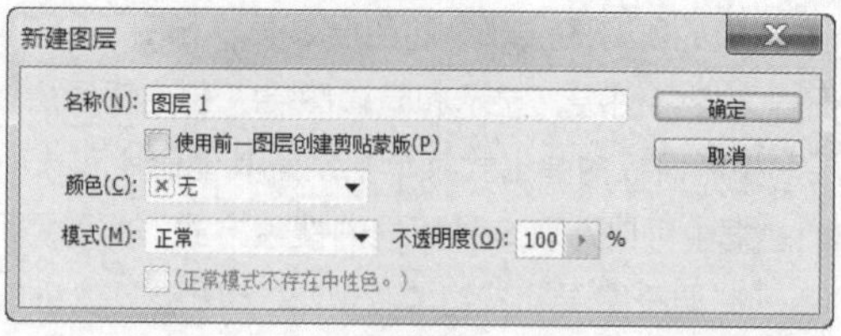

图 3-115

名称：用于设定新图层的名称，可以选择“使用前一图层创建剪贴蒙版”。

颜色：用于设定新图层的颜色。

模式：用于设定当前图层的合成模式。

不透明度：用于设定当前图层的不透明度值。

使用控制面板按钮或快捷键：单击“图层”控制面板下方的“创建新图层”按钮，可以创建一个新图层。按住 Alt 键的同时，单击“创建新图层”按钮，将弹出“新建图层”对话框。

使用“图层”菜单命令或快捷键：选择“图层 > 新建 > 图层”命令，弹出“新建图层”对话框。按 Shift+Ctrl+N 组合键，也可以弹出“新建图层”对话框。

3.7.4 复制图层

使用控制面板弹出式菜单：单击“图层”控制面板右上方的图标，弹出命令菜单，选择“复制图层”命令，弹出“复制图层”对话框，如图 3-116 所示。

为：用于设定复制层的名称。文档：用于设定复制层的文件来源。

使用控制面板按钮：将需要复制的图层拖曳到控制面板下方的“创建新图层”按钮上，可以将所选的图层复制为一个新图层。

使用菜单命令：选择“图层 > 复制图层”命令，弹出“复制图层”对话框。

使用鼠标拖曳的方法复制不同图像之间的图层：打开目标图像和需要复制的图像，将需要复制的图像中的图层直接拖曳到目标图像的图层中，图层复制完成。

3.7.5 删除图层

使用控制面板弹出式菜单：单击“图层”控制面板右上方的图标，弹出命令菜单，选择“删除图层”命令，弹出提示对话框，如图 3-117 所示。

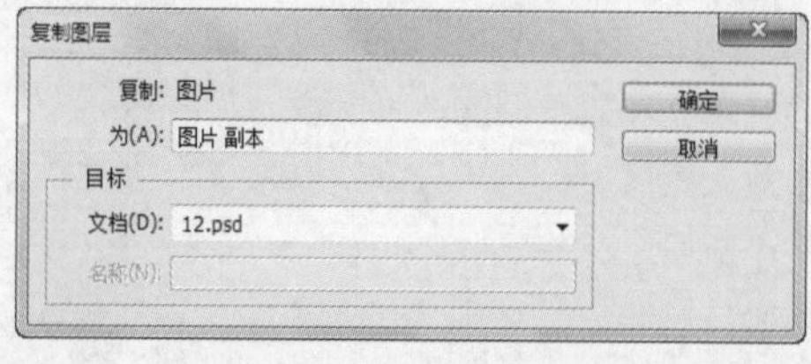

图 3-116

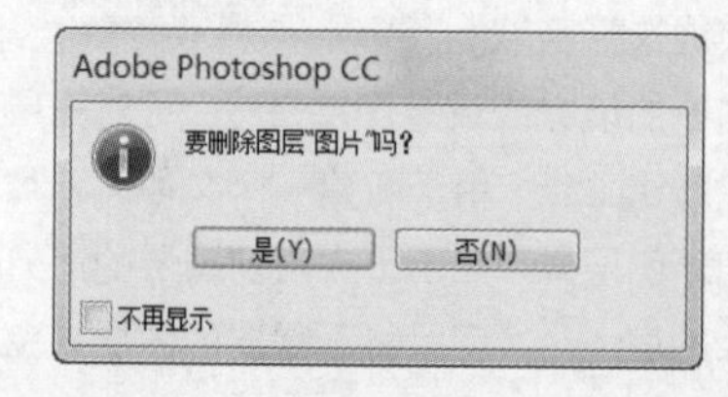

图 3-117

使用控制面板按钮：选中要删除的图层，单击“图层”控制面板下方的“删除图层”按钮，即可删除图层。或将需要删除的图层直接拖曳到“删除图层”按钮上进行删除。

使用菜单命令：选择“图层 > 删除 > 图层”命令，即可删除图层。

3.7.6 图层的显示和隐藏

单击“图层”控制面板中任意图层左侧的眼睛图标，可以隐藏或显示这个图层。

按住Alt键的同时，单击“图层”控制面板中的任意图层左侧的眼睛图标，此时，图层控制面板中将只显示这个图层，其他图层被隐藏。

3.7.7 图层的选择、链接和排列

选择图层：用鼠标单击“图层”控制面板中的任意一个图层，可以选择这个图层。

选择“移动”工具，用鼠标右键单击窗口中的图像，弹出一组供选择的图层选项菜单，选择所需要的图层即可。将鼠标靠近需要的图像进行以上操作，即可选择这个图像所在的图层。

链接图层：当要同时对多个图层中的图像进行操作时，可以将多个图层进行链接，方便操作。

选中要链接的图层，如图3-118所示，单击“图层”控制面板下方的“链接图层”按钮，选中的图层被链接，如图3-119所示。再次单击“链接图层”按钮，可取消链接。

图3-118

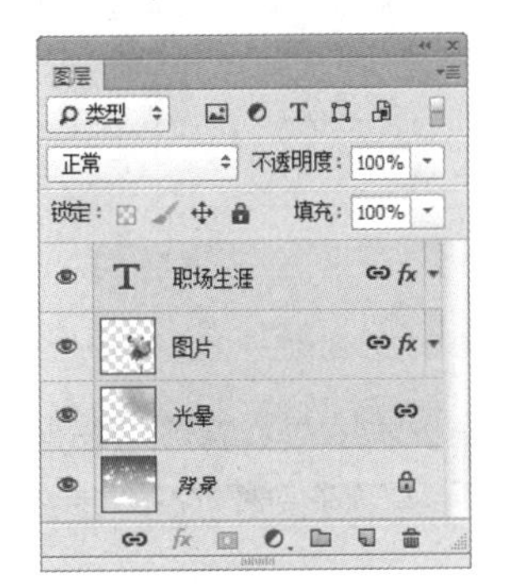

图3-119

排列图层：单击“图层”控制面板中的任意图层并按住鼠标不放，拖曳鼠标可将其调整到其他图层的上方或下方。

选择“图层 > 排列”命令，弹出“排列”命令的子菜单，选择其中的排列方式即可。

提示

按Ctrl+[组合键，可以将当前图层向下移动一层；按Ctrl+] 组合键，可以将当前图层向上移动一层；按Shift+Ctrl+[组合键，可以将当前图层移动到除了背景图层以外的所有图层的下方；按Shift +Ctrl+] 组合键，可以将当前图层移动到所有图层的上方。背景图层不能随意移动，可以将其转换为普通图层后再移动。

3.7.8 合并图层

“向下合并”命令用于向下合并图层。单击“图层”控制面板右上方的图标，在弹出的菜单中选择“向下合并”命令，或按Ctrl+E组合键即可。

“合并可见图层”命令用于合并所有可见层。单击“图层”控制面板右上方的图标，在弹出的菜单中选择“合并可见图层”命令，或按Shift+Ctrl+E组合键即可。

“拼合图像”命令用于合并所有的图层。单击“图层”控制面板右上方的图标，在弹出的菜单中选择“拼合图像”命令。

3.7.9 图层组

当编辑多层图像时，为了方便操作，可以将多个图层建立在一个图层组中。单击“图层”控制面板右上方的▾≡图标，在弹出的菜单中选择“新建组”命令，弹出“新建组”对话框，单击“确定”按钮，新建一个图层组，如图 3-120 所示，选中要放置到组中的多个图层，如图 3-121 所示，将其向图层组中拖曳，选中的图层被放置在图层组中，如图 3-122 所示。

图 3-120

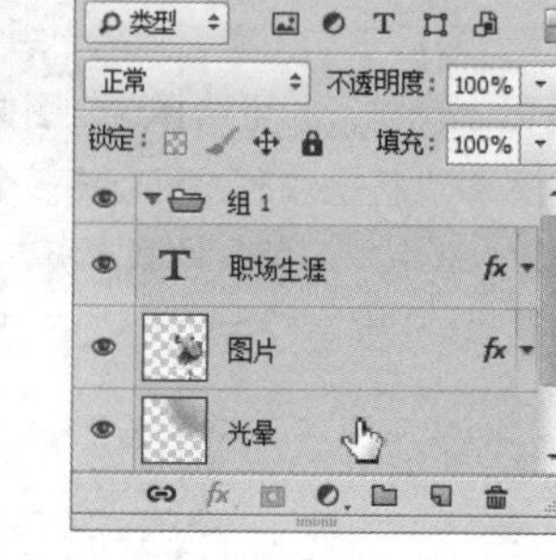

图 3-121

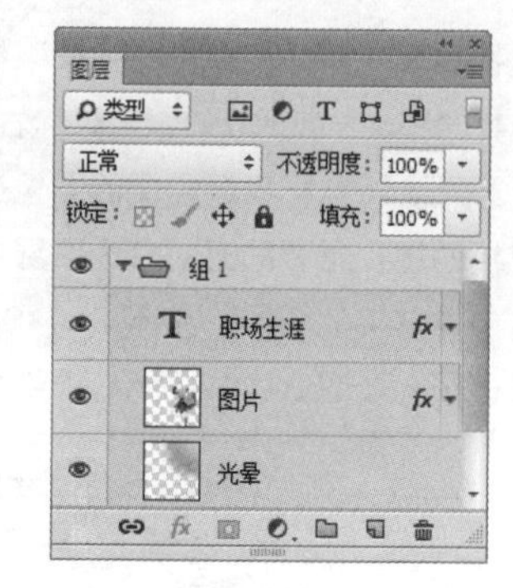

图 3-122

单击“图层”控制面板下方的“创建新组”按钮 ，可以新建图层组。选择“图层 > 新建 > 组”命令，也可以新建图层组。还可以选中要放置在图层组中的所有图层，按 Ctrl+G 组合键，自动生成新的图层组。

3.8 恢复操作的应用

在绘制和编辑图像的过程中，经常会错误地执行一个步骤或对制作的一系列效果不满意。当希望恢复到前一步或原来的图像效果时，可以使用恢复操作命令。

3.8.1 恢复到上一步的操作

在编辑图像的过程中可以随时将操作返回到上一步，也可以还原图像到恢复前的效果。选择“编辑 > 还原”命令，或按 Ctrl+Z 组合键，可以恢复到上一步操作。如果想还原图像到恢复前的效果，再按 Ctrl+Z 组合键即可。

3.8.2 中断操作

当 Photoshop CC 正在进行图像处理时，如果想中断这次的操作，就可以按 Esc 键中断正在进行的操作。

3.8.3 恢复到操作过程的任意步骤

“历史记录”控制面板可以将进行过多次处理操作的图像恢复到任一步操作时的状态，即所谓的“多次恢复功能”。选择“窗口 > 历史记录”命令，弹出“历史记录”控制面板，如图 3-123 所示。

控制面板下方的按钮从左至右依次为“从当前状态创建新文档”按钮、“创建新快照”按钮和“删除当前状态”按钮。

单击控制面板右上方的▾≡图标，弹出“历史记录”控制面板的下拉命令菜单，如图 3-124 所示。

图 3-123

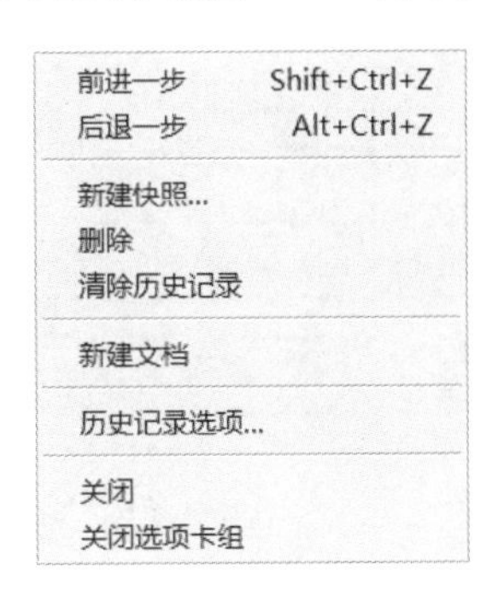

图 3-124

前进一步：用于将滑块向下移动一位。

后退一步：用于将滑块向上移动一位。

新建快照：用于根据当前滑块所指的操作记录建立新的快照。

删除：用于删除控制面板中滑块所指的操作记录。

清除历史记录：用于清除控制面板中除最后一条记录外的所有记录。

新建文档：用于由当前状态或者快照建立新的文件。

历史记录选项：用于设置“历史记录”控制面板。

“关闭”和“关闭选项卡组”：用于关闭“历史记录”控制面板和控制面板所在的选项卡组。

Photoshop CC

Chapter 4

第 4 章 绘制和编辑选区

本章将主要介绍 Photoshop CC 选区的概念、绘制选区的方法以及编辑选区的技巧。通过本章的学习，可以快速地绘制规则与不规则的选区，并对选区进行移动、反选、羽化等调整操作。

课堂学习目标

- 熟练掌握选择工具的使用方法
- 熟练掌握选区的操作技巧

4.1 选择工具的使用

对图像进行编辑，首先要进行选择图像的操作。能够快捷精确地选择图像是提高处理图像效率的关键。

4.1.1 课堂案例——制作夏日风景

案例学习目标

学习使用不同的选择工具选取不同的图像，并应用移动工具移动装饰图形。

案例知识要点

使用磁性套索工具绘制选区，使用魔棒工具选取图像，使用移动工具移动选区中的图像，如图 4-1 所示。

效果所在位置

资源包/Ch04/效果/制作夏日风景.psd。

图 4-1

制作夏日风景

STEP 1 按 Ctrl + N 组合键，新建一个文件，宽度为 29.7cm，高度为 21cm，分辨率为 300 像素/英寸，颜色模式为 RGB，背景内容为白色，单击“确定”按钮。

STEP 2 按 Ctrl + O 组合键，打开资源包中的“Ch04 > 素材 > 制作夏日风景 > 01”文件，选择“移动”工具，将 01 图片拖曳到图像窗口中适当的位置并调整大小，效果如图 4-2 所示，在“图层”控制面板中生成新图层并将其命名为“天空”。

STEP 3 按 Ctrl + O 组合键，打开资源包中的“Ch04 > 素材 > 制作夏日风景 > 02”文件，如图 4-3 所示。选择“磁性套索”工具，在图像窗口中沿着风车边缘拖曳鼠标绘制选区，图像周围生成选区，如图 4-4 所示。单击属性栏中的“从选区中减去”按钮，继续在图像窗口中绘制选区，如图 4-5 所示。

图 4-2

图 4-3

图 4-4

图 4-5

STEP 4 选择“移动”工具，将选区中的图像拖曳到图像窗口中的适当位置，如图 4-6 所示，在“图层”控制面板中生成新的图层并将其命名为“风车”。

STEP 5 将“风车”图层拖曳到“图层”控制面板下方的“创建新图层”按钮上进行复制，生成新的图层并将其命名为“风车 1”。按 Ctrl+T 组合键，在图像周围出现变换框，按住 Alt+Shift 键的同时，拖曳右上角的控制手柄等比例缩小图片，按 Enter 键确定操作，并拖曳到适当位置，效果如图 4-7 所示。使用相同方法再次复制图形，效果如图 4-8 所示。

图 4-6

图 4-7

图 4-8

STEP 6 按 Ctrl + O 组合键，打开资源包中的“Ch04 > 素材 > 制作夏日风景 > 03”文件，如图 4-9 所示。

STEP 7 选择“魔棒”工具，属性栏中的设置如图 4-10 所示。在图像窗口中蓝色背景区域单击鼠标，图像周围生成选区，如图 4-11 所示。单击属性栏中的“添加到选区”按钮，继续在图像窗口中绘制选区，如图 4-12 所示。按 Ctrl+Shift+I 组合键，将选区反选，效果如图 4-13 所示。

图 4-9

图 4-10

图 4-11

图 4-12

图 4-13

STEP 8 选择“移动”工具，将选区中的图像拖曳到图像窗口中的合适位置，效果如图 4-14 所示。在“图层”控制面板中生成新图层并将其命名为“向日葵”。按住 Alt 键的同时，拖曳图像到适当的位置，复制图像，效果如图 4-15 所示。在“图层”控制面板中生成新图层并将其命名为“向日葵 1”。

STEP 9 再次复制图形并拖曳到适当位置，按 Ctrl+T 组合键，图像周围出现变换框，在按住 Shift+Alt 组合键的同时向内拖曳变换框右上角的控制手柄，等比例缩小图像，按 Enter 键确定操作，效果如图 4-16 所示。

图 4-14

图 4-15

图 4-16

STEP 10 使用相同方法再次复制图形，效果如图 4-17 所示，按 Ctrl+T 组合键，在图像周围出现变换框，单击鼠标右键，在弹出的菜单中选择“水平翻转”命令，水平翻转图像，按 Enter 键确定操作，效果如图 4-18 所示。

STEP 11 按 Ctrl + O 组合键，打开资源包中的“Ch04 > 素材 > 制作夏日风景 > 04”文件，如图 4-19 所示。

图 4-17

图 4-18

图 4-19

STEP 12 选择“魔棒”工具，属性栏中的设置如图 4-20 所示。在图像窗口中蓝色背景区域单击鼠标，图像周围生成选区，如图 4-21 所示。单击属性栏中的“添加到选区”按钮，继续在图像窗口中绘制选区，按 Ctrl+Shift+I 组合键，将选区反选，如图 4-22 所示。

图 4-20

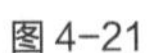
图 4-21

图 4-22

STEP 13 选择“移动”工具，将选区中的图像拖曳到图像窗口中的合适位置，效果如图 4-23 所示。在“图层”控制面板中生成新图层并将其命名为“蝴蝶”。按住 Alt 键的同时，拖曳图像到适当的位置，复制图像，效果如图 4-24 所示。在“图层”控制面板中生成新图层并将其命名为“蝴蝶 1”。使用相同方法制作蝴蝶图形，效果如图 4-25 所示。夏日风景制作完成。

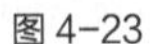
图 4-23

图 4-24

图 4-25

4.1.2 选框工具

选择“矩形选框”工具，或反复按 Shift+M 组合键，其属性栏状态如图 4-26 所示。

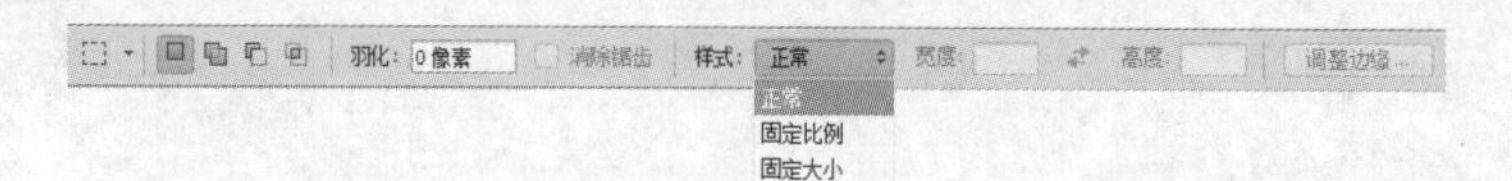

图 4-26

新选区：去除旧选区，绘制新选区。添加到选区：在原有选区的上面增加新的选区。从选区减去：在原有选区上减去新选区的部分。与选区交叉：选择新旧选区重叠的部分。羽化：用于设定选区边界的羽化程度。消除锯齿：用于清除选区边缘的锯齿。样式：用于选择类型。

绘制矩形选区：选择“矩形选框”工具，在图像中适当的位置单击并按住鼠标不放，向右下方拖曳鼠标绘制选区；松开鼠标，矩形选区绘制完成，如图 4-27 所示。按住 Shift 键，在图像中可以绘制出正方形选区，如图 4-28 所示。

图 4-27

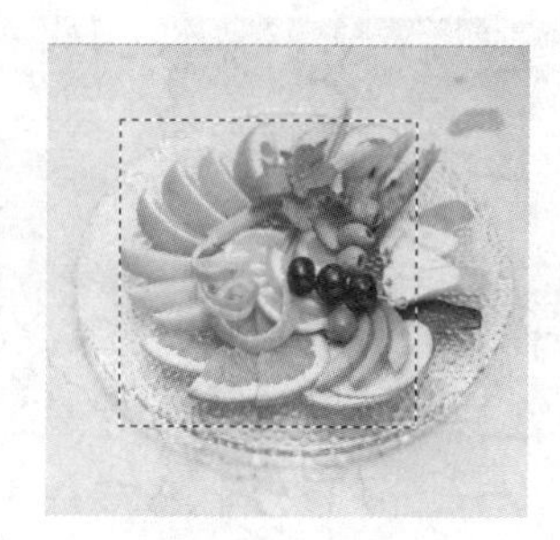

图 4-28

设置矩形选区的比例：在“矩形选框”工具的属性栏中，选择“样式”选项下拉列表中的“固定比例”，将“宽度”选项设为 1、“高度”选项设为 3，如图 4-29 所示。在图像中绘制固定比例的选区，效果如图 4-30 所示。单击“高度和宽度互换”按钮，可以快速地将宽度和高度比的数值互相置换，互换后绘制的选区效果如图 4-31 所示。

图 4-29

图 4-30

图 4-31

设置固定尺寸的矩形选区：在“矩形选框”工具的属性栏中，选择“样式”选项下拉列表中的“固定大小”，在“宽度”和“高度”选项中输入数值，单位只能是像素，如图 4-32 所示。绘制固定大小的选区，效果如图 4-33 所示。单击“高度和宽度互换”按钮，可以快速地将宽度和高度的数值互相置换，互换后绘制的选区效果如图 4-34 所示。

图 4-32

图 4-33　　图 4-34

因为“椭圆选框”工具的应用与“矩形选框”工具基本相同，所以这里就不再赘述。

4.1.3 套索工具

套索工具可以在图像或图层中绘制不规则形状的选区，选取不规则形状的图像。

选择“套索”工具，或反复按 Shift+L 组合键，其属性栏状态如图 4-35 所示。

图 4-35

：选择方式选项。羽化：用于设定选区边缘的羽化程度。消除锯齿：用于清除选区边缘的锯齿。

选择“套索”工具，在图像中适当的位置单击并按住鼠标不放，拖曳鼠标在图像上进行绘制，如图 4-36 所示，松开鼠标，选择区域自动封闭生成选区，效果如图 4-37 所示。

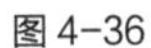

图 4-36　　图 4-37

4.1.4 魔棒工具

魔棒工具可以用来选取图像中的某一点，并将与这一点颜色相同或相近的点自动融入选区中。

选择“魔棒”工具，或反复按 Shift+W 组合键，其属性栏状态如图 4-38 所示。

图 4-38

：为选择方式选项。取样大小：用于设置取样范围的大小。容差：用于控制色彩的范围，数值越大，可容许的颜色范围越大。消除锯齿：用于清除选区边缘的锯齿。连续：用于选择单独的色彩范围。对所有图层取样：用于将所有可见层中颜色容许范围内的色彩加入选区。

选择“魔棒”工具，在图像中单击需要选择的颜色区域，即可得到需要的选区，如图 4-39 所示。调整属性栏中的容差值，再次单击需要选择的区域，不同容差值的选区效果如图 4-40 所示。

图 4-39

图 4-40

4.2 选区的操作技巧

在建立选区后，可以对选区进行一系列的操作，如移动选区、调整选区、羽化选区等。

4.2.1 课堂案例——制作婚纱照片模板

案例学习目标

学习调整选区的方法和技巧，并应用羽化选区命令制作柔和图像效果。

案例知识要点

使用羽化选区命令制作柔和图像效果，使用反选命令制作选区反选效果，使用文字工具添加文字，如图 4-41 所示。

效果所在位置

资源包/Ch04/效果/制作婚纱照片模板.psd。

图 4-41

制作婚纱照片模板

STEP 1 按 Ctrl + N 组合键，新建一个文件，宽度为 29.7cm，高度为 21cm，分辨率为 300 像素/英寸，颜色模式为 RGB，背景内容为白色，单击“确定”按钮。

STEP 2 按 Ctrl + O 组合键，打开资源包中的“Ch04 > 素材 > 制作婚纱照片模板 > 01”文件，选择“移动”工具，将 01 图片拖曳到图像窗口适当的位置，效果如图 4-42 所示，在“图层”控制面板中生成新图层并将其命名为“底图”。

STEP 3 按 Ctrl + O 组合键，打开资源包中的“Ch04 > 素材 > 制作婚纱照片模板 > 02、03、04、05”文件，选择“移动”工具，分别将 02、03、04 图片拖曳到图像窗口适当的位置并调整大小，效果如图 4-43 所示，在“图层”控制面板中分别生成新图层并将其命名为“人物 1”、“人物 2”、“绿色装饰”、“人物 3”。选择“椭圆选框”工具，在图像窗口中绘制椭圆选区，如图 4-44 所示。

图 4-42

图 4-43

图 4-44

STEP 4 选择“选择 > 修改 > 羽化”命令，弹出“羽化选区”对话框，选项的设置如图 4-45 所示，单击“确定”按钮，羽化选区。按 Ctrl+Shift+I 组合键，将选区反选，如图 4-46 所示，按 Delete 键，删除选区中的图像，按 Ctrl+D 组合键，取消选区，效果如图 4-47 所示。

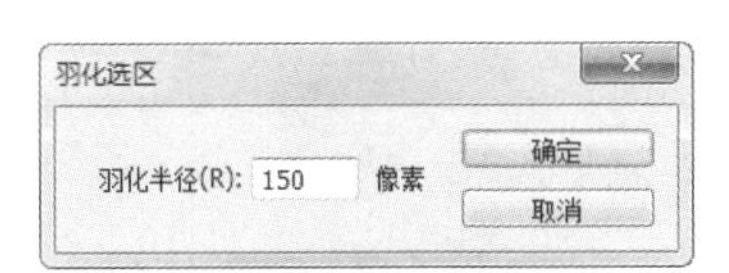

图 4-45

图 4-46

图 4-47

STEP 5 将前景色设为黄色（其 R、G、B 的值分别为 255、244、92）。选择“横排文字”工具，在适当的位置拖曳文本框，输入需要的文字并选取文字，在属性栏中选择合适的字体并设置大小，效果如图 4-48 所示，在“图层”控制面板中生成新的文字图层。选取需要的文字。按 Ctrl+T 组合键，弹出“字符”面板，选项的设置如图 4-49 所示，按 Enter 键确定操作，效果如图 4-50 所示。婚纱照片模板制作完成。

图 4-48

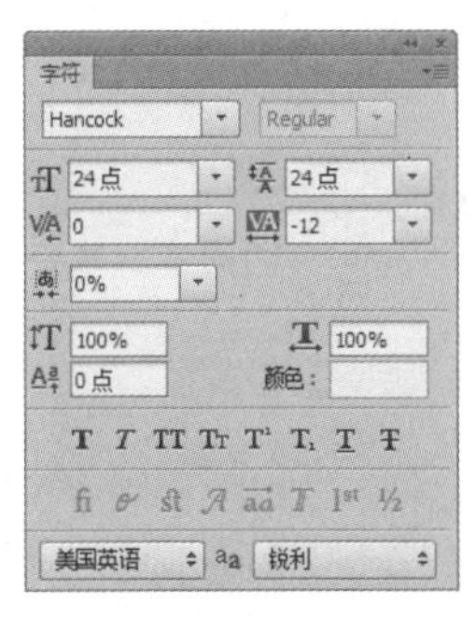

图 4-49

图 4-50

4.2.2 移动选区

使用鼠标移动选区：选择绘制选区的工具，将鼠标放在选区中，鼠标指针变为▷⬚图标，如图 4-51 所示。按住鼠标并进行拖曳，鼠标指针变为▶图标，将选区拖曳到其他位置，如图 4-52 所示。松开鼠标，即可完成选区的移动，效果如图 4-53 所示。

图 4-51　　图 4-52　　图 4-53

使用键盘移动选区：当使用矩形和椭圆选框工具绘制选区时，不要松开鼠标，按住 Spacebar（空格）键的同时拖曳鼠标，即可移动选区。绘制出选区后，使用键盘中的方向键可以将选区沿各方向移动 1 个像素，使用 Shift+方向组合键可以将选区沿各方向移动 10 个像素。

4.2.3 羽化选区

羽化选区可以使图像产生柔和的效果。在图像中绘制不规则选区，如图 4-54 所示，选择“选择 > 修改 > 羽化”命令，弹出“羽化选区”对话框，设置羽化半径的数值，如图 4-55 所示，单击“确定”按钮，选区被羽化。按 Shift+Ctrl+I 组合键，将选区反选，如图 4-56 所示。

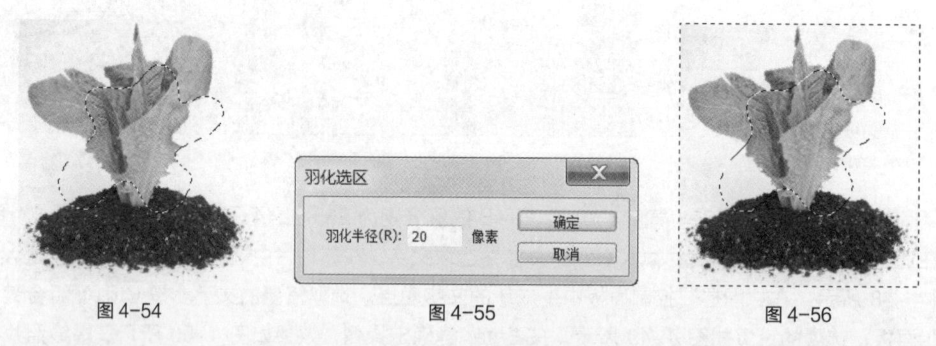

图 4-54　　图 4-55　　图 4-56

在选区中填充颜色后，效果如图 4-57 所示。还可以在绘制选区前在所使用工具的属性栏中直接输入羽化的数值，如图 4-58 所示。此时，绘制的选区自动成为带有羽化边缘的选区。

图 4-57

羽化: 20像素　消除锯齿　样式: 固定比例　宽度: 1　高度: 3　调整边缘...

图 4-58

4.2.4 创建和取消选区

选择“选择 > 取消选择”命令，或按 Ctrl+D 组合键，可以取消选区。

4.2.5 全选和反选选区

选择所有像素，是指将图像中的所有图像全部选取。选择“选择 > 全部”命令，或按 Ctrl+A 组合键，即可选取全部图像，效果如图 4-59 所示。

选择“选择 > 反向”命令，或按 Shift+Ctrl+I 组合键，可以对当前的选区进行反向选取，效果分别如图 4-60、图 4-61 所示。

图 4-59

图 4-60

图 4-61

4.3 课堂练习——制作圣诞贺卡

练习知识要点

用磁性套索工具绘制选区，使用魔棒工具选取图像，使用椭圆选框工具绘制选区，使用移动工具移动选区中的图像，效果如图 4-62 所示。

效果所在位置

资源包/Ch04/效果/制作圣诞贺卡.psd。

图 4-62

制作圣诞贺卡

4.4 课后习题——制作我爱我家照片模板

习题知识要点

使用羽化选区命令制作柔和图像效果，使用反选命令制作选区反选效果，使用魔棒工具选取图像，效果如图 4-63 所示。

效果所在位置

资源包/Ch04/效果/制作我爱我家照片模板.psd。

图 4-63

制作我爱我家照片模板

Chapter

5

第 5 章 绘制图像

本章主要介绍 Photoshop CC 画笔工具的使用方法以及填充工具的使用技巧。通过本章的学习，可以用画笔工具绘制出丰富多彩的图像效果，用填充工具制作出多样的填充效果。

课堂学习目标

- 掌握绘图工具、历史记录画笔工具和颜色替换工具的使用
- 掌握渐变工具和油漆桶的使用方法
- 掌握填充工具和描边命令的使用方法

5.1 绘图工具的使用

使用绘图工具是绘画和编辑图像的基础。画笔工具可以绘制出各种绘画效果。铅笔工具可以绘制出各种硬边效果的图像。

5.1.1 课堂案例——制作花艺吊牌

案例学习目标

学会使用绘图工具绘制不同的装饰图形。

案例知识要点

使用画笔工具绘制手指和花朵，使用横排位置工具添加文字，花艺吊牌效果如图 5-1 所示。

效果所在位置

资源包/Ch05/效果/绘制花艺吊牌.psd。

图 5-1

绘制花艺吊牌

STEP 1 按 Ctrl + O 组合键，打开资源包中的“Ch05 > 素材 > 制作花艺吊牌 > 01”文件，如图 5-2 所示。

STEP 2 新建图层并将其命名为“红色手指”。将前景色设为红色（其 R、G、B 的值分别为 152、15、13）。选择“画笔”工具，在属性栏中单击“画笔”选项右侧的按钮，在弹出的面板中选择需要的画笔形状，如图 5-3 所示，单击属性栏中的“切换画笔面板”按钮，在弹出的“画笔”控制面板中进行设置，如图 5-4 所示。在图像窗口中拖曳鼠标绘制红色手指图形，效果如图 5-5 所示。

图 5-2

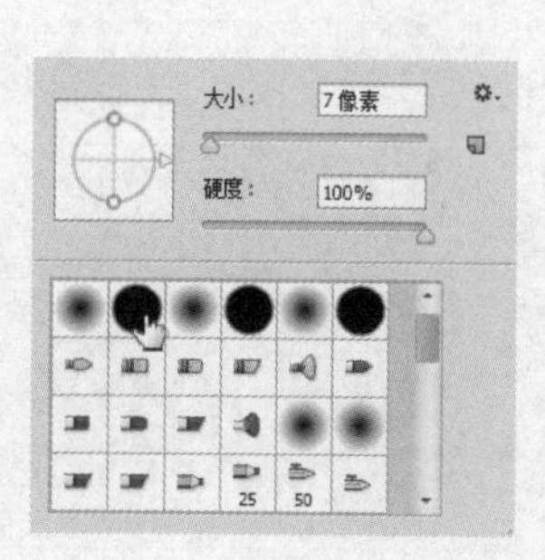

图 5-3

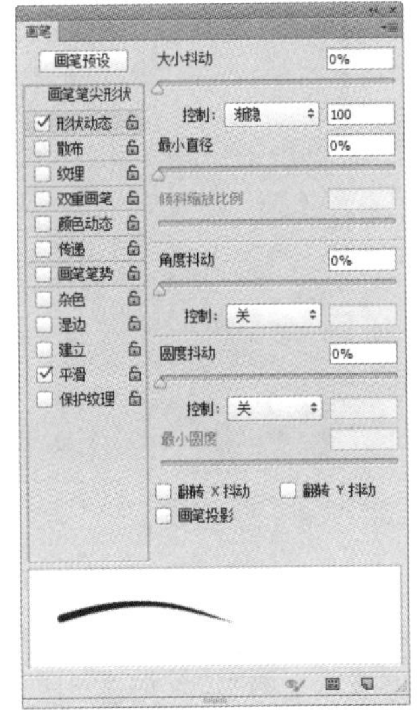

图 5-4

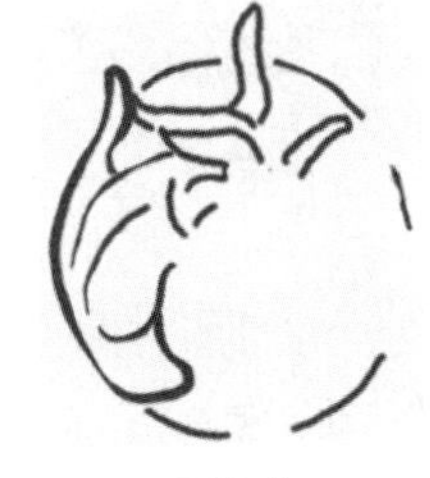

图 5-5

STEP 3 将前景色设为绿色（其 R、G、B 的值分别为 48、169、106）。选择“画笔”工具，在属性栏中单击“画笔”选项右侧的按钮，在弹出的画笔面板中选择需要的画笔形状，将“主直径”选项设为 5px，如图 5-6 所示。在图像窗口中拖曳鼠标绘制叶子图形，效果如图 5-7 所示。用相同方法新建图层并将其命名为“粉色花朵”，选择“画笔”工具，绘制其他图形，并分别填充适当的颜色，效果如图 5-8 所示。

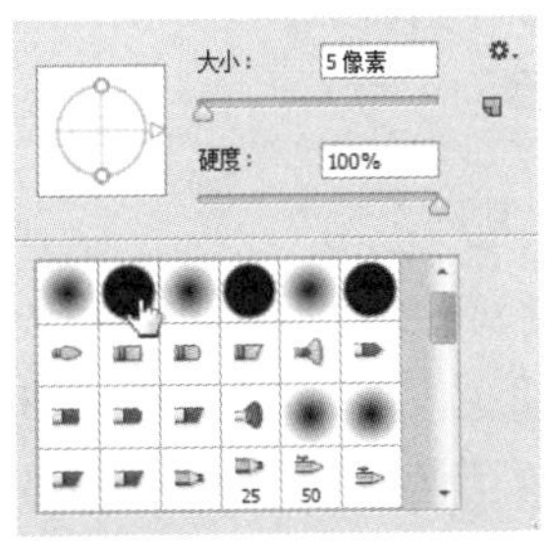

图 5-6

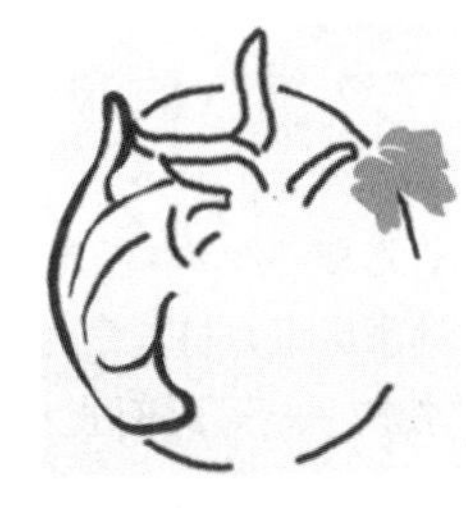

图 5-7

图 5-8

STEP 4 选择“横排文字”工具，在适当的位置输入需要的文字并设置大小，将前景色设为浅粉色（其 R、G、B 的值分别为 235、89、182），在图像窗口中输入需要的文字，效果如图 5-9 所示，在“图层”控制面板中生成新的文字图层。用相同的方法输入需要的文字，并填充适当的颜色，效果如图 5-10 所示。

图 5-9

图 5-10

STEP 5 按住 Shift 键的同时，依次单击需要的图层，将其同时选取，如图 5-11 所示。按 Ctrl + G 组合键，将选取图层编组，效果如图 5-12 所示。

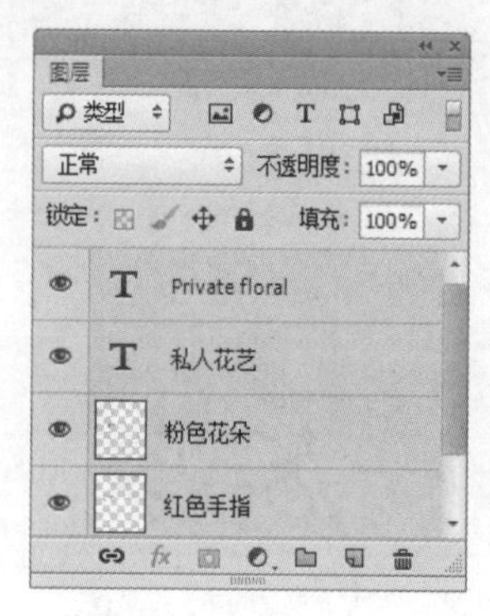

图 5-11

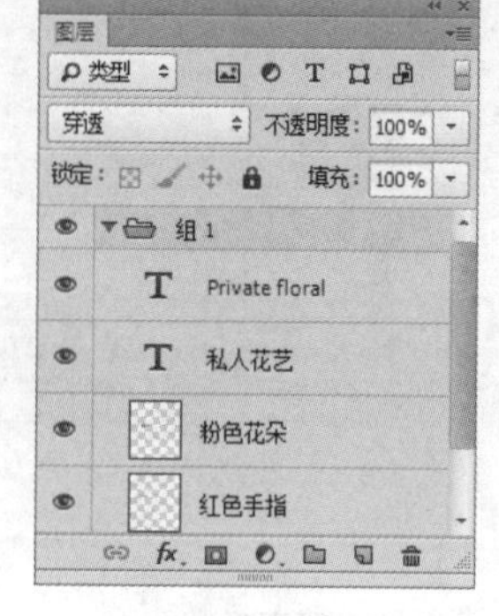

图 5-12

STEP 6 选择“移动”工具，选取文字图层，如图 5-13 所示，按 Ctrl+T 组合键，图像周围出现变换框，旋转变换框右上角的控制手柄，旋转图像，按 Enter 键确定操作，效果如图 5-14 所示。

图 5-13

图 5-14

STEP 7 选择“移动”工具，选取“组 1”图层组，将其拖曳到“图层”控制面板下方的“创建新图层”按钮上进行复制，生成新的图层组并将其命名为“组 2”，如图 5-15 所示。按 Ctrl+T 组合键，图像周围出现变换框，拖曳右上角的控制手柄等比例放大图片，并适当旋转图像，按 Enter 键确定操作，并拖曳到适当位置，效果如图 5-16 所示。花艺吊牌绘制完成。

图 5-15

图 5-16

5.1.2 画笔工具

选择“画笔”工具，或反复按 Shift+B 组合键，其属性栏的效果如图 5-17 所示。

图 5-17

画笔预设：用于选择预设的画笔。模式：用于选择绘画颜色与下面现有像素的混合模式。不透明度：可以设定画笔颜色的不透明度。流量：用于设定喷笔压力，压力越大，喷色越浓。启用喷枪模式：可以启用喷枪功能。绘图板压力控制大小：使用压感笔压力可以覆盖“画笔”面板中的“不透明度”和“大小”的设置。

使用画笔工具：选择“画笔”工具，在画笔工具属性栏中设置画笔，如图 5-18 所示，在图像中单击鼠标并按住不放，拖曳鼠标可以绘制出如图 5-19 所示的效果。

图 5-18　　　　图 5-19

画笔预设：在画笔工具属性栏中单击“画笔”选项右侧的按钮，弹出如图 5-20 所示的画笔选择面板，在画笔选择面板中可以选择画笔形状。

拖曳“主直径”选项下方的滑块或直接输入数值，可以设置画笔的大小。如果选择的画笔是基于样本的，将显示“恢复到原始大小”按钮，单击此按钮，可以使画笔的大小恢复到初始的大小。

单击“画笔”面板右上方的按钮，在弹出的下拉菜单中选择“描边缩览图”命令，如图 5-21 所示，“画笔”选择面板的显示效果如图 5-22 所示。

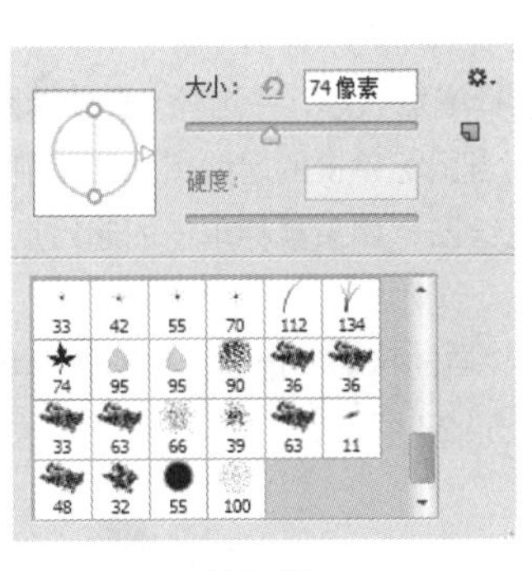

图 5-20

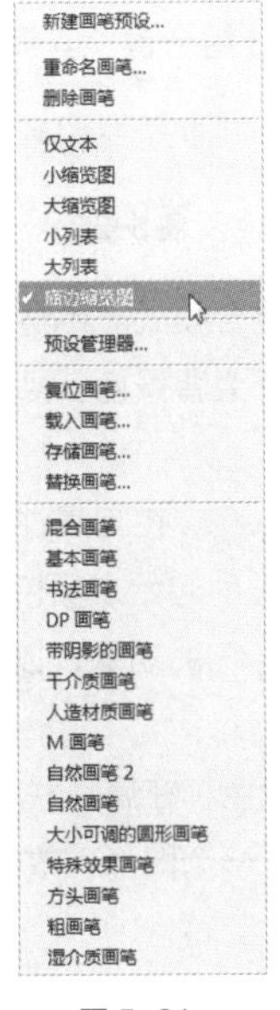

图 5-21

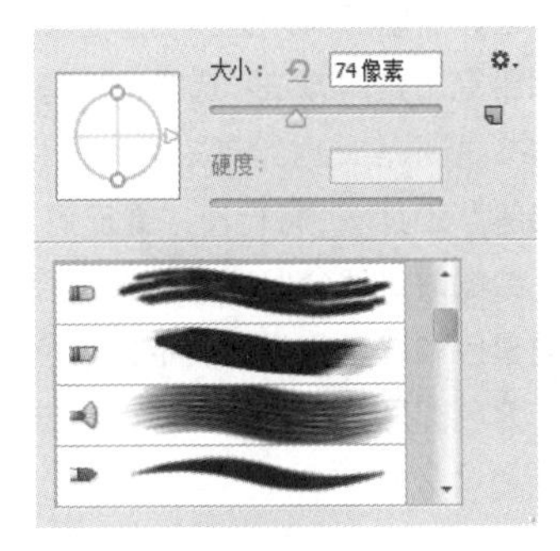

图 5-22

新建画笔预设：用于建立新画笔。重命名画笔：用于重新命名画笔。删除画笔：用于删除当前选中的画笔。仅文本：以文字描述方式显示画笔选择面板。小缩览图：以小图标方式显示画笔选择面板。大缩览图：以大图标方式显示画笔选择面板。小列表：以小文字和图标列表方式显示画笔选择面板。大列表：以大文字和图标列表方式显示画笔选择面板。描边缩览图：以笔划的方式显示画笔选择面板。预设管理器：用于在弹出的预置管理器对话框中编辑画笔。复位画笔：用于恢复默认状态的画笔。载入画笔：用于将存储的画笔载入面板。存储画笔：用于将当前的画笔进行存储。替换画笔：用于载入新画笔并替换当前画笔。

在画笔选择面板中单击“从此画笔创建新的预设”按钮，弹出如图 5-23 所示的“画笔名称”对话框。单击画笔工具属性栏中的“切换画笔面板”按钮，弹出如图 5-24 所示的“画笔”控制面板。

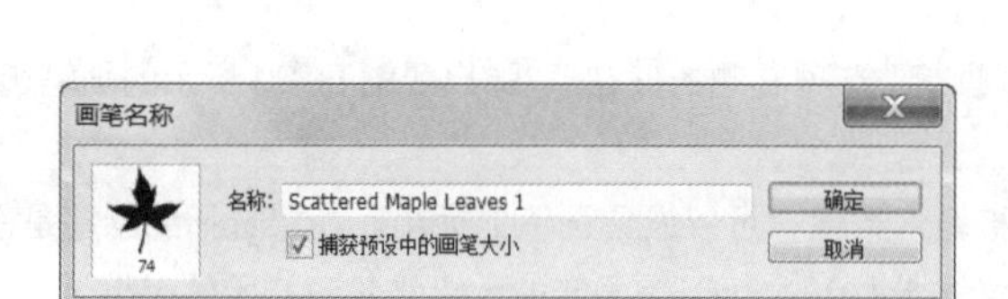

图 5-23

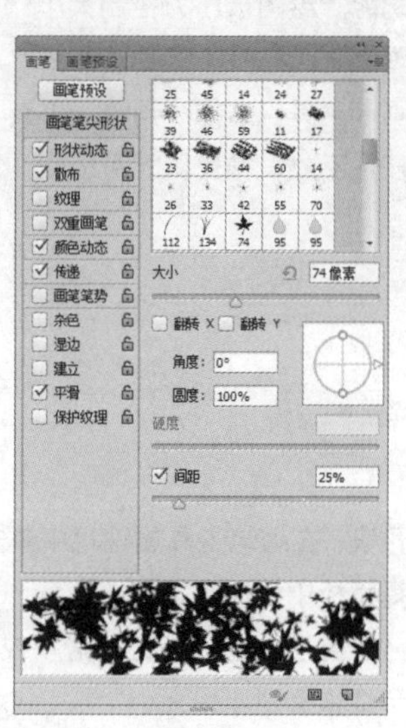

图 5-24

5.1.3 铅笔工具

选择“铅笔”工具，或反复按 Shift+B 组合键，其属性栏的效果如图 5-25 所示。

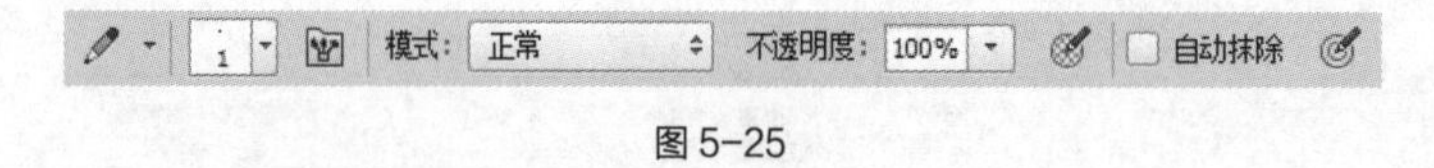

图 5-25

画笔：用于选择画笔。模式：用于选择混合模式。不透明度：用于设定不透明度。自动抹除：用于自动判断绘画时的起始点颜色，如果起始点颜色为背景色，则铅笔工具将以前景色绘制，反之如果起始点颜色为前景色，铅笔工具则会以背景色绘制。

使用铅笔工具的方法：选择“铅笔”工具，在其属性栏中选择笔触大小，并选择“自动抹除”选项，如图 5-26 所示，此时绘制效果与鼠标所单击的起始点颜色有关，当鼠标单击的起始点像素与前景色相同时，“铅笔”工具将行使“橡皮擦”工具的功能，以背景色绘图；如果鼠标单击的起始点颜色不是前景色，绘图时仍然会保持以前景色绘制。

将前景色和背景色分别设定为紫色和土黄色，在属性栏中勾选“自动抹除”选项，在图像中单击鼠标，画出一个紫色图形，在紫色图形上单击绘制下一个图形，效果如图 5-27 所示。

图 5-26

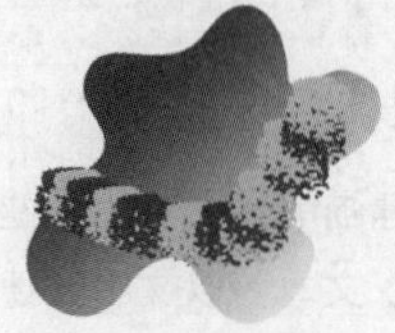

图 5-27

5.2 应用历史记录画笔工具

历史记录画笔工具主要用于将图像恢复到以前某一历史状态，以形成特殊的图像效果。

5.2.1 课堂案例——制作油画风景

案例学习目标

学会使用历史记录艺术画笔工具绘制油画效果。

案例知识要点

使用历史记录艺术画笔工具制作涂抹效果；使用色相/饱和度命令调整图片颜色；使用去色命令将图片去色；使用浮雕效果滤镜命令为图片添加浮雕效果，油画风景效果如图 5-28 所示。

效果所在位置

资源包/Ch05/效果/制作油画风景.psd。

图 5-28

制作油画风景

STEP 1 按 Ctrl + O 组合键，打开资源包中的“Ch05 > 素材 > 制作油画风景 > 01”文件，如图 5-29 所示。选择“窗口 > 历史记录”命令，弹出“历史记录”控制面板，单击面板右上方的图标，在弹出的菜单中选择“新建快照”命令，弹出“新建快照”对话框，选项的设置如图 5-30 所示，单击“确定”按钮。

图 5-29

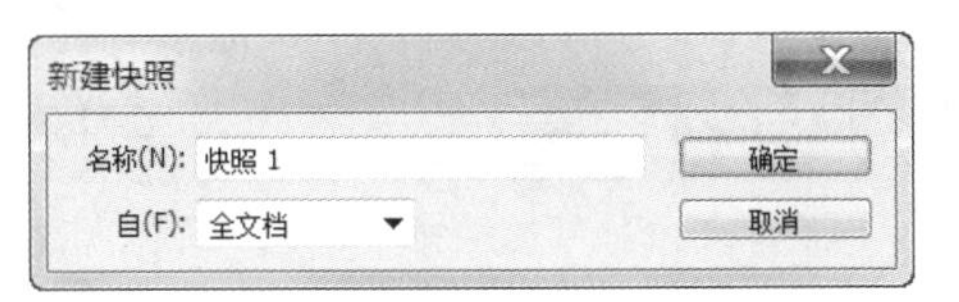

图 5-30

STEP 2 新建图层并将其命名为“黑色块”。按 Alt+Delete 组合键，用前景色填充图层，在“图层”控制面板上方，将“不透明度”选项设为 80%，如图 5-31 所示，效果如图 5-32 所示。

STEP 3 新建图层并将其命名为“油画”。选择“历史记录艺术画笔”工具，单击属性栏中的“画笔”选项，弹出画笔面板，单击面板右上方的按钮，在弹出的菜单中选择“干介质画笔”选项，弹出提示对话框，单击“追加”按钮。在面板中选择需要的画笔形状，将“主直径”选项设为 15px，不透明度设为 85%。在图像窗口中拖曳鼠标绘制图形，效果如图 5-33 所示。继续拖曳鼠标绘制图形，直到笔刷铺满图像窗口，效果如图 5-34 所示。

图 5-31

图 5-32

图 5-33

图 5-34

STEP 4 选择“图像 > 调整 > 色相/饱和度”命令，在弹出的对话框中进行设置，如图 5-35 所示，单击“确定”按钮，图像效果如图 5-36 所示。

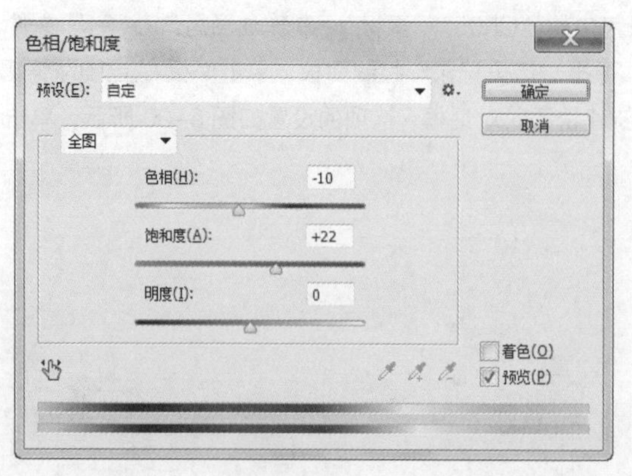

图 5-35

图 5-36

STEP 5 将“油画”图层拖曳到控制面板下方的“创建新图层”按钮 上进行复制，生成新图层并将其命名为“浮雕”。选择“图像 > 调整 > 去色”命令，将图像去色，效果如图 5-37 所示。

STEP 6 在“图层”控制面板上方，将“浮雕”图层的混合模式选项设为“叠加”，如图 5-38 所示，图像效果如图 5-39 所示。

图 5-37

图 5-38

图 5-39

STEP 7 选择“滤镜 > 风格化 > 浮雕效果”命令，在弹出的对话框中进行设置，如图 5-40 所示，单击“确定”按钮，效果如图 5-41 所示。油画风景效果制作完成。

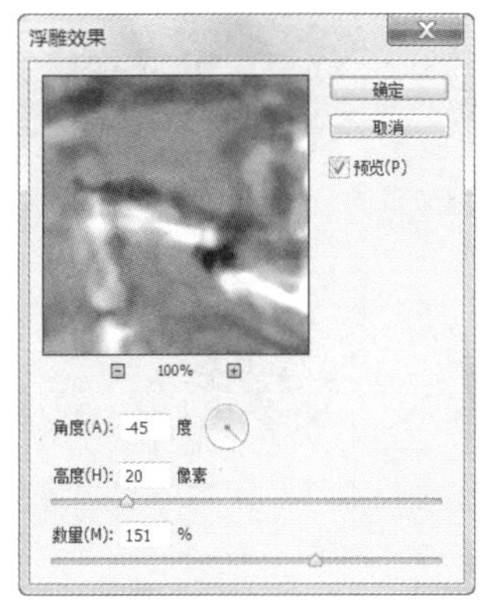

图 5-40

图 5-41

5.2.2 历史记录画笔工具

历史记录画笔工具是与“历史记录”控制面板结合起来使用的，主要用于将图像的部分区域恢复到以前某一历史状态，以形成特殊的图像效果。

打开一张图片（如图 5-42 所示），为图片添加滤镜效果，如图 5-43 所示。“历史记录”控制面板中的效果如图 5-44 所示。

图 5-42

图 5-43

图 5-44

选择“椭圆选框”工具，在其属性栏中将“羽化”选项设为 50，在图像上绘制一个椭圆形选区，如图 5-45 所示。选择“历史记录画笔”工具，在“历史记录”控制面板中单击“打开”步骤左侧的方框，设置历史记录画笔的源，显示出图标，如图 5-46 所示。

图 5-45

图 5-46

用“历史记录画笔”工具在选区中涂抹，如图 5-47 所示。取消选区后效果如图 5-48 所示。“历史记录”控制面板中的效果如图 5-49 所示。

图 5-47

图 5-48

图 5-49

5.2.3 历史记录艺术画笔工具

历史记录艺术画笔工具和历史记录画笔工具的用法基本相同。区别在于使用历史记录艺术画笔绘图时可以产生艺术效果。选择“历史记录艺术画笔”工具，其属性栏如图 5-50 所示。

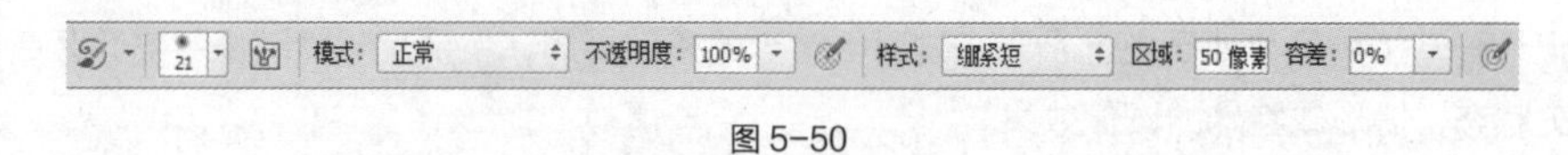

图 5-50

样式：用于选择一种艺术笔触。区域：用于设置画笔绘制时所覆盖的像素范围。容差：用于设置画笔绘制时的间隔时间。

原图效果如图 5-51 所示，用颜色填充图像，效果如图 5-52 所示，“历史记录”控制面板中的效果如图 5-53 所示。

在“历史记录”控制面板中单击“打开”步骤左侧的方框，设置历史记录画笔的源，显示出图标，如图 5-54 所示。选择“历史记录艺术画笔”工具，在属性栏（如图 5-55 所示）中可以进行设置。

图 5-51

图 5-52

图 5-53

图 5-54

图 5-55

用“历史记录艺术画笔”工具在图像上涂抹，效果如图 5-56 所示。“历史记录”控制面板中的效果如图 5-57 所示。

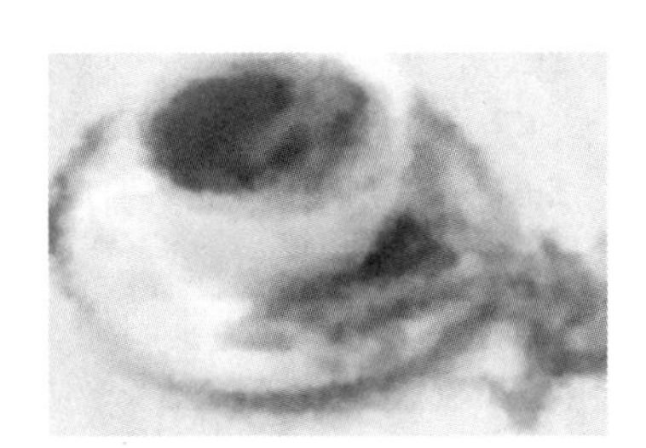

图 5-56

图 5-57

5.3 渐变工具和油漆桶工具

应用渐变工具可以创建多种颜色间的渐变效果，油漆桶工具可以改变图像的色彩，吸管工具可以吸取需要的色彩。

5.3.1 课堂案例——制作女孩渐变背景

案例学习目标

学习使用渐变工具绘制背景，使用剪切蒙版命令制作女孩效果。

案例知识要点

使用渐变工具制作背景，使用椭圆工具绘制圆形，使用剪切蒙版命令制作女孩效果，使用横排文字工具添加文字。女孩渐变背景效果如图 5-58 示。

效果所在位置

资源包/Ch05/效果/制作女孩渐变背景.psd。

图 5-58

制作女孩渐变背景

STEP 1 按 Ctrl + N 组合键，新建一个文件，宽度为 21cm，高度为 24.5cm，分辨率为 300 像素/英寸，颜色模式为 RGB，背景内容为白色，单击“确定”按钮。

STEP 2 选择“渐变”工具，在属性栏中单击“点按可编辑渐变”按钮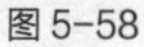，弹出“渐变编辑器”对话框，在“位置”选项中分别输入 0、8、9、10、11、14、15、30、31、35、36、42、43、48、49、56、57、65、66、75、76、85、86、100 多个位置点，其中设置 0、8、11、14、30、36、42、49、56、66、75、86、100 颜色的 RGB 值为 102、203、106，另设置 9、10、15、31、35、43、48、57、65、76、85、100 颜色的 RGB 值为 237、84、94，如图 5-59 所示，单击“确定”按钮，在图像窗口中从左至右拖曳渐变色，效果如图 5-60 所示。

STEP 3 新建图层并将其命名为“圆”。将前景色设置为白色。选择“椭圆”工具，在属性中的“选择工具模式”选项中选择“像素”，在图像窗口中拖曳鼠标绘制圆形，效果 5-61 所示。

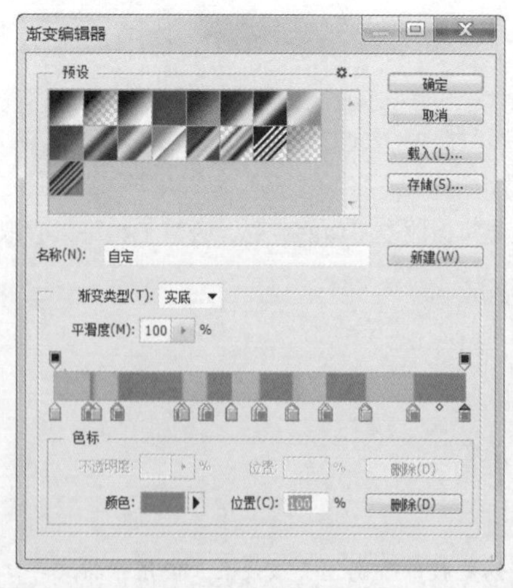

图 5-59

图 5-60

图 5-61

STEP 4 按 Ctrl + O 组合键，打开资源包中的“Ch05 > 素材 > 制作女孩渐变背景 > 01”文件，选择“移动”工具，将 01 图片拖曳到图像窗口适当的位置，效果如图 5-62 所示，在“图层”控制面板中生成新图层并将其命名为“女孩”。

STEP 5 按住 Alt 键的同时，将鼠标指针放在“圆”图层和“女孩”图层的中间，当鼠标指针变为↓□时，如图 5-63 所示，单击鼠标，创建剪贴蒙版，图像效果如图 5-64 所示。

图 5-62

图 5-63

图 5-64

STEP 6 选择“横排文字”工具 T，在适当的位置输入需要的文字并设置大小，将前景色设为黄色（其 R、G、B 的值分别为 255、244、92），在图像窗口中输入需要的文字，效果如图 5-65 所示，在“图层”控制面板中生成新的文字图层。女孩渐变背景制作完成，效果如图 5-66 所示。

图 5-65

图 5-66

5.3.2 油漆桶工具

选择“油漆桶”工具，或反复按 Shift+G 组合键，其属性栏如图 5-67 所示。

图 5-67

前景：在其下拉列表中选择填充的是前景色或是图案。：用于选择定义好的图案。模式：用于选择着色的模式。不透明度：用于设定不透明度。容差：用于设定色差的范围，数值越小，容差越小，填充的区域也越小。消除锯齿：用于消除边缘锯齿。连续的：用于设定填充方式。所有图层：用于选择是否对所有可见层进行填充。

选择“油漆桶”工具，在其属性栏中对“容差”选项进行不同的设定，如图 5-68、图 5-69 所示，用油漆桶工具在图像中填充颜色，不同的填充效果如图 5-70、图 5-71 所示。

图 5-68

图 5-69

图 5-70

图 5-71

在油漆桶工具属性栏中设置图案，如图 5-72 所示，用油漆桶工具在图像中填充图案，效果如图 5-73 所示。

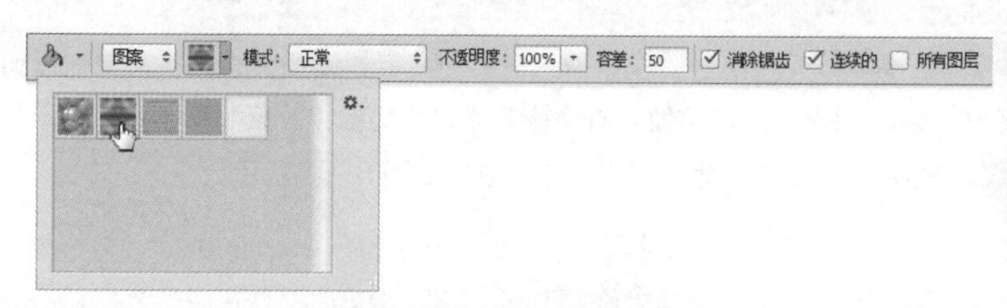

图 5-72

图 5-73

5.3.3 吸管工具

选择“吸管”工具，或反复按 Shift+I 组合键，其属性栏中的显示效果如图 5-74 所示。

图 5-74

选择“吸管”工具，用鼠标在图像中需要的位置单击，当前的前景色将变为吸管吸取的颜色，在“信息”控制面板中将观察到吸取颜色的色彩信息，效果如图 5-75 所示。

图 5-75

5.3.4 渐变工具

选择“渐变”工具，或反复按 Shift+G 组合键，其属性栏如图 5-76 所示。

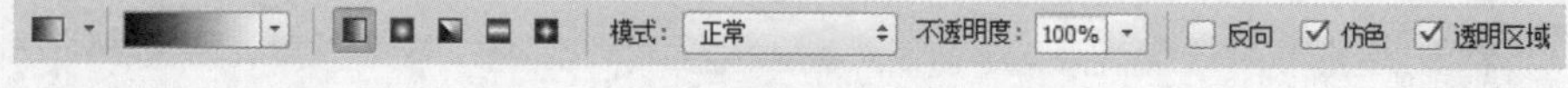

图 5-76

渐变工具包括线性渐变工具、径向渐变工具、角度渐变工具、对称渐变工具、菱形渐变工具。

：用于选择和编辑渐变的色彩。：用于选择各类型的渐变工具。模式：用于选择着色的模式。不透明度：用于设定不透明度。反向：用于反向产生色彩渐变的效果。仿色：用于使渐变更平滑。透明区域：用于产生不透明度。

如果自定义渐变形式和色彩，可单击“点按可编辑渐变”按钮，在弹出的“渐变编辑器”对话框中进行设置，如图 5-77 所示。

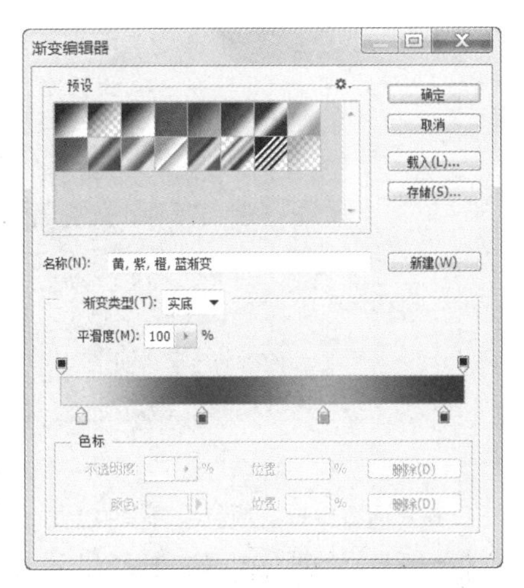

图 5-77

在“渐变编辑器”对话框中，单击颜色编辑框下方的适当位置，可以增加颜色色标，如图 5-78 所示。颜色可以进行调整，可以在对话框下方的“颜色”选项中选择颜色，或双击刚建立的颜色色标，弹出“拾色器”对话框，如图 5-79 所示。在其中选择适合的颜色，单击“确定”按钮，颜色即可改变。颜色的位置也可以进行调整，在“位置”选项的数值框中输入数值或用鼠标直接拖曳颜色色标，都可以调整颜色的位置。

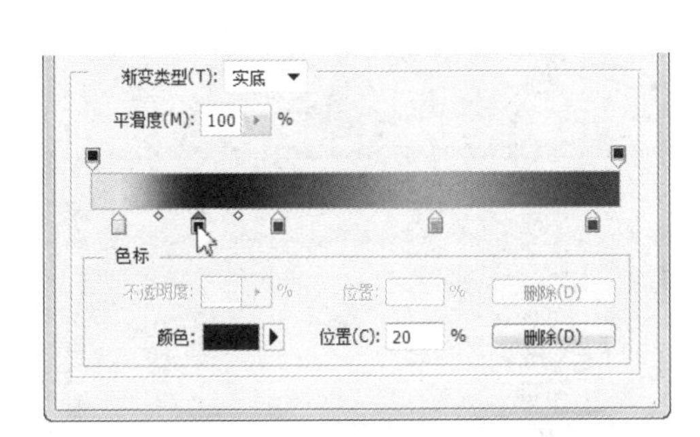

图 5-78

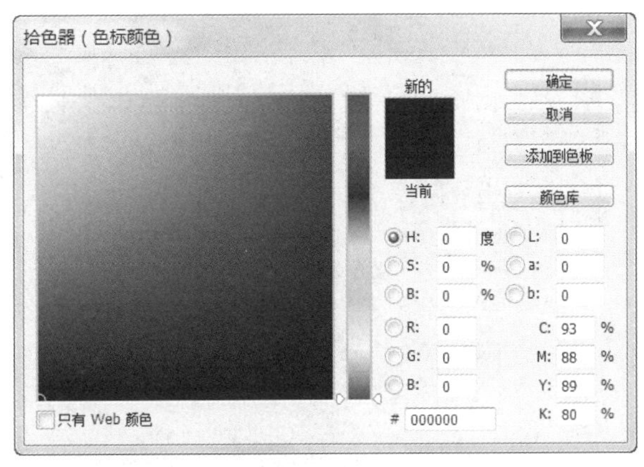

图 5-79

任意选择一个颜色色标，如图 5-80 所示，单击对话框下方的“删除”按钮删除(D)，或按 Delete 键，可以将颜色色标删除，如图 5-81 所示。

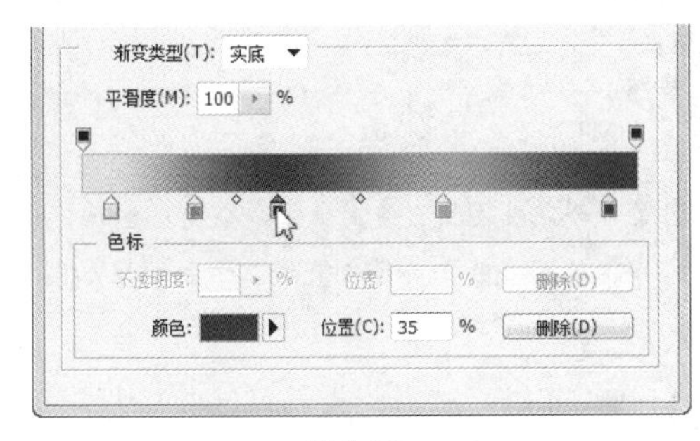

图 5-80

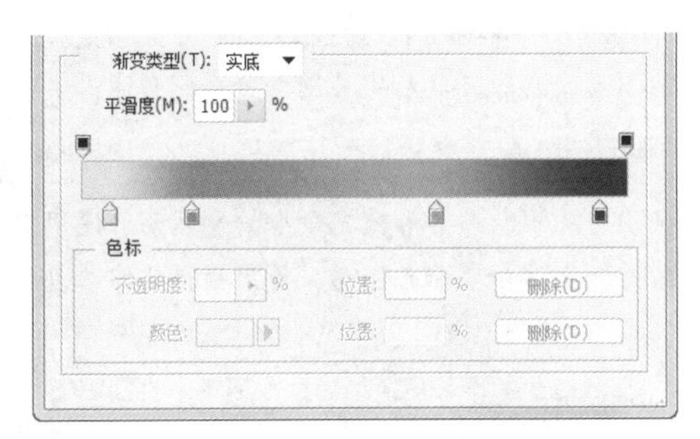

图 5-81

在对话框中单击颜色编辑框左上方的黑色色标，如图 5-82 所示，调整“不透明度”选项的数值，可以使开始的颜色到结束的颜色显示为半透明的效果，如图 5-83 所示。

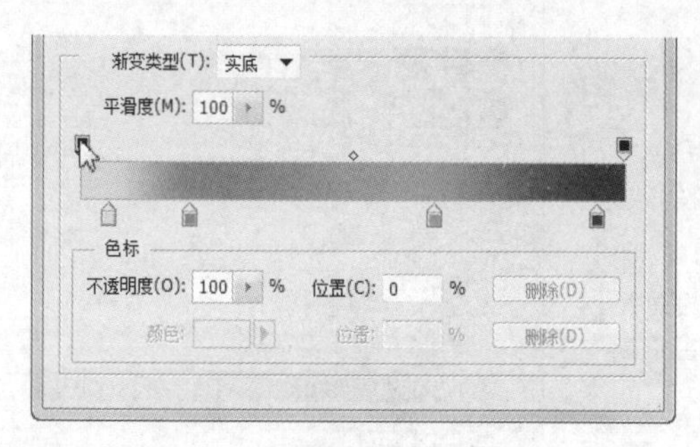

图 5-82

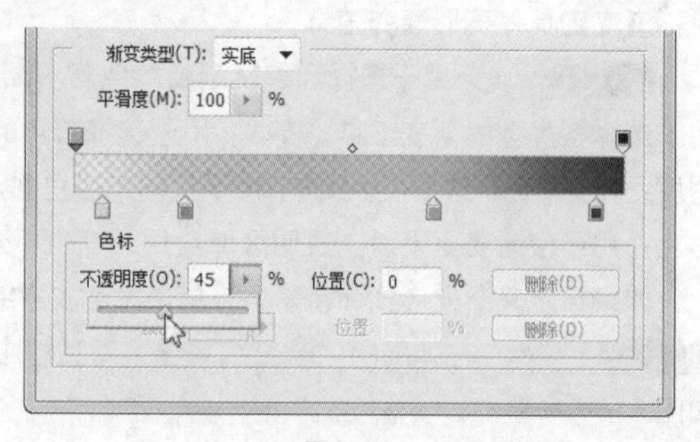

图 5-83

在对话框中单击颜色编辑框的上方，出现新的色标，如图 5-84 所示，调整“不透明度”选项的数值，可以使新色标的颜色向两边的颜色出现过度式的半透明效果，如图 5-85 所示。如果想删除新的色标，单击对话框下方的“删除”按钮 删除(D) ，或按 Delete 键，即可将其删除。

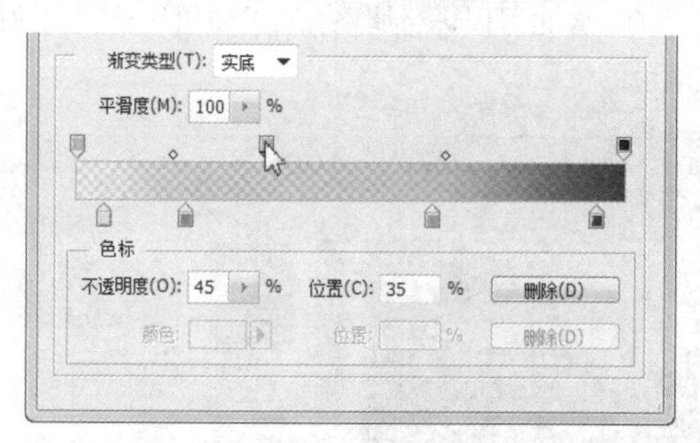

图 5-84

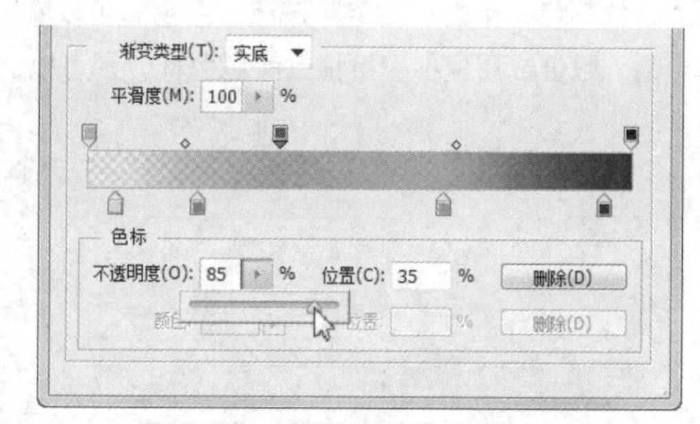

图 5-85

5.4 填充工具与描边命令

应用填充命令和定义图案命令可以为图像添加颜色和定义好的图案效果，应用描边命令可以为图像描边。

5.4.1 课堂案例——制作卡片

案例学习目标

应用自定形状工具和定义图案命令制作卡片。

案例知识要点

使用自定形状工具和填充命令绘制图形，使用定义图案命令定义图案，使用填充命令为选区填充颜色，使用填充和描边命令制作图形，使用横排文字工具添加文字，使用直线工具绘制直线。卡片效果如图 5-86 所示。

效果所在位置

资源包/Ch05/效果/制作卡片.psd。

图 5-86

制作卡片

STEP 1 按 Ctrl + N 组合键，新建一个文件，宽度为 29.7cm，高度为 21cm，分辨率为 300 像素/英寸，颜色模式为 RGB，背景内容为白色，单击“确定”按钮。将前景色设置为蓝色（其 R、G、B 的值分别为 101、219、227），按 Alt+Delete 组合键，用前景色填充“背景”图层，效果如图 5-87 所示。

STEP 2 新建图层，生成“图层 1”。将前景色设为黄色（其 R、G、B 的值分别为 232、214、11）。选择“自定形状”工具，在属性栏中单击“形状”选项右侧的按钮，弹出“形状”面板，在面板中选中需要的图形，如图 5-88 所示。在属性栏中的“选择工具模式”选项中选择“像素”，按住 Shift 键的同时，在图像窗口中拖曳鼠标绘制图形，效果如图 5-89 所示。

图 5-87

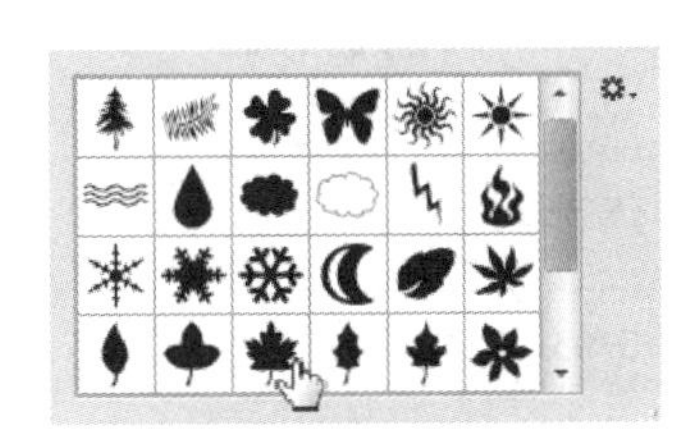

图 5-88

图 5-89

STEP 3 选择“移动”工具，按住 Alt 键的同时，拖曳图像到适当的位置，复制图像。按 Ctrl+T 组合键，在图形周围出现变换框，将鼠标指针放在变换框的控制手柄外边，指针变为旋转图标，拖曳鼠标将图形旋转到适当的角度，并调整其大小及位置，按 Enter 键确认操作，效果如图 5-90 所示。用相同方法绘制另一片树叶，效果如图 5-91 所示。

STEP 4 在“图层”控制面板中，选择“图层 1”图层，按住 Shift 键的同时，单击“图层 1 拷贝 2”图层，将三个图层之间的图层同时选取。按 Ctrl+E 组合键，合并图层并将其命名为“图案”，如图 5-92 所示。单击“背景”图层左侧的眼睛图标，将“背景”图层隐藏，如图 5-93 所示。

图 5-90

图 5-91

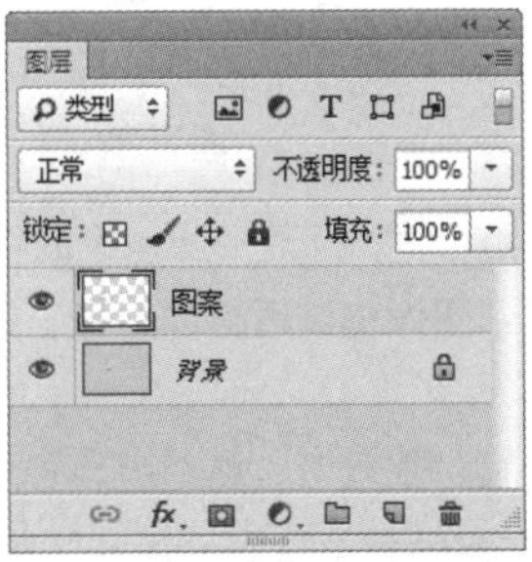

图层
类型
正常 不透明度: 100%
锁定: 填充: 100%
图案
背景

图 5-92

图 5-93

STEP 5 选择“矩形选框”工具，在图像窗口中绘制矩形选区，如图 5-94 所示。选择“编辑 > 定义图案”命令，弹出“图案名称”对话框，选项的设置如图 5-95 所示，单击“确定”按钮。按 Delete 键，删除选区中的图像。按 Ctrl+D 组合键，取消选区。单击“背景”图层左侧的空白图标，显示出隐藏的图层。

图 5-94

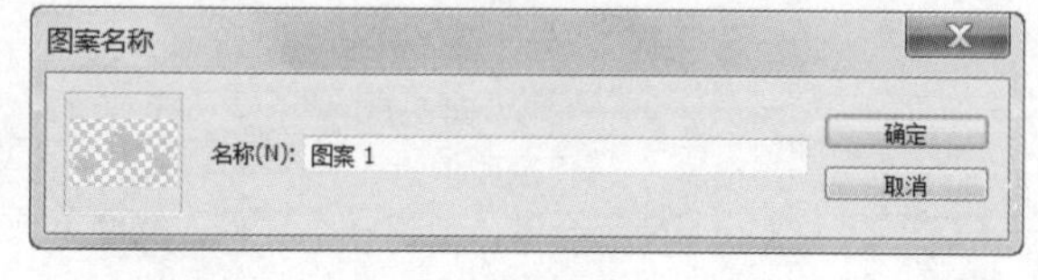

图 5-95

STEP 6 单击“图层”控制面板下方的“创建新的填充或调整图层”按钮，在弹出的菜单中选择“图案”命令，弹出“图案填充”对话框，选项的设置如图 5-96 所示，单击“确定”按钮。图像效果如图 5-97 所示。

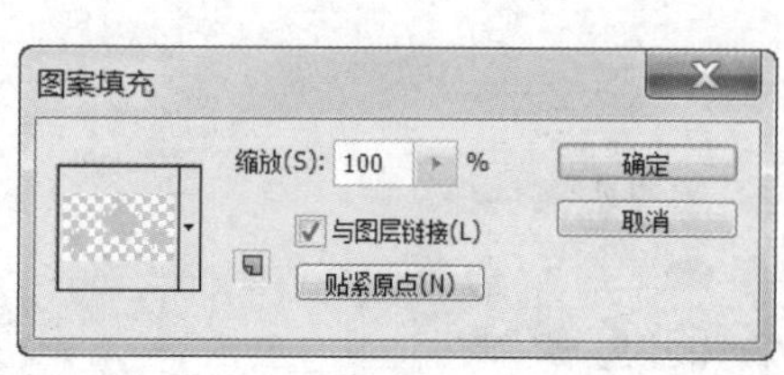

图 5-96

图 5-97

STEP 7 在“图层”控制面板上方，将“图案填充 1”图层的“不透明度”选项设为 67%，如图 5-98 所示，图像效果如图 5-99 所示。选择“移动”工具，按住 Alt 键的同时拖曳图形到适当的位置，复制图像，效果 5-100 所示。

图 5-98

图 5-99

图 5-100

STEP 8 按 Ctrl + O 组合键，打开资源包中的“Ch05 > 素材 > 制作卡片 > 01”文件，选择“移动”工具，将 01 图片拖曳到图像窗口适当的位置，效果如图 5-101 所示，在“图层”控制面板中生成新图层并将其命名为“女孩”。

STEP 9 新建图层生成“形状”。将前景色设为褐色（其 R、G、B 的值分别为 102、28、34）。选择“自定形状”工具，在属性栏中单击“形状”选项右侧的按钮，弹出“形状”面板，单击右上方的⚙按钮，在弹出的菜单中选择“台词框”选项，弹出提示对话框，单击“确定”按钮。在“台词框”面板中选中需要的图形，如图 5-102 所示。在属性栏中的“选择工具模式”选项中选择“像素”，在按住 Shift 键的同时，在图像窗口中拖曳鼠标绘制图形，效果如图 5-103 所示。

图 5-101

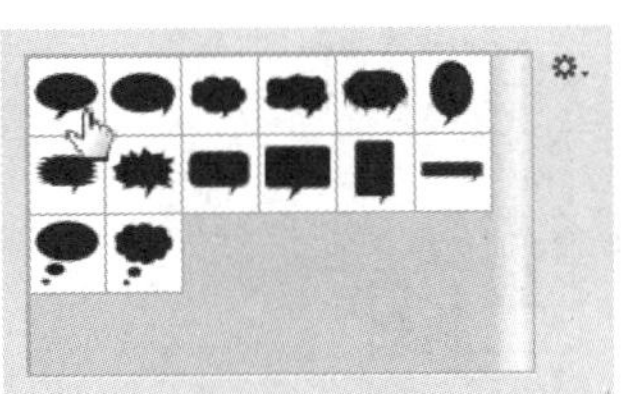
图 5-102

图 5-103

STEP 10 在“图层”控制面板中，按住 Ctrl 键的同时单击“形状”图层的缩览图，如图 5-104 所示，在图形周围生成选区，效果如图 5-105 所示。

图 5-104

图 5-105

STEP 11 选择“编辑 > 描边”命令，在弹出的对话框中进行设置，将颜色设为黄色（其 R、G、B 的值分别为 247、228、13），其他选项设置如图 5-106 所示，单击“确定”按钮，效果如图 5-107 所示。

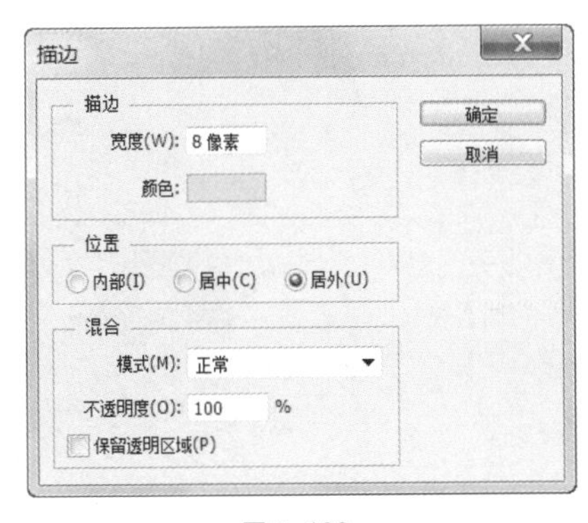

图 5-106

图 5-107

STEP 12 选择“横排文字”工具 T，在适当的位置输入需要的文字并设置大小，将前景色设为浅粉色（其 R、G、B 的值分别为 247、228、13），在图像窗口中输入需要的文字，效果如图 5-108 所示，在“图层”控制面板中生成新的文字图层。

STEP 13 选择“直线”工具，在属性栏中的“选择工具模式”选项中选择“形状”，将“粗细”选项设为5px，按住Shift键的同时在图像窗口中拖曳鼠标绘制直线，效果如图5-109所示。选择“移动”工具，按住Alt键的同时拖曳图形到适当的位置，复制图像，效果5-110所示。

图5-108

图5-109

图5-110

5.4.2 填充命令

选择“编辑 > 填充”命令，弹出“填充”对话框，如图5-111所示。

使用：用于选择填充方式，包括使用前景色、背景色、颜色、内容识别、图案、历史记录、黑色、50%灰色、白色进行填充。模式：用于设置填充模式。不透明度：用于调整不透明度。

在图像中绘制选区，如图5-112所示。选择“编辑 > 填充”命令，弹出“填充”对话框，选项的设置如图5-113所示。单击“确定”按钮，填充的效果如图5-114所示。

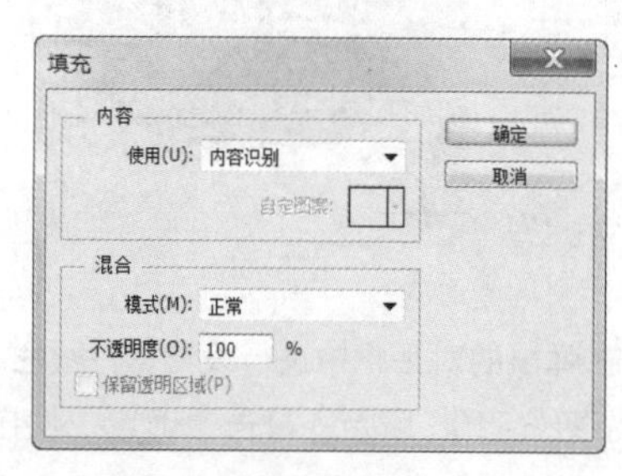

图5-111

图5-112

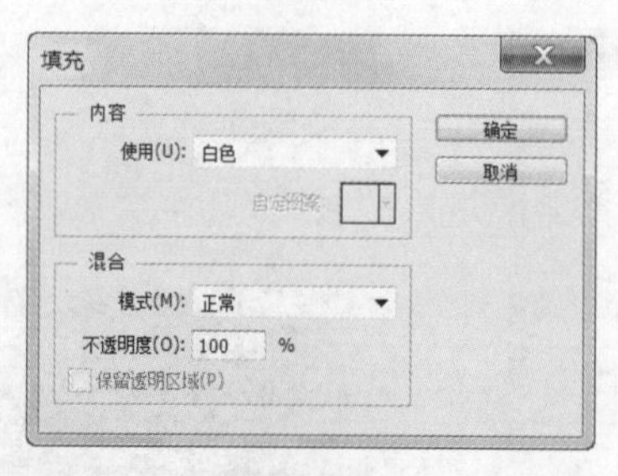

图5-113

图5-114

提示

按Alt+Backspace组合键，将使用前景色填充选区或图层。按Ctrl+Backspace组合键，将使用背景色填充选区或图层。按Delete键，将删除选区中的图像，露出背景色或下面的图像。

5.4.3 自定义图案

隐藏除图案外的其他图层，在图案上绘制需要的选区，如图 5-115 所示。选择“编辑 > 定义图案”命令，弹出“图案名称”对话框，如图 5-116 所示，单击“确定”按钮，图案定义完成。按 Ctrl+D 组合键，取消选区。

图 5-115

图 5-116

选择“编辑 > 填充”命令，弹出“填充”对话框。在“自定图案”选择框中选择新定义的图案，如图 5-117 所示。单击“确定”按钮，图案填充的效果如图 5-118 所示。

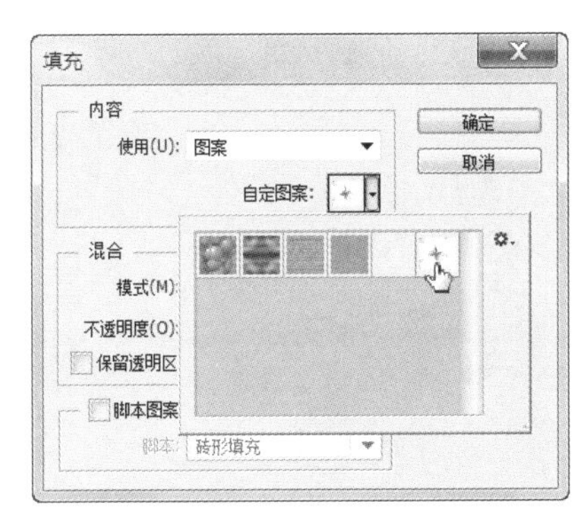

图 5-117

图 5-118

在“填充”对话框的“模式”选项中选择不同的填充模式，如图 5-119 所示。单击“确定”按钮，填充的效果如图 5-120 所示。

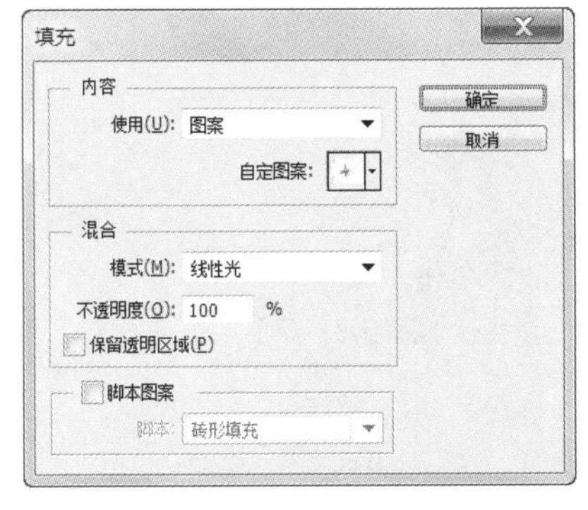

图 5-119

图 5-120

5.4.4 描边命令

选择“编辑 > 描边”命令，弹出“描边”对话框，如图 5-121 所示。

描边：用于设定边线的宽度和边线的颜色。位置：用于设定所描边线相对于区域边缘的位置，包括内部、居中和居外 3 个选项。混合：用于设置描边模式和不透明度。

选中要描边的图案，生成选区，效果如图 5-122 所示。选择“编辑 > 描边”命令，弹出“描边”对话框，如图 5-123 所示进行设定，单击“确定”按钮，按 Ctrl+D 组合键，取消选区，描边的效果如图 5-124 所示。

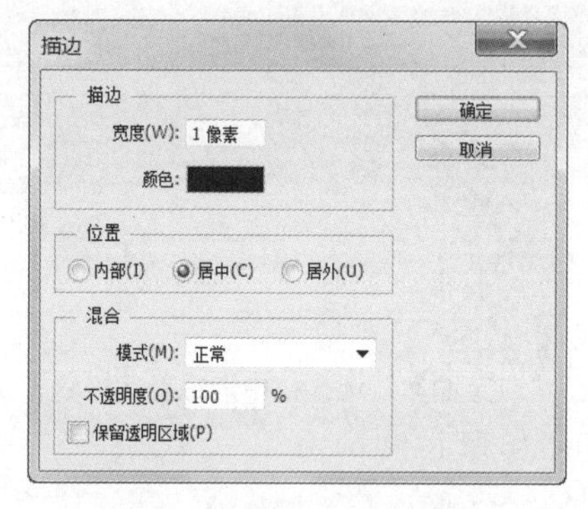

图 5-121

图 5-122

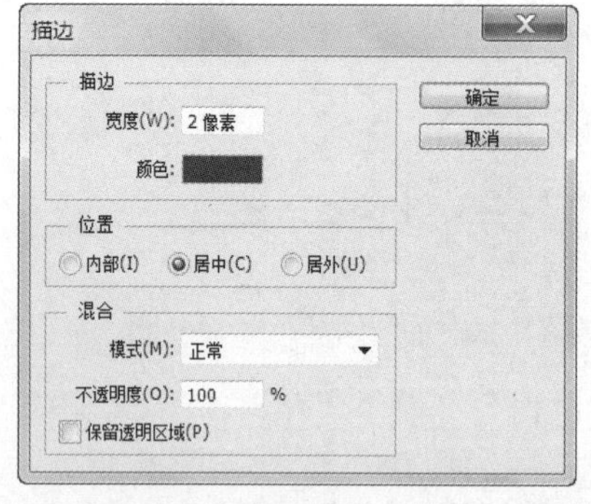

图 5-123

图 5-124

在“描边”对话框中，将“模式”选项设置为“溶解”，如图 5-125 所示，单击“确定”按钮，按 Ctrl+D 组合键，取消选区，描边的效果如图 5-126 所示。

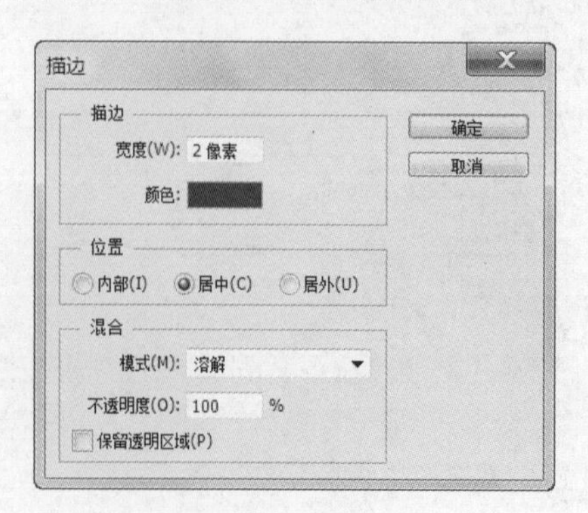

图 5-125

图 5-126

5.5 课堂练习——制作水果油画

练习知识要点

使用历史记录艺术画笔工具制作涂抹效果，使用色相/饱和度命令调整图片颜色，使用去色命令将图片去色，使用浮雕效果滤镜为图片添加浮雕效果，效果如图 5-127 所示。

效果所在位置

资源包/Ch05/效果/制作水果油画.psd。

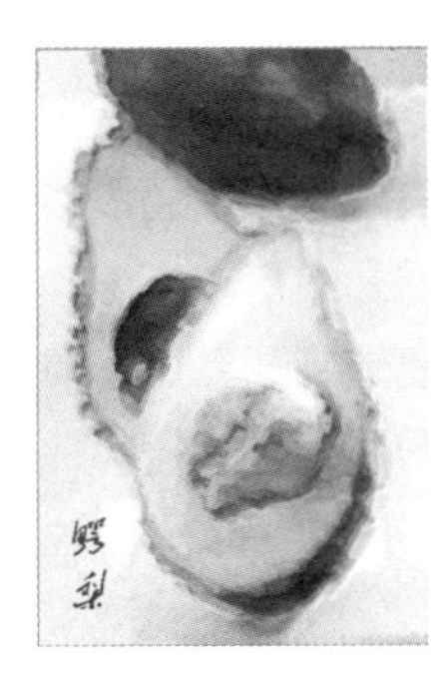

图 5-127

制作水果油画

5.6 课后习题——制作电视机

习题知识要点

使用定义图案命令、不透明度命令制作背景图，使用圆角矩形工具、钢笔工具、图层样式命令制作按钮图形，使用矩形选框工具、添加图层蒙版命令制作高光图形，使用横排文字工具添加文字，效果如图 5-128 所示。

效果所在位置

资源包/Ch05/效果/制作电视机.psd。

图 5-128

制作电视机

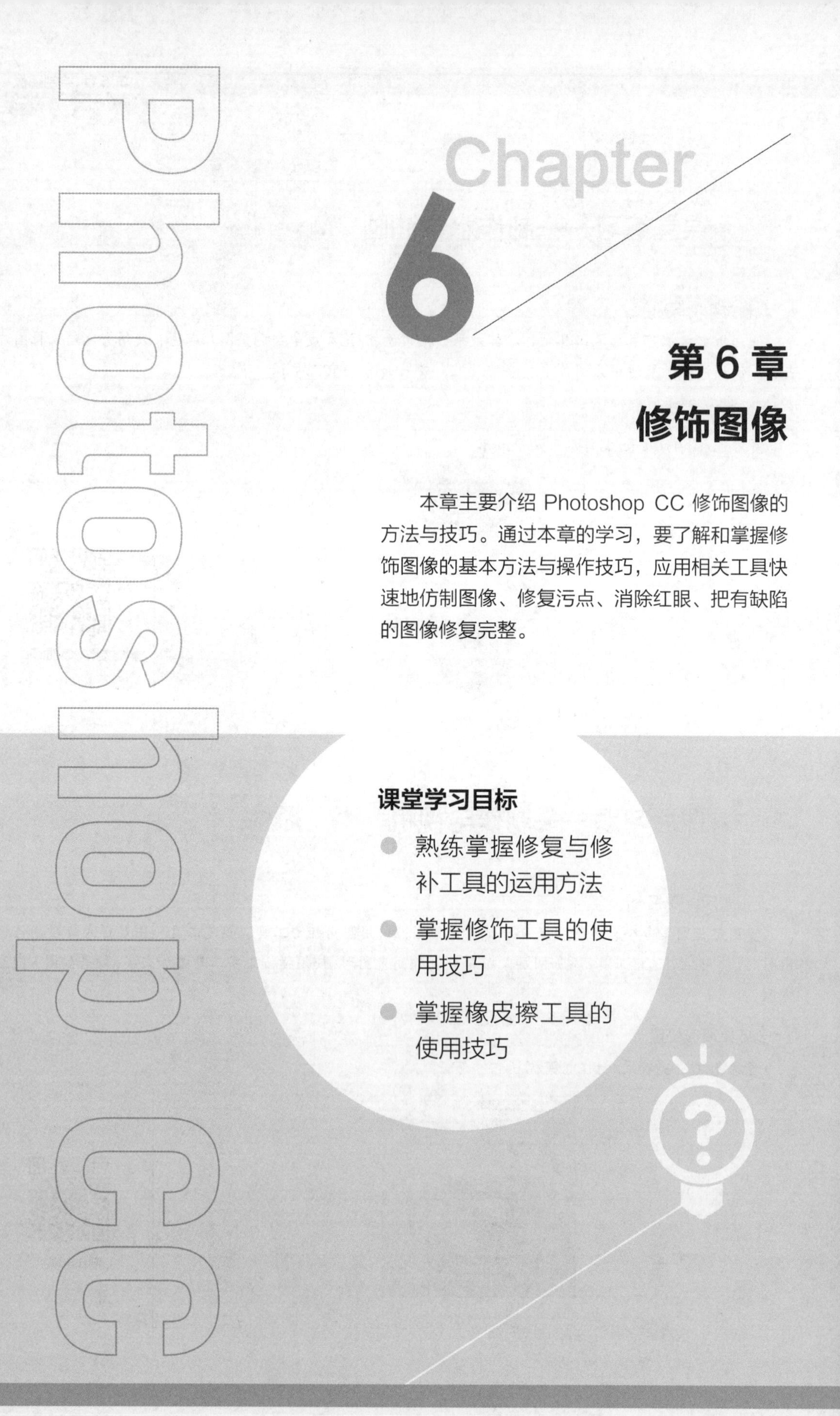

第6章 修饰图像

本章主要介绍 Photoshop CC 修饰图像的方法与技巧。通过本章的学习，要了解和掌握修饰图像的基本方法与操作技巧，应用相关工具快速地仿制图像、修复污点、消除红眼、把有缺陷的图像修复完整。

课堂学习目标

- 熟练掌握修复与修补工具的运用方法
- 掌握修饰工具的使用技巧
- 掌握橡皮擦工具的使用技巧

6.1 修复与修补工具

修图工具用于对图像的细微部分进行修整，是在处理图像时不可缺少的工具。

6.1.1 课堂案例——风景插画

案例学习目标

学习使用修复画笔工具修饰风景画。

案例知识要点

使用修复画笔工具修饰风景画，效果如图 6-1 所示。

效果所在位置

资源包/Ch06/效果/风景插画.psd

图 6-1

风景插画

STEP 1 按 Ctrl + O 组合键，打开资源包中的“Ch06 > 素材 > 风景插画 > 01”文件，如图 6-2 所示。选择“缩放”工具，将图片放大到适当的大小。

STEP 2 选择“修复画笔”工具，按住 Alt 键的同时，在需要的位置单击鼠标左键，选择取样点，如图 6-3 所示。用鼠标在适当位置单击，取样点区域的图像应用到涂抹的位置，如图 6-4 所示。

图 6-2

图 6-3

图 6-4

STEP 3 多次进行操作，修复出多个图案，效果如图 6-5 所示。用相同的方法，将不需要的云彩修复，效果如图 6-6 所示。

STEP 4 按 Ctrl + O 组合键，打开资源包中的“Ch06 > 素材 > 风景插画 > 02”文件，选择“移动”工具，将 02 图片拖曳到图像窗口适当的位置，效果如图 6-7 所示，在“图层”控制面板中生成新图层并将其命名为“欢乐海洋”。风景插画制作完成。

图 6-5

图 6-6

图 6-7

6.1.2 修补工具

选择“修补”工具，或反复按 Shift+J 组合键，其属性栏如图 6-8 所示。

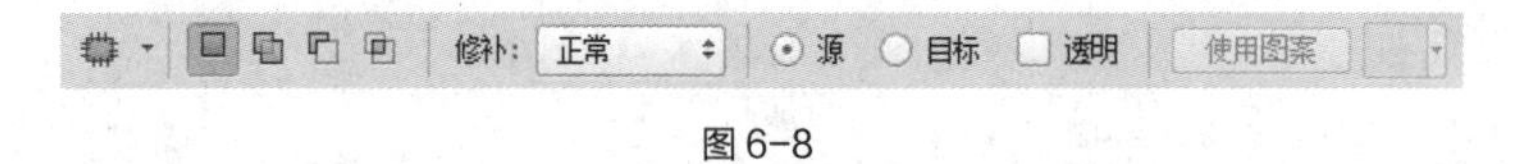

图 6-8

新选区：去除旧选区，绘制新选区。添加到选区：在原有选区的上面再增加新的选区。从选区减去：在原有选区上减去新选区的部分。与选区交叉：选择新旧选区重叠的部分。

使用修补工具：用“修补”工具圈选图像中的玫瑰花，如图 6-9 所示。选择修补工具属性栏中的“源”选项，在选区中单击并按住鼠标不放，移动鼠标将选区中的图像拖曳到需要的位置，如图 6-10 所示。释放鼠标，选区中的玫瑰花被新放置的选区位置的图像所修补，按 Ctrl+D 组合键，取消选区，修补的效果如图 6-11 所示。

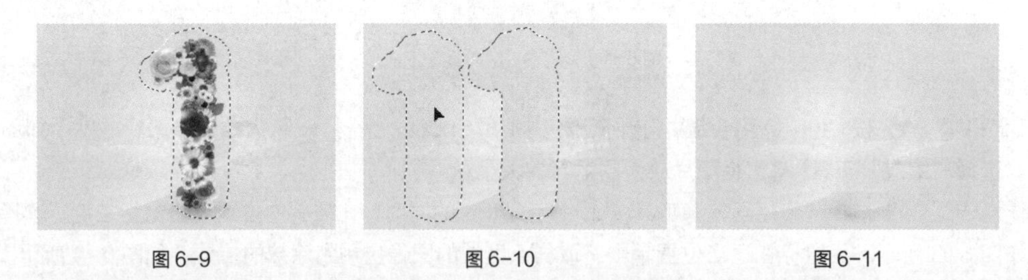

图 6-9　　图 6-10　　图 6-11

用“修补”工具圈选图像中的区域，如图 6-12 所示。选择修补工具属性栏中的“目标”选项，再将选区拖曳到要修补的图像区域，如图 6-13 所示，圈选区域中的图像修补了玫瑰花图像，按 Ctrl+D 组合键，取消选区，修补效果如图 6-14 所示。

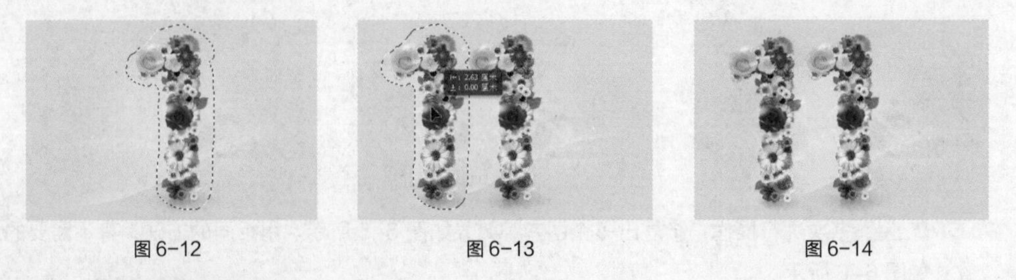

图 6-12　　图 6-13　　图 6-14

6.1.3 修复画笔工具

选择“修复画笔”工具，或反复按 Shift+J 组合键，属性栏如图 6-15 所示。

图 6-15

模式：在其弹出菜单中可以选择复制像素或填充图案与底图的混合模式。源：选择“取样”选项后，按住 Alt 键，鼠标指针变为圆形十字图标，单击样本的取样点，释放鼠标，在图像中要修复的位置单击并按住鼠标不放，拖曳鼠标复制出取样点的图像；选择“图案”选项后，在“图案”面板中选择图案或自定义图案来填充图像。对齐：勾选此复选框，下一次的复制位置会和上次的完全重合。图像不会因为重新复制而出现错位。

设置修复画笔：可以选择修复画笔的大小。单击“画笔”选项右侧的按钮，在弹出的“画笔”面板中，可以设置画笔的直径、硬度、间距、角度、圆度和压力大小，如图 6-16 所示。

使用修复画笔工具：“修复画笔”工具可以将取样点的像素信息非常自然地复制到图像的破损位置，并保持图像的亮度、饱和度、纹理等属性。使用“修复画笔”工具修复照片的过程如图 6-17、图 6-18、图 6-19 所示。

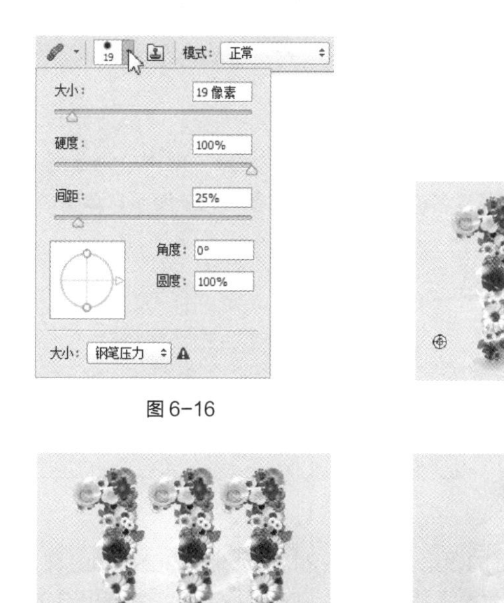

图 6-16 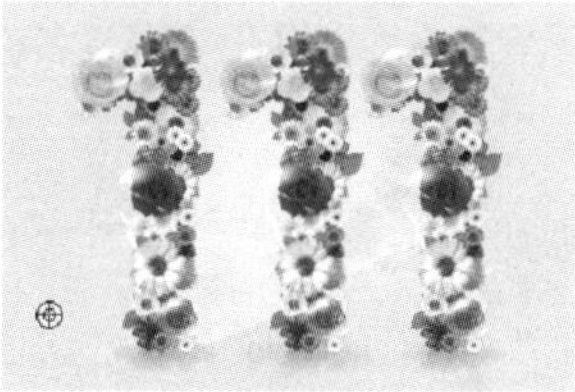　　图 6-17

图 6-18 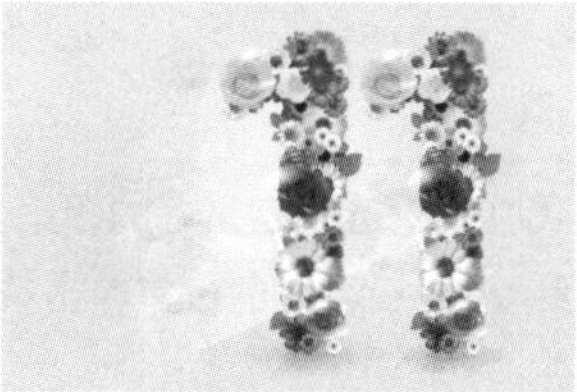　　图 6-19

使用仿制源面板：单击属性栏中的“切换仿制源面板”按钮，弹出“仿制源”控制面板，如图 6-20 所示。

仿制源：激活按钮后，按住 Alt 键的同时使用修复画笔工具在图像中单击，可设置取样点。单击下一个仿制源按钮，还可以继续取样。

源：指定 x 轴和 y 轴的像素位移，可以在相对于取样点的精确位置进行仿制。

W/H：可以缩放所仿制的源。

旋转：在文本框中输入旋转角度，可以旋转仿制的源。

翻转：单击“水平翻转”按钮或“垂直翻转”按钮，可水平或垂直翻转仿制源。

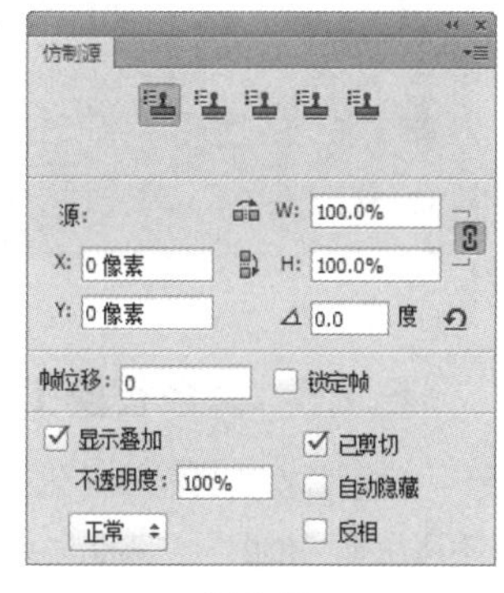

图 6-20

“复位变换”按钮：将 W、H、角度值和翻转方向恢复到默认的状态。

帧位移：输入帧数，可以使用与初始取样的帧相关的特定帧进行绘制。输入正值时，要使用的帧在初始取样的帧之后；输入负值时，要使用的帧在初始取样的帧之前。

锁定帧：勾选此复选框，总是使用初始取样的相同帧进行绘制。

显示叠加：勾选此复选框并设置了叠加方式后，在使用修复工具时，可以更好地查看叠加效果以及下面的图像。

不透明度：用来设置叠加图像的不透明度。

已剪切：可将叠加剪切到画笔大小。

自动隐藏：可以在应用绘画描边时隐藏叠加。

反相：可反相叠加颜色。

6.1.4 图案图章工具

选择“图案图章”工具，或反复按 Shift+S 组合键，其属性栏如图 6-21 所示。

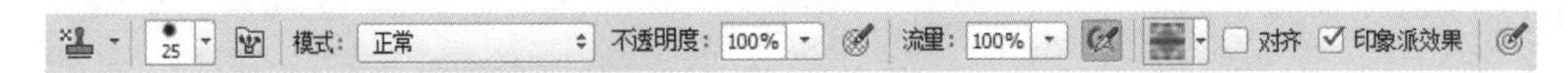

图 6-21

使用图案图章工具：选择“图案图章”工具，在要定义为图案的图像上绘制选区，如图 6-22 所示。选择“编辑 > 定义图案”命令，弹出“图案名称”对话框，如图 6-23 所示，单击“确定”按钮，定义选区中的图像为图案。

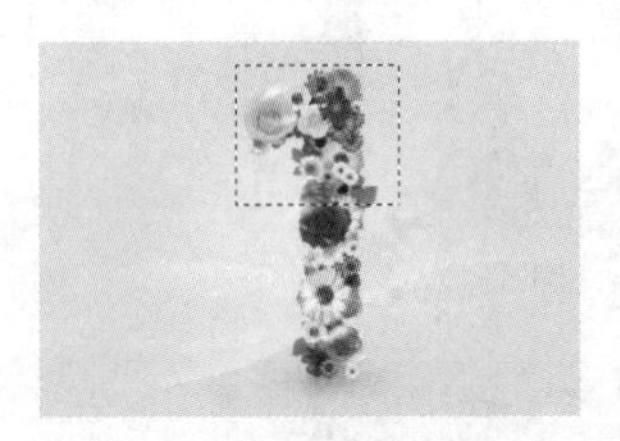

图 6-22

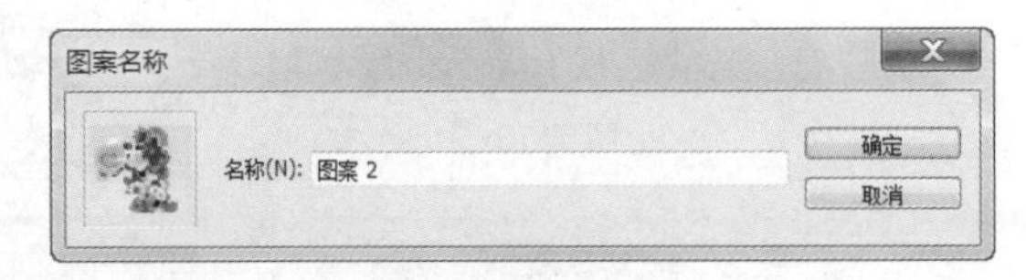

图 6-23

在图案图章工具属性栏中选择定义好的图案，如图 6-24 所示，按 Ctrl+D 组合键，取消图像中的选区。选择“图案图章”工具，在合适的位置单击并按住鼠标不放，拖曳鼠标复制出定义好的图案，效果如图 6-25 所示。

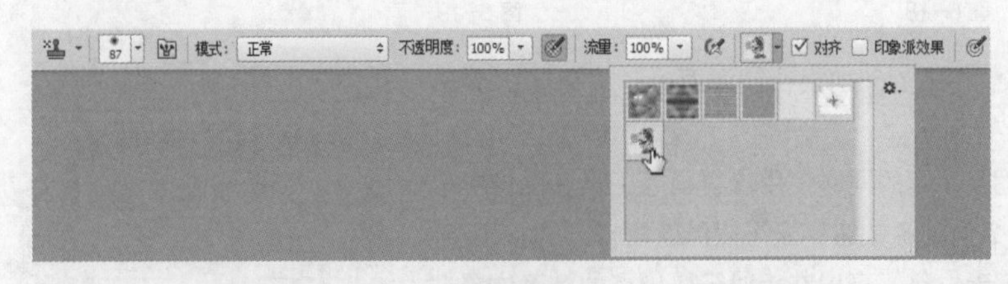

图 6-24

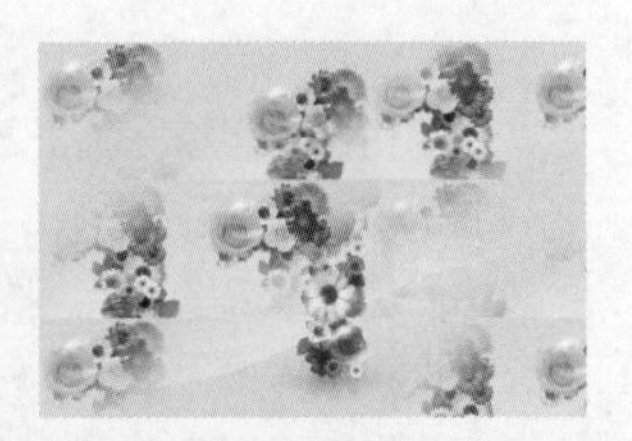

图 6-25

6.1.5 颜色替换工具

颜色替换工具能够简化图像中特定颜色的替换。可以使用校正颜色在目标颜色上绘画。颜色替换工具不适用于“位图”“索引”或“多通道”颜色模式的图像。

选择“颜色替换”工具，其属性栏如图 6-26 所示。

图 6-26

使用颜色替换工具：原始图像的效果如图 6-27 所示，调出“颜色”控制面板和“色板”控制面板，在“颜色”控制面板中设置前景色，如图 6-28 所示，在“色板”控制面板中单击“创建前景色的新色板”按钮 ，将设置的前景色存放在控制面板中，如图 6-29 所示。

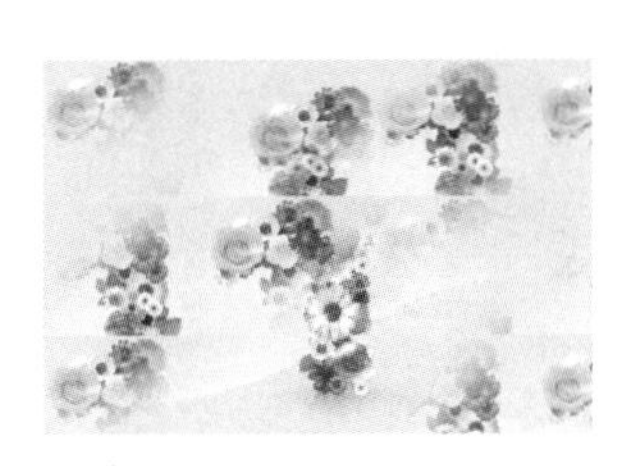

图 6-27

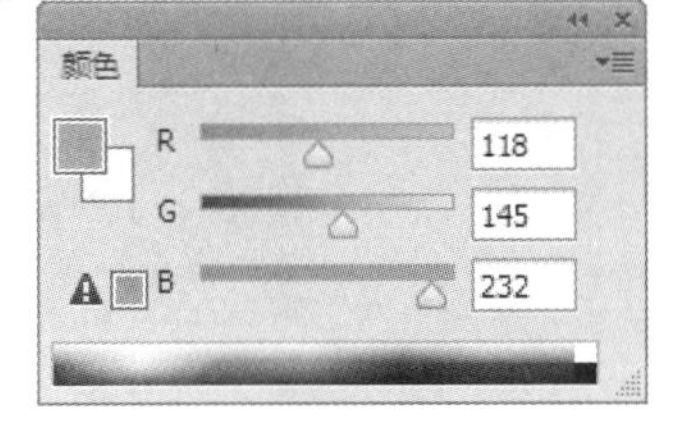

图 6-28

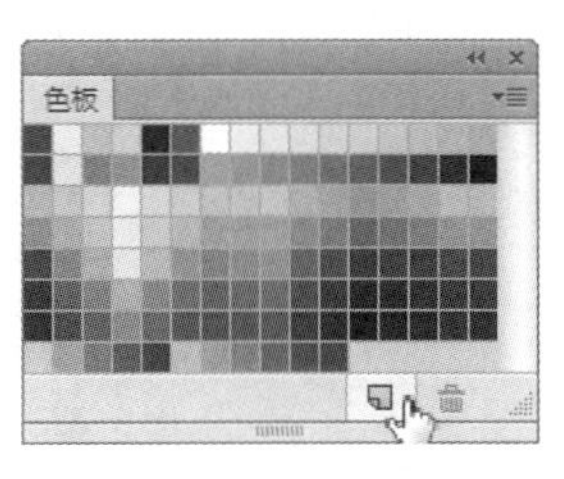

图 6-29

选择“颜色替换”工具 ，在属性栏中进行设置，如图 6-30 所示。在图像上需要上色的区域直接涂抹，进行上色，效果如图 6-31 所示。

图 6-30

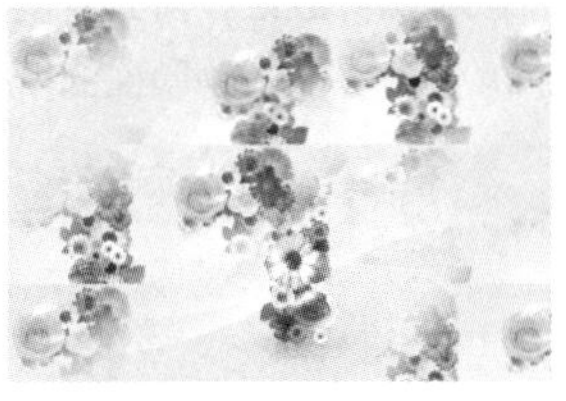

图 6-31

6.1.6 课堂案例——修复美女照片

案例学习目标

学习多种修图工具修复人物照片。

案例知识要点

使用缩放命令调整图像大小，使用仿制图章工具修复人物图像上的污点，使用模糊工具模糊图像，使用污点修复画笔工具修复人物眼角的斑纹，如图 6-32 所示。

效果所在位置

资源包/Ch06/效果/修复美女照片.psd。

图 6-32

修复美女照片

STEP 1 按 Ctrl + O 组合键，打开资源包中的“Ch06 > 素材 > 修复美女照片 > 01”文件，如图 6-33 所示。选择“缩放”工具，在图像窗口中鼠标指针变为放大工具图标，单击鼠标将图像放大，如图 6-34 所示。

图 6-33

图 6-34

STEP 2 选择“仿制图章”工具，在属性栏中单击“画笔”选项右侧的按钮，弹出画笔选择面板，在面板中选择需要的画笔形状，将“大小”选项设为 35px，如图 6-35 所示。将仿制图章工具放在脸部需要取样的位置，按住 Alt 键，鼠标指针变为圆形十字图标，如图 6-36 所示，单击鼠标确定取样点。将鼠标指针放置在需要修复的斑纹上，如图 6-37 所示，单击鼠标去掉斑纹，效果如图 6-38 所示。用相同的方法，去除人物脸部的所有斑纹，效果如图 6-39 所示。

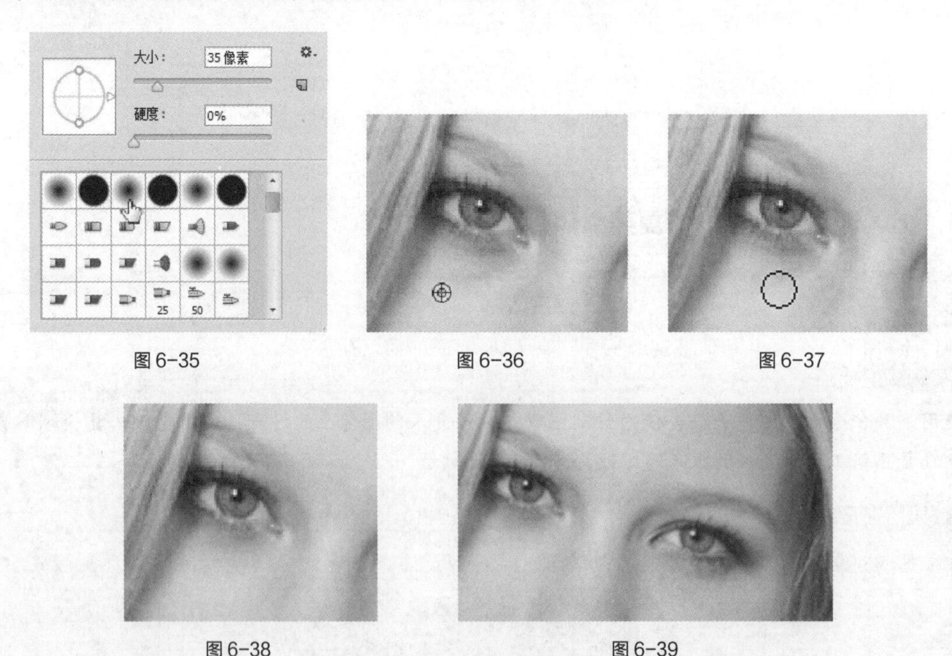

图 6-35　图 6-36　图 6-37

图 6-38　图 6-39

STEP 3 选择“模糊”工具，在属性栏中将“强度”选项设为 100%，如图 6-40 所示。单击“画笔”选项右侧的按钮，弹出画笔选择面板，在面板中选择需要的画笔形状，将“大小”选项设为 45 像素，如图 6-41 所示。在人物脸部涂抹，让脸部图像变得自然柔和，效果如图 6-42 所示。

图 6-40

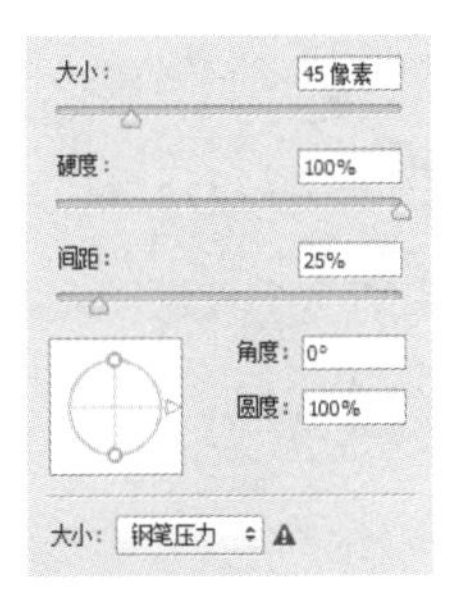

图6-41

图6-42

STEP 4 选择“横排文字”工具T，在适当的位置分别输入需要的文字并设置大小，将前景色设为红色（其R、G、B的值分别为249、17、40），在图像窗口中输入需要的文字，效果如图6-43所示，在“图层”控制面板中生成新的文字图层。

STEP 5 选择“直线”工具，在属性栏中的“选择工具模式”选项中选择“形状”，将“粗细”选项设为5px，设置需要的描边形状类型，如图6-44所示，按住Shift键的同时，在图像窗口中拖曳鼠标绘制直线，效果如图6-45所示。美女照片修复完成。

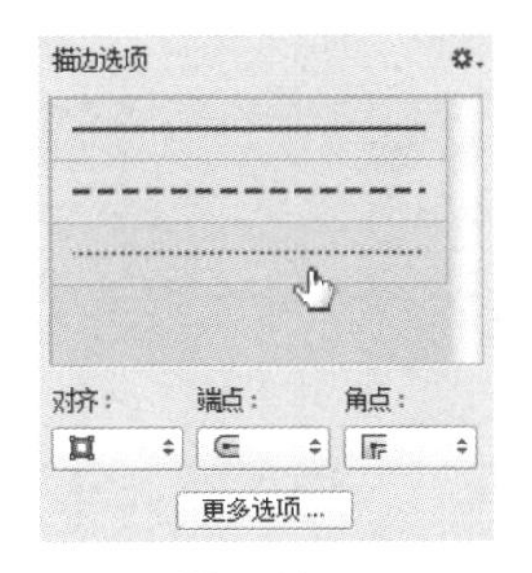

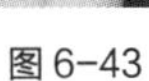

图6-43　　图6-44　　图6-45

6.1.7 仿制图章工具

选择“仿制图章”工具，或反复按Shift+S组合键，其属性栏如图6-46所示。

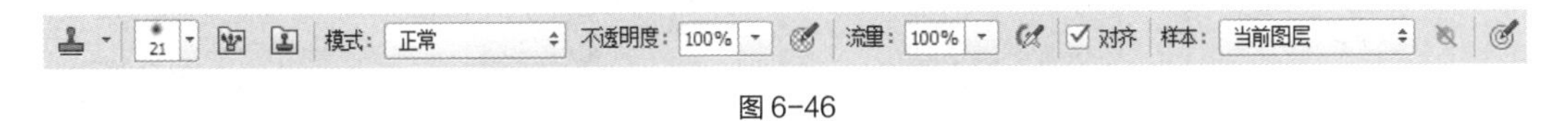

图6-46

画笔：用于选择画笔。模式：用于选择混合模式。不透明度：用于设定不透明度。流量：用于设定扩散的速度。对齐：用于控制是否在复制时使用对齐功能。

使用仿制图章工具：选择“仿制图章”工具，将“仿制图章”工具放在图像中需要复制的位置，按住Alt键，鼠标光标变为圆形十字图标⊕，如图6-47所示，单击定下取样点，释放鼠标，在合适的位置单击并按住鼠标不放，拖曳鼠标复制出取样点的图像，效果如图6-48所示。

图6-47

图6-48

6.1.8 红眼工具

选择“红眼”工具，或反复按 Shift+J 组合键，其属性栏如图 6-49 所示。

瞳孔大小：用于设置瞳孔的大小。变暗量：用于设置瞳孔的暗度。

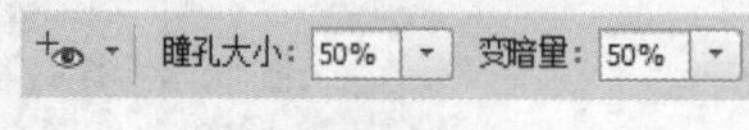

图 6-49

6.1.9 污点修复画笔工具

污点修复画笔工具不需要指定样本点，将自动从所修复区域的周围取样。

选择“污点修复画笔”工具，或反复按 Shift+J 组合键，属性栏如图 6-50 所示。

图 6-50

使用污点修复画笔工具：原始图像如图 6-51 所示，选择“污点修复画笔”工具，在“污点修复画笔”工具属性栏中，如图 6-52 所示进行设定，在要修复的污点图像上拖曳鼠标，如图 6-53 所示，释放鼠标，污点被去除，效果如图 6-54 所示。

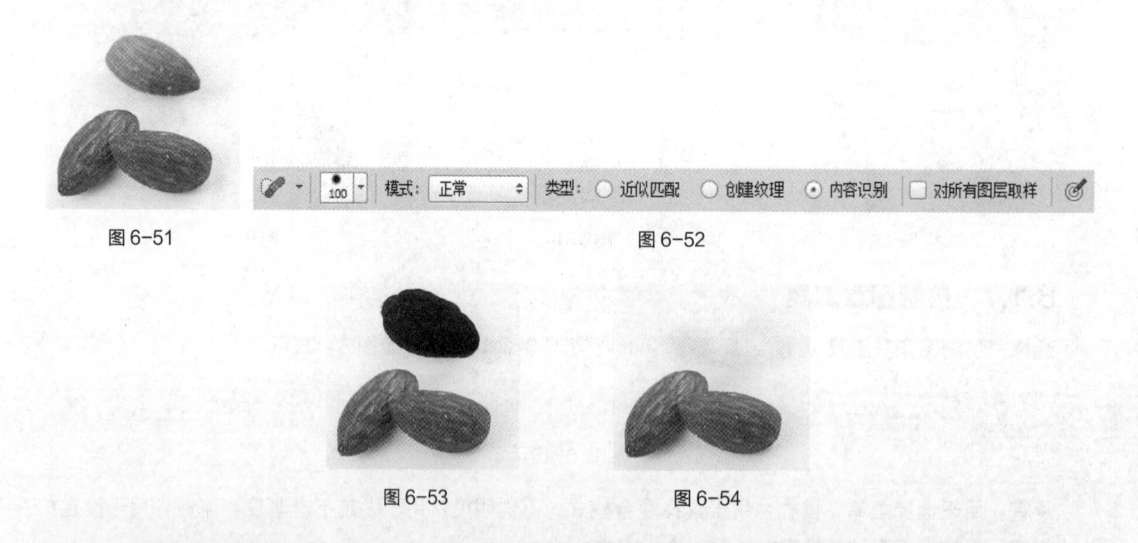

图 6-51　图 6-52

图 6-53　图 6-54

6.2 修饰工具

修饰工具用于对图像进行修饰，使图像产生不同的变化效果。

6.2.1 课堂案例——制作荷花餐具

案例学习目标

使用多种修饰工具调整图像颜色。

案例知识要点

使用加深工具、减淡工具、锐化工具和模糊工具制作图像，如图 6-55 所示。

效果所在位置

资源包/Ch06/效果/制作荷花餐具.psd。

图 6-55

制作荷花餐具

STEP 1 按 Ctrl + O 组合键，打开资源包中的“Ch06 > 素材 > 制作荷花餐具 > 01、02”文件。选择“移动”工具，将 02 图片拖曳到 01 图像窗口中适当的位置，如图 6-56 所示，在“图层”控制面板中生成新的图层并将其命名为“荷花”。

STEP 2 选择“加深”工具，在属性栏中单击“画笔”选项右侧的按钮，弹出画笔选择面板，在面板中选择需要的画笔形状，将“大小”选项设为 45 像素，如图 6-57 所示。在荷花图像中适当的位置拖曳鼠标，效果如图 6-58 所示。用相同方法加深图像其他部分，效果如图 6-59 所示。

图 6-56

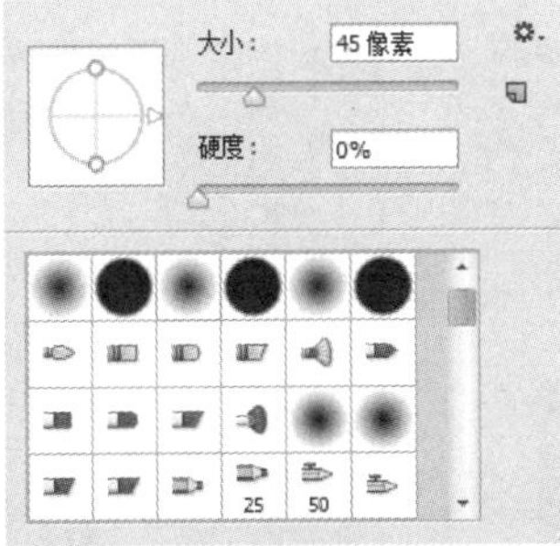

图 6-57

图 6-58

图 6-59

STEP 3 选择“减淡”工具，在属性栏中单击“画笔”选项右侧的按钮，弹出画笔选择面板，在面板中选择需要的画笔形状，将“大小”选项设为 60 像素，如图 6-60 所示。在荷花图像中适当的位置拖曳鼠标，效果如图 6-61 所示。用相同方法加深图像其他部分，效果如图 6-62 所示。

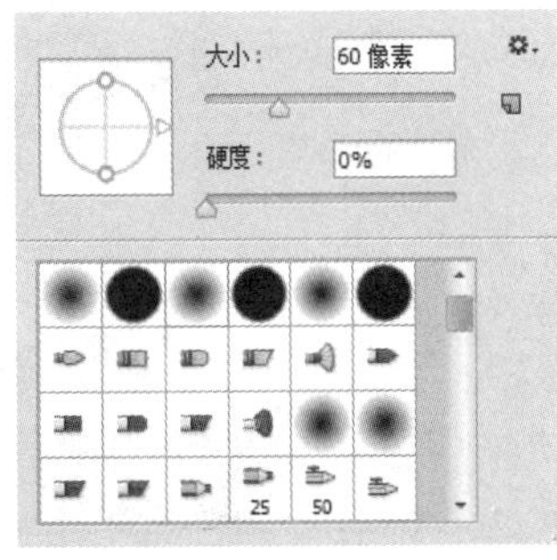

图 6-60

图 6-61

图 6-62

STEP 4 选择“锐化”工具，在属性栏中单击“画笔”选项右侧的按钮，弹出画笔选择面板，在面板中选择需要的画笔形状，将“大小”选项设为 60 像素，如图 6-63 所示。在荷花图像中适当的位置拖曳鼠标，效果如图 6-64 所示。

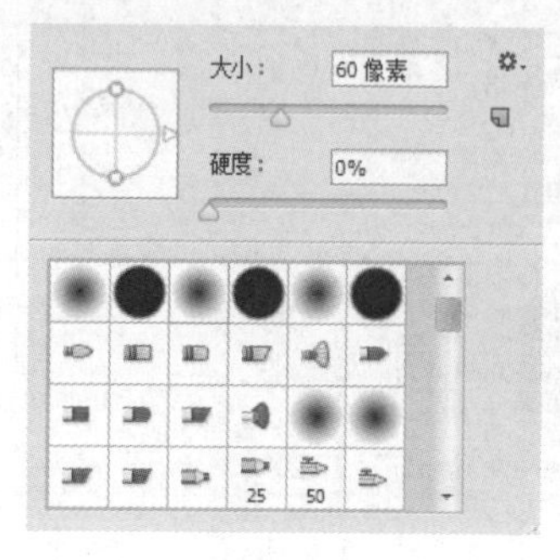

图 6-63

图 6-64

STEP 5 按 Ctrl＋O 组合键，打开资源包中的“Ch06 > 素材 > 制作荷花餐具 > 03、04”文件，选择“移动”工具，将 03、04 图片拖曳到图像窗口适当的位置，效果如图 6-65 所示，在“图层”控制面板中生成新图层并分别将其命名为“花瓣”“真实花瓣”。

STEP 6 选择“移动”工具，按住 Alt 键的同时，拖曳图像到适当的位置，复制图像。按 Ctrl+T 组合键，在图像周围出现变换框，单击鼠标右键，选择水平翻转命令，并调整其大小及位置，按 Enter 键确认操作，效果如图 6-66 所示。

图 6-65

图 6-66

STEP 7 选择“模糊”工具，在属性栏中单击“画笔”选项右侧的按钮，弹出画笔选择面板，在面板中选择需要的画笔形状，将“大小”选项设为 20 像素，如图 6-67 所示。在花瓣图像中适当的位置拖曳鼠标，将花瓣图像模糊，效果如图 6-68 所示。荷花餐具制作完成，效果如图 6-69 所示。

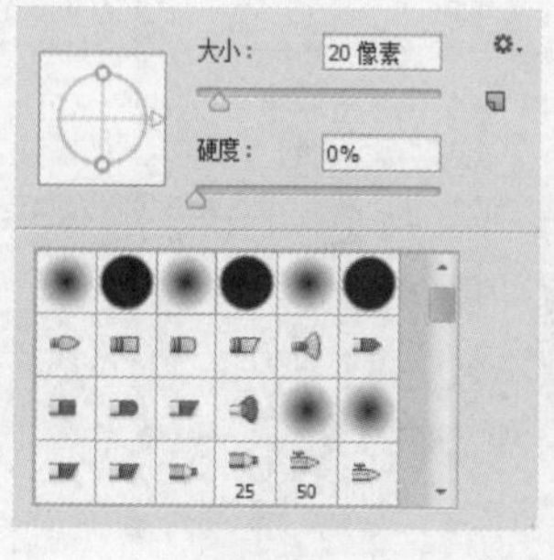

图 6-67

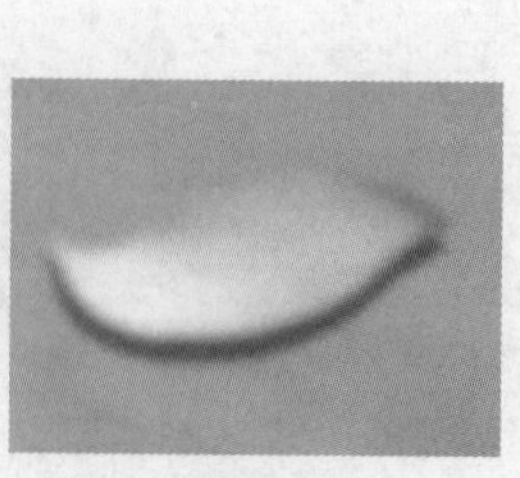
图 6-68

图 6-69

6.2.2 模糊工具

选择“模糊”工具，其属性栏如图 6-70 所示。

图 6-70

画笔：用于选择画笔的形状。模式：用于设定模式。强度：用于设定压力的大小。对所有图层取样：用于确定模糊工具是否对所有可见层起作用。

使用模糊工具：选择“模糊”工具，在模糊工具属性栏中，如图 6-71 所示进行设定，在图像中单击并按住鼠标不放，拖曳鼠标使图像产生模糊的效果。原图像和模糊后的图像效果如图 6-72、图 6-73 所示。

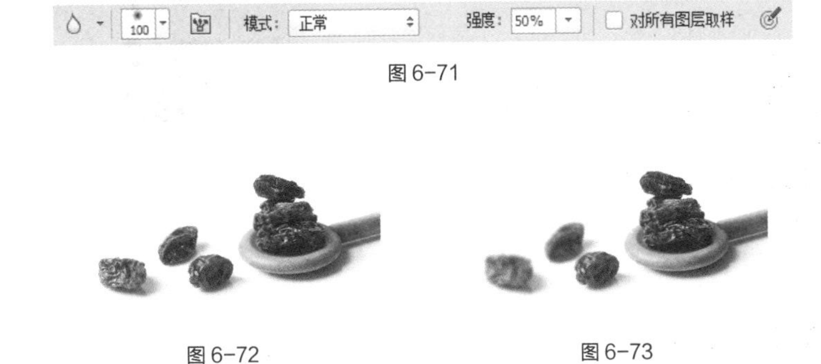

图 6-71

图 6-72 图 6-73

6.2.3 锐化工具

选择“锐化”工具，属性栏如图 6-74 所示。其属性栏中的内容与模糊工具属性栏的选项内容类似。

图 6-74

使用锐化工具：选择“锐化”工具，在锐化工具属性栏中，如图 6-75 所示进行设定，在图像中的字母上单击并按住鼠标不放，拖曳鼠标使字母图像产生锐化的效果。原图像和锐化后的图像效果如图 6-76、图 6-77 所示。

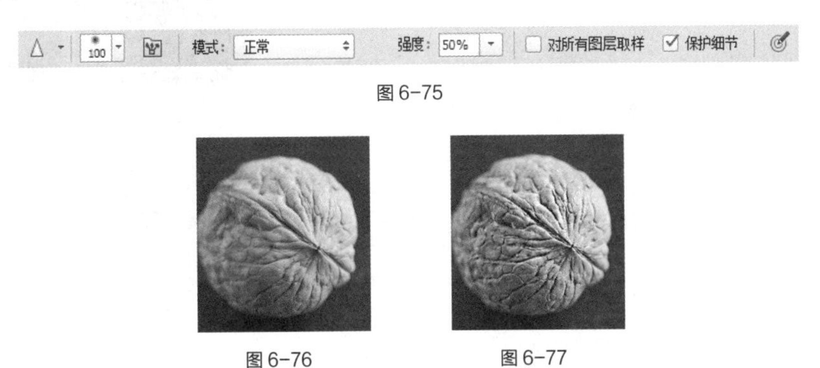

图 6-75

图 6-76 图 6-77

6.2.4 减淡工具

选择“减淡”工具，或反复按 Shift+O 组合键，其属性栏如图 6-78 所示。

图 6-78

画笔：用于选择画笔的形状。范围：用于设定图像中所要提高亮度的区域。曝光度：用于设定曝光的强度。

使用减淡工具：选择“减淡”工具，在减淡工具属性栏中，如图 6-79 所示进行设定，在图像中文字的部分单击并按住鼠标不放，拖曳鼠标使文字图像产生减淡的效果。原图像和减淡后的图像效果如图 6-80、图 6-81 所示。

图 6-79　　图 6-80　　图 6-81

6.2.5 加深工具

选择“加深”工具，或反复按 Shift+O 组合键，其属性栏如图 6-82 所示。其属性栏中的内容与减淡工具属性栏选项内容的作用正好相反。

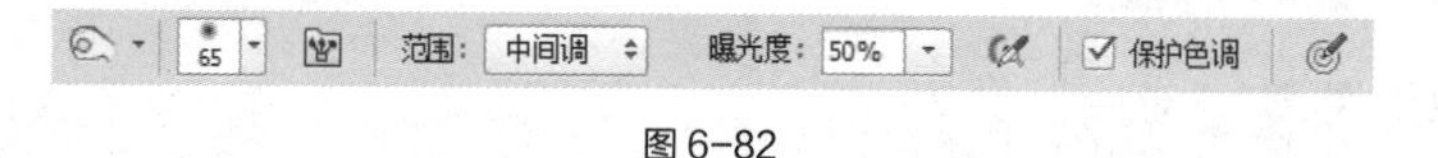

图 6-82

使用加深工具：选择“加深”工具，在加深工具属性栏中，如图 6-83 所示进行设定，在图像中文字的部分单击并按住鼠标不放，拖曳鼠标使文字图像产生加深的效果。原图像和加深后的图像效果如图 6-84、图 6-85 所示。

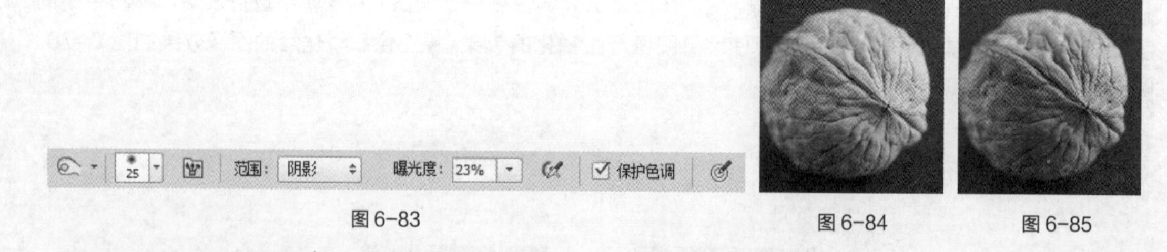

图 6-83　　图 6-84　　图 6-85

6.2.6 海绵工具

选择“海绵”工具，或反复按 Shift+O 组合键，其属性栏如图 6-86 所示。

图 6-86

画笔：用于选择画笔的形状。模式：用于设定加色处理方式。流量：用于设定扩散的速度。

使用海绵工具：选择“海绵”工具，在海绵工具属性栏中，如图 6-87 所示进行设定，在图像中文字的部分单击并按住鼠标不放，拖曳鼠标使文字图像增加色彩饱和度。原图像和使用海绵工具后的图像效果如图 6-88、图 6-89 所示。

图 6-87　　图 6-88　　图 6-89

6.2.7 涂抹工具

选择“涂抹”工具，其属性栏如图 6-90 所示。其属性栏中的内容与模糊工具属性栏的选项内容类似，增加的“手指绘画”复选框用于设定是否按前景色进行涂抹。

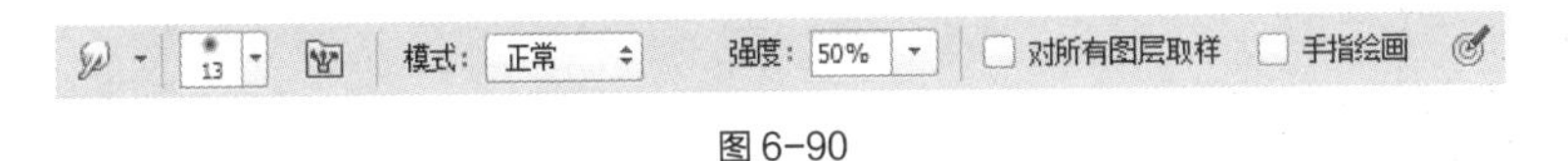

图 6-90

使用涂抹工具：选择“涂抹”工具，在涂抹工具属性栏中，如图 6-91 所示进行设定，在图像中文字的部分单击并按住鼠标不放，拖曳鼠标使文字产生卷曲的效果。原图像和涂抹后的图像效果如图 6-92、图 6-93 所示。

图 6-91　　图 6-92　　图 6-93

6.3 橡皮擦工具

擦除工具包括橡皮擦工具、背景橡皮擦工具和魔术橡皮擦工具。应用擦除工具可以擦除指定图像的颜色，还可以擦除颜色相近区域中的图像。

6.3.1 课堂案例——制作网络合唱广告

案例学习目标

学习使用绘图工具绘制图形，使用擦除工具擦除多余的图像。

案例知识要点

使用文字工具添加文字，使用矩形选框工具绘制选区，使用椭圆形工具和圆角矩形工具制作装饰图形，网络合唱广告效果如图 6-94 所示。

效果所在位置

资源包/Ch06/效果/制作网络合唱广告.psd。

图 6-94

制作网络合唱广告

STEP 1 按 Ctrl + O 组合键，打开资源包中的“Ch06 > 素材 > 制作网络合唱广告 > 01”文件。图像效果如图 6-95 所示。选择“横排文字”工具 T，在属性栏中选择合适的字体并设置大小，在图像窗口中鼠标指针变为 I 图标，单击鼠标左键，此时出现一个文字的插入点，输入需要的文字，如图 6-96 所示，在“图层”控制面板中生成新的文字图层，如图 6-97 所示。

图 6-95

图 6-96

图 6-97

STEP 2 在文字图层上单击鼠标右键，在弹出的菜单中选择“栅格化文字”命令，将文字图层转换为图像图层，如图 6-98 所示。选择“橡皮擦”工具，在属性栏中单击“画笔”选项右侧的按钮，弹出画笔选择面板，在面板中选择需要的画笔形状，如图 6-99 所示。属性栏中的设置为默认值，拖曳鼠标擦除文字“唱”上的“口”字旁，效果如图 6-100 所示。

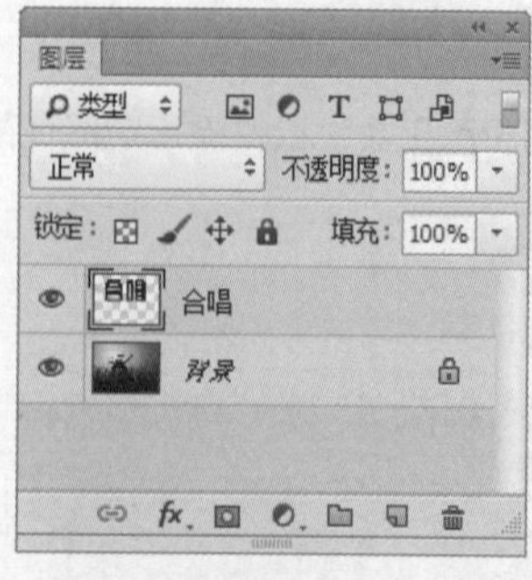

图 6-98

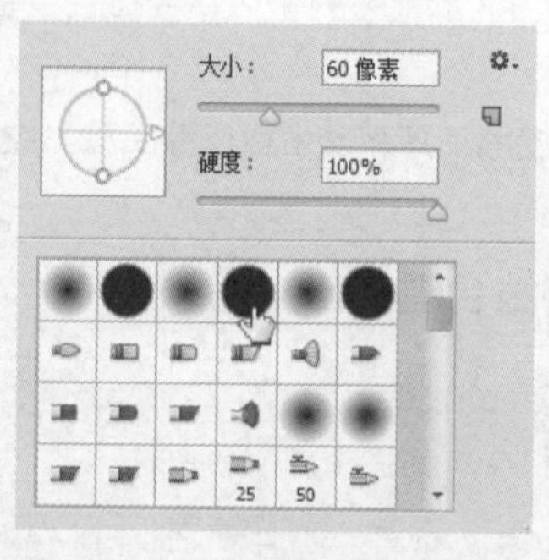

图 6-99

图 6-100

STEP 3 按住 Ctrl 键的同时，单击“合唱”图层，在文字图像周围生成选区，如图 6-101 所示。选择“矩形选框”工具，选中属性栏中的“与选区交叉”按钮，在文字“昌”的部分绘制选区，如图 6-102 所示。

STEP 4 按 Ctrl+T 组合键，在图像周围出现变换框，向右拖曳变换框，自由变换图形，并调整其大小及位置，按 Enter 键确认操作，效果如图 6-103 所示。按 Ctrl + D 组合键，取消图像选区。

图 6-101

图 6-102

图 6-103

STEP 5 选择“矩形选框”工具，选中属性栏中的“添加到选区”按钮，在文字适当的部分分别绘制选区，如图 6-104 所示。按 Delete 键删除选区内图像，效果如图 6-105 所示。按 Ctrl + D 组合键，取消图像选区。

图 6-104

图 6-105

STEP 6 选择“钢笔”工具，在属性栏中的“选择工具模式”选项中选择“路径”，在图像窗口中分别绘制不规则图形，效果如图 6-106 所示。按 Ctrl + Enter 组合键，将路径转化为选区。按 Delete 键删除选区内图像，效果如图 6-107 所示。按 Ctrl + D 组合键，取消图像选区。

STEP 7 按住 Ctrl 键的同时，单击“合唱”图层，在文字图像周围生成选区，如图 6-108 所示。选择“渐变”工具，单击属性栏中的“点按可编辑渐变”按钮，弹出“点按可编辑渐变”对话框，将渐变色设为从绿色（其 R、G、B 的值分别为 13、208、63）到白色，单击“确定”按钮。在图形由下至上拖曳渐变色，松开鼠标后的效果如图 6-109 所示。按 Ctrl + D 组合键，取消图像选区。

STEP 8 按 Ctrl+T 组合键，在图像周围出现变换框，单击鼠标右键选择“倾斜”命令，向右拖曳变换框中间的锚点，将文字倾斜，按 Enter 键确认操作，效果如图 6-110 所示。

图 6-106

图 6-107

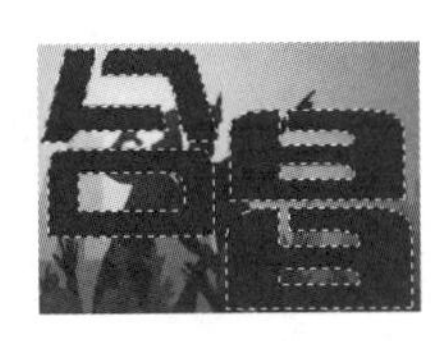
图 6-108

图 6-109

图 6-110

STEP 9 按 Ctrl + O 组合键，打开资源包中的“Ch06 > 素材 > 制作网络合唱广告 > 02”文件，选择“移动”工具，将 02 图片拖曳到图像窗口适当的位置，效果如图 6-111 所示，在“图层”控制面板中生成新图层并分别将其命名为“音符”。

STEP 10 选择“移动”工具，按住 Alt 键的同时，拖曳图像到适当的位置，复制图像。按

Ctrl+T 组合键，在图像周围出现变换框，将图像旋转适当的角度，并调整其大小及位置，按 Enter 键确认操作，效果如图 6-112 所示。

STEP 11 将前景色设为黄色（其 R、G、B 的值分别为 255、255、0）。选择“椭圆”工具，在属性栏中的“选择工具模式”选项中选择“形状”，按住 Shift 键的同时，在图像窗口中拖曳鼠标绘制圆形，效果如图 6-113 所示。

图 6-111

图 6-112

图 6-113

STEP 12 选择“钢笔”工具，在属性栏中的“选择工具模式”选项中选择“形状”，在图像窗口中绘制不规则图形，效果如图 6-114 所示。

STEP 13 将前景色设为蓝色（其 R、G、B 的值分别为 1、232、160），选择“横排文字”工具，在适当的位置输入需要的文字并设置大小，在图像窗口中输入需要的文字，效果如图 6-115 所示，在“图层”控制面板中生成新的文字图层。

STEP 14 将前景色设为浅绿色（其 R、G、B 的值分别为 210、232、160），选择“钢笔”工具，在属性栏中的“选择工具模式”选项中选择“形状”，在图像窗口中绘制不规则图形，效果如图 6-116 所示。网络合唱广告绘制完成。

图 6-114

图 6-115

图 6-116

6.3.2 橡皮擦工具

选择“橡皮擦”工具，或反复按 Shift+E 组合键，其属性栏如图 6-117 所示。

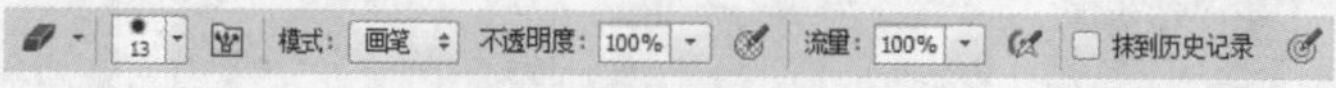

模式: 画笔 不透明度: 100% 流量: 100% 抹到历史记录

图 6-117

画笔预设：用于选择橡皮擦的形状和大小。模式：用于选择擦除的笔触方式。不透明度：用于设定不透明度。流量：用于设定扩散的速度。抹到历史记录：用于确定以“历史”控制面板中确定的图像状态来擦除图像。

使用橡皮擦工具：选择“橡皮擦”工具，在图像中单击并按住鼠标拖曳，可以擦除图像。用背景色的白色擦除图像后效果如图 6-118 所示。用透明色擦除图像后效果如图 6-119 所示。

图 6-118

图 6-119

6.3.3 背景橡皮擦工具

选择“背景橡皮擦”工具，或反复按 Shift+E 组合键，其属性栏如图 6-120 所示。

图 6-120

画笔预设：用于选择橡皮擦的形状和大小。限制：用于选择擦除界限。容差：用于设定容差值。保护前景色：用于保护前景色不被擦除。

使用背景橡皮擦工具：选择“背景色橡皮擦”工具，在背景色橡皮擦工具属性栏中，如图 6-121 所示进行设定，在图像中使用背景色橡皮擦工具擦除图像，擦除前后的对比效果如图 6-122、图 6-123 所示。

图 6-121

图 6-122

图 6-123

6.3.4 魔术橡皮擦工具

选择“魔术橡皮擦”工具，或反复按 Shift+E 组合键，其属性栏如图 6-124 所示。

容差：用于设定容差值，容差值的大小决定“魔术橡皮擦”工具擦除图像的面积。消除锯齿：用于消除锯齿。连续：作用于当前层。对所有图层取样：作用于所有层。不透明度：用于设定不透明度。

使用魔术橡皮擦工具：选择“魔术橡皮擦”工具，魔术橡皮擦工具属性栏中的选项为默认值，用“魔术橡皮擦”工具擦除图像，效果如图 6-125 所示。

图 6-124

图 6-125

6.4 课堂练习——清除照片中的涂鸦

练习知识要点

使用修复画笔工具清除涂鸦。清除照片中的涂鸦效果如图 6-126 所示。

效果所在位置

资源包/Ch06/效果/清除照片中的涂鸦.psd。

图 6-126

清除照片中的涂鸦

6.5 课后习题——梦中仙子

习题知识要点

使用红眼工具去除人物的红眼，使用加深工具和减淡工具改变草图形的颜色。梦中仙子效果如图 6-127 所示。

效果所在位置

资源包/Ch06/效果/梦中仙子.psd。

图 6-127

梦中仙子

Chapter 7

第 7 章 编辑图像

本章主要介绍 Photoshop CC 编辑图像的基础方法，包括应用图像编辑工具、调整图像的尺寸、移动或复制图像、裁剪图像、变换图像等。通过本章的学习，读者要了解并掌握图像的编辑方法和应用技巧，并学会快速地应用命令对图像进行适当的编辑与调整。

课堂学习目标

- 掌握图像编辑工具的使用方法
- 掌握图像的移动、复制和删除的技巧
- 掌握图像裁切和变换的方法

7.1 图像编辑工具

使用图像编辑工具对图像进行编辑和整理，可以提高用户编辑和处理图像的效率。

7.1.1 课堂案例——为邮票添加注释

案例学习目标

学习使用注释类工具制作出需要的效果。

案例知识要点

使用附注工具为心爱的照片加注释，效果如图 7-1 所示。

效果所在位置

资源包/Ch07/效果/为邮票添加注释.psd。

图 7-1

为邮票添加注释

STEP 1 按 Ctrl+O 组合键，打开资源包中“Ch07 > 素材 > 为邮票添加注释 > 01”文件，如图 7-2 所示。

STEP 2 选择“注释”工具，在属性栏中的“作者”选项文本框中输入“集邮爱好者”，其他选项的设置如图 7-3 所示。

图 7-2

图 7-3

STEP 3 在图像中单击鼠标左键，弹出图像的注释面板，如图 7-4 所示。在面板中输入注释文字，效果如图 7-5 所示。为邮票添加注释效果制作完成。

图 7-4

图 7-5

7.1.2 注释类工具

注释类工具可以为图像增加文字注释。

选择“注释”工具，或反复按 Shift+I 组合键，注释工具的属性栏如图 7-6 所示。

图 7-6

作者：用于输入作者姓名。颜色：用于设置注释窗口的颜色。清除全部：用于清除所有注释。显示或隐藏注释面板按钮：用于打开注释面板，编辑注释文字。

7.1.3 标尺工具

选择“标尺”工具，或反复按 Shift+I 组合键，标尺工具的属性栏如图 7-7 所示。

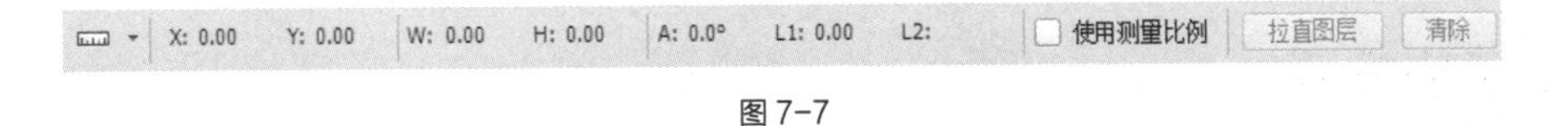

图 7-7

7.1.4 抓手工具

选择“抓手”工具，在图像中鼠标指针变为图标，在放大的图像中拖曳鼠标，可以观察图像的每个部分，效果如图 7-8 所示。直接用鼠标拖曳图像周围的垂直和水平滚动条，也可观察图像的每个部分，效果如图 7-9 所示。

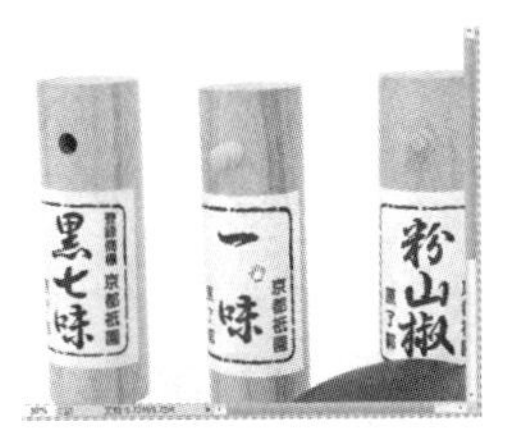

图 7-8

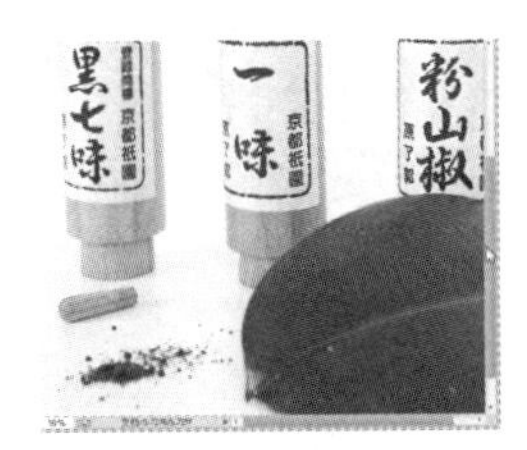

图 7-9

如果正在使用其他的工具进行工作，按住 Spacebar 键，可以快速切换到“抓手”工具。

7.2 图像的移动、复制和删除

在 Photoshop CC 中，可以非常便捷地移动、复制和删除图像。

7.2.1 课堂案例——制作平板广告

案例学习目标

学习使用移动工具移动、复制图像。

案例知识要点

使用移动工具和复制命令制作装饰图形，使用渐变工具添加渐变色，使用文字工具添加文字，效果如

图 7-10 所示。

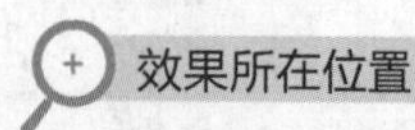

效果所在位置

资源包/Ch07/效果/制作平板广告.psd。

图 7-10

制作平板广告

STEP 1 按 Ctrl + N 组合键，新建一个文件，宽度为 29.7cm，高度为 21cm，分辨率为 300 像素/英寸，颜色模式为 RGB，背景内容为白色，单击"确定"按钮。

STEP 2 选择"渐变"工具，单击属性栏中的"点按可编辑渐变"按钮，弹出"点按可编辑渐变"对话框，将渐变色设为从浅蓝色（其 R、G、B 的值分别为 26、191、227）到深蓝色（其 R、G、B 的值分别为 21、93、173），如图 7-11 所示，单击"确定"按钮。选中属性栏中"径向渐变"按钮，按住 Shift 键的同时，在图像窗口中从上至下拖曳渐变色，效果如图 7-12 所示。

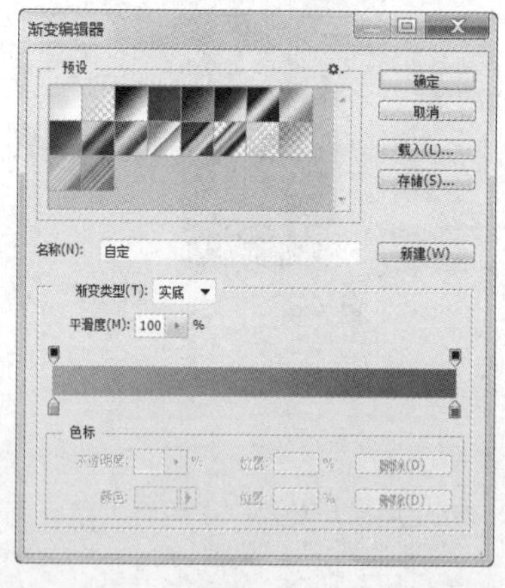

图 7-11

图 7-12

STEP 3 新建图层并命名为"圆角矩形"，将前景色设为白色。选择"钢笔"工具，在属性栏中的"选择工具模式"选项中选择"路径"，在图像窗口中分别绘制不规则路径，按 Ctrl + Enter 组合键，将路径转化为选区，按 Alt+Delete 组合键，用前景色填充选区，效果如图 7-13 所示。

图 7-13

STEP 4 选择"移动"工具，按住 Alt 键的同时，拖曳图像到适当的位置，复制图像。按 Ctrl+T 组合键，在图像周围出现变换框，变换图形，调整其大小及位置，按 Enter 键确认操作，效果如图 7-14 所示。用相同的方法复制并调整图形，效果如图 7-15 所示。

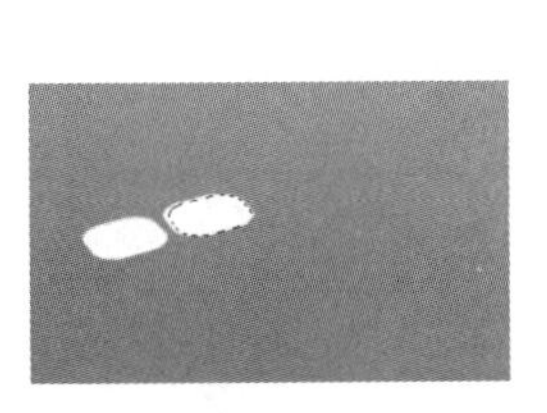

图 7-14

图 7-15

STEP 5 按住 Ctrl 键的同时，单击“圆角矩形”图层，在图像周围生成选区，如图 7-16 所示。选择“渐变”工具，单击属性栏中的“点按可编辑渐变”按钮，弹出“点按可编辑渐变”对话框，将渐变色设为从黑色到白色，单击“确定”按钮。在图形上由左至右拖曳渐变色，效果如图 7-17 所示。按 Ctrl + D 组合键，取消图像选区。在“图层”控制面板上方，将“圆角矩形”图层的“不透明度”选项设为 44%，如图 7-18 所示，图像效果如图 7-19 所示。

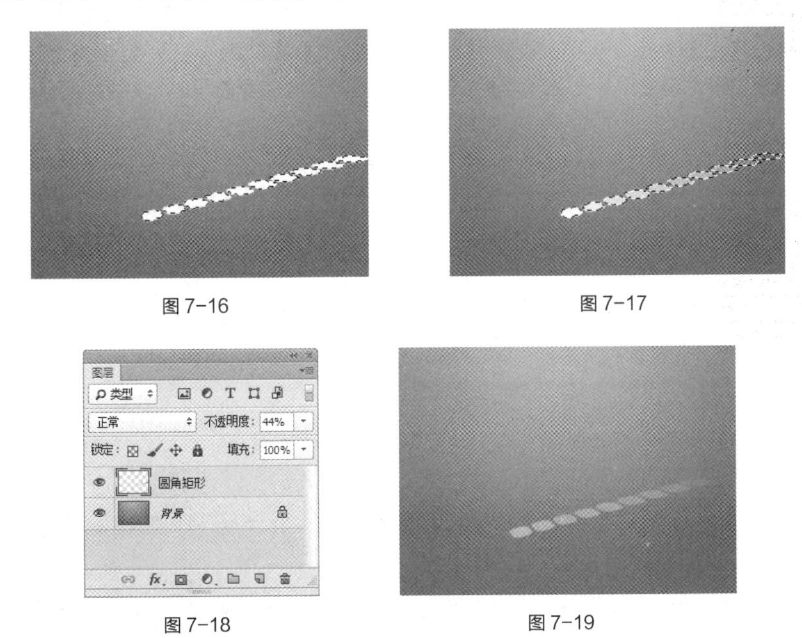

图 7-16

图 7-17

图 7-18

图 7-19

STEP 6 选择“移动”工具，按住 Alt 键的同时，拖曳图像到适当的位置，复制图像。按 Ctrl+T 组合键，在图像周围出现变换框，变换图形，调整其大小及位置，按 Enter 键确认操作，效果如图 7-20 所示。用相同的方法复制并调整图形，效果如图 7-21 所示。

图 7-20

图 7-21

STEP 7 按 Ctrl + O 组合键，打开资源包中的“Ch07 > 素材 > 制作平板广告 > 01”文件，选择“移动”工具，将 01 图片拖曳到图像窗口适当的位置，效果如图 7-22 所示，在“图层”控制面板中生成新图层并分别将其命名为“平板”。

STEP 8 新建图层并命名为“投影”，选择“钢笔”工具，在属性栏中的“选择工具模式”选项中选择“路径”，在图像窗口中分别绘制不规则图形，按 Ctrl + Enter 组合键，将路径转化为选区，效果如图 7-23 所示。

图 7-22

图 7-23

STEP 9 选择“渐变”工具，单击属性栏中的“点按可编辑渐变”按钮，弹出“点按可编辑渐变”对话框，将渐变色设为从浅蓝色（其 R、G、B 的值分别为 13、4、8）到深蓝色（其 R、G、B 的值分别为 34、41、105），如图 7-24 所示，单击“确定”按钮。选中属性栏中的“线性渐变”按钮，按住 Shift 键的同时，在图像窗口中从上至下拖曳渐变色，效果如图 7-25 所示。按 Ctrl + D 组合键，取消图像选区。

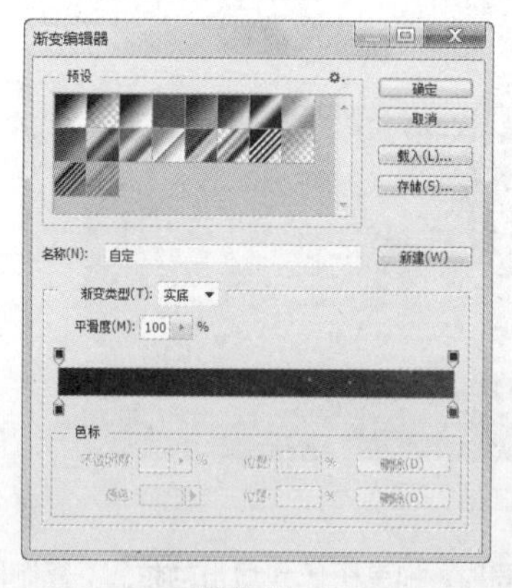

图 7-24

图 7-25

STEP 10 在“图层”控制面板上方，将“圆角矩形”图层的“不透明度”选项设为 71%，如图 7-26 所示，图像效果如图 7-27 所示。将“投影”图层拖曳至“平板”图层下面，如图 7-28 所示，图像效果如图 7-29 所示。

STEP 11 将前景色设为白色。选择“横排文字”工具，输入需要的文字，在属性栏中选择合适的字体并设置文字大小，效果如图 7-30 所示，在控制面板中生成新的文字图层。选取需要的文字，如图 7-31 所示，在属性栏中设置文字大小为 140，效果如图 7-32 所示。

图 7-26

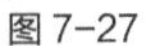

图 7-27

图 7-28

图 7-29

图 7-30

图 7-31

图 7-32

STEP 12 选择“直线”工具，在属性栏中的“选择工具模式”选项中选择“形状”，将“粗细”选项设为 5px，按住 Shift 键的同时，在图像窗口中拖曳鼠标绘制直线，效果如图 7-33 所示。用相同的方法再次绘制直线，效果如图 7-34 所示。

图 7-33

图 7-34

STEP 13 选择“横排文字”工具，输入需要的文字，在属性栏中选择合适的字体并设置文字大小，效果如图 7-35 所示，用相同的方法再次添加其他文字，效果如图 7-36 所示。平板广告效果制作完成。

图 7-35

图 7-36

7.2.2 图像的移动

在同一文件中移动图像：打开素材文件，绘制选区，如图 7-37 所示。选择“移动”工具，在属性栏中勾选“自动选择”复选框，并将“自动选择”选项设为“图层”，如图 7-38 所示，用鼠标选中心形，心形所在图层被选中，将心形向左拖曳，效果如图 7-39 所示。

图 7-37

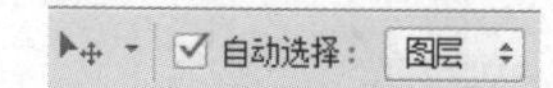

图 7-38

图 7-39

在不同文件中移动图像：打开一幅鸡蛋图片，将鸡蛋图片拖曳到铁锅图像中，鼠标指针变为图标，如图 7-40 所示，释放鼠标，鸡蛋图片被移动到铁锅图像窗口中，效果如图 7-41 所示。

图 7-40

图 7-41

7.2.3 图像的复制

要在操作过程中随时按需要复制图像，就必须掌握复制图像的方法。在复制图像前，要选择将复制的图像区域，如果不选择图像区域，将不能复制图像。

使用移动工具复制图像：绘制选区后的图像如图 7-42 所示。选择“移动”工具，将鼠标放在选区中，鼠标指针变为图标，如图 7-43 所示，按住 Alt 键，鼠标指针变为图标，如图 7-44 所示，单击鼠标右键并按住不放，拖曳选区中的图像到适当的位置，释放鼠标和 Alt 键，图像复制完成，效果如图 7-45 所示。

图 7-42

图 7-43

图 7-44

图 7-45

使用菜单命令复制图像：绘制选区后的图像如图 7-46 所示，选择“编辑 > 拷贝”命令或按 Ctrl+C 组合键，将选区中的图像复制，这时屏幕上的图像并没有变化，但系统已将拷贝的图像复制到剪贴板中。

选择“编辑 > 粘贴”命令或按 Ctrl+V 组合键，将剪贴板中的图像粘贴在图像的新图层中，复制的图像在原图的上方，如图 7-47 所示，使用“移动”工具可以移动复制出来的图像，效果如图 7-48 所示。

图 7-46

图 7-47

图 7-48

使用快捷键复制图像：绘制选区后的图像如图 7-49 所示，按住 Ctrl+Alt 组合键，鼠标指针变为 ▶ 图标，如图 7-50 所示，单击鼠标左键并按住不放，拖曳选区中的图像到适当的位置，释放鼠标，图像复制完成，效果如图 7-51 所示。

图 7-49

图 7-50

图 7-51

7.2.4 图像的删除

在删除图像前，需要选择要删除的图像区域。如果不选择图像区域，就不能删除图像。

使用菜单命令删除图像：在需要删除的图像上绘制选区，如图 7-52 所示。选择菜单“编辑 > 清除”命令，将选区中的图像删除，按 Ctrl+D 组合键，取消选区，效果如图 7-53 所示。

使用快捷键删除图像：在需要删除的图像上绘制选区，按 Delete 键或 Backspace 键，可以将选区中的图像删除。按 Alt+Delete 组合键或 Alt+Backspace 组合键，也可将选区中的图像删除，删除后的图像区域由前景色填充。

图 7-52

图 7-53

提示

删除后的图像区域由背景色填充。如果在某一图层中，删除后的图像区域将显示下面一层的图像。

7.3 图像的裁切和图像的变换

通过图像的裁切和图像的变换，可以设计制作出丰富多变的图像效果。

7.3.1 课堂案例——制作邀请函效果图

案例学习目标

学习使用变换命令制作出需要的效果。

案例知识要点

使用透视变换命令、缩放变换命令和光照效果命令制作邀请函，使用钢笔工具和羽化命令绘制投影，使用斜切变换命令和变形变换命令制作其他邀请函效果，最终效果如图 7-54 所示。

效果所在位置

资源包/Ch07/效果/制作邀请函效果图.psd。

图 7-54

制作邀请函效果图

STEP 1 按 Ctrl+O 组合键，打开资源包中“Ch07 > 素材 > 制作邀请函效果图 > 01”文件，如图 7-55 所示。

STEP 2 按 Ctrl + O 组合键，打开资源包中的“Ch07 > 素材 > 制作邀请函效果图 > 02”文件，选择“移动”工具，将 02 图片拖曳到图像窗口适当的位置，效果如图 7-56 所示，在“图层”控制面板中生成新图层并分别将其命名为“邀请函”。

图 7-55

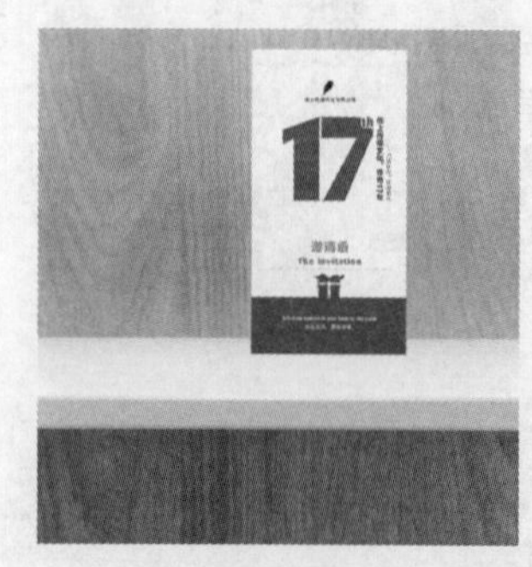

图 7-56

STEP 3 按 Ctrl+T 组合键，在图像周围出现变换框，在变换框中单击鼠标右键，在弹出的快捷菜单中选择“透视”命令，调整控制点到适当的位置，如图 7-57 所示。再次单击鼠标右键，在弹出的快捷菜单中选择“缩放”命令，按 Enter 键确认操作，效果如图 7-58 所示。

图 7-57

图 7-58

STEP 4 选择“滤镜 > 渲染 > 光照效果”命令，在弹出的“属性”面板中进行设置，如图 7-59 所示，在属性栏中单击“确定”按钮，效果如图 7-60 所示。

STEP 5 新建图层并将其命名为“投影 1”。将前景色设为黄色（其 R、G、B 的值分别为 106、57、6）。选择“钢笔”工具，在属性栏中的“选择工具模式”选项中选择“路径”，在图像窗口中绘制不规则图形，效果如图 7-61 所示。按 Ctrl+Enter 组合键，将绘制的路径转换为选区，如图 7-62 所示。

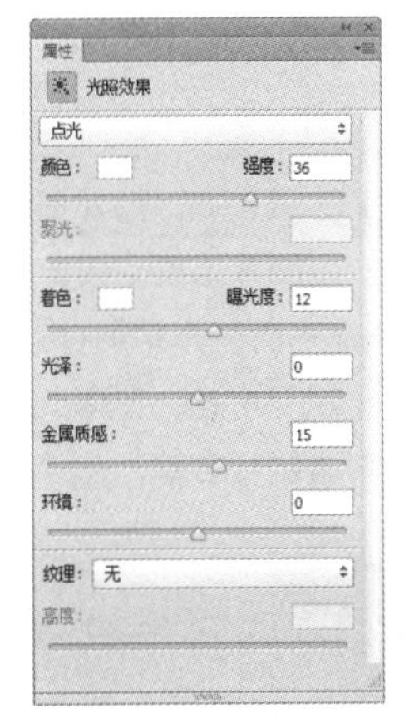

图 7-59

图 7-60

图 7-61

图 7-62

STEP 6 选择“选择 > 修改 > 羽化”命令，弹出“羽化选区”对话框，进行设置，如图 7-63 所示，单击“确定”按钮，图像效果如图 7-64 所示。按 Alt+Delete 组合键，用前景色填充选区，取消选区后，效果如图 7-65 所示。

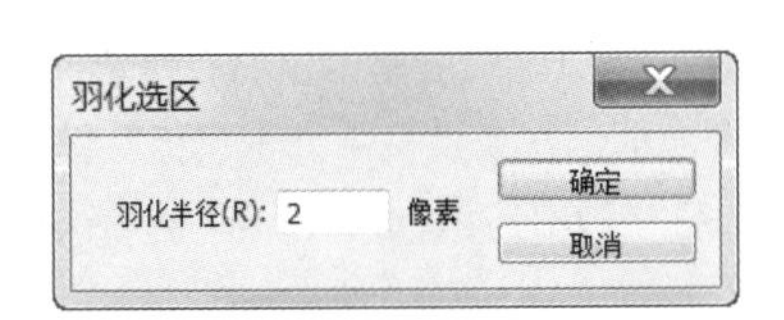

图 7-63

图 7-64

图 7-65

STEP 7 在“图层”控制面板上方，将“投影 1”图层的“不透明度”选项设置为 85%，如图 7-66 所示，图像效果如图 7-67 所示。将“投影 1”图层拖曳至“邀请函”图层下面，如图 7-68 所示，图像效果如图 7-69 所示。用相同的方法绘制“投影 2”，并调整图层顺序，效果如图 7-70 所示。

图 7-66

图 7-67

图 7-68

图 7-69

图 7-70

STEP 8 单击“图层”控制面板中的“邀请函”图层。再次按 Ctrl + O 组合键，打开资源包中的“Ch07 > 素材 > 制作邀请函效果图 > 02”文件，选择“移动”工具，将 02 图片拖曳到图像窗口适当的位置，效果如图 7-71 所示，在“图层”控制面板中生成新图层并分别将其命名为“邀请函 拷贝”。

STEP 9 按 Ctrl+T 组合键，在图像周围出现变换框，在变换框中单击鼠标右键，在弹出的快捷菜单中选择“斜切”命令，调整控制点到适当的位置，如图 7-72 所示。再次单击鼠标右键，在弹出的快捷菜单中选择“缩放”命令，按 Enter 键确认操作，效果如图 7-73 所示。

图 7-71

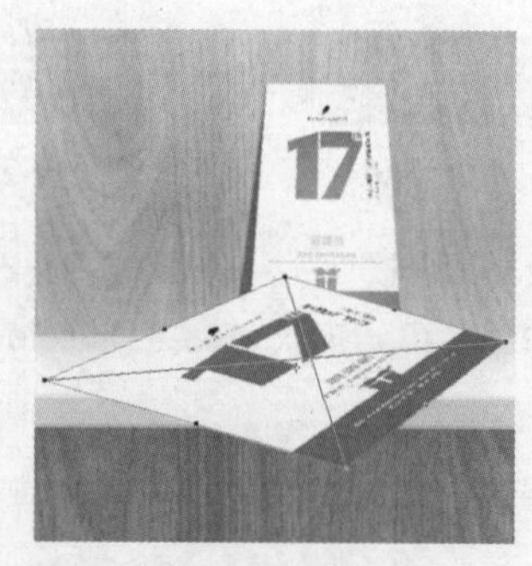
图 7-72

图 7-73

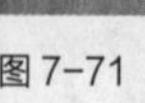

STEP 10 在“图层”控制面板上方，在“邀请函 拷贝”图层单击鼠标右键选择“栅格化图层”命令，栅格化图层，按 Ctrl+T 组合键，在图像周围出现变换框，在变换框中单击鼠标右键，在弹出的快捷菜单中选择“变形”命令，调整控制点到适当的位置，如图 7-74 所示，按 Enter 键确认操作，效果如图 7-75 所示。

图 7-74

图 7-75

STEP 11 单击“图层”控制面板下方的“添加图层样式”按钮 fx.，在弹出的菜单中选择“投影”命令，在弹出的对话框中进行设置，如图 7-76 所示，单击“确定”按钮，效果如图 7-77 所示。用相同方法添加其他图形，效果如图 7-78 所示。制作邀请函效果完成。

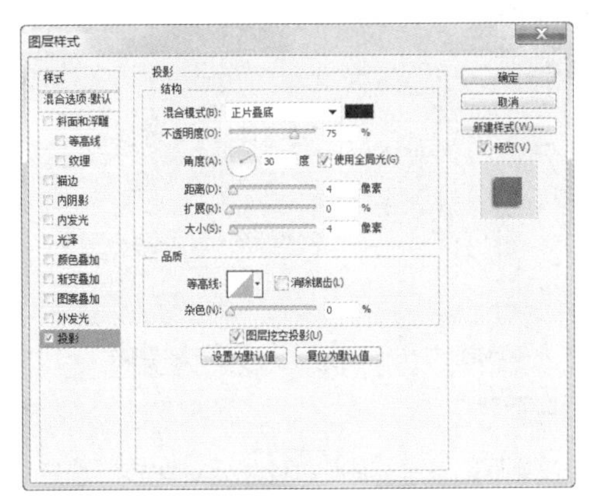

图 7-76

图 7-77

图 7-78

7.3.2 图像的裁切

如果图像中含有大面积的纯色区域或透明区域，可以应用裁切命令进行操作。原始图像效果如图 7-79 所示，选择“图像 > 裁切”命令，弹出“裁切”对话框，在对话框中进行设置，如图 7-80 所示，单击“确定”按钮，效果如图 7-81 所示。

图 7-79

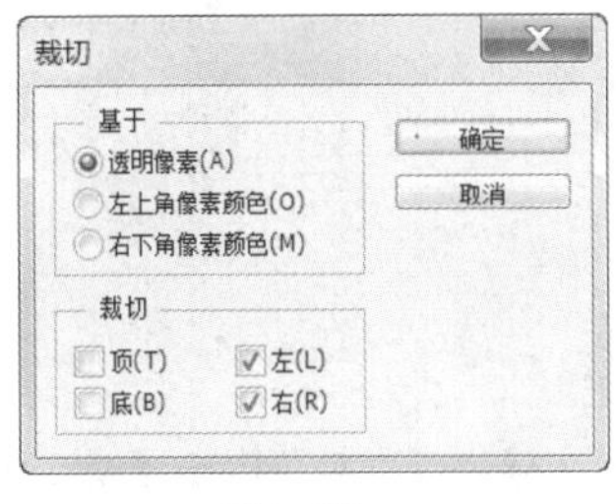

图 7-80

图 7-81

透明像素：如果当前图像的多余区域是透明的，就选择此选项。左上角像素颜色：根据图像左上角的像素颜色来确定裁切的颜色范围。右下角像素颜色：根据图像右下角的像素颜色来确定裁切的颜色范围。裁切：用于设置裁切的区域范围。

7.3.3 图像的变换

图像的变换将对整个图像起作用。选择菜单“图像 > 图像旋转”命令，其下拉菜单如图 7-82 所示。图像变换的多种效果，如图 7-83 所示。

图 7-82

原图像　180°　90°（顺时针）

90°（逆时针）　水平翻转画布　垂直翻转画布

图 7-83

选择“任意角度”命令，弹出“旋转画布”对话框，进行设置后的效果如图 7-84 所示，单击“确定”按钮，图像被旋转，效果如图 7-85 所示。

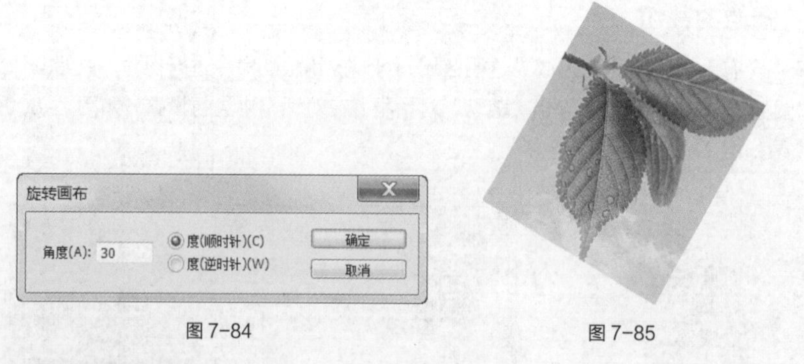

图 7-84　图 7-85

7.3.4 图像选区的变换

使用菜单命令变换图像的选区：在操作过程中可以根据设计和制作需要变换已经绘制好的选区。在图像中绘制选区后，选择“编辑 > 自由变换”或“变换”命令，可以对图像的选区进行各种变换。“变换”命令的下拉菜单如图 7-86 所示。

在图像中绘制选区，如图 7-87 所示。选择“缩放”命令，拖曳控制手柄，可以对图像选区自由地缩放，如图 7-88 所示。选择“旋转”命令，旋转控制手柄，可以对图像选区自由地旋转，如图 7-89 所示。

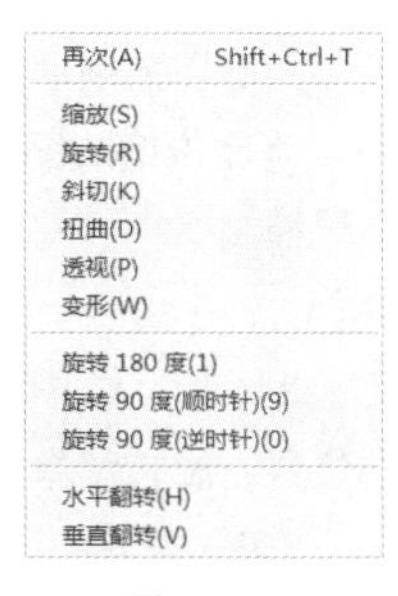

图 7-86

图 7-87

图 7-88

图 7-89

选择“斜切”命令，拖曳控制手柄，可以对图像选区进行斜切调整，如图 7-90 所示。选择“扭曲”命令，拖曳控制手柄，可以对图像选区进行扭曲调整，如图 7-91 所示。选择“透视”命令，拖曳控制手柄，可以对图像选区进行透视调整，如图 7-92 所示。

图 7-90

图 7-91

图 7-92

选择“旋转 180 度”命令，可以将图像选区旋转 180° ，如图 7-93 所示。选择“旋转 90 度 (顺时针)”命令，可以将图像选区顺时针旋转 90° ，如图 7-94 所示。选择“旋转 90 度 (逆时针)”命令，可以将图像选区逆时针旋转 90° ，如图 7-95 所示。

图 7-93

图 7-94

图 7-95

选择“水平翻转”命令，可以将图像水平翻转，如图 7-96 所示。选择“垂直翻转”命令，可以将图像垂直翻转，如图 7-97 所示。

图 7-96

图 7-97

使用快捷键变换图像的选区：在图像中绘制选区，按 Ctrl+T 组合键，选区周围出现控制手柄，拖曳控制手柄，可以对图像选区自由地缩放。按住 Shift 键的同时，拖曳控制手柄，可以等比例缩放图像选区。

如果在变换后仍要保留原图像的内容，按 Ctrl+Alt+T 组合键，选区周围出现控制手柄，向选区外拖曳选区中的图像，会复制出新的图像，原图像的内容将被保留，效果如图 7-98 所示。

按 Ctrl+T 组合键，选区周围出现控制手柄，将鼠标放在控制手柄外边，鼠标指针变为↰图标，旋转控制手柄可以将图像旋转，效果如图 7-99 所示。如果旋转之前改变旋转中心的位置，旋转图像的效果将随之改变，如图 7-100 所示。

图 7-98

图 7-99

图 7-100

按住 Ctrl 键的同时，任意拖曳变换框的 4 个控制手柄，可以使图像任意变形，效果如图 7-101 所示。按住 Alt 键的同时，任意拖曳变换框的 4 个控制手柄，可以使图像对称变形，效果如图 7-102 所示。

按住 Ctrl+Shift 组合键，拖曳变换框中间的控制手柄，可以使图像斜切变形，效果如图 7-103 所示。按住 Ctrl+Shift+Alt 组合键，任意拖曳变换框的 4 个控制手柄，可以使图像透视变形，效果如图 7-104 所示。按住 Shift+Ctrl+T 组合键，可以再次应用上一次使用过的变换命令。

图 7-101

图 7-102

图 7-103

图 7-104

7.4 课堂练习——制作证件照

练习知识要点

使用裁剪工具裁切照片，使用钢笔工具绘制人物轮廓，使用曲线命令调整背景的色调，使用定义图案命令定义图案，效果如图 7-105 所示。

效果所在位置

资源包/Ch07/效果/制作证件照.psd。

图 7-105

制作证件照

7.5 课后习题——制作趣味音乐

习题知识要点

使用混合模式命令制作装饰图形，使用椭圆选框工具、羽化命令绘制投影效果，使用横排文字工具添加文字，效果如图 7-106 所示。

效果所在位置

资源包/Ch06/效果/制作趣味音乐.psd。

图 7-106

制作趣味音乐

Chapter 8

第 8 章 绘制图形及路径

本章主要介绍路径的绘制、编辑方法以及图形的绘制与应用技巧。通过本章的学习，读者可学会快速地绘制所需路径并对路径进行修改和编辑，还可应用绘图工具绘制出系统自带的图形，提高图像制作的效率。

课堂学习目标

- 熟练掌握绘制图形的技巧
- 熟练掌握绘制和选区路径的方法
- 掌握 3D 图形的创建和 3D 工具的使用技巧

8.1 绘制图形

路径工具极大地加强了 Photoshop CC 处理图像的功能，可以用来绘制路径、剪切路径和填充区域。

8.1.1 课堂案例——制作房地产广告

案例学习目标

学习使用不同的绘图工具绘制各种图形，并使用移动和复制命令调整图像的位置。

案例知识要点

使用绘图工具绘制插画背景效果，使用横排文字工具添加标题文字，使用阴影命令为文字添加投影效果，使用直线工具、自定形状工具绘制装饰图形，使用横排文字工具添加宣传文字，效果如图 8-1 所示。

效果所在位置

资源包/Ch08/效果/制作房地产广告.psd。

图 8-1

制作房地产广告

1. 绘制背景图形

STEP 1 按 Ctrl + N 组合键，新建一个文件，宽度为 21cm，高度为 29.7cm，分辨率为 300 像素/英寸，颜色模式为 RGB，背景内容为白色，单击“确定”按钮。

STEP 2 按 Ctrl + O 组合键，打开资源包中的“Ch08 > 素材 > 制作房地产广告 > 01”文件，选择“移动”工具，将 01 图片拖曳到图像窗口适当的位置，效果如图 8-2 所示，在“图层”控制面板中生成新图层并命名为“楼盘”。

STEP 3 新建图层并命名为“形状 1”，选择“钢笔”工具，在属性栏中的“选择工具模式”选项中选择“路径”，在图像窗口中绘制不规则图形，按 Ctrl + Enter 组合键，将路径转化为选区，效果如图 8-3 所示。

STEP 4 选择“渐变”工具，单击属性栏中的“点按可编辑渐变”按钮，弹出“渐变编辑器”对话框，将渐变色设为从墨绿色（其 R、G、B 的值分别为 15、76、75）到绿色（其 R、G、B 的值分别为 41、133、134），如图 8-4 所示，单击“确定”按钮。选中属性栏中的“线性渐变”按钮，按住 Shift 键的同时，在选区中从上至下拖曳渐变色，效果如图 8-5 所示。按 Ctrl + D 组合键，取消图像选区。

STEP 5 将前景色设为蓝绿色（其 R、G、B 的值分别为 41、161、175）。选择“钢笔”工具，在属性栏中的“选择工具模式”选项中选择“形状”，在图像窗口中绘制不规则图形，效果如图 8-6 所示，在“图层”控制面板中生成新的图层“形状 2”，如图 8-7 所示。

图 8-2　图 8-3　图 8-4

图 8-5　图 8-6　图 8-7

STEP 6 将前景色设为蓝色（其 R、G、B 的值分别为 0、138、238）。选择“椭圆形”工具，在属性栏中的“选择工具模式”选项中选择“形状”，按住 Shift 键的同时，在图像窗口中绘制圆形，效果如图 8-8 所示，在“图层”控制面板中生成新的图层“椭圆 1”。

STEP 7 在“图层”控制面板上方，将“椭圆 1”图层的“不透明度”选项设为 34%，如图 8-9 所示，图像效果如图 8-10 所示。用相同方法添加绘制其他的圆形，填充适当的颜色，并设置图形的不透明度，图像效果如图 8-11 所示。

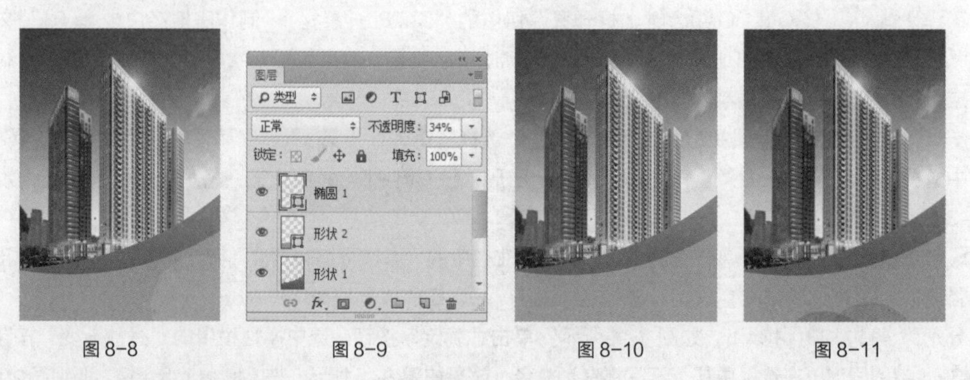

图 8-8　图 8-9　图 8-10　图 8-11

2. 添加标题文字和装饰图形

STEP 1 将前景色设为白色。选择“横排文字”工具，输入需要的文字，在属性栏中选择合适的字体并设置文字大小，效果如图 8-12 所示，在控制面板中生成新的文字图层。

STEP 2 单击“图层”控制面板下方的“添加图层样式”按钮 fx.，在弹出的菜单中选择“投影”命令，在弹出的对话框中进行设置，如图 8-13 所示，单击“确定”按钮，效果如图 8-14 所示。

图 8-12

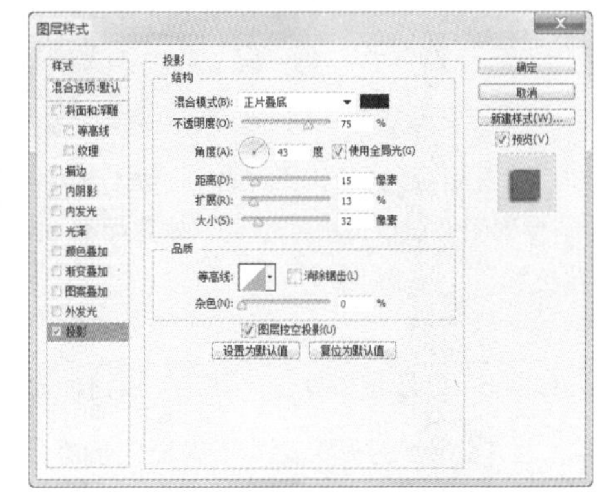

图 8-13

图 8-14

STEP 3 新建图层并命名为“直线”。选择“直线”工具，在属性栏中的“选择工具模式”选项中选择“像素”，将“粗细”选项设为 8px，按住 Shift 键的同时，在图像窗口中拖曳鼠标绘制直线，效果如图 8-15 所示。

STEP 4 选择“移动“工具，按住 Alt+Shift 组合键的同时，水平向右拖曳鼠标到适当的位置，复制一条直线，效果如图 8-16 所示。

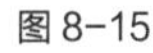
图 8-15　图 8-16

STEP 5 选择“横排文字”工具 T，输入需要的文字，在属性栏中选择合适的字体并设置文字大小，效果如图 8-17 所示，在控制面板中生成新的文字图层。

STEP 6 单击“图层”控制面板下方的“添加图层样式”按钮 fx.，在弹出的菜单中选择“投影”命令，在弹出的对话框中进行设置，如图 8-18 所示，单击“确定”按钮，效果如图 8-19 所示。用相同方法添加其他文字，并添加投影效果，效果如图 8-20 所示。

图 8-17

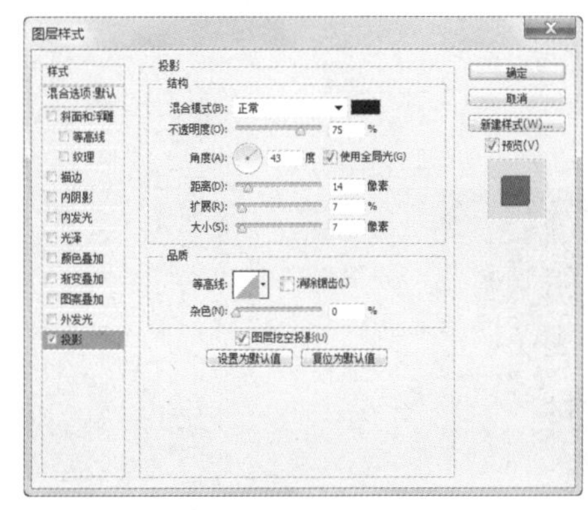

图 8-18

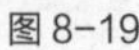
图 8-19

图 8-20

STEP 7 按 Ctrl + O 组合键，打开资源包中的“Ch08 > 素材 > 制作房地产广告 > 02”文件，选择“移动”工具，将 02 图片拖曳到图像窗口适当的位置，效果如图 8-21 所示，在“图层”控制面板中生成新的图层并将其命名为“花纹”。

STEP 8 单击“图层”控制面板下方的“添加图层样式”按钮 fx，在弹出的菜单中选择“投影”命令，在弹出的对话框中进行设置，如图 8-22 所示，单击“确定”按钮，效果如图 8-23 所示。

图 8-21

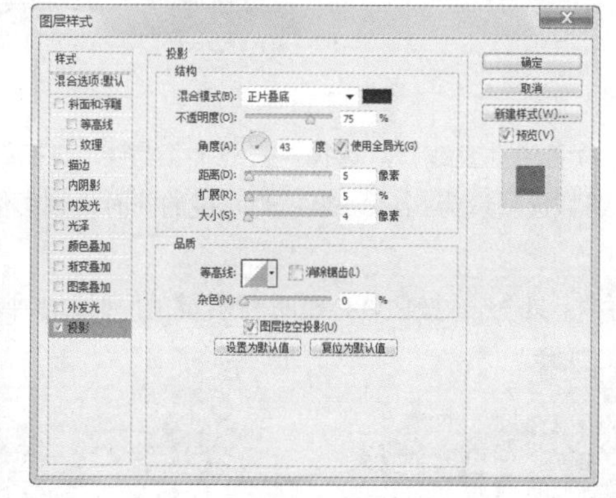

图 8-22

图 8-23

STEP 9 将前景色设为金黄色（其 R、G、B 的值分别为 235、182、113）。选择“横排文字”工具 T，输入需要的文字，在属性栏中选择合适的字体并设置文字大小，效果如图 8-24 所示，在控制面板中生成新的文字图层。

STEP 10 单击“图层”控制面板下方的“添加图层样式”按钮 fx，在弹出的菜单中选择“投影”命令，在弹出的对话框中进行设置，如图 8-25 所示，单击“确定”按钮，效果如图 8-26 所示。

图 8-24

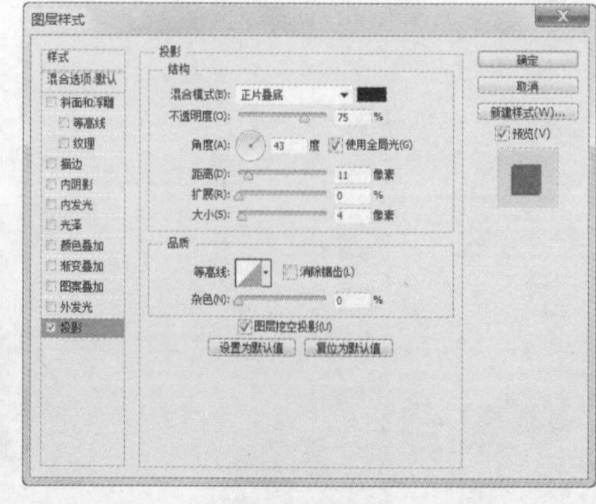

图 8-25

图 8-26

STEP 11 新建图层并将其命名为“鸟”。将前景色设为黄绿色（其 R、G、B 的值分别为 224、

245、142）。选择“自定形状”工具，单击属性栏中的“形状”选项，弹出“形状”面板，单击右上方的按钮，在弹出的菜单中选择“动物”选项，弹出提示对话框，单击“追加”按钮。在“形状”面板中选择需要的图形，如图 8-27 所示。按住 Shift 键的同时，拖曳鼠标绘制图形，效果如图 8-28 所示。

STEP 12 按 Ctrl+T 组合键，在图像周围出现变换框，将图形旋转适当的角度，按 Enter 键确认操作，效果如图 8-29 所示。

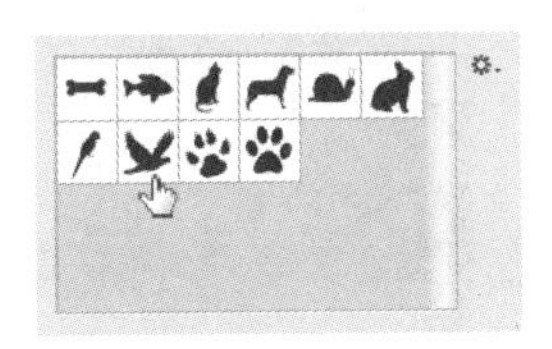

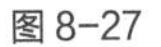

图 8-27

图 8-28

图 8-29

STEP 13 在“图层”控制面板上方，将“鸟”图层的“不透明度”选项设为 31%，如图 8-30 所示，图像效果如图 8-31 所示。选择“移动”工具，选中“鸟”图层，按住 Alt 键的同时，向上拖曳鼠标复制图像，并调整图像的大小，图像效果如图 8-32 所示。在“图层”控制面板中生成新的图层并将其命名为“鸟 拷贝”。

图 8-30

图 8-31

图 8-32

STEP 14 将前景色设为白色。选择“横排文字”工具，输入需要的文字，在属性栏中选择合适的字体并设置文字大小，效果如图 8-33 所示，在控制面板中生成新的文字图层。用相同的方法添加其他文字，效果如图 8-34 所示。

STEP 15 选择“直线”工具，在属性栏中的“选择工具模式”选项中选择“形状”，将“粗细”选项设为 5px，按住 Shift 键的同时，在图像窗口中拖曳鼠标绘制直线，效果如图 8-35 所示。

图 8-33

图 8-34

图 8-35

STEP 16 按 Ctrl＋O 组合键，打开资源包中的“Ch08 > 素材 > 制作房地产广告 > 03”文件，选择“移动”工具，将 03 图片拖曳到图像窗口适当的位置，效果如图 8-36 所示，在“图层”控制面板中生成新的图层并将其命名为“LOGO”。

STEP 17 选择“横排文字”工具，输入需要的文字，在属性栏中选择合适的字体并设置文字大小，效果如图 8-37 所示，在控制面板中生成新的文字图层。用相同的方法添加其他文字，效果如图 8-38 所示。房地产广告制作完成。

图 8-36

图 8-37

图 8-38

8.1.2 矩形工具

选择“矩形”工具，或反复按 Shift+U 组合键，其属性栏如图 8-39 所示。

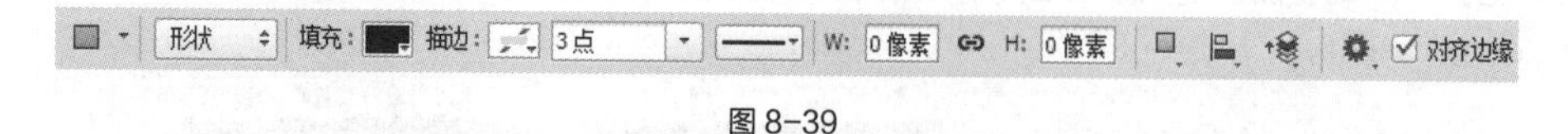

图 8-39

形状：用于选择创建路径形状、创建工作路径或填充区域。填充/描边：用于设置矩形的填充色、描边色、描边宽度和描边类型。W/H：用于设置矩形的宽度和高度。用于设置路径的组合方式、对齐方式和排列方式。用于设定所绘制矩形的形状。对齐边缘：用于设定边缘是否对齐。

原始图像效果如图 8-40 所示。在图像中绘制矩形，效果如图 8-41 所示，“图层”控制面板中的效果如图 8-42 所示。

图 8-40

图 8-41

图 8-42

8.1.3 圆角矩形工具

选择“圆角矩形”工具，或反复按 Shift+U 组合键，其属性栏如图 8-43 所示。其属性栏中的内容与“矩形”工具属性栏的选项内容类似，只增加了“半径”选项，用于设定圆角矩形的平滑程度，数值越大越平滑。

图 8-43

原始图像效果如图 8-44 所示。将半径选项设为 40px，在图像中绘制圆角矩形，效果如图 8-45 所示，“图层”控制面板中的效果如图 8-46 所示。

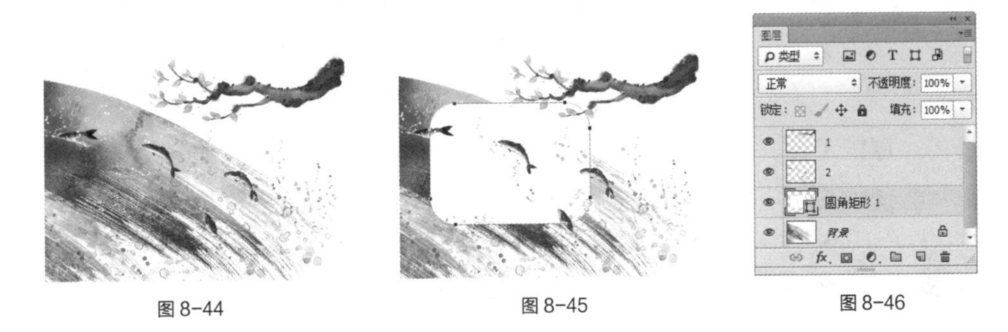

图 8-44　图 8-45　图 8-46

8.1.4　椭圆工具

选择“椭圆”工具，或反复按 Shift+U 组合键，其属性栏如图 8-47 所示。

图 8-47

原始图像效果如图 8-48 所示。在图像上方绘制椭圆形，效果如图 8-49 所示，“图层”控制面板如图 8-50 所示。

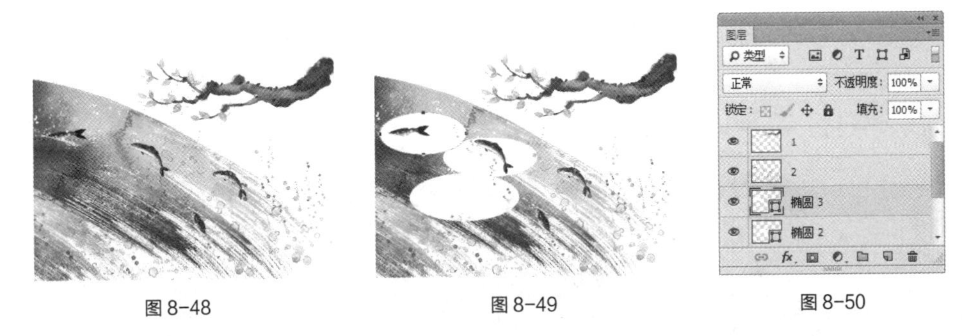

图 8-48　图 8-49　图 8-50

8.1.5　多边形工具

选择“多边形”工具，或反复按 Shift+U 组合键，其属性栏如图 8-51 所示。其属性栏中的内容与矩形工具属性栏的选项内容类似，只是增加了“边”选项，用于设定多边形的边数。

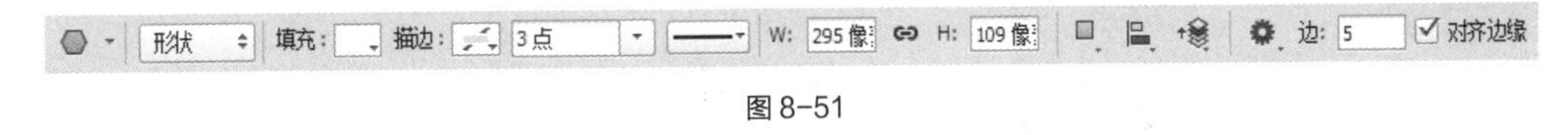

图 8-51

原始图像效果如图 8-52 所示。单击属性栏中的按钮，在弹出的面板中进行设置，如图 8-53 所示，在图像中绘制星形，效果如图 8-54 所示，“图层”控制面板中的效果如图 8-55 所示。

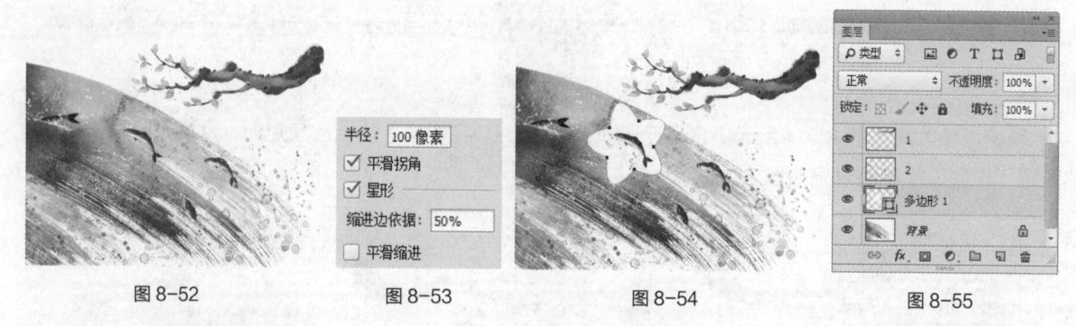

图 8-52　图 8-53　图 8-54　图 8-55

8.1.6　直线工具

选择“直线”工具，或反复按 Shift+U 组合键，其属性栏如图 8-56 所示。其属性栏中的内容与矩形工具属性栏的选项内容类似，只是增加了“粗细”选项，用于设定直线的宽度。

单击属性栏中的按钮，弹出“箭头”面板，如图 8-57 所示。

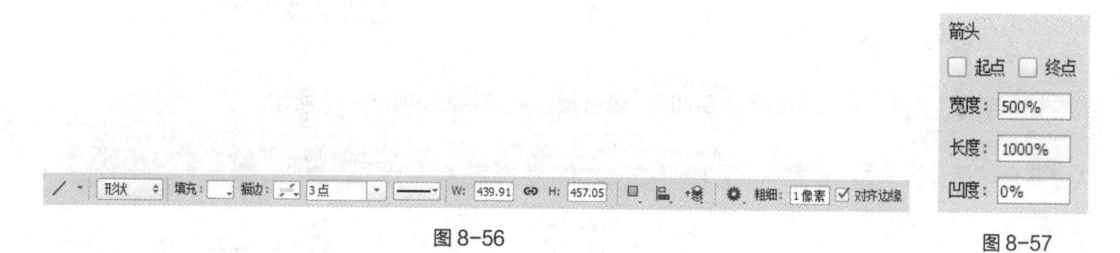

图 8-56　图 8-57

起点：用于选择箭头位于线段的始端。终点：用于选择箭头位于线段的末端。宽度：用于设定箭头宽度和线段宽度的比值。长度：用于设定箭头长度和线段长度的比值。凹度：用于设定箭头凹凸的形状。

原图效果如图 8-58 所示，在图像中绘制不同效果的直线，如图 8-59 所示，“图层”控制面板中的效果如图 8-60 所示。

图 8-58　图 8-59　图 8-60

提示

按住 Shift 键，应用直线工具绘制图形时，可以绘制水平或垂直的直线。

8.1.7　自定形状工具

选择“自定形状”工具，或反复按 Shift+U 组合键，其属性栏如图 8-61 所示。其属性栏中的内容与矩形工具属性栏的选项内容类似，只是增加了“形状”选项，用于选择所需的形状。

单击“形状”选项右侧的按钮，弹出如图 8-62 所示的形状面板，面板中存储了可供选择的各种不规则形状。

图 8-61

图 8-62

原始图像效果如图 8-63 所示。在图像中绘制不同的形状图形，效果如图 8-64 所示，“图层”控制面板中的效果如图 8-65 所示。

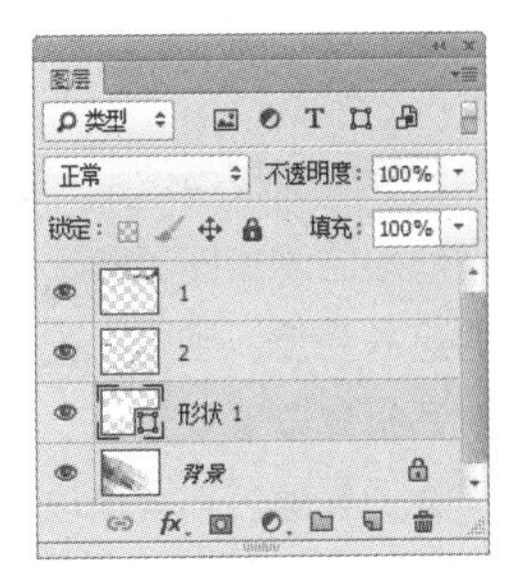

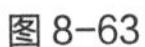
图 8-63

图 8-64

图 8-65

可以应用定义自定形状命令来制作并定义形状。使用“钢笔”工具在图像窗口中绘制路径并填充路径，如图 8-66 所示。

选择“编辑 > 定义自定形状”命令，弹出“形状名称”对话框，在“名称”选项的文本框中输入自定形状的名称，如图 8-67 所示；单击“确定”按钮，在“形状”选项的面板中将会显示刚才定义的形状，如图 8-68 所示。

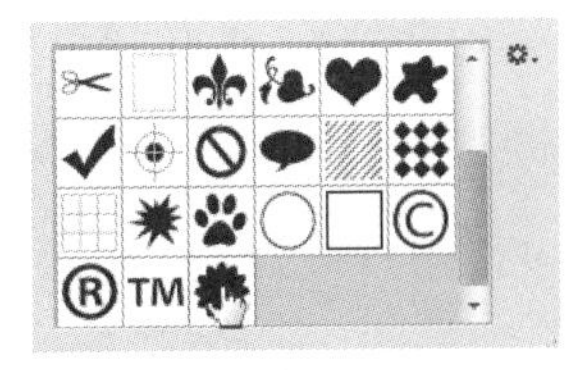

图 8-66

图 8-67

图 8-68

8.1.8 属性面板

属性面板用于调整形状的大小、填充颜色、描边颜色、描边样式以及圆角半径等。也可以用于调整所选图层中的图层蒙版和矢量蒙版的不透明度和羽化范围。选择“矩形”工具，绘制一个矩形，如图 8-69 所示，选择“窗口 > 属性”命令，弹出“属性”面板，如图 8-70 所示。

W/H：用于设置形状的宽度和高度。：用于链接宽度和高度，使形状能够成比例改变。X/Y：用于设定形状的横纵坐标。：用于设置形状的填充描边和颜色。3点：用于设置形状的描边宽度和类型。：用于设置描边的对齐类型、线段端点和线段合并类型。

图 8-69

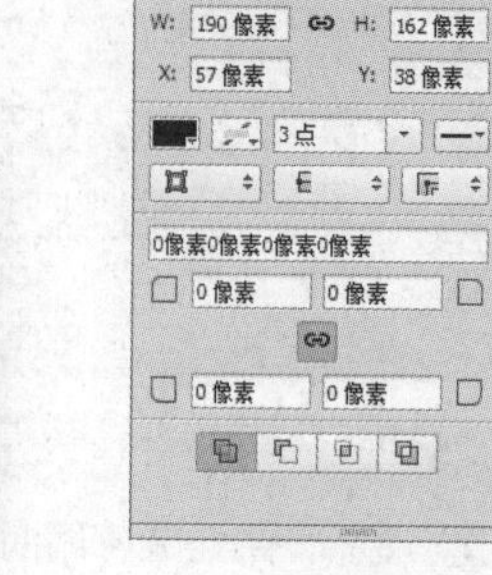

图 8-70

在“角半径”文本框中输入值以指定角效果到每个角点的扩展半径，如图 8-71 所示，按 Enter 键，效果如图 8-72 所示。

在“属性”面板中单击“蒙版”按钮，切换到相应的面板，如图 8-73 所示。：单击按钮，可以为当前图层添加图层蒙版；单击按钮可以添加矢量蒙版。浓度：拖动滑块可以控制蒙版的不透明度，即蒙版的遮盖强度。羽化：拖动滑块可以柔化蒙版的边缘。蒙版边缘...：单击此按钮，可以打开“调整边缘”对话框修改蒙版边缘。颜色范围...：单击此按钮，可以打开“色彩范围”对话框，此时可以在图像中取样并调整颜色容差修改蒙版范围。反相：单击此按钮，可以反转蒙版的遮盖区域。从蒙版中载入选区：可以载入蒙版中包含的选区。应用蒙版：可以将蒙版应用到图像中，同时删除被蒙版遮盖的图像。停用/启用蒙版：可以停用或启用蒙版，停用蒙版时，蒙版缩略图上会出现一个红色的“×”。删除蒙版：可以删除当前蒙版。

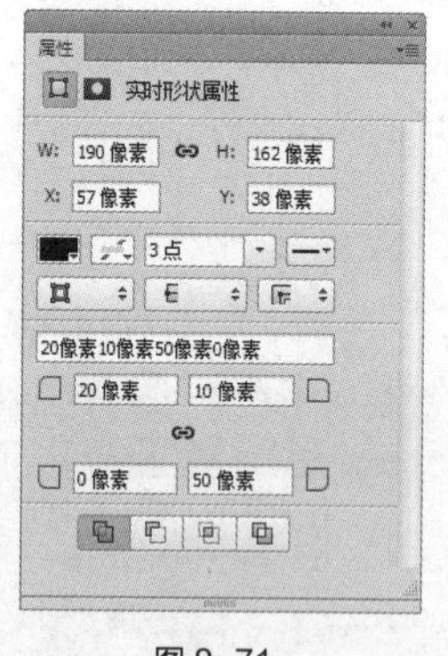

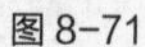

图 8-71

图 8-72

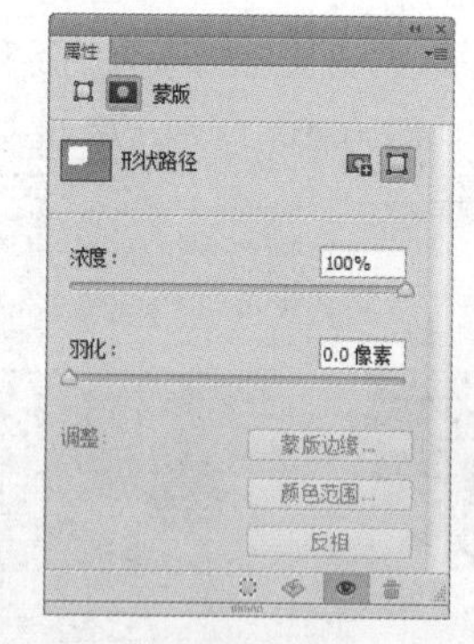

图 8-73

8.2 绘制和选取路径

路径对于 Photoshop CC 高手来说确实是一个非常得力的助手。使用路径可以进行复杂图像的选取，还可以存储选取区域以备再次使用，更可以绘制线条平滑的优美图形。

8.2.1 课堂案例——制作高跟鞋促销海报

案例学习目标

学习使用不同的绘图工具绘制并调整路径。

案例知识要点

使用钢笔工具、添加锚点工具和转换点工具绘制路径，使用应用选区和路径的转换命令进行转换，如图8-74所示。

效果所在位置

资源包/Ch08/效果/制作高跟鞋促销海报.psd。

图8-74

制作高跟鞋促销海报

1. 绘制背景图形

STEP 1 按Ctrl＋N组合键，新建一个文件，宽度为21cm，高度为12.6cm，分辨率为300像素/英寸，颜色模式为RGB，背景内容为白色，单击“确定”按钮。

STEP 2 新建图层并命名为“矩形1”，将前景色设为粉色（其R、G、B的值分别为241、156、212）。选择“矩形”工具，在属性栏中的“选择工具模式”选项中选择“像素”，在图像窗口中绘制矩形，图像效果如图8-75所示。用相同的方法绘制其他矩形，并分别填充适当的颜色，图像效果如图8-76所示。

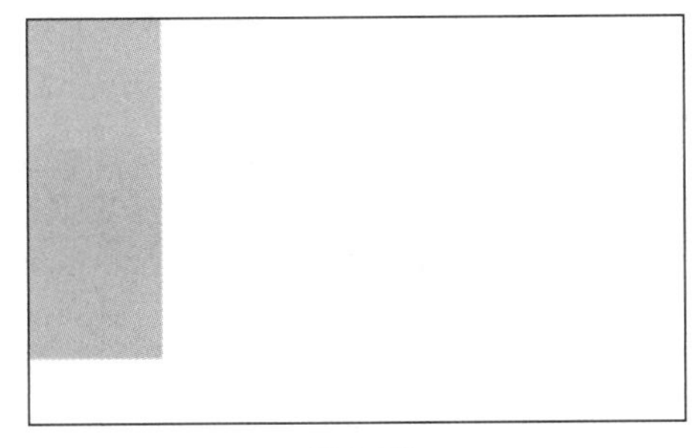

图8-75

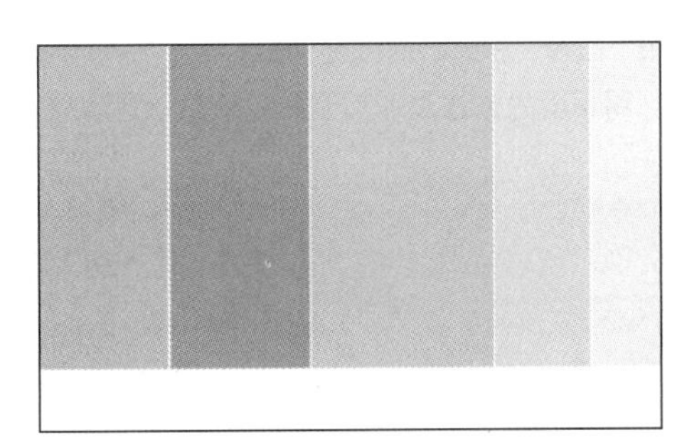

图8-76

STEP 3 将前景色设为白色。选择“钢笔”工具，在属性栏中的“选择工具模式”选项中选择“形状”，在图像窗口中绘制不规则图形，效果如图8-77所示。

STEP 4 在“图层”控制面板上方，将“形状1”图层的“不透明度”选项设为31%，图像效果如图8-78所示。用相同的方法绘制其他不规则图形，并分别调整不透明度，图像效果如图8-79所示。

STEP 5 新建图层并命名为“矩形6”，将前景色设为蓝色（其R、G、B的值分别为200、221、241）。选择“矩形”工具，在属性栏中的“选择工具模式”选项中选择“像素”，在图像窗口中绘制矩形，图像效果如图8-80所示。

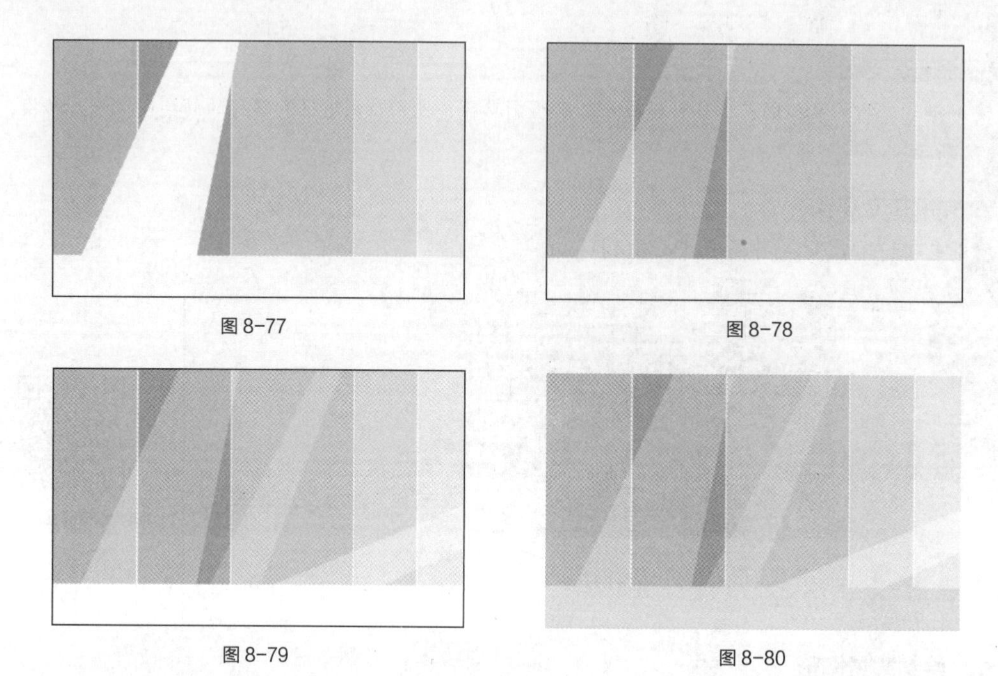

图 8-77　　图 8-78

图 8-79　　图 8-80

2. 添加标题文字

STEP 1 将前景色设为黄色（其 R、G、B 的值分别为 232、238、70）。选择"横排文字"工具 T，输入需要的文字，在属性栏中选择合适的字体并设置文字大小，效果如图 8-81 所示，在控制面板中生成新的文字图层。按 Ctrl+T 组合键，在图像周围出现变换框，旋转图形适当的角度，按 Enter 键确认操作，效果如图 8-82 所示。

STEP 2 单击"图层"控制面板下方的"添加图层样式"按钮 fx，在弹出的菜单中选择"斜面和浮雕"命令，在弹出的图层样式对话框中进行设置，如图 8-83 所示，单击"确定"按钮，效果如图 8-84 所示。用相同的方法添加其他文字，并分别添加"斜面和浮雕"效果，图像效果如图 8-85 所示。

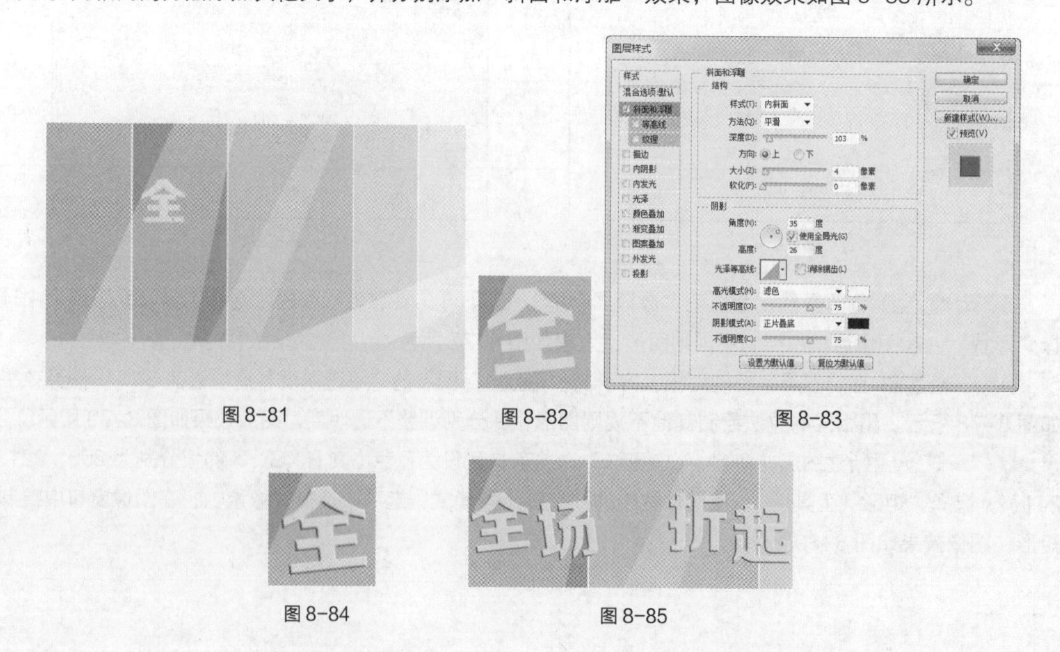

图 8-81　　图 8-82　　图 8-83

图 8-84　　图 8-85

STEP 3 将前景色设为红色（其 R、G、B 的值分别为 232、49、38）。选择“横排文字”工具 T，输入需要的文字，在属性栏中选择合适的字体并设置文字大小，效果如图 8-86 所示，在控制面板中生成新的文字图层。按 Ctrl+T 组合键，在图像周围出现变换框，旋转图形适当的角度，按 Enter 键确认操作，效果如图 8-87 所示。

STEP 4 按住 Shift 键的同时，将“全”文字图层和“7”文字图层同时选取，如图 8-88 所示。按 Ctrl+Alt+E 组合键，合并图层并新建图层，将其命名为“投影”，如图 8-89 所示。

图 8-86

图 8-87

图 8-88

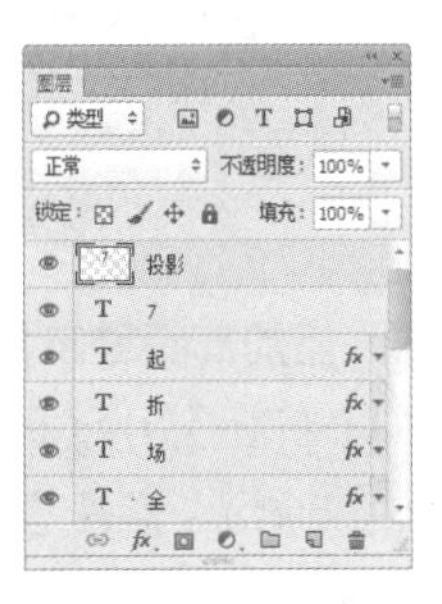

图 8-89

STEP 5 将前景色设为墨绿色（其 R、G、B 的值分别为 44、85、102）。按住 Ctrl 键的同时，单击图层面板中的“投影”图层，如图 8-90 所示，在文字图像周围生成选区，如图 8-91 所示。按 Alt+Delete 组合键，用前景色填充选区，按 Ctrl + D 组合键，取消图像选区，效果如图 8-92 所示。

图 8-90

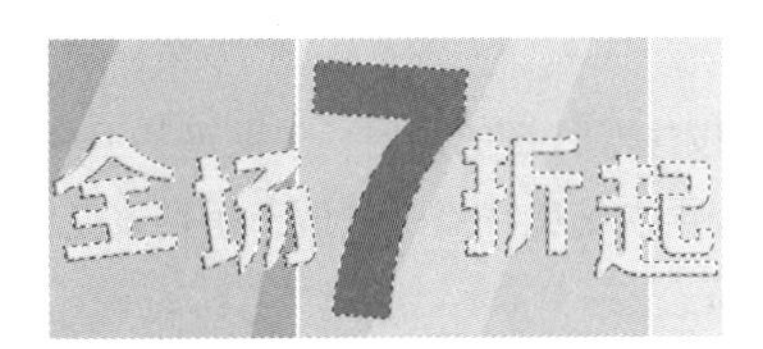

图 8-91

图 8-92

STEP 6 选择“移动”工具，拖曳图像到适当的位置，如图 8-93 所示。将“投影”图层拖曳至“全”图层下面，如图 8-94 所示，图像效果如图 8-95 所示。

图 8-93

图 8-94

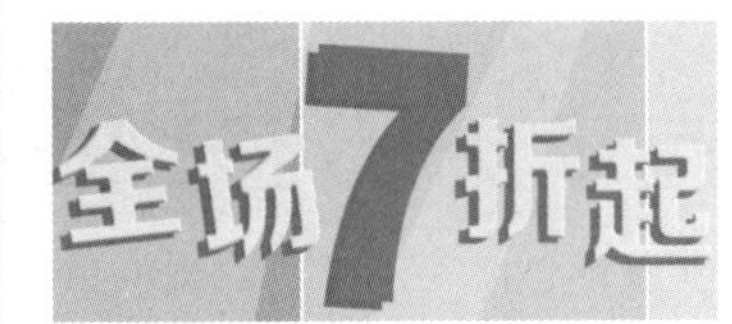

图 8-95

STEP 7 单击“图层”控制面板中“7”文字图层。新建图层并命名为“装饰”，将前景色设为橙色（其 R、G、B 的值分别为 255、87、0）。选择“钢笔”工具，在属性栏中的“选择工具模式”选项中选择“像素”，在图像窗口中绘制矩形，图像效果如图 8-96 所示。用相同的方法绘制其他矩形，并分别填充适当的颜色，图像效果如图 8-97 所示。

图 8-96

图 8-97

3. 添加高跟鞋及投影

STEP 1 按 Ctrl+O 组合键，打开资源包中的“Ch08 > 素材 > 制作高跟鞋促销海报 > 01”文件，如图 8-98 所示。选择“钢笔”工具，在属性栏中的“选择工具模式”选项中选择“路径”，在图像窗口中沿着高跟鞋轮廓拖曳鼠标绘制路径，如图 8-99 所示。

图 8-98

图 8-99

STEP 2 选择“钢笔”工具，按住 Ctrl 键的同时，“钢笔”工具转换为“直接选择”工具，拖曳路径中的锚点来改变路径的弧度，再次拖曳锚点上的调节手柄改变线段的弧度，效果如图 8-100 所示。

STEP 3 将鼠标光标移动到建立好的路径上，若当前该处没有锚点，则“钢笔”工具转换为“添加锚点”工具，如图 8-101 所示，在路径上单击鼠标添加一个锚点。

STEP 4 选择“转换点”工具，按住 Alt 键的同时，拖曳手柄，可以任意改变调节手柄中的一个手柄，如图 8-102 所示。用上述的路径工具将路径调整为更贴近鞋子的形状，效果如图 8-103 所示。

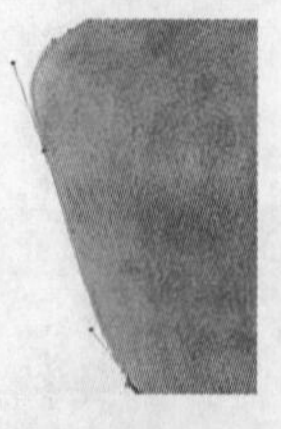

图 8-100

图 8-101

图 8-102

图 8-103

STEP 5 单击“路径”控制面板下方的“将路径作为选区载入”按钮，将路径转换为选区，如图 8-104 所示。选择“移动”工具，将 01 文件选区中的图像拖曳到新建文件中，效果如图 8-105 所示，在“图层”控制面板中生成新的图层并将其命名为“蓝色高跟鞋”。

STEP 6 新建图层并将其命名为“蓝色高跟鞋投影”。选择“钢笔”工具，在属性栏中的“选择工具模式”选项中选择“路径”，在图像窗口中分别绘制不规则图形，按 Ctrl + Enter 组合键，将路径转化为选区，效果如图 8-106 所示。

图 8-104　　图 8-105　　图 8-106

STEP 7 按 Shift+F6 组合键，在弹出的“羽化选区”对话框中进行设置，如图 8-107 所示，单击“确定”按钮，羽化选区，效果如图 8-108 所示。

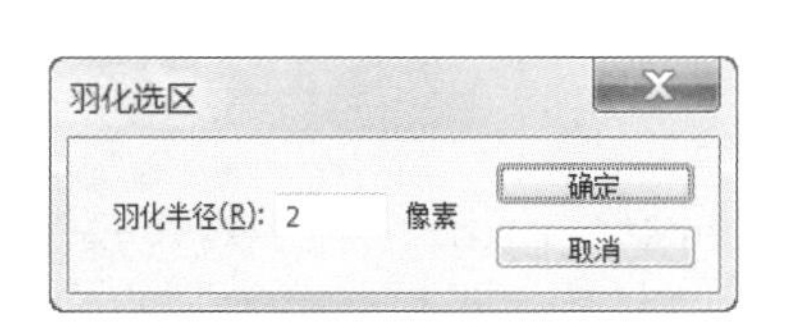

图 8-107　　图 8-108

STEP 8 选择“渐变”工具，单击属性栏中的“点按可编辑渐变”按钮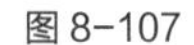，弹出“渐变编辑器”对话框，将渐变色设为从浅蓝色（其 R、G、B 的值分别为 186、199、224）到深褐色（其 R、G、B 的值分别为 135、131、133），如图 8-109 所示，单击“确定”按钮。选中属性栏中的“线性渐变”按钮，按住 Shift 键的同时，在图像窗口中从左至右拖曳渐变色，效果如图 8-110 所示。按 Ctrl + D 组合键，取消图像选区。用相同的方法添加其他阴影，效果如图 8-111 所示。

STEP 9 在“图层”控制面板中，选中“蓝色高跟鞋”图层，将其拖曳到“蓝色高跟鞋投影”图层的上方，如图 8-112 所示，图像效果如图 8-113 所示。用相同的方法拖曳其他素材到新建文件中，并为素材添加投影，效果如图 8-114 所示。高跟鞋促销海报制作完成。

图 8-109　　图 8-110　　图 8-111

图 8-112

图 8-113

图 8-114

8.2.2 钢笔工具

选择“钢笔”工具，或反复按 Shift+P 组合键，其属性栏如图 8-115 所示。

按住 Shift 键创建锚点时，将强迫系统以 45° 或 45° 的倍数绘制路径。按住 Alt 键，当“钢笔”工具移到锚点上时，暂时将“钢笔”工具转换为“转换点”工具。按住 Ctrl 键，暂时将“钢笔”工具转换成“直接选择”工具。

图 8-115

绘制直线条：建立一个新的图像文件，选择“钢笔”工具，在属性栏中的“选择工具模式”选项中选择“路径”选项，“钢笔”工具绘制的将是路径。如果选中“形状”选项，将绘制出形状图层。勾选“自动添加/删除”复选框，钢笔工具的属性栏如图 8-116 所示。

图 8-116

在图像中任意位置单击鼠标，创建一个锚点，将鼠标移动到其他位置再次单击，创建第二个锚点，两个锚点之间自动以直线进行连接，如图 8-117 所示。再将鼠标移动到其他位置单击，创建第三个锚点，而系统将在第二个和第三个锚点之间生成一条新的直线路径，如图 8-118 所示。

将鼠标指针移至第二个锚点上，暂时转换成“删除锚点”工具，如图 8-119 所示；在锚点上单击，即可将第二个锚点删除，如图 8-120 所示。

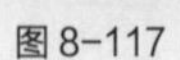

图 8-117

图 8-118

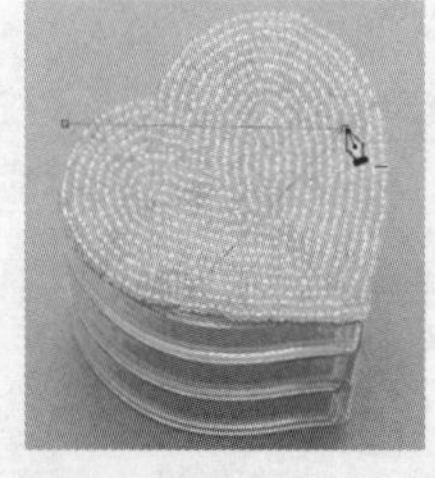

图 8-119

图 8-120

绘制曲线：用“钢笔”工具单击建立新的锚点并按住鼠标不放，拖曳鼠标，建立曲线段和曲线锚点，如图 8-121 所示。释放鼠标，按住 Alt 键的同时，用“钢笔”工具单击刚建立的曲线锚点，如图 8-122 所示；将其转换为直线锚点，在其他位置再次单击建立下一个新的锚点，可在曲线段后绘制出直线段，如图 8-123 所示。

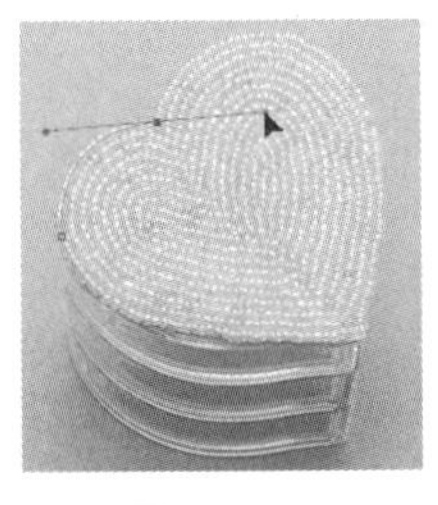

图 8-121 图 8-122 图 8-123

8.2.3 自由钢笔工具

选择“自由钢笔”工具，对其属性栏进行设置，如图 8-124 所示。

在盘子上单击鼠标确定最初的锚点，然后沿图像小心地拖曳鼠标并单击，确定其他的锚点，如图 8-125 所示。如果在选择中存在误差，只需要使用其他的路径工具对路径进行修改和调整，就可以补救，如图 8-126 所示。

图 8-124

图 8-125 图 8-126

8.2.4 添加锚点工具

将“钢笔”工具移动到建立的路径上，若当前此处没有锚点，则“钢笔”工具转换成“添加锚点”工具，如图 8-127 所示；在路径上单击鼠标可以添加一个锚点，效果如图 8-128 所示。将“钢笔”工具移动到建立的路径上，若当前此处有锚点，则“钢笔”工具转换成“添加锚点”工具，如图 8-129 所示；单击鼠标添加锚点后按住鼠标不放，向上拖曳鼠标，建立曲线段和曲线锚点，效果如图 8-130 所示。

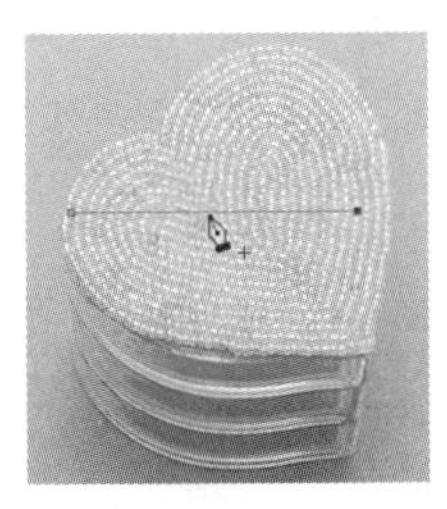
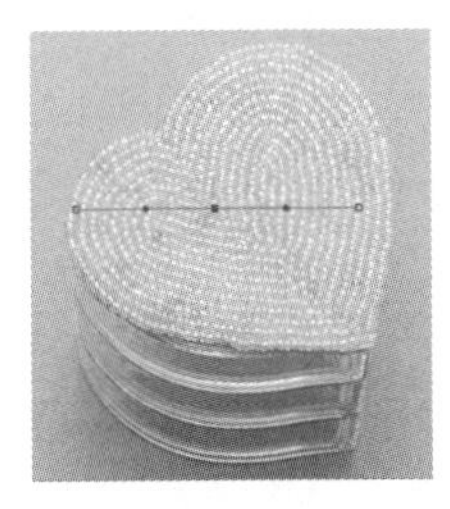
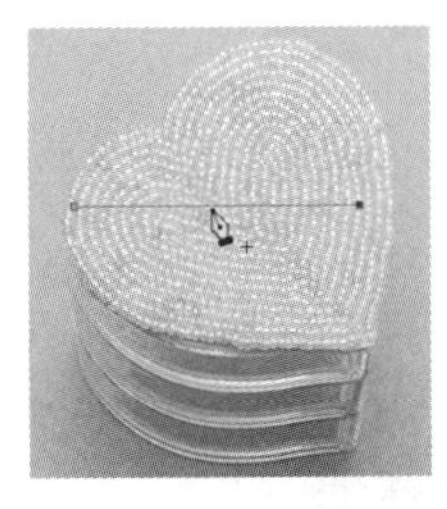

图 8-127 图 8-128 图 8-129 图 8-130

8.2.5 删除锚点工具

删除锚点工具用于删除路径上已经存在的锚点。将“钢笔”工具放到路径的锚点上，则“钢笔”工具转换成“删除锚点”工具，如图 8-131 所示；单击锚点将其删除，效果如图 8-132 所示。

将“钢笔”工具放到曲线路径的锚点上，则“钢笔”工具转换成“删除锚点”工具，如图 8-133 所示；单击锚点将其删除，效果如图 8-134 所示。

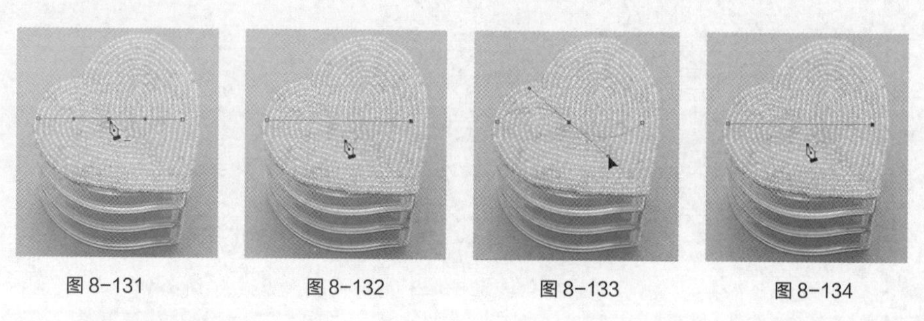

图 8-131　　图 8-132　　图 8-133　　图 8-134

8.2.6　转换点工具

按住 Shift 键，拖曳其中的一个锚点，将强迫手柄以 45° 或 45° 的倍数进行改变。按住 Alt 键，拖曳手柄，可以任意改变两个调节手柄中的一个手柄，而不影响另一个手柄的位置。按住 Alt 键，拖曳路径中的线段，可以复制路径。

使用“钢笔”工具在图像中绘制三角形路径，如图 8-135 所示。当要闭合路径时鼠标指针变为图标，单击鼠标即可闭合路径，完成三角形路径的绘制，如图 8-136 所示。

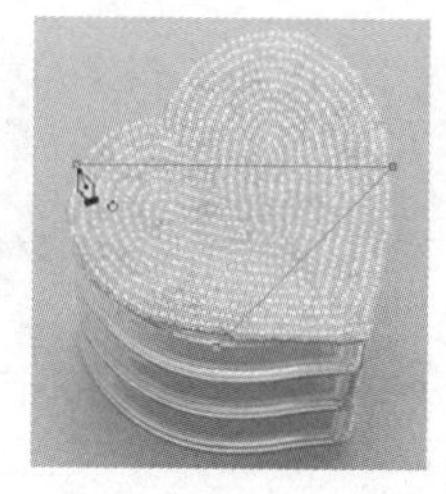

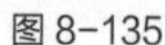

图 8-135

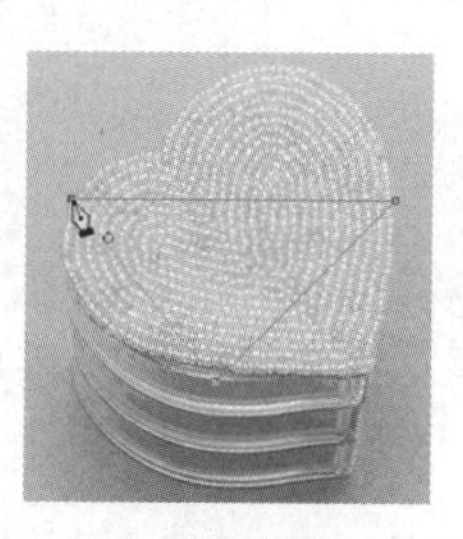

图 8-136

选择“转换点”工具，将鼠标放置在三角形左上角的锚点上，如图 8-137 所示；单击锚点并将其向右上方拖曳形成曲线锚点，如图 8-138 所示。使用相同的方法将三角形右上角的锚点转换为曲线锚点，如图 8-139 所示。绘制完成后，桃心形路径的效果如图 8-140 所示。

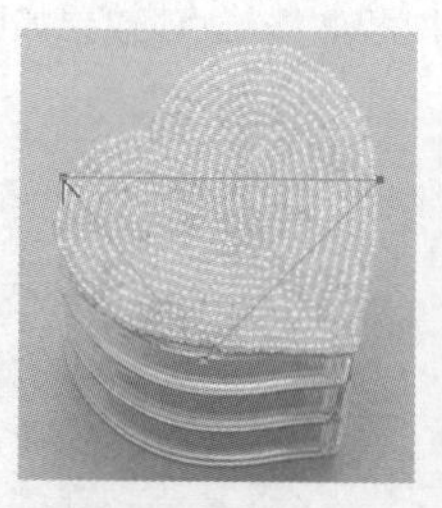

图 8-137

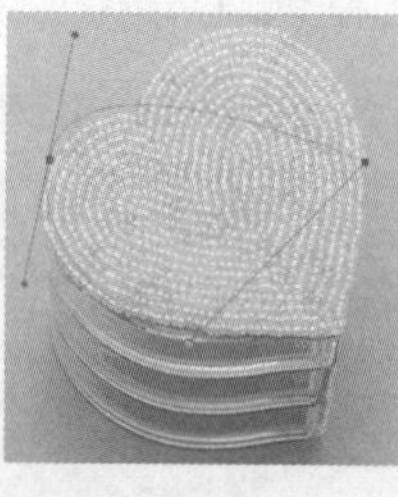

图 8-138

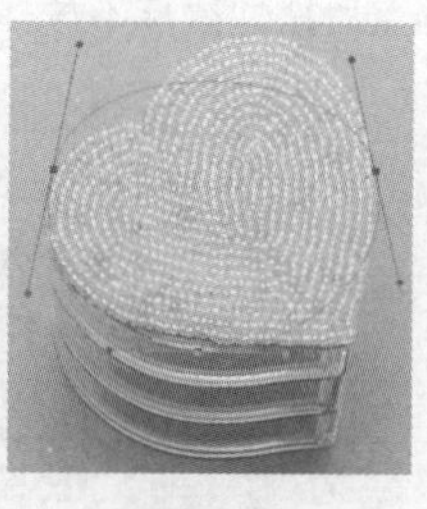

图 8-139

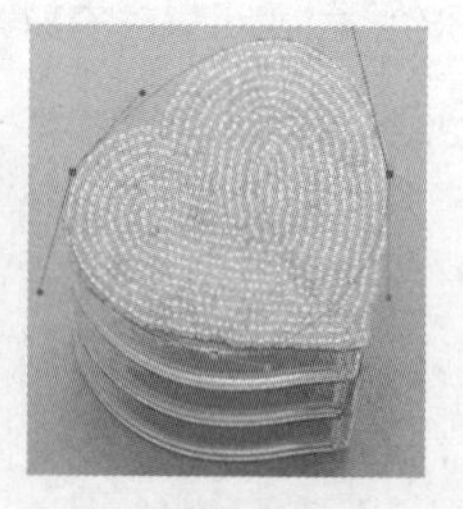

图 8-140

8.2.7　选区和路径的转换

1．将选区转换为路径

使用菜单命令：在图像上绘制选区，如图 8-141 所示。单击“路径”控制面板右上方的图标，在弹出式菜单中选择“建立工作路径”命令，弹出“建立工作路径”对话框。在对话框中，应用“容差”选项设置转换时的误差允许范围，数值越小越精确，路径上的关键点也越多。如果要编辑生成的路径，在此处设定的数值最好为 2，如图 8-142 所示；单击“确定”按钮，将选区转换成路径，效果如图 8-143 所示。

图 8-141

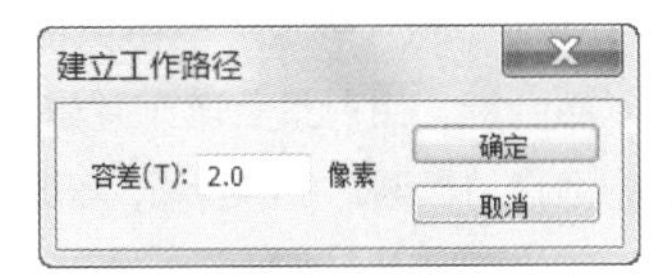

图 8-142

图 8-143

使用按钮命令：单击“路径”控制面板下方的“从选区生成工作路径”按钮，将选区转换成路径。

2. 将路径转换为选区

使用菜单命令：在图像中创建路径，如图 8-144 所示，单击“路径”控制面板右上方的图标，在弹出式菜单中选择“建立选区”命令，弹出“建立选区”对话框，如图 8-145 所示。设置完成后，单击“确定”按钮，将路径转换成选区，效果如图 8-146 所示。

图 8-144

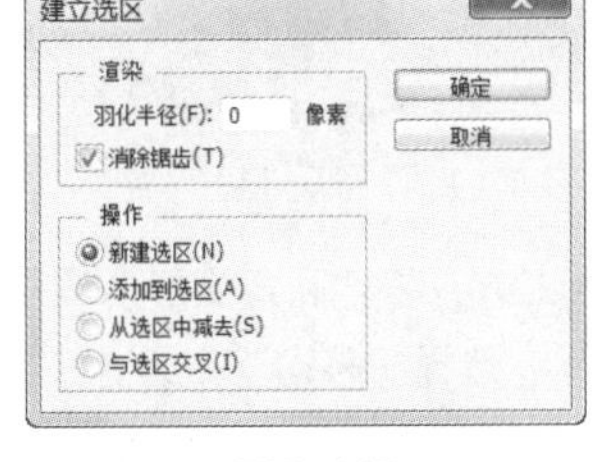

图 8-145

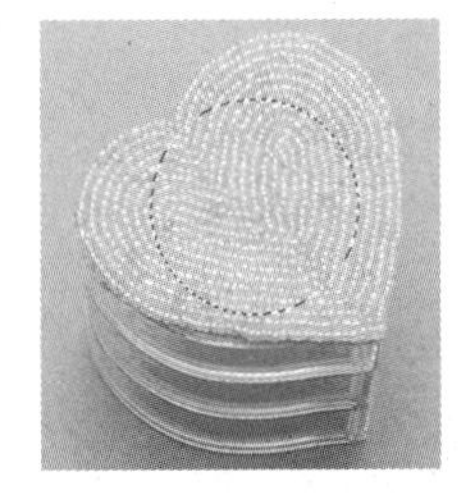

图 8-146

使用按钮命令：单击“路径”控制面板下方的“将路径作为选区载入”按钮，将路径转换成选区。

8.2.8 课堂案例——制作生日贺卡

案例学习目标

学习使用钢笔工具和填充路径命令制作图形。

案例知识要点

使用钢笔工具绘制路径，使用描边命令为路径填充颜色，使用横排文字工具输入需要的文字，如图 8-147 所示。

效果所在位置

资源包/Ch08/效果/制作生日贺卡.psd。

图 8-147

制作生日贺卡

1. 绘制背景图形

STEP 1 按 Ctrl + N 组合键，新建一个文件，宽度为 15.5cm，高度为 11cm，分辨率为 300 像素/英寸，颜色模式为 RGB，背景内容为白色，单击“确定”按钮。将前景色设为粉色（其 R、G、B 的值分别为 252、169、214），按 Alt+Delete 组合键，用前景色填充背景，效果如图 8-148 所示。

STEP 2 将前景色设为白色。选择“椭圆”工具，在属性栏中的“选择工具模式”选项中选择“形状”，在图像窗口中绘制椭圆形，效果如图 8-149 所示。按 Ctrl+T 组合键，在图形周围出现变换框，将鼠标指针放在变换框的控制手柄外边，指针变为旋转图标，拖曳鼠标将图形旋转到适当的角度，按 Enter 键确认操作，效果如图 8-150 所示。

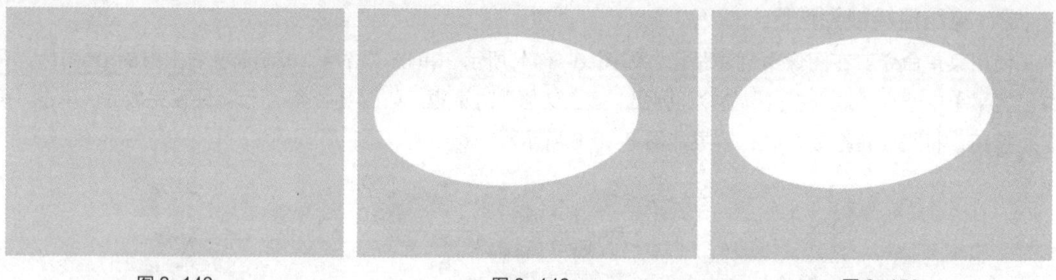

图 8-148　　图 8-149　　图 8-150

STEP 3 在“图层”控制面板上方，将“圆角矩形”图层的“不透明度”选项设为 60%，如图 8-151 所示，图像效果如图 8-152 所示。选择“移动”工具，按住 Alt 键的同时，拖曳图形到适当的位置，复制图像，按 Ctrl+T 组合键，将图形旋转到适当的角度，并调整其大小及位置，按 Enter 键确认操作，效果如图 8-153 所示。

图 8-151

图 8-152

图 8-153

STEP 4 新建图层并命名为“线”，选择“椭圆”工具，在属性栏中的“选择工具模式”选项中选择“路径”，在图像窗口中绘制椭圆形路径，如图 8-154 所示。按 Ctrl + Enter 组合键，将路径转化为选区，效果如图 8-155 所示。

图 8-154

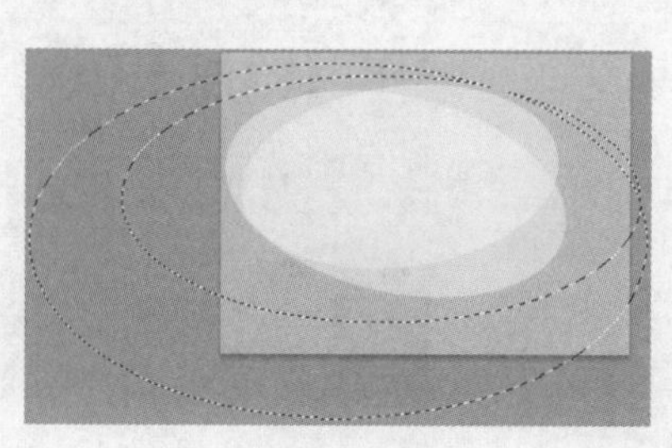

图 8-155

STEP 5 选择“编辑 > 描边”命令，弹出“描边”对话框，设置描边色为白色，其他设置如图 8-156 所示，单击“确定”按钮，按 Ctrl + D 组合键，取消选区，选区描边的效果如图 8-157 所示。

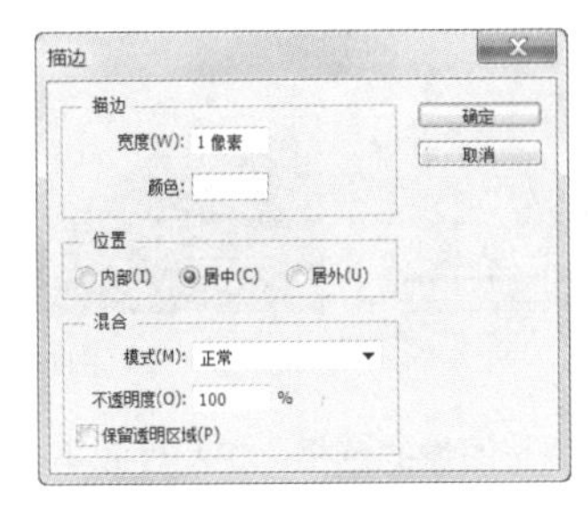

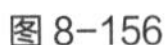
图 8-156

图 8-157

2. 添加文字和装饰图形

STEP 1 按 Ctrl + O 组合键，打开资源包中的“Ch08 > 素材 > 制作生日贺卡 > 01”文件，选择“移动”工具，将 01 图片拖曳到图像窗口适当的位置，效果如图 8-158 所示，在“图层”控制面板中生成新的图层并将其命名为“花朵”。

STEP 2 在“图层”控制面板上方，将“花朵”图层的混合模式选项设为“正片叠底”，如图 8-159 所示，图像效果如图 8-160 所示。

图 8-158

图 8-159

图 8-160

STEP 3 选择“移动”工具，选中“花朵”图层，按住 Alt 键的同时，向上拖曳鼠标复制图像，并调整图像的大小，图像效果如图 8-161 所示。在“图层”控制面板中生成新的图层并将其命名为“花朵 拷贝 1”。在“图层”控制面板上方，将“花朵 拷贝 1”图层的不透明度设为 10%，如图 8-162 所示，图像效果如图 8-163 所示。

STEP 4 用相同的方法复制其他图形，将“花朵 拷贝 2”图层的不透明度设为 51%，图像效果如图 8-164 所示。选择“图像 > 调整 > 色相/饱和度”命令，在弹出的对话框中进行设置，如图 8-165 所示。单击“确定”按钮，效果如图 8-166 所示。

图 8-161

图 8-162

图 8-163

图 8-164

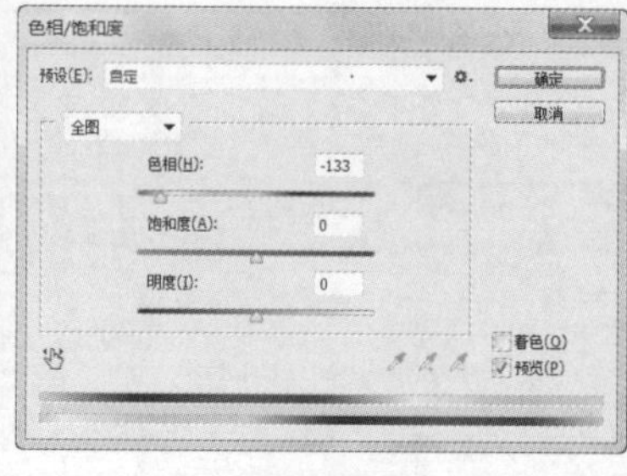

图 8-165

图 8-166

STEP 5 用上述方法分别复制其他图像，并分别调整图像的色相、饱和度和不透明度，图像效果如图 8-167 所示。

STEP 6 将前景色设为紫色（其 R、G、B 的值分别为 111、55、131）。选择“横排文字”工具 T，输入需要的文字，在属性栏中选择合适的字体并设置文字大小，效果如图 8-168 所示，在控制面板中生成新的文字图层。按 Ctrl+T 组合键，在文字周围出现变换框，单击鼠标右键，选择“斜切”命令，倾斜适当的角度，按 Enter 键确认操作，效果如图 8-169 所示。用相同的方法添加其他的文字，效果如图 8-170 所示。生日贺卡制作完成。

图 8-167

图 8-168

图 8-169

图 8-170

8.2.9 路径控制面板

绘制一条路径，再选择“窗口 > 路径”命令，调出“路径”控制面板，如图 8-171 所示。单击“路径”控制面板右上方的图标，弹出其下拉命令菜单，如图 8-172 所示。在“路径”控制面板的底部有 6 个工具按钮，如图 8-173 所示。

“用前景色填充路径”按钮 ●：单击此按钮，将对当前选中路径进行填充，填充的对象包括当前路径的所有子路径以及不连续的路径线段。如果选定了路径中的一部分，“路径”控制面板的弹出菜单中的“填充路径”命令将变为“填充子路径”命令。如果被填充的路径为开放路径，Photoshop CC 将自动把路径的两个端点以直线段连接然后进行填充。如果只有一条开放的路径，则不能进行填充。按住 Alt 键的同时，单击此按钮，将弹出“填充路径”对话框。

图 8–171

图 8–172

图 8–173

“用画笔描边路径”按钮：单击此按钮，系统将使用当前的颜色和当前在“描边路径”对话框中设定的工具对路径进行描边。按住 Alt 键的同时单击此按钮，将弹出“描边路径”对话框。

“将路径作为选区载入”按钮：单击此按钮，将把当前路径所圈选的范围转换为选择区域。按住 Alt 键的同时，单击此按钮，将弹出“建立选区”对话框。

“从选区生成工作路径”按钮：单击此按钮，将把当前的选择区域转换成路径。按住 Alt 键的同时，单击此按钮，将弹出“建立工作路径”对话框。

“添加图层蒙版”按钮：用于为当前图层添加蒙版。

“创建新路径”按钮：用于创建一个新的路径。单击此按钮，可以创建一个新的路径。按住 Alt 键的同时，单击此按钮，将弹出“新路径”对话框。

“删除当前路径”按钮：用于删除当前路径。可以直接拖曳“路径”控制面板中的一个路径到此按钮上，将整个路径全部删除。

8.2.10 新建路径

使用控制面板弹出式菜单：单击“路径”控制面板右上方的图标，弹出其命令菜单，选择“新建路径”命令，弹出“新建路径”对话框，如图 8–174 所示。

名称：用于设定新图层的名称，可以选择与前一图层创建剪贴蒙版。

使用控制面板按钮或快捷键：单击“路径”控制面板下方的“创建新路径”按钮，可以创建一个新路径。按住 Alt 键的同时，单击“创建新路径”按钮，将弹出“新建路径”对话框，设置完成后，单击“确定”按钮创建路径。

8.2.11 复制、删除、重命名路径

1. 复制路径

使用菜单命令复制路径：单击“路径”控制面板右上方的图标，弹出其下拉命令菜单，选择“复制路径”命令，弹出“复制路径”对话框，如图 8–175 所示，在“名称”选项中设置复制路径的名称，单击“确定”按钮，“路径”控制面板如图 8–176 所示。

图 8–174

图 8–175

图 8–176

使用按钮命令复制路径：在“路径”控制面板中，将需要复制的路径拖曳到下方的“创建新路径”按钮 上，即可将所选的路径复制为一个新路径。

2. 删除路径

使用菜单命令删除路径：单击“路径”控制面板右上方的 图标，弹出其下拉命令菜单，选择“删除路径”命令，将路径删除。

使用按钮命令删除路径：在“路径”控制面板中选择需要删除的路径，单击面板下方的“删除当前路径”按钮 ，将选择的路径删除。

3. 重命名路径

双击“路径”控制面板中的路径名，出现重命名路径文本框，如图 8-177 所示，更改名称后按 Enter 键确认即可，如图 8-178 所示。

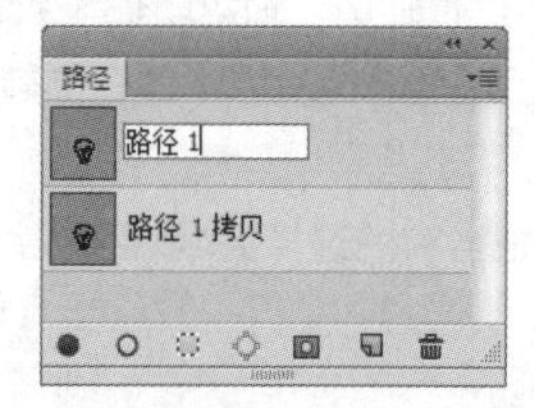

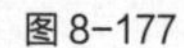

图 8-177

图 8-178

8.2.12 路径选择工具

路径选择工具可以选择单个或多个路径，同时还可以用来组合、对齐和分布路径。选择“路径选择”工具 ，或反复按 Shift+A 组合键，其属性栏如图 8-179 所示。

图 8-179

8.2.13 直接选择工具

直接选择工具用于移动路径中的锚点或线段，还可以调整手柄和控制点。路径的原始效果如图 8-180 所示，选择“直接选择”工具 ，拖曳路径中的锚点来改变路径的弧度，如图 8-181 所示。

图 8-180

图 8-181

8.2.14 填充路径

在图像中创建路径，如图 8-182 所示，单击“路径”控制面板右上方的 图标，在弹出式菜单中选择“填充路径”命令，弹出“填充路径”对话框，如图 8-183 所示。设置完成后，单击“确定”按钮，用前景色填充路径的效果如图 8-184 所示。

图 8-182

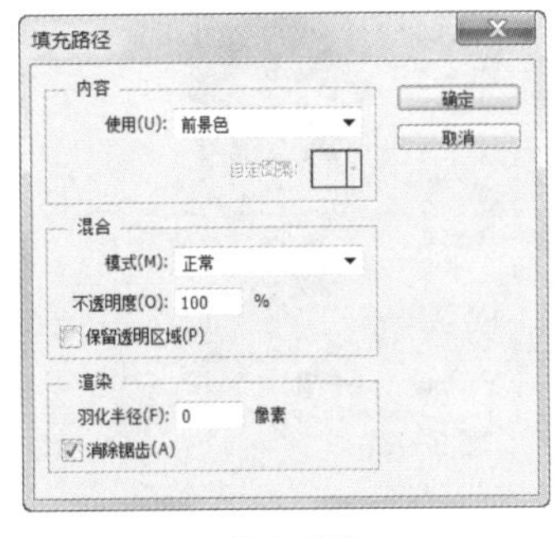

图 8-183

图 8-184

单击“路径”控制面板下方的“用前景色填充路径”按钮 ● ，即可填充路径。按 Alt 键的同时，单击“用前景色填充路径”按钮 ● ，将弹出“填充路径”对话框。

8.2.15 描边路径

在图像中创建路径，如图 8-185 所示。单击“路径”控制面板右上方的图标，在弹出式菜单中选择“描边路径”命令，弹出“描边路径”对话框，选择“工具”选项下拉列表中的“画笔”工具，如图 8-186 所示。此下拉列表中共有 19 种工具可供选择，如果当前在工具箱中已经选择了“画笔”工具，那么该工具将自动地设置在此处。另外，在画笔属性栏中设定的画笔类型也将直接影响此处的描边效果，设置好后，单击“确定”按钮，描边路径的效果如图 8-187 所示。

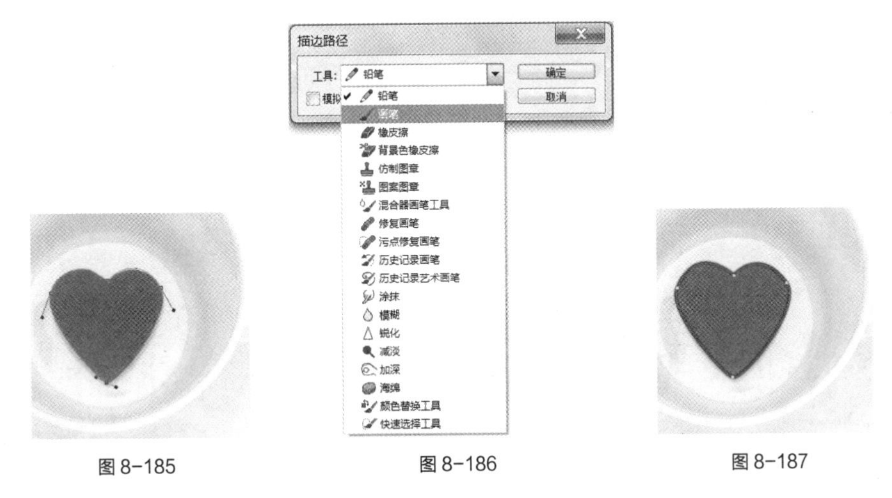

图 8-185　　图 8-186　　图 8-187

单击“路径”控制面板下方的“用画笔描边路径”按钮 ○ ，即可描边路径。按 Alt 键的同时，单击“用画笔描边路径”按钮 ○ ，将弹出“描边路径”对话框。

8.3 创建 3D 图形

在 Photoshop CC 中可以将平面图层围绕各种形状预设（如立方体、球面、圆柱、锥形或金字塔等）创建 3D 模型。只有将图层变为 3D 图层，才能使用 3D 工具和命令。

打开一个文件，如图 8-188 所示。选择“3D > 从图层新建网格 > 网格预设”命令，弹出如图 8-189 所示的子菜单，选择需要的命令可创建不同的 3D 模型。

图 8-188

锥形
立体环绕
立方体
圆柱体
圆环
帽子
金字塔
环形
汽水
球体
球面全景
酒瓶

图 8-189

选择各命令创建出的 3D 模型如图 8-190 所示。

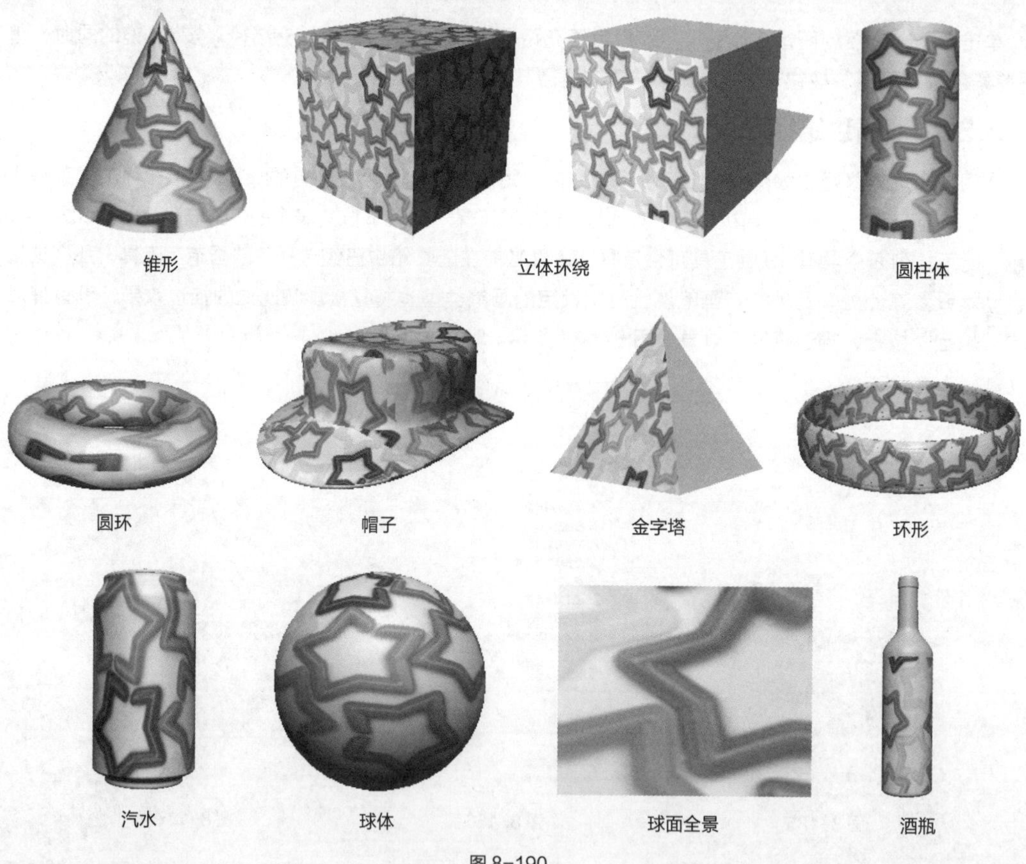

图 8-190

8.4 使用 3D 工具

在 Potoshop CC 中使用 3D 对象工具可以旋转、缩放或调整模型位置。当操作 3D 模型时，相机视图保持固定。

打开一张包含 3D 模型的图片，如图 8-191 所示。选中 3D 图层，选择“旋转 3D 对象”工具，图像窗口中的鼠标指针变为图标，上下拖动可将模型围绕其 x 轴旋转，如图 8-192 所示；两侧拖动可将模型围绕其 y 轴旋转，效果如图 8-193 所示。按住 Alt 键的同时进行拖移可滚动模型。

图 8-191

图 8-192

图 8-193

选择“滚动 3D 对象”工具，图像窗口中的鼠标指针变为图标，两侧拖曳可使模型绕 z 轴旋转，效果如图 8-194 所示。

选择“拖动 3D 对象”工具，图像窗口中的鼠标指针变为图标，两侧拖曳可沿水平方向移动模型，如图 8-195 所示；上下拖曳可沿垂直方向移动模型，如图 8-196 所示。按住 Alt 键的同时进行拖移可沿 x/z 轴方向移动。

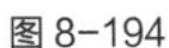

图 8-194

图 8-195

图 8-196

选择“滑动 3D 对象”工具，图像窗口中的鼠标指针变为图标，两侧拖曳可沿水平方向移动模型，如图 8-197 所示；上下拖动可将模型移近或移远，如图 8-198 所示。按住 Alt 键的同时进行拖移可沿 x/y 轴方向移动。

选择“缩放 3D 对象”工具，图像窗口中的鼠标指针变为图标，上下拖曳可将模型放大或缩小，如图 8-199 所示。按住 Alt 键的同时进行拖移可沿 z 轴方向缩放。

图 8-197

图 8-198

图 8-199

8.5 课堂练习——制作优美插画

练习知识要点

使用钢笔工具绘制线条图形，使用自定形状工具绘制心形，使用添加图层样式命令为人物图片添加图层样式，滑板运动插画效果如图 8-200 所示。

效果所在位置

资源包/Ch08/效果/制作优美插画.psd。

图 8-200

制作优美插画

8.6 课后习题——制作摄影海报

习题知识要点

使用钢笔工具绘制装饰线条，使用外发光命令为线条图形添加发光效果，使用矩形工具、创建剪贴蒙版命令制作图片蒙版效果，使用横排文字工具添加主题文字，效果如图 8-201 所示。

效果所在位置

资源包/Ch08/效果/制作摄影海报.psd。

图 8-201

制作摄影海报

Chapter

9

第 9 章

调整图像的色彩和色调

本章主要介绍调整图像的色彩与色调的多种命令。通过本章的学习，可以根据不同的需要应用多种调整命令对图像的色彩或色调进行细微的调整，还可以对图像进行特殊颜色的处理。

课堂学习目标

- 熟练掌握调整图像色彩与色调的方法
- 掌握特殊颜色的处理技巧

9.1 调整图像色彩与色调

调整图像的色彩是 Photoshop CC 的强项，也是必须要掌握的一项功能。在实际的设计制作中经常会使用到这项功能。

9.1.1 课堂案例——制作摄影作品展示

案例学习目标

学习使用图像/调整菜单下的色彩平衡命令制作出需要的效果。

案例知识要点

使用色彩平衡、色相/饱和度、亮度/对比度命令修正偏色的照片，最终效果如图 9-1 所示。

效果所在位置

资源包/Ch09/效果/制作摄影作品展示.psd。

图 9-1

制作摄影作品展示

STEP 1 按 Ctrl + O 组合键，打开资源包中的“Ch09 > 素材 > 制作摄影作品展示 > 01”文件，如图 9-2 所示。

STEP 2 单击“图层”控制面板下方的“创建新的填充或调整图层”按钮 ，在弹出的菜单中选择“色彩平衡”命令，在“图层”控制面板中生成“色彩平衡 1”图层，同时弹出“色彩平衡”面板，选项的设置如图 9-3 所示，效果如图 9-4 所示。

图 9-2

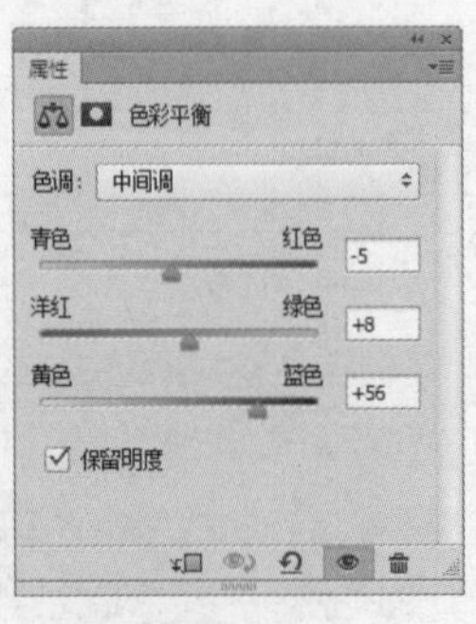

图 9-3

图 9-4

STEP 3 按 Ctrl + O 组合键，打开资源包中的“Ch09 > 素材 > 制作摄影作品展示 > 02”文件，选择“移动”工具，将 02 图片拖曳到图像窗口适当的位置，效果如图 9-5 所示，在“图层”控制面板中生成新的图层并将其命名为“画”。

STEP 4 单击“图层”控制面板下方的“创建新的填充或调整图层”按钮，在弹出的菜单中选择“色彩平衡”命令，在“图层”控制面板中生成“色彩平衡 1”图层，同时弹出“色彩平衡”面板，选项的设置如图 9-6 所示，效果如图 9-7 所示。

图 9-5

图 9-6

图 9-7

STEP 5 单击“图层”控制面板下方的“创建新的填充或调整图层”按钮，在弹出的菜单中选择“色相/饱和度”命令，在“图层”控制面板中生成“色相/饱和度 1”图层，同时弹出“色相/饱和度”面板，选项的设置如图 9-8 所示，效果如图 9-9 所示。

图 9-8

图 9-9

STEP 6 单击“图层”控制面板下方的“创建新的填充或调整图层”按钮，在弹出的菜单中选择“亮度/对比度”命令，在“图层”控制面板中生成“亮度/对比度 1”图层，同时弹出“亮度/对比度”面板，选项的设置如图 9-10 所示，效果如图 9-11 所示。摄影作品展示制作完成。

图 9-10

图 9-11

9.1.2 亮度/对比度

“亮度/对比度”命令调整的是整个图像的色彩。打开一张素材图片，如图 9-12 所示，选择“图像 > 调整 > 亮度/对比度”命令，弹出“亮度/对比度”对话框，如图 9-13 所示。在“亮度/对比度”对话框中，可以通过拖曳亮度和对比度滑块来调整图像的亮度或对比度，单击“确定”按钮，调整后的图像效果如图 9-14 所示。

图 9-12

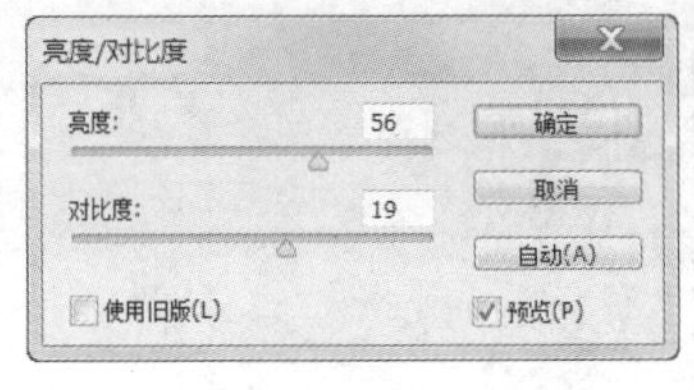

图 9-13

图 9-14

9.1.3 自动对比度

自动对比度命令可以对图像的对比度进行自动调整。按 Alt+Shift+Ctrl+L 组合键，可以对图像的对比度进行自动调整。

9.1.4 色彩平衡

选择“图像 > 调整 > 色彩平衡”命令，或按 Ctrl+B 组合键，弹出“色彩平衡”对话框，如图 9-15 所示。

色彩平衡：用于添加过渡色来平衡色彩效果，拖曳滑块可以调整整个图像的色彩，也可以在“色阶”选项的数值框中直接输入数值调整图像的色彩。色调平衡：用于选取图像的阴影、中间调和高光。保持明度：用于保持原图像的明度。

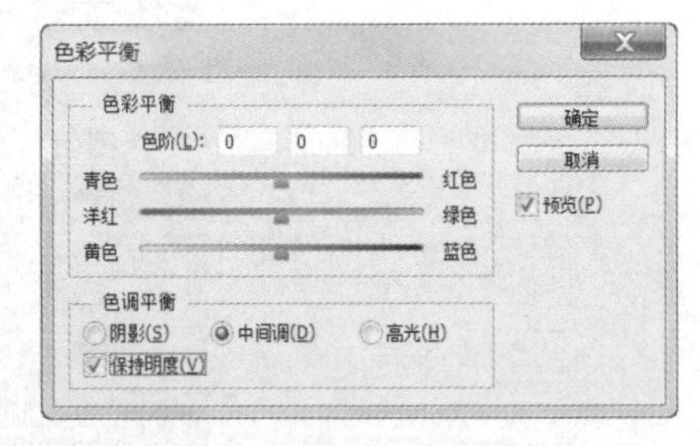

图 9-15

设置不同的色彩平衡后，图像效果如图 9-16 所示。

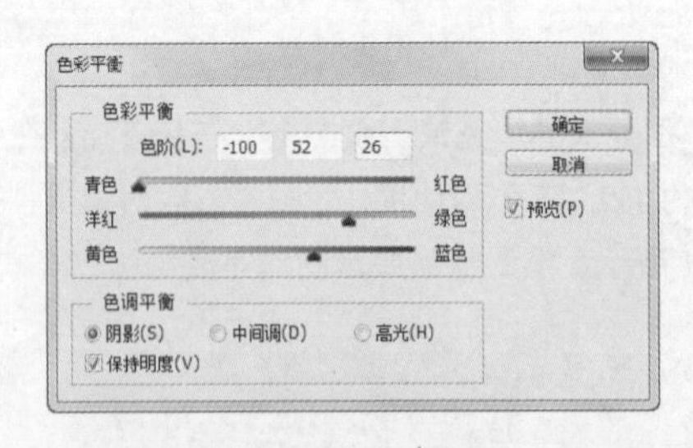

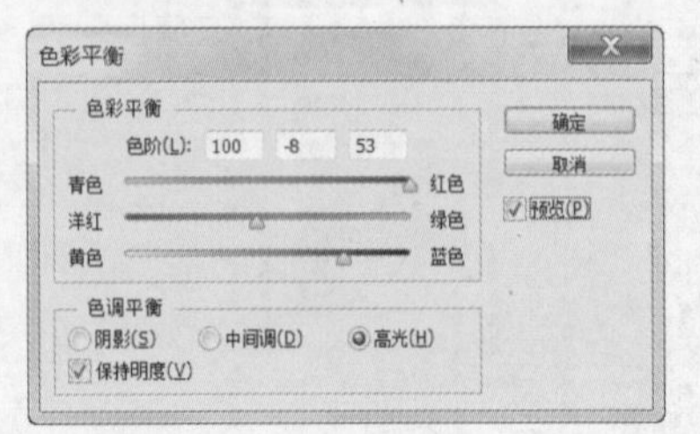

图 9-16

9.1.5 反相

选择“图像 > 调整 > 反相”命令，或按 Ctrl+I 组合键，可以将图像或选区的像素反转为其补色，使其出现底片效果。不同色彩模式的图像反相后的效果如图 9-17 所示。

原始图像效果

RGB 色彩模式反相后的效果

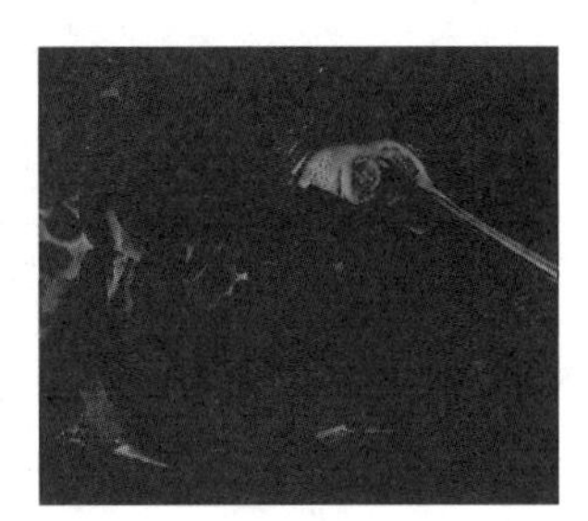

CMYK 色彩模式反相后的效果

图 9-17

提示

反相效果是对图像的每一个色彩通道进行反相后的合成效果，不同色彩模式的图像反相后的效果是不同的。

9.1.6 课堂案例——制作城市风光

案例学习目标

学习使用色彩调整命令调节图像颜色。

案例知识要点

使用色彩平衡命令、可选颜色命令调整图片颜色，使用横排文字工具添加标题文字，效果如图 9-18 所示。

效果所在位置

资源包/Ch09/效果/制作城市风光.psd。

图 9-18

制作城市风光

STEP 1 按 Ctrl + O 组合键，打开资源包中的“Ch09 > 素材 > 制作城市风光 > 01”文件，如图 9-19 所示。

STEP 2 单击“图层”控制面板下方的“创建新的填充或调整图层”按钮 ，在弹出的菜单中选择“色彩平衡”命令，在“图层”控制面板中生成“色彩平衡 1”图层，同时弹出“色彩平衡”面板，选项的设置如图 9-20 所示，效果如图 9-21 所示。

图 9-19

图 9-20

图 9-21

STEP 3 单击“图层”控制面板下方的“创建新的填充或调整图层”按钮 ，在弹出的菜单中选择“可选颜色”命令，在“图层”控制面板中生成“可选颜色 1”图层，同时弹出“可选颜色”面板，选项的设置如图 9-22 所示，效果如图 9-23 所示。

STEP 4 将前景色设为白色。选择“横排文字”工具 T，在适当的位置输入需要的文字并设置大小，在图像窗口中输入需要的文字，效果如图 9-24 所示，在“图层”控制面板中生成新的文字图层。

图 9-22

图 9-23

图 9-24

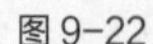
STEP 5 选择“横排文字”工具 T，选取需要的文字，如图 9-25 所示，在属性栏中设置文字大小为 97，并设置文字颜色为黄绿色（其 R、G、B 的值分别为 231、249、101），效果如图 9-26 所示。用相同的方法输入其他文字，效果如图 9-27 所示。城市风光制作完成。

图 9-25

图 9-26

图 9-27

9.1.7 变化

选择“图像 > 调整 > 变化”命令，弹出“变化”对话框，如图 9-28 所示。

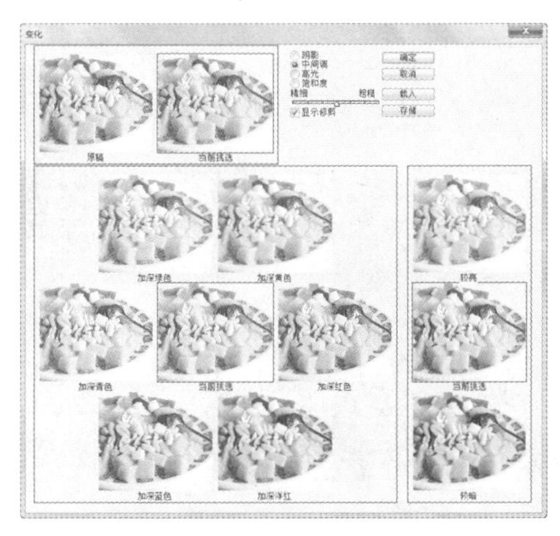

图 9-28

在“变化”对话框中，上方中间的 4 个选项可以控制图像色彩的改变范围。下方的滑块用于设置调整的等级。左上方的两幅图像显示的是图像的原始效果和调整后的效果。左下方区域是 7 幅小图像，可以选择增加不同的颜色效果，调整图像的亮度、饱和度等色彩值。右侧区域是 3 幅小图像，用于调整图像的亮度。勾选“显示修剪”复选框，在图像色彩调整超出色彩空间时显示超色域。

9.1.8 自动颜色

自动颜色命令可以对图像的色彩进行自动调整。按 Shift+Ctrl+B 组合键，可以对图像的色彩进行自动调整。

9.1.9 色调均化

色调均化命令用于调整图像或选区像素的过黑部分，使图像变得明亮，并将图像中其他的像素平均分配在亮度色谱中。选择“图像 > 调整 > 色调均化”命令，在不同的色彩模式下图像将产生不同的效果，如图 9-29 所示。

原始图像效果

RGB 色调均化的效果

CMYK 色调均化的效果

Lab 色调均化的效果

图 9-29

9.1.10 课堂案例——制作儿童怀旧照片

案例学习目标

学习使用不同的调色命令调整照片颜色。

案例知识要点

使用阴影/高光命令调整图片颜色、使用渐变映射命令为图片添加渐变效果，使用色阶、色相/饱和度命令调整图像颜色，效果如图 9-30 所示。

效果所在位置

资源包/Ch09/效果/制作儿童怀旧照片.psd。

图 9-30

制作儿童怀旧照片

STEP 1 按 Ctrl + O 组合键，打开资源包中的“Ch09 > 素材 > 制作儿童怀旧照片 > 01”文件，如图 9-31 所示。

STEP 2 选择“图像 > 调整 > 阴影/高光”命令，弹出“阴影/高光”对话框，勾选“显示更多选项”复选框，选项的设置如图 9-32 所示。单击“确定”按钮，效果如图 9-33 所示。

图 9-31

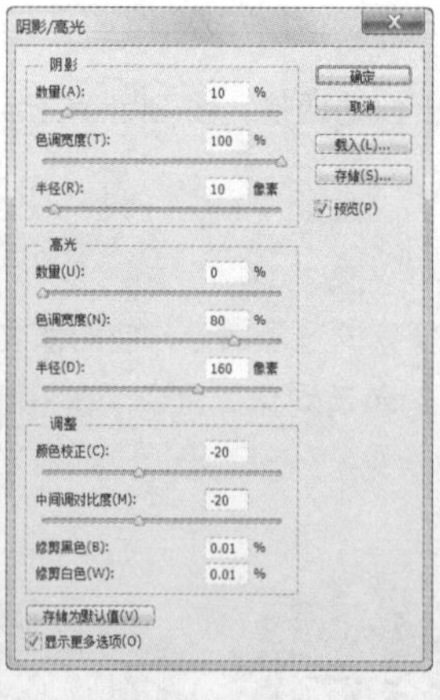

图 9-32

图 9-33

STEP 3 单击“图层”控制面板下方的“创建新的填充或调整图层”按钮，在弹出的菜单中选择“渐变映射”命令，在“图层”控制面板中生成“渐变映射 1”图层，同时弹出“渐变映射”面板，单击“点按可编辑渐变”按钮，弹出“渐变编辑器”对话框，将渐变颜色设为从黑色到灰色（其 R、G、B 的值分别为 138、123、92），如图 9-34 所示，单击“确定”按钮，返回到“渐变映射”对话框，其他选项的设置如图 9-35 所示，效果如图 9-36 所示。

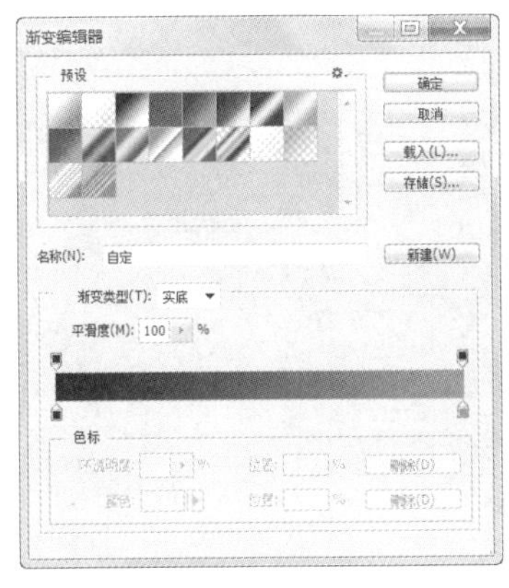

图 9-34

图 9-35

图 9-36

STEP 4 在“图层”控制面板上方，将“渐变”图层的混合模式选项设为“颜色”，如图 9-37 所示，图像窗口中的效果如图 9-38 所示。

图 9-37

图 9-38

STEP 5 单击“图层”控制面板下方的“创建新的填充或调整图层”按钮 ，在弹出的菜单中选择“色阶”命令，在“图层”控制面板中生成“色阶 1”图层，同时弹出“色阶”面板，选项的设置如图 9-39 所示，效果如图 9-40 所示。

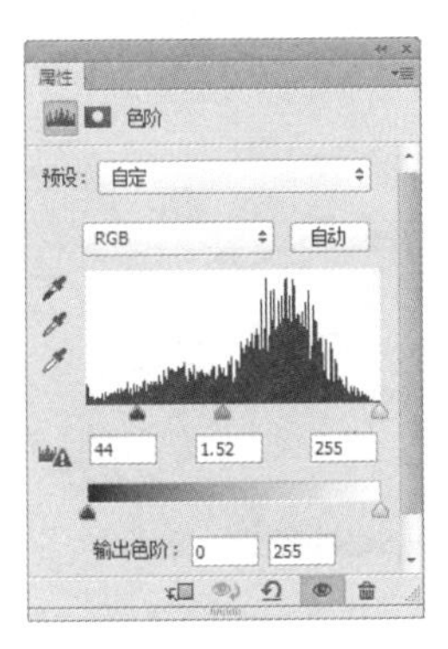

图 9-39

图 9-40

STEP 6 单击“图层”控制面板下方的“创建新的填充或调整图层”按钮 ，在弹出的菜单中选择“色相/饱和度”命令，在“图层”控制面板中生成“色相/饱和度 1”图层，同时弹出“色相/饱和度”面板，选项的设置如图 9-41 所示，效果如图 9-42 所示。

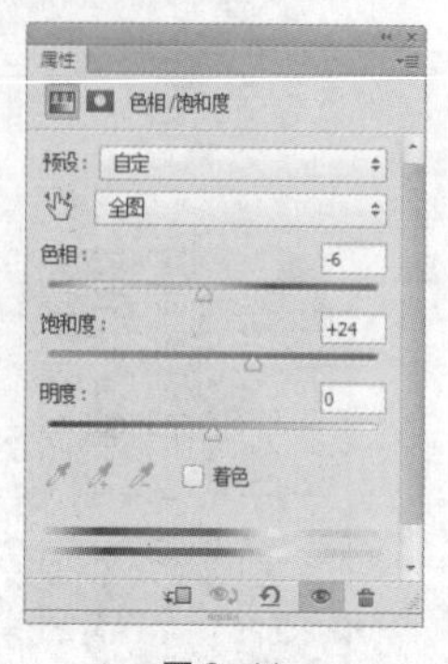

图 9-41

图 9-42

STEP 7 按 Ctrl + O 键，打开资源包中的“Ch09 > 素材 > 制作儿童怀旧照片 > 02”文件，选择“移动”工具，将 02 图片拖曳到 01 图像窗口的适当位置，并调整其大小，效果如图 9-43 所示，在“图层”控制面板中生成新图层并将其命名为“底纹”。

STEP 8 在“图层”控制面板上方，将“底纹”图层的混合模式选项设为“叠加”，“不透明度”选项设为 55%，图像窗口中的效果如图 9-44 所示。儿童怀旧照片制作完成。

图 9-43

图 9-44

9.1.11 色阶

打开一幅图像，如图 9-45 所示，选择“色阶”命令，或按 Ctrl+L 组合键，弹出“色阶”对话框，如图 9-46 所示。

图 9-45

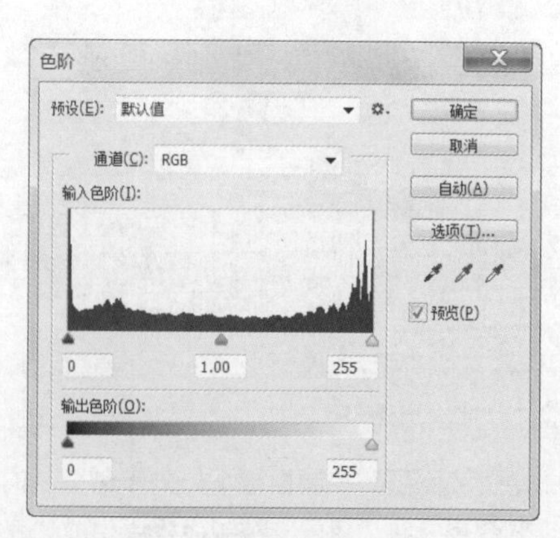

图 9-46

“色阶”对话框中间是一个直方图，其横坐标为 0~255，表示亮度值，纵坐标为图像的像素数值。

通道：可以从其下拉列表中选择不同的颜色通道来调整图像，如果想选择两个以上的色彩通道，要先在“通道”控制面板中选择所需要的通道，再调出“色阶”对话框。

输入色阶：控制图像选定区域的最暗和最亮色彩，通过输入数值或拖曳三角滑块来调整图像。左侧的数值框和黑色滑块用于调整黑色，图像中低于该亮度值的所有像素将变为黑色。中间的数值框和灰色滑块用于调整灰度，其数值范围为 0.01~9.99。1.00 为中性灰度，数值大于 1.00 时，将降低图像中间灰度，小于 1.00 时，将提高图像中间灰度。右侧的数值框和白色滑块用于调整白色，图像中高于该亮度值的所有像素将变为白色。

调整“输入色阶”选项的 3 个滑块后，图像产生的不同色彩效果如图 9-47 所示。

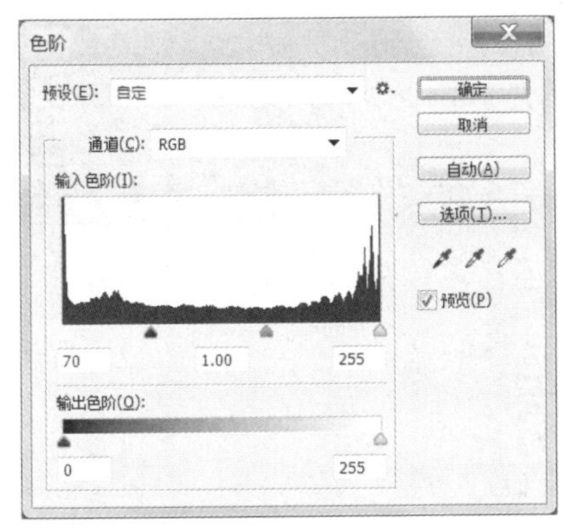

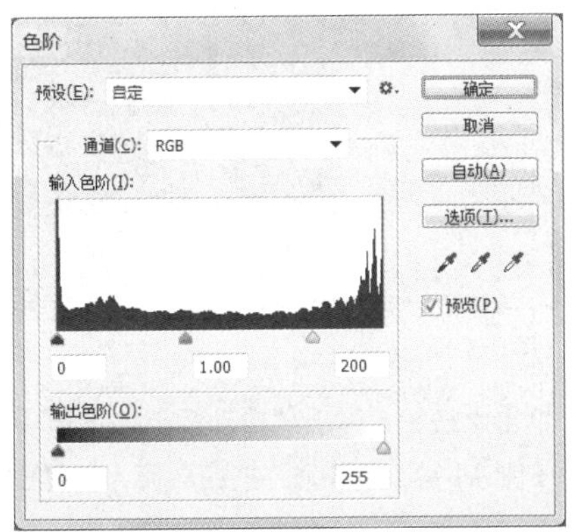

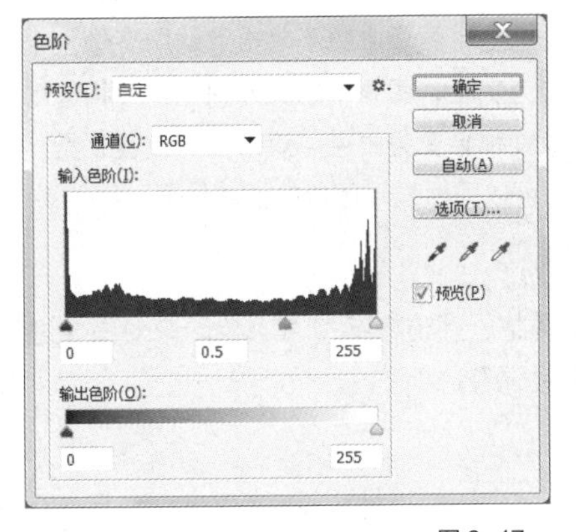

图 9-47

输出色阶：可以通过输入数值或拖曳三角滑块来控制图像的亮度范围。左侧数值框和黑色滑块用于调整图像的最暗像素的亮度。右侧数值框和白色滑块用于调整图像的最亮像素的亮度。输出色阶的调整将增加图像的灰度，降低图像的对比度。

调整“输出色阶”选项的 2 个滑块后，图像产生的不同色彩效果如图 9-48 所示。

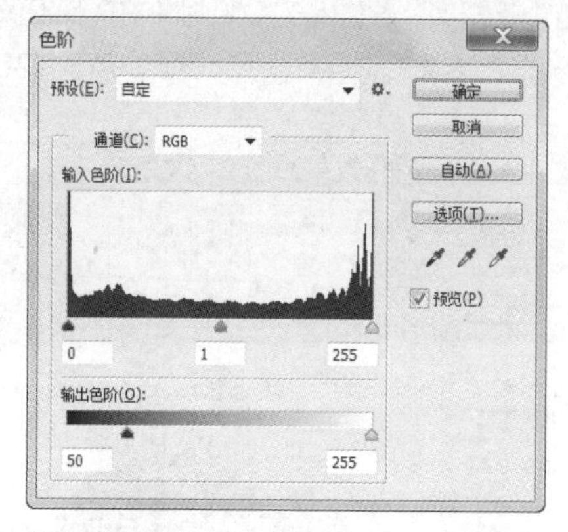

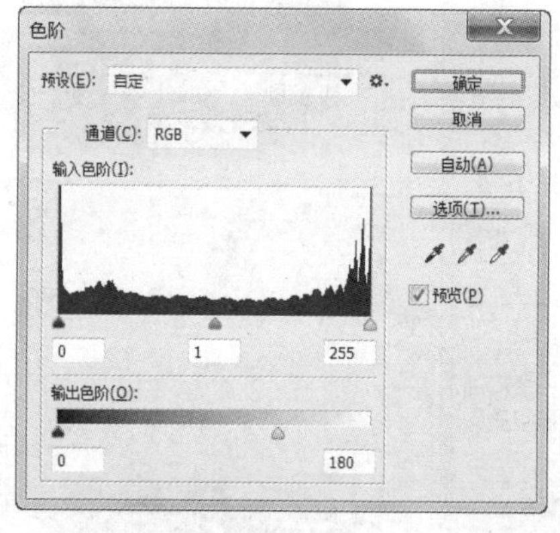

图 9-48

自动：可自动调整图像并设置层次。选项：单击此按钮，弹出“自动颜色校正选项”对话框，系统将以 0.10%色阶来对图像进行加亮和变暗。取消：按住 Alt 键，“取消”按钮转换为“复位”按钮，单击此按钮可以将刚调整过的色阶复位还原，重新进行设置。：分别为黑色吸管工具、灰色吸管工具和白色吸管工具。选中黑色吸管工具，用鼠标在图像中单击，图像中暗于单击点的所有像素都会变为黑色。用灰色吸管工具在图像中单击，单击点的像素都会变为灰色，图像中的其他颜色也会相应地调整。用白色吸管工具在图像中单击，图像中亮于单击点的所有像素都会变为白色。双击任意吸管工具，在弹出的颜色选择对话框中设置吸管颜色。预览：勾选此复选框，可以即时显示图像的调整结果。

9.1.12 自动色阶

自动色阶命令可以对图像的色阶进行自动调整。系统将以 0.10%色阶来对图像进行加亮和变暗。按 Shift+Ctrl+L 组合键，可以对图像的色阶进行自动调整。

9.1.13 渐变映射

原始图像效果如图 9-49 所示，选择“图像 > 调整 > 渐变映射”命令，弹出“渐变映射”对话框，如图 9-50 所示。单击“灰度映射所用的渐变”选项的色带，在弹出的“渐变编辑器”对话框中设置渐变色，如图 9-51 所示。单击“确定”按钮，图像效果如图 9-52 所示。

图 9-49

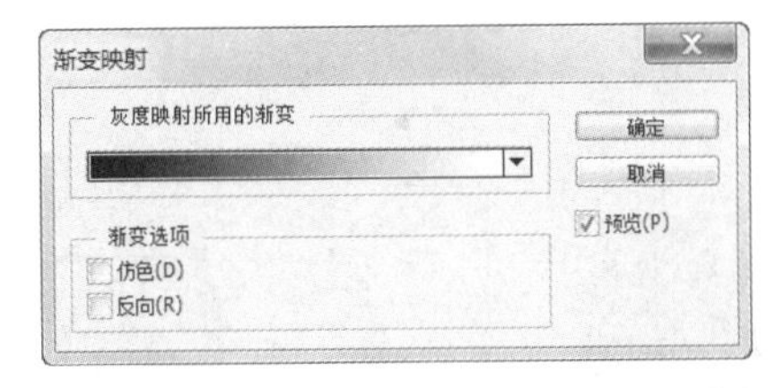

图 9-50

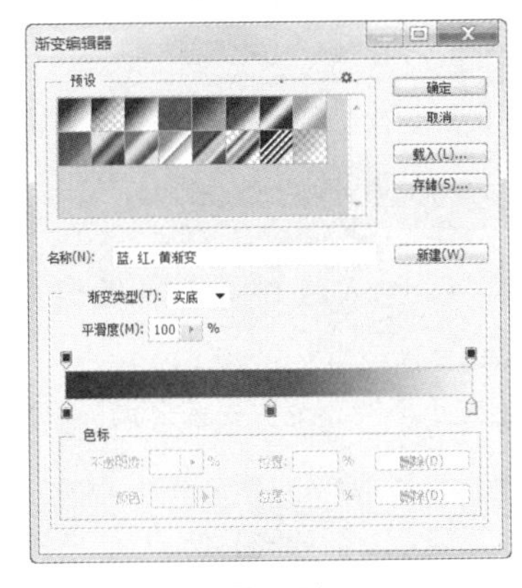

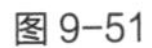

图 9-51

图 9-52

灰度映射所用的渐变：用于选择不同的渐变形式。仿色：用于为转变色阶后的图像增加仿色。反向：用于将转变色阶后的图像颜色反转。

9.1.14 阴影/高光

图像的原始效果如图 9-53 所示，选择“图像 > 调整 > 阴影/高光”命令，弹出“阴影/高光”对话框，在对话框中进行设置，如图 9-54 所示。单击“确定”按钮，效果如图 9-55 所示。

图 9-53

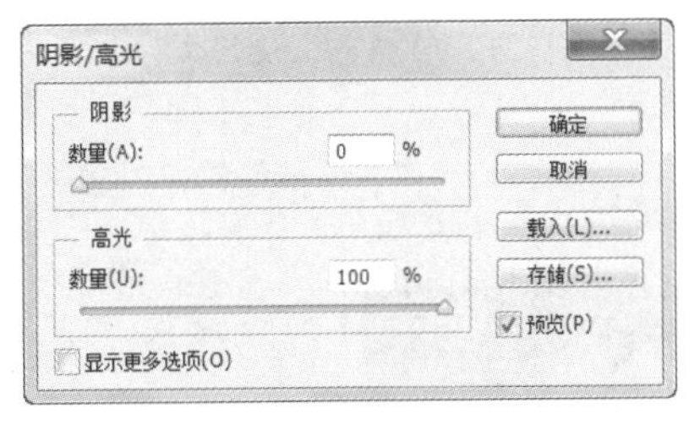

图 9-54

图 9-55

9.1.15 色相/饱和度

原始图像效果如图 9-56 所示，选择“图像 > 调整 > 色相/饱和度”命令，或按 Ctrl+U 组合键，弹出“色相/饱和度”对话框，在对话框中进行设置，如图 9-57 所示。单击“确定”按钮，效果如图 9-58 所示。

预设：用于选择要调整的色彩范围，可以通过拖曳各选项中的滑块来调整图像的色相、饱和度和明度。着色：用于在由灰度模式转化而来的色彩模式图像中填加需要的颜色。

原始图像效果如图 9-59 所示，在“色相/饱和度”对话框中进行设置，勾选“着色”复选框，如图 9-60 所示，单击“确定”按钮后图像效果如图 9-61 所示。

图 9-56

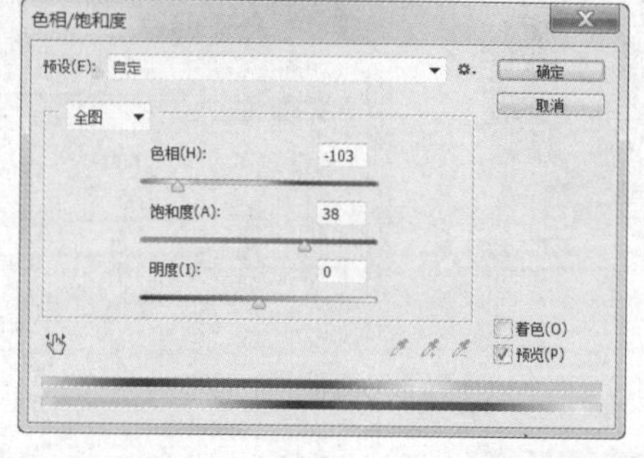

图 9-57

图 9-58

图 9-59

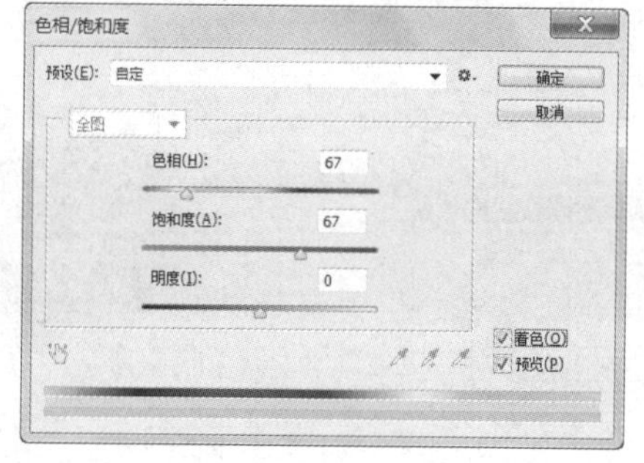

图 9-60

图 9-61

9.1.16 课堂案例——制作家居海报

案例学习目标

学习使用不同的调色命令调整图片的颜色，使用文字工具添加文字。

案例知识要点

使用可选颜色命令和曝光度命令调整图片的颜色，使用文字工具添加文字，效果如图 9-62 所示。

效果所在位置

资源包/Ch09/效果/制作家居海报.psd。

图 9-62

制作家居海报

STEP 1 按 Ctrl + N 组合键，新建一个文件，宽度为 21cm，高度为 29.7cm，分辨率为 300 像素/英寸，颜色模式为 RGB，背景内容为白色，单击“确定”按钮。将前景色设为紫色（其 R、G、B 的值分别为 153、63、116），按 Alt+Delete 组合键，用前景色填充背景，效果如图 9-63 所示。

STEP 2 按 Ctrl + O 组合键，打开资源包中的“Ch09 > 素材 > 制作家居海报 > 01”文件，选择“移动”工具，将 01 图片拖曳到图像窗口适当的位置，效果如图 9-64 所示，在“图层”控制面板中生成新图层将其命名为“家居”。

STEP 3 将前景色设为紫色（其 R、G、B 的值分别为 153、63、116）。选择“钢笔”工具，在属性栏中的“选择工具模式”选项中选择“形状”，在图像窗口中绘制不规则图形，效果如图 9-65 所示。用相同的方法绘制其他图形，并填充相同的颜色，效果如图 9-66 所示。

图 9-63

图 9-64

图 9-65

图 9-66

STEP 4 单击“图层”控制面板下方的“创建新的填充或调整图层”按钮，在弹出的菜单中选择“可选颜色”命令，在“图层”控制面板中生成“可选颜色 1”图层，同时弹出“可选颜色”面板，单击“颜色”选项，在弹出的菜单中选择“黄色”选项，弹出相应的对话框，设置如图 9-67 所示，效果如图 9-68 所示。

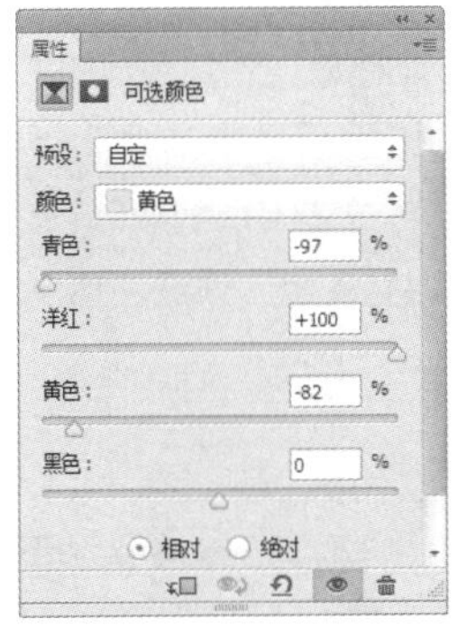

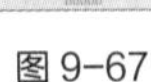

图 9-67

图 9-68

图 9-69

图 9-70

STEP 5 单击“图层”控制面板下方的“创建新的填充或调整图层”按钮，在弹出的菜单中选择“曝光度”命令，在“图层”控制面板中生成“曝光度 1”图层，同时弹出“曝光度”面板，选项的设置如图 9-69 所示，效果如图 9-70 所示。

STEP 6 单击“图层”控制面板下方的“创建新的填充或调整图层”按钮，在弹出的菜单中选择“照片滤镜”命令，在“图层”控制面板中生成“照片滤镜 1”图层，同时弹出“照片滤镜”面板，设置照片滤镜颜色为粉色（其 R、G、B 的值分别为 238、72、176），选项的设置如图 9-71 所示，效果如图 9-72 所示。

STEP 7 将前景色设为白色。选择“横排文字”工具 T，在适当的位置输入需要的文字并设置大小，在图像窗口中输入需要的文字，效果如图 9-73 所示，在“图层”控制面板中生成新的文字图层。用相同的方法输入其他文字，并填充适当颜色，效果如图 9-74 所示。家居海报制作完成。

图 9-71

图 9-72

图 9-73

图 9-74

9.1.17 可选颜色

原始图像效果如图 9-75 所示，选择“图像 > 调整 > 可选颜色”命令，弹出“可选颜色”对话框，在对话框中进行设置，如图 9-76 所示。单击“确定”按钮，调整后的图像效果如图 9-77 所示。

图 9-75

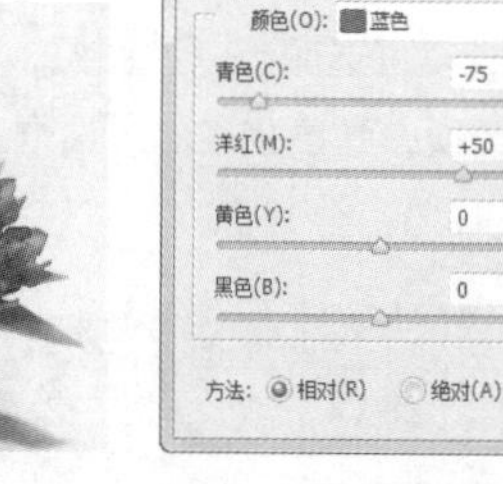

图 9-76

图 9-77

颜色：在其下拉列表中可以选择图像中含有的不同色彩，可以通过拖曳滑块调整青色、洋红、黄色、黑色的百分比。方法：确定调整方法是“相对”或“绝对”。

9.1.18 曝光度

原始图像效果如图 9-78 所示，选择“图像 > 调整 > 曝光度”命令，弹出“曝光度”对话框，进行设置后如图 9-79 所示。单击“确定”按钮，即可调整图像的曝光度，如图 9-80 所示。

图 9-78

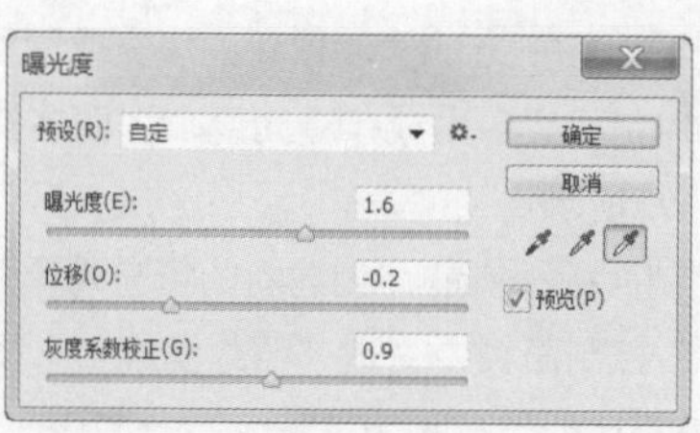

图 9-79

图 9-80

曝光度：调整色彩范围的高光端，对极限阴影的影响很轻微。位移：使阴影和中间调变暗，对高光的影响很轻微。灰度系数校正：使用乘方函数调整图像灰度系数。

9.1.19 照片滤镜

照片滤镜命令用于模仿传统相机的滤镜效果处理图像，通过调整图片颜色可以获得各种丰富的效果。打开一幅图片，选择“图像 > 调整 > 照片滤镜”命令，弹出“照片滤镜”对话框，如图 9-81 所示。

滤镜：用于选择颜色调整的过滤模式。颜色：单击此选项的图标，弹出“选择滤镜颜色”对话框，可以在对话框中设置精确的颜色值对图像进行过滤。浓度：拖动此选项的滑块，设置过滤颜色的百分比。保留明度：勾选此复选框进行调整时，图片的白色部分颜色保持不变，取消勾选此复选框，则图片的全部颜色都随之改变，效果如图 9-82 所示。

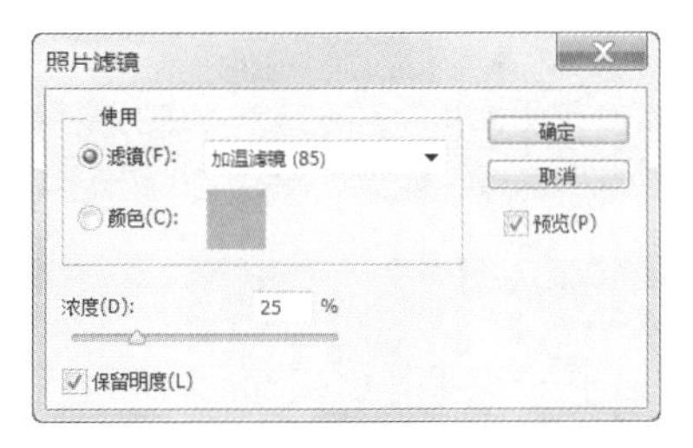

图 9-81

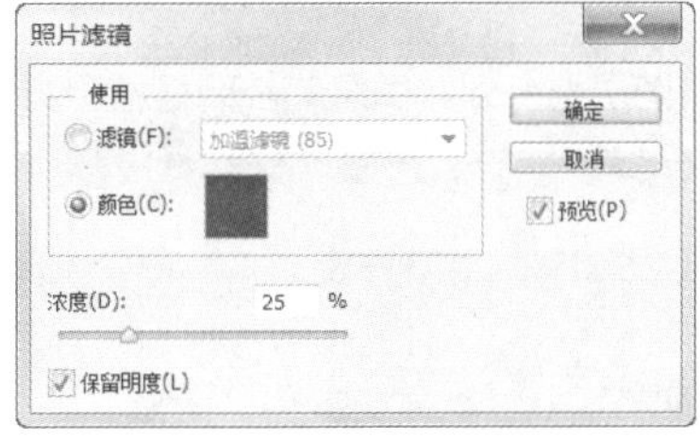

图 9-82

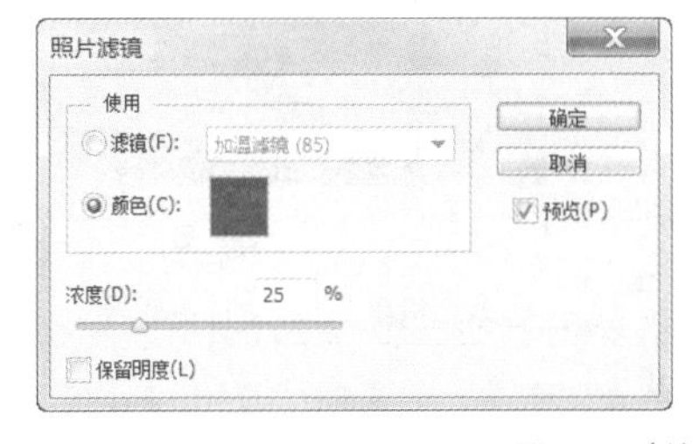

图 9-82（续）

9.2 特殊颜色处理

应用特殊颜色处理命令可以使图像产生丰富的变化。

9.2.1 课堂案例——制作吉他广告

案例学习目标

学习使用不同的调色命令调整图案，使用特殊颜色处理命令制作特殊效果。

案例知识要点

使用去色命令将图像去色，使用图层混合模式命令、色阶命令、阈值命令调整图片的效果，使用自定义形状工具制作图案，效果如图 9-83 所示。

效果所在位置

资源包/Ch09/效果/制作吉他广告.psd。

图 9-83

制作吉他广告

STEP 1 按 Ctrl + O 组合键，打开资源包中的“Ch09 > 素材 > 制作吉他广告 > 01”文件，如图 9-84 所示。

STEP 2 将“背景”图层拖曳到“图层”控制面板下方的“创建新图层”按钮 上进行复制，生成新的副本图层并将其命名为“吉他”。选择“图像 > 调整 > 去色”命令，效果如图 9-85 所示。

图 9-84

图 9-85

STEP 3 新建图层并将其命名为“蓝色块”。将前景色设为蓝色（其 R、G、B 的值分别为 0、187、255），按 Alt+Delete 组合键，用前景色填充“蓝色块”图层，效果如图 9-86 所示。在“图层”控制面板上方，将“蓝色块”图层的“混合模式”选项设为“叠加”，如图 9-87 所示，图像效果如图 9-88 所示。

图 9-86

图 9-87

图 9-88

STEP 4 将“吉他”图层两次拖曳到“图层”控制面板下方的“创建新图层”按钮 上进行复制，生成新的副本图层并将其命名为“图片 1”“图片 2”，再将其拖曳到“蓝色块”图层上方，如图 9-89 所示。选择“移动”工具 ，在图像窗口中调整图形的位置及大小，效果如图 9-90 所示。

STEP 5 选择“图片 1”图层。选择“图像 > 调整 > 色阶”命令，在弹出的对话框中进行设置，如图 9-91 所示，单击“确定”按钮，效果如图 9-92 所示。

图 9-89

图 9-90

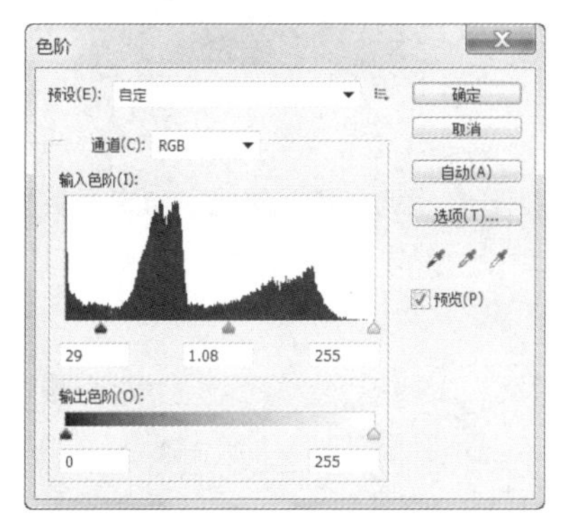

图 9-91

图 9-92

STEP 6 将“图片 1”图层的“混合模式”选项设为“叠加”，如图 9-93 所示，图像效果如图 9-94 所示。

图 9-93

图 9-94

STEP 7 选择“图片 2”图层。选择“图像 > 调整 > 阈值”命令，在弹出的对话框中进行设置，如图 9-95 所示，单击“确定”按钮，效果如图 9-96 所示。

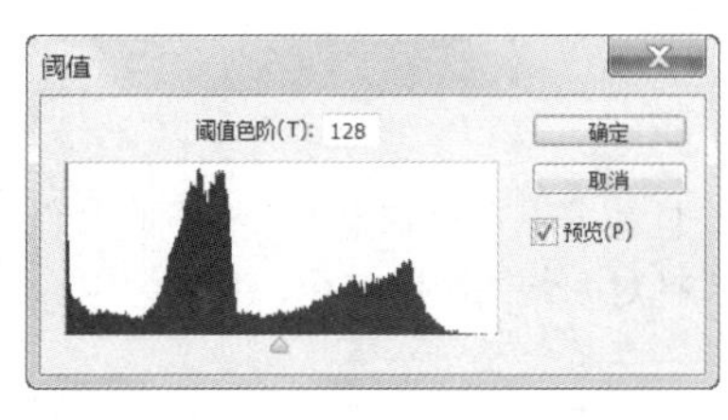

图 9-95

图 9-96

STEP 8 将“图片 2”图层的“混合模式”选项设为“叠加”，如图 9-97 所示，图像效果如图 9-98 所示。

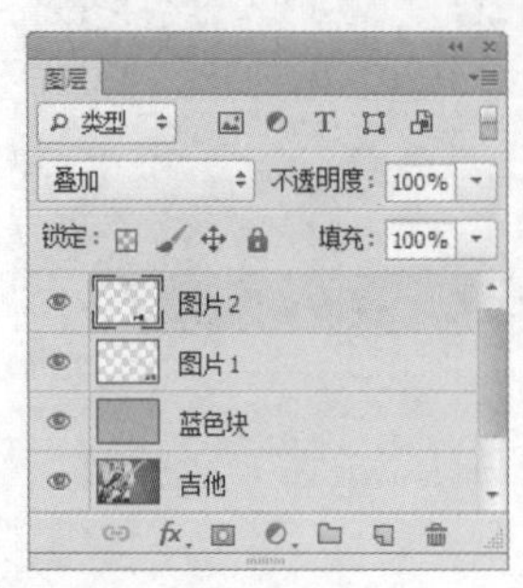

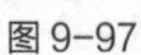
图 9-97

图 9-98

STEP 9 新建图层并将其命名为“装饰”，将前景色设为白色，选择“自定形状”工具，在“形状”面板中选中需要的形状图形，如图 9-99 所示，选中属性栏中的“像素”选项，在图像窗口的下方绘制图形，效果如图 9-100 所示。

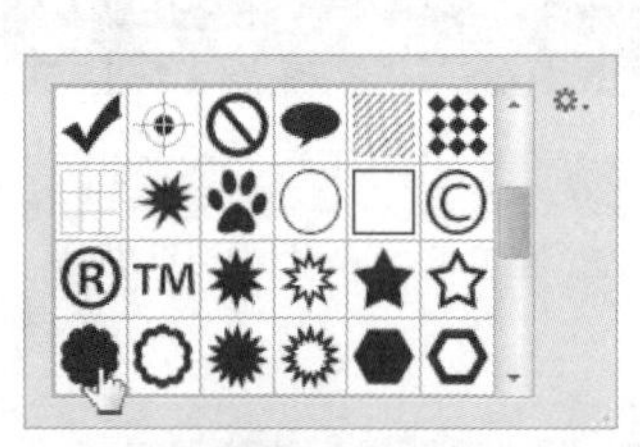

图 9-99

图 9-100

STEP 10 选择“横排文字”工具 T，输入需要的文字并选取文字，在属性栏中选择合适的字体并设置文字大小，效果如图 9-101 所示，在“图层”控制面板中生成新的文字图层。吉他广告制作完成，效果如图 9-102 所示。

图 9-101

图 9-102

9.2.2 去色

选择“图像 > 调整 > 去色”命令，或按 Shift+Ctrl+U 组合键，可以去掉图像中的色彩，使图像变为灰度图，但图像的色彩模式并不改变。“去色”命令可以针对图像的选区使用，将选区中的图像进行去掉图像色彩的处理。

9.2.3 阈值

原始图像效果如图 9-103 所示。选择“图像 > 调整 > 阈值”命令，弹出“阈值”对话框。在对话框中拖曳滑块或在“阈值色阶”选项的数值框中输入数值，可以改变图像的阈值，使大于阈值的像素变为白色、小于阈值的像素变为黑色，使图像具有高度反差，如图 9-104 所示。单击“确定”按钮，图像效果如图 9-105 所示。

图 9-103

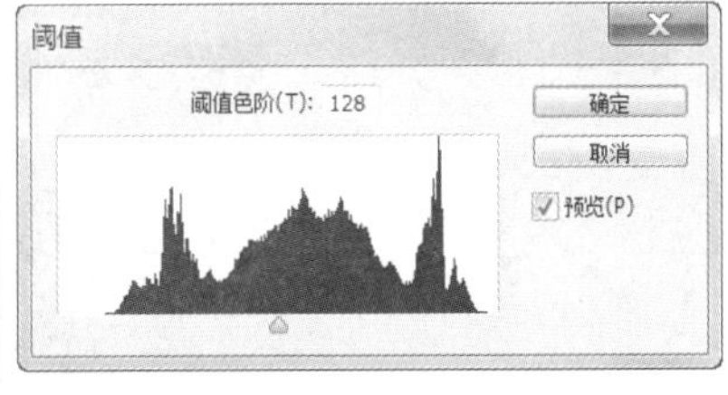

图 9-104

图 9-105

9.2.4 色调分离

原始图像效果如图 9-106 所示。选择“图像 > 调整 > 色调分离”命令，弹出“色调分离”对话框，选项的设置如图 9-107 所示，单击“确定”按钮，图像效果如图 9-108 所示。

图 9-106

图 9-107

图 9-108

色阶：可以指定色阶数，系统将以 256 阶的亮度对图像中的像素亮度进行分配。色阶数值越高，图像产生的变化越小。

9.2.5 替换颜色

替换颜色命令能够将图像中的颜色进行替换。原始图像效果如图 9-109 所示，选择“图像 > 调整 > 替换颜色”命令，弹出“替换颜色”对话框。用吸管工具在花朵图像中吸取要替换的玫瑰红色，单击“替换”选项组中“结果”选项的颜色图标，弹出“选择目标颜色”对话框。将要替换的颜色设置为浅粉色，设置“替换”选项组中其他的选项，调整图像的色相、饱和度和明度，如图 9-110 所示。单击“确定”按钮，玫瑰红色的花朵被替换为浅粉色，效果如图 9-111 所示。

图 9-109

选区：用于设置“颜色容差”选项的数值，数值越大，吸管工具取样的颜色范围越大，在“替换”选项组中调整图像颜色的效果越明显。勾选“选区”单选项，可以创建蒙版。

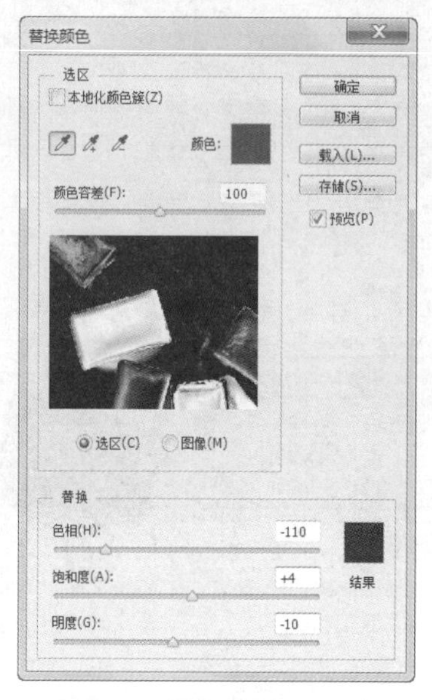

图 9-110

图 9-111

9.2.6 课堂案例——制作素描人物

案例学习目标

学习使用调整命令调节图像颜色。

案例知识要点

使用通道混合器命令调整图像颜色，如图 9-112 所示。

效果所在位置

资源包/Ch09/效果/制作素描人物.psd。

图 9-112

制作素描人物

STEP 1 按 Ctrl + O 组合键，打开资源包中的“Ch09 > 素材 > 制作素描人物 > 01”文件，如图 9-113 所示。

STEP 2 单击“图层”控制面板下方的“创建新的填充或调整图层”按钮 ，在弹出的菜单中选择“亮度/对比度”命令，在“图层”控制面板中生成“亮度/对比度 1”图层，同时弹出“亮度/对比度”面板，选项的设置如图 9-114 所示，效果如图 9-115 所示。

图 9-113

图 9-114

图 9-115

STEP 3 单击“图层”控制面板下方的“创建新的填充或调整图层”按钮，在弹出的菜单中选择“通道混合器”命令，在“图层”控制面板中生成“通道混合器 1”图层，同时弹出“通道混合器”面板，选项的设置如图 9-116 所示，效果如图 9-117 所示。

STEP 4 新建图层并命名为“画笔”，将前景色设为白色，按 Alt+Delete 组合键用前景色填充图层，单击“图层”控制面板下方的“添加图层蒙版”按钮，为“画笔”图层添加蒙版，如图 9-118 所示。

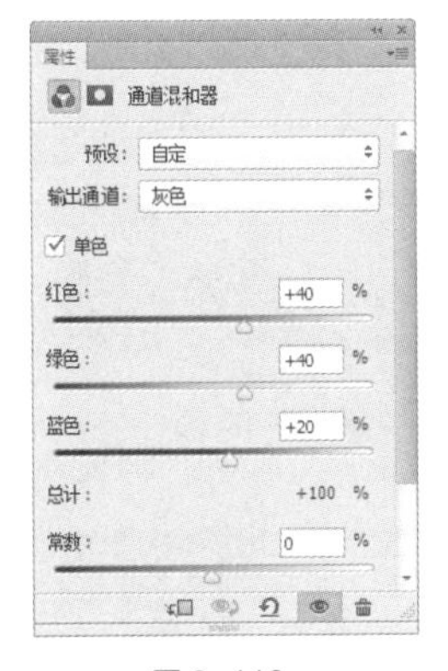

图 9-116

图 9-117

图 9-118

STEP 5 将前景色设为黑色，选择“画笔”工具，在属性栏中单击画笔图标右侧的按钮，弹出画笔选择面板，选项的设置如图 9-119 所示，设置画笔的不透明度为 70%、流量为 20%。在图像窗口中拖曳鼠标显示需要的图像，如图 9-120 所示，图像效果如图 9-121 所示。

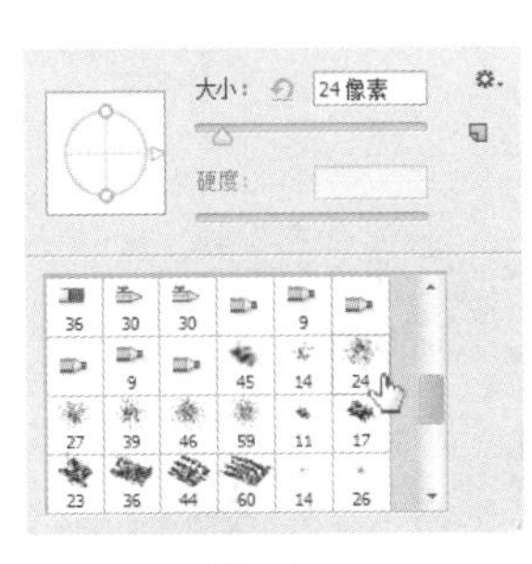

图 9-119

图 9-120

图 9-121

STEP 6 新建图层并命名为“浅色”，将前景色设为浅色（其 R、G、B 的值分别为 255、244、233），按 Alt+Delete 组合键用前景色填充图层，图像效果如图 9-122 所示。将“浅色”图层的“混合模式”选项设为“正片叠底”，如图 9-123 所示，图像效果如图 9-124 所示。

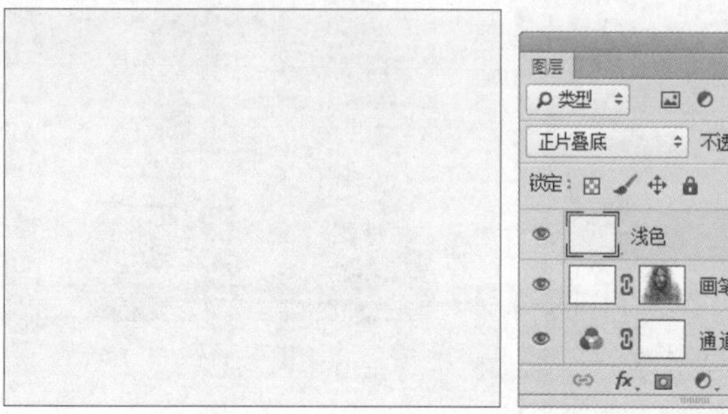
图 9-122

图 9-123

图 9-124

STEP 7 按 Ctrl + O 组合键，打开资源包中的“Ch09 > 素材 > 制作素描人物 > 02”文件，选择“移动”工具，将 02 图片拖曳到图像窗口适当的位置，效果如图 9-125 所示，在“图层”控制面板中生成新的图层并将其命名为“文字”。素描人物制作完成，效果如图 9-126 所示。

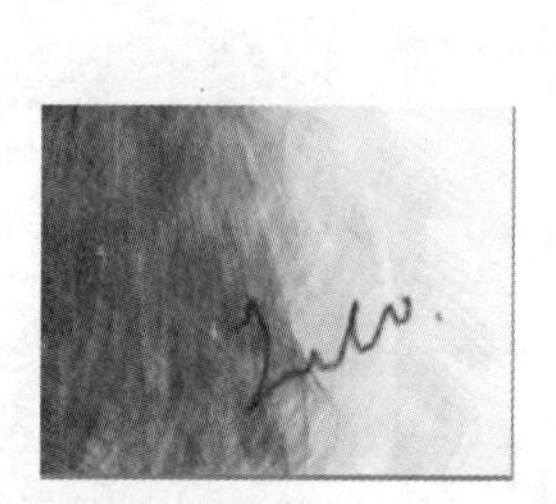
图 9-125

图 9-126

9.2.7 通道混合器

原始图像效果如图 9-127 所示。选择“图像 > 调整 > 通道混合器”命令，弹出“通道混合器”对话框，在对话框中进行设置，如图 9-128 所示。单击“确定”按钮，效果如图 9-129 所示。

输出通道：可以选取要修改的通道。源通道：通过拖曳滑块来调整图像。常数：可以通过拖曳滑块调整图像。单色：可以创建灰度模式的图像。

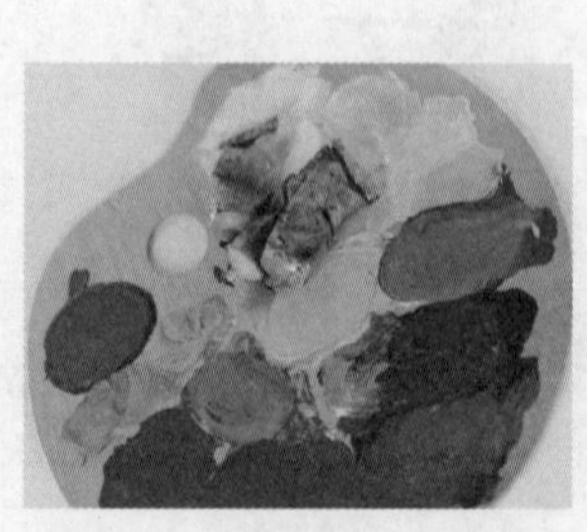
图 9-127

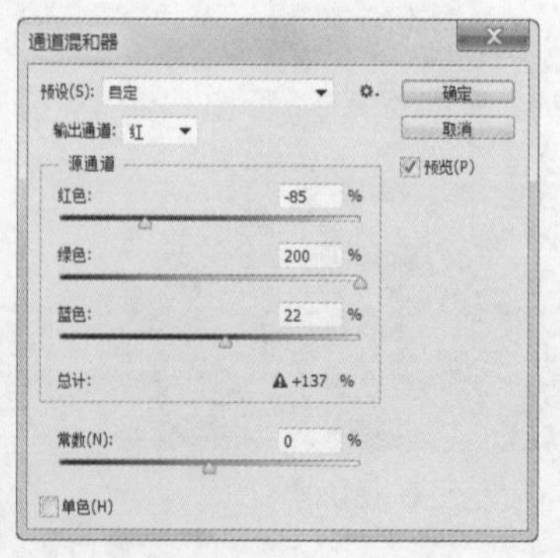

图 9-128

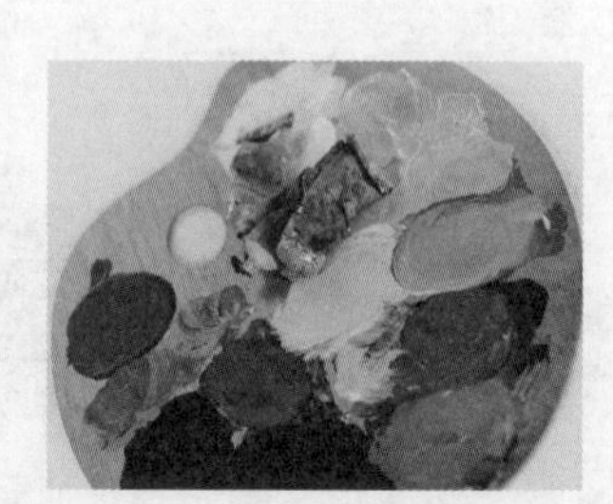
图 9-129

所选图像的色彩模式不同，“通道混合器”对话框中的内容也将不同。

9.2.8 匹配颜色

匹配颜色命令用于对色调不同的图片进行调整，统一成一个协调的色调。打开两张不同色调的图片，如图 9-130、图 9-131 所示。选择需要调整的图片，选择“图像 > 调整 > 匹配颜色”命令，弹出“匹配颜色”对话框，在“源”选项中选择匹配文件的名称，再设置其他各选项，如图 9-132 所示，单击“确定”按钮，效果如图 9-133 所示。

图 9-130

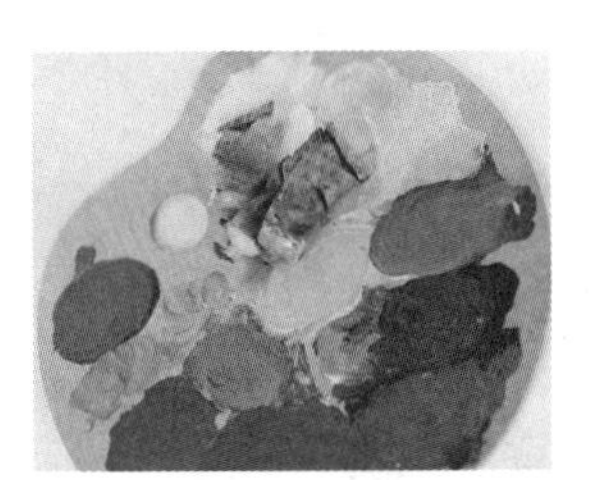

图 9-131

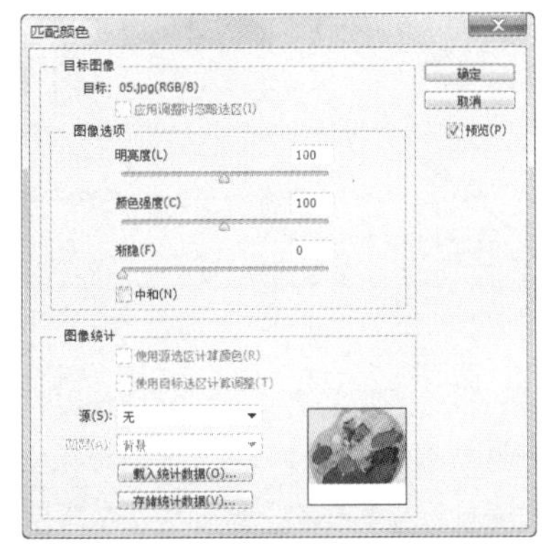

图 9-132

图 9-133

目标图像：在“目标”选项中显示了所选择匹配文件的名称。如果当前调整的图中有选区，勾选“应用调整时忽略选区”复选框，可以忽略图中的选区调整整张图像的颜色；不勾选“应用调整时忽略选区”复选框，可以调整图像中选区内的颜色，效果如图 9-134、图 9-135 所示。图像选项：可以通过拖动滑块来调整图像的明亮度、颜色强度、渐隐的数值，并设置“中和”选项，用来确定调整的方式。图像统计：用于设置图像的颜色来源。

图 9-134

图 9-135

9.3 课堂练习——制作人物照片

练习知识要点

使用色阶命令、自然饱和度、渐变映射命令、滤镜库命令改变图片的颜色，如图 9-136 所示。

效果所在位置

资源包/Ch09/效果/制作人物照片.psd。

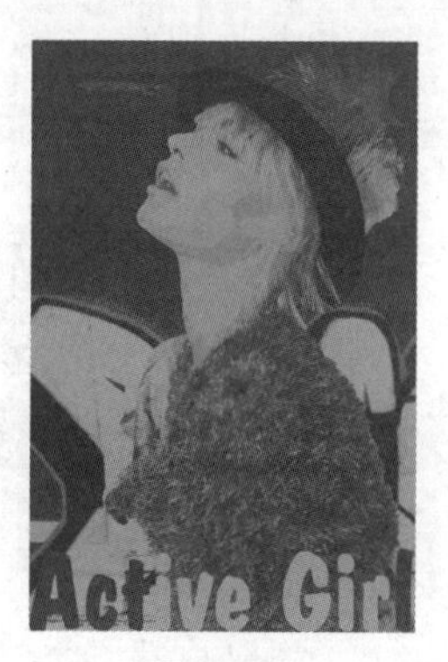

图 9-136

制作人物照片

9.4 课后习题——制作汽车广告

习题知识要点

使用混合模式命令改变天空图片的颜色，使用替换颜色命令将云彩图片替换为天空图片的颜色，使用画笔工具绘制装饰花朵，使用径向模糊、动感模糊滤镜制作彩带效果，如图 9-137 所示。

效果所在位置

资源包/Ch09/效果/制作汽车广告.psd。

图 9-137

制作汽车广告

Photoshop CC

Chapter

10

第10章 图层的应用

本章主要介绍图层的基本应用知识及应用技巧，讲解图层的基本概念、基本调整方法，以及混合模式、样式、智能对象图层等高级应用知识。通过本章的学习可以用图层知识制作出多变的图像效果，可以对图像快速添加样式效果，还可以单独对智能对象图层进行编辑。

课堂学习目标

- 掌握图层混合模式和图层样式的使用
- 掌握新建图层和调整图层的应用技巧
- 了解图层复合、盖印和智能对象

10.1 图层的混合模式

图层混合模式在图像处理及效果制作中被广泛应用，特别是在多个图像合成方面更有其独特的作用及灵活性。图层的混合模式命令用于为图层添加不同的模式，使图层产生不同的效果。

在“图层”控制面板中，“设置图层的混合模式”选项 正常 用于设定图层的混合模式，包含有 27 种模式。打开一幅图像，如图 10-1 所示，“图层”控制面板中的效果如图 10-2 所示。

图 10-1

图 10-2

在对“人物”图层应用不同的图层模式后，图像效果如图 10-3 所示。

图 10-3

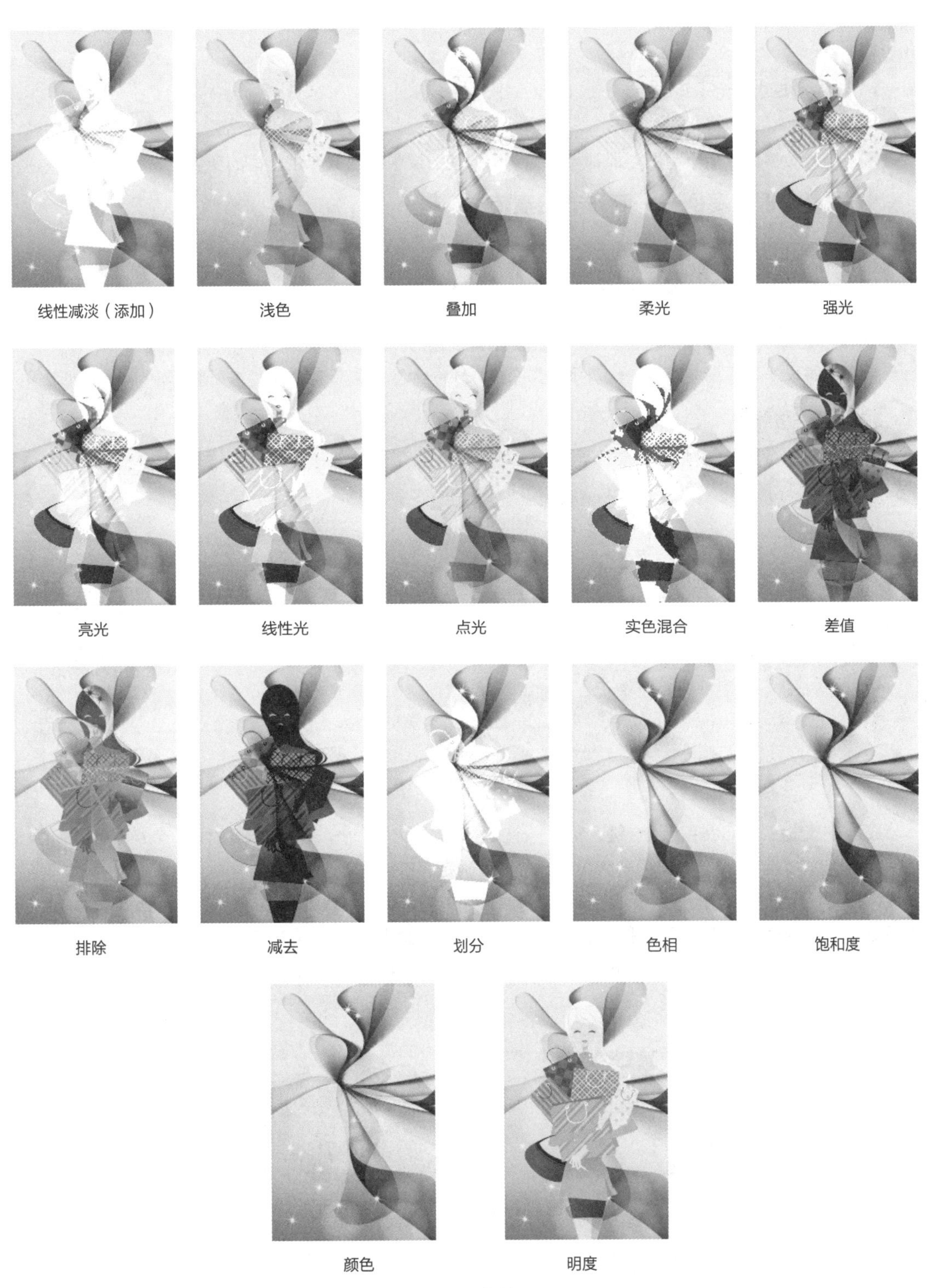

图 10-3（续）

10.2 图层样式

图层特殊效果命令用于为图层添加不同的效果，使图层中的图像产生丰富的变化。

10.2.1 课堂案例——制作节日宣传单

案例学习目标

学习使用移动工具和添加不同的图层样式效果制作节日宣传单。

案例知识要点

使用横排文字工具添加文字，使用添加图层样式命令和剪贴蒙版命令制作文字效果，如图 10-4 所示。

效果所在位置

资源包/Ch10/效果/制作节日宣传单.psd。

图 10-4

制作节日宣传单

STEP 1 按 Ctrl＋N 组合键，新建一个文件，宽度为 21cm，高度为 29.7cm，分辨率为 300 像素/英寸，颜色模式为 RGB，背景内容为白色，单击“确定”按钮。

STEP 2 选择“渐变”工具，单击属性栏中的“点按可编辑渐变”按钮，弹出“渐变编辑器”对话框，将渐变颜色设为从红色（其 R、G、B 的值分别为 243、77、87）到白色，如图 10-5 所示，单击“确定”按钮。按住 Shift 键的同时，在图像窗口中由上至下拖曳渐变色，效果如图 10-6 所示。

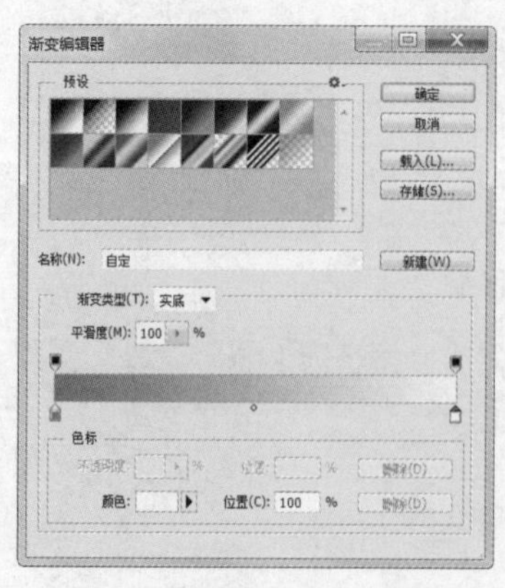

图 10-5

图 10-6

STEP 3 按 Ctrl + O 组合键，打开资源包中的“Ch10 > 素材 > 制作节日宣传单 > 01”文件，选择“移动”工具，将图片拖曳到图像窗口中适当的位置，效果如图 10-7 所示，在“图层”控制面板中生成新图层并将其命名为“房屋”。将该图层的混合模式选项设为“正片叠底”，“不透明度”选项设为 63%，如图 10-8 所示，图像效果如图 10-9 所示。

图 10-7

图 10-8

图 10-9

STEP 4 按 Ctrl + O 组合键，打开资源包中的“Ch10 > 素材 > 制作节日宣传单 > 02”文件，选择“移动”工具，将图片拖曳到图像窗口中适当的位置，效果如图 10-10 所示，在“图层”控制面板中生成新图层并将其命名为“扇子”。单击控制面板下方的“添加图层样式”按钮 fx，在弹出的菜单中选择“投影”命令，在弹出的对话框中进行设置，如图 10-11 所示，单击“确定”按钮，效果如图 10-12 所示。

图 10-10

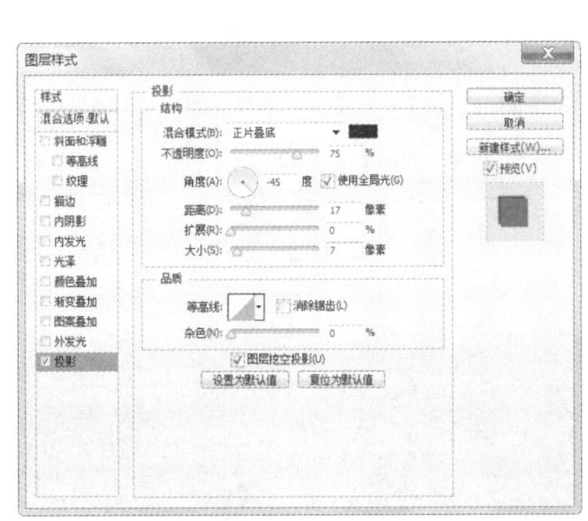

图 10-11

图 10-12

STEP 5 选择“移动”工具，按住 Alt 键的同时，多次拖曳图片到适当的位置，复制图片，并分别调整其大小，如图 10-13 所示，在“图层”控制面板中生成新的拷贝图层。按住 Shift 键的同时，将拷贝图层同时选取，拖曳到“扇子”图层的下方，如图 10-14 所示。将“扇子 拷贝 3”图层拖曳到“扇子 拷贝 1”图层的下方，如图 10-15 所示。

STEP 6 按 Ctrl + O 组合键，打开资源包中的“Ch10 > 素材 > 制作节日宣传单 > 03、04”文件，选择“移动”工具，分别将图片拖曳到图像窗口中适当的位置，效果如图 10-16 所示，在“图层”控制面板中生成新图层并将其命名为“花 1”和“花 2”。

STEP 7 选取“花 2”图层。按 Ctrl+T 组合键，在图片周围出现变换框，将指针放在变换框的控制手柄外边，指针变为旋转图标，拖曳鼠标将图片旋转到适当的角度，按 Enter 键确认操作，效果如图

10-17 所示。

图 10-13

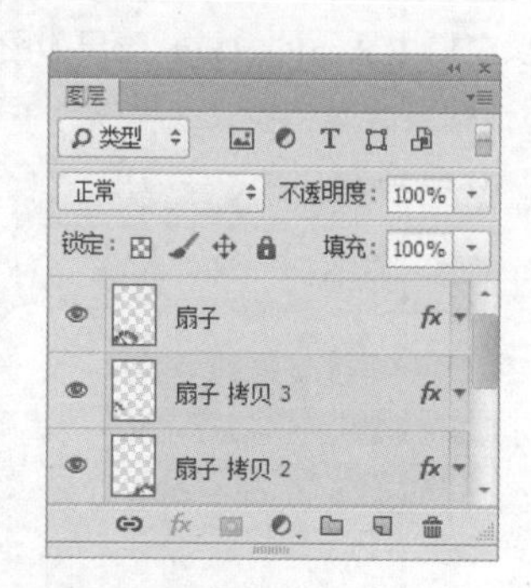

图 10-14

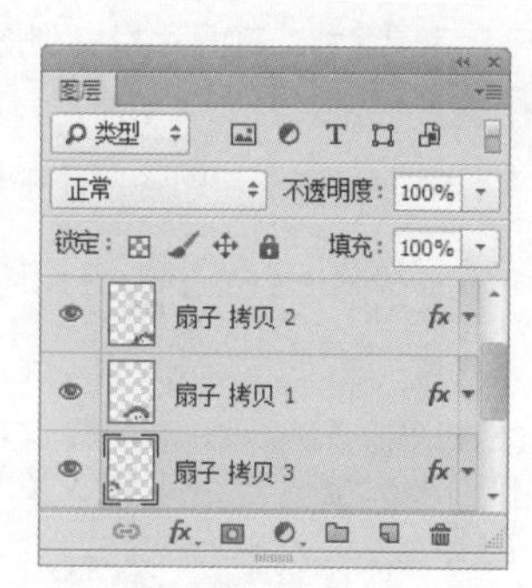

图 10-15

图 10-16

图 10-17

STEP 8 选择“移动”工具，按住 Alt 键的同时，拖曳图片到适当的位置，复制图片，如图 10-18 所示，在“图层”控制面板中生成新的拷贝图层。按 Ctrl+T 组合键，在图片周围出现变换框，将指针放在变换框的控制手柄外边，指针变为旋转图标，拖曳鼠标将图片旋转到适当的角度，按 Enter 键确认操作，效果如图 10-19 所示。

图 10-18

图 10-19

STEP 9 按 Ctrl + O 组合键，打开资源包中的“Ch10 > 素材 > 制作节日宣传单 > 05”文件，选择“移动”工具，将图片拖曳到图像窗口中适当的位置，效果如图 10-20 所示，在“图层”控制面板中生成新图层并将其命名为“灯笼”。

STEP 10 单击“图层”控制面板下方的“添加图层样式”按钮 fx，在弹出的菜单中选择“投影”命令，在弹出的对话框中进行设置，如图 10-21 所示，单击“确定”按钮，效果如图 10-22 所示。

图 10-20

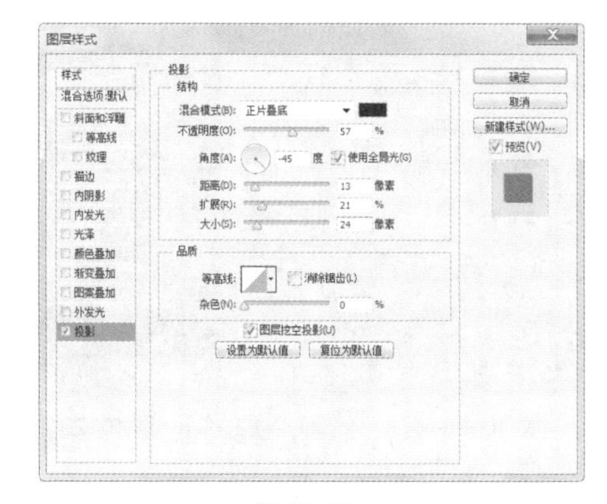

图 10-21

图 10-22

STEP 11 将前景色设为白色。选择“横排文字”工具 T ，在适当的位置分别输入需要的文字并选取文字，在属性栏中选择合适的字体并设置大小，效果如图 10-23 所示，在“图层”控制面板中分别生成新的文字图层。

STEP 12 按 Ctrl + O 组合键，打开资源包中的“Ch10 > 素材 > 制作节日宣传单 > 06”文件，选择“移动”工具 ，将图片拖曳到图像窗口中适当的位置，效果如图 10-24 所示，在“图层”控制面板中生成新图层并将其命名为“繁花”。按住 Alt 键的同时，将图片拖曳到适当的位置，复制图片，并调整其大小，效果如图 10-25 所示，在“图层”控制面板中生成新的拷贝图层。

图 10-23

图 10-24

图 10-25

STEP 13 在“图层”控制面板中，将“繁花 拷贝”图层拖曳到“节”文字图层的上方，如图 10-26 所示。按 Ctrl+Alt+G 组合键，创建剪切蒙版，效果如图 10-27 所示。选择“繁花”图层，如图 10-28 所示。按 Ctrl+Alt+G 组合键，创建剪切蒙版，效果如图 10-29 所示。

图 10-26

图 10-27

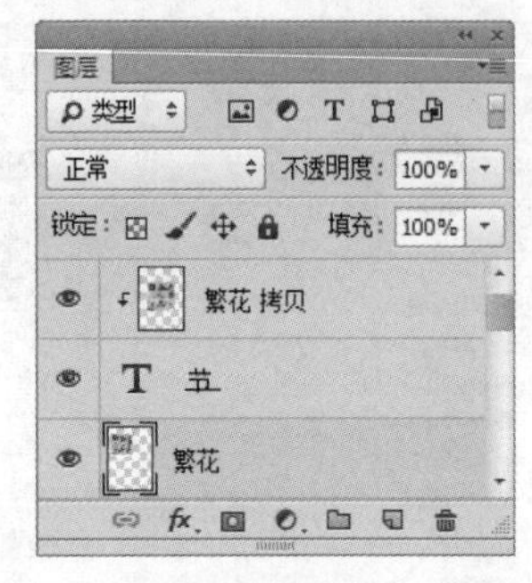

图 10-28

图 10-29

STEP 14 选择“春”文字图层，如图 10-30 所示。单击“图层”控制面板下方的“添加图层样式”按钮 fx，在弹出的菜单中选择“描边”命令，弹出对话框，将描边颜色设为白色，其他选项的设置如图 10-31 所示；选择对话框左侧的“投影”选项，切换到相应的对话框，选项的设置如图 10-32 所示，单击“确定”按钮，效果如图 10-33 所示。

图 10-30

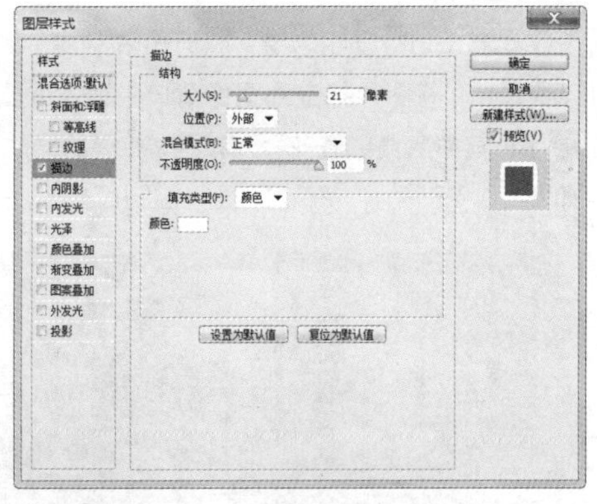

图 10-31

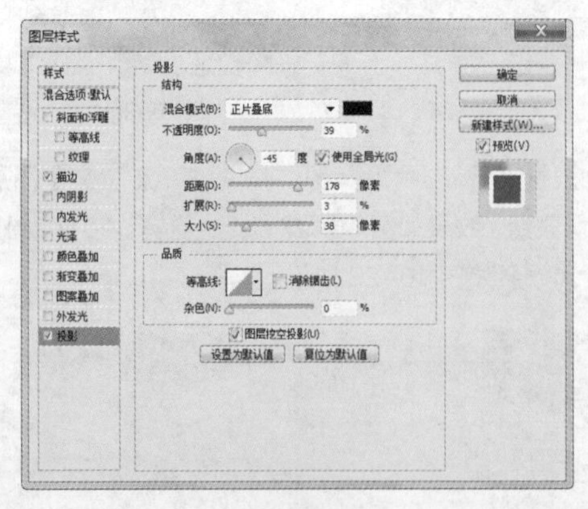

图 10-32

图 10-33

STEP 15 选择“节”文字图层。单击“图层”控制面板下方的“添加图层样式”按钮 fx，在弹出的菜单中选择“描边”命令，弹出对话框，将描边颜色设为白色，其他选项的设置如图 10-34 所示；选择对话框左侧的“投影”选项，切换到相应的对话框，选项的设置如图 10-35 所示，单击“确定”按钮，效果如图 10-36 所示。节日宣传单制作完成，效果如图 10-37 所示。

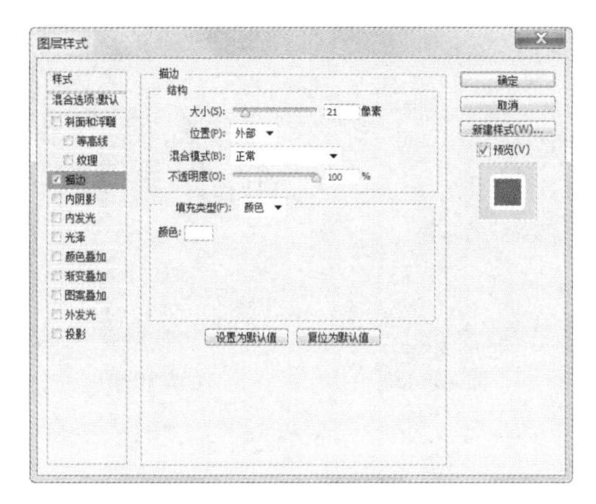

图 10-34

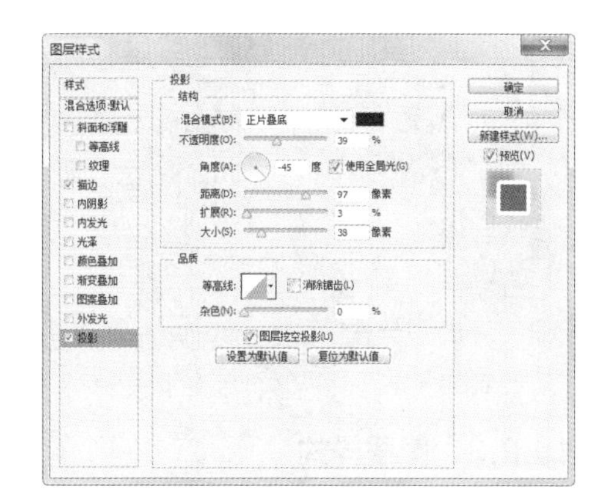

图 10-35

图 10-36

图 10-37

10.2.2 样式控制面板

“样式”控制面板用于存储各种图层特效，并将其快速地套用在要编辑的对象中，这样可以节省操作步骤和操作时间。

选择要添加样式的文字，如图 10-38 所示。选择“窗口 > 样式”命令，弹出“样式”控制面板，单击控制面板右上方的 图标，在弹出的菜单中选择“摄影样式”命令，弹出提示对话框，如图 10-39 所示，单击“确定”按钮，样式被载入到控制面板中，选择“内斜面投影”样式，如图 10-40 所示，图形被添加上样式，效果如图 10-41 所示。

样式添加完成后，“图层”控制面板中的效果如图 10-42 所示。如果要删除其中某个样式，将其直接拖曳到控制面板下方的“删除图层”按钮 上即可，如图 10-43 所示。删除后的效果如图 10-44 所示。

图 10-38

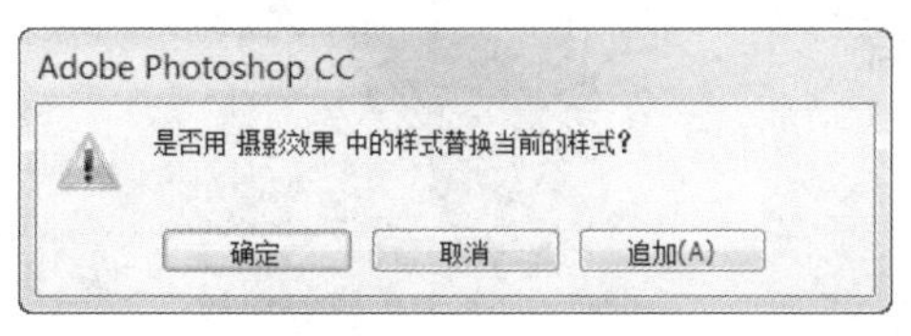

图 10-39

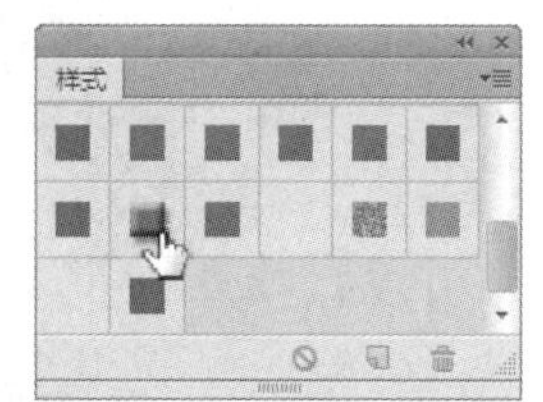

图 10-40

图 10-41

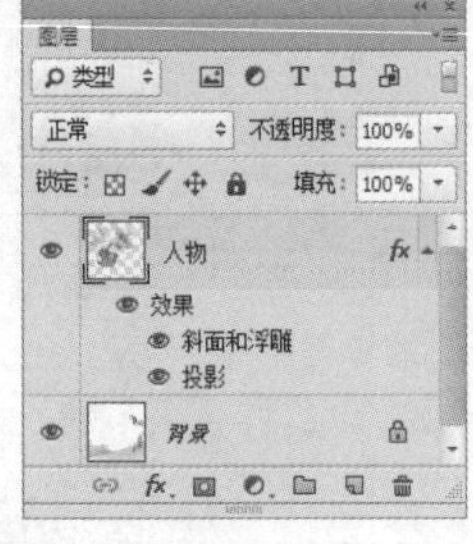

图 10-42

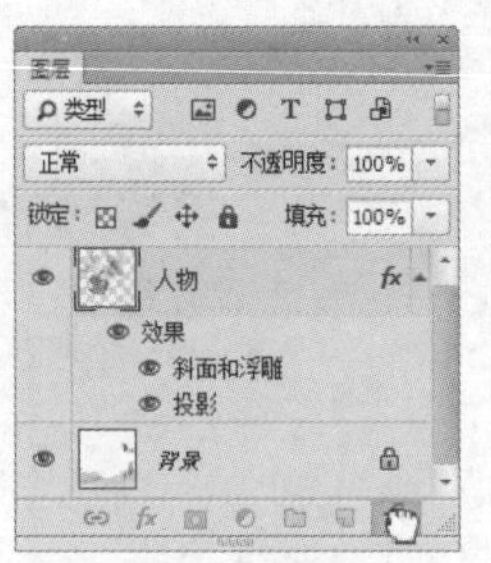

图 10-43

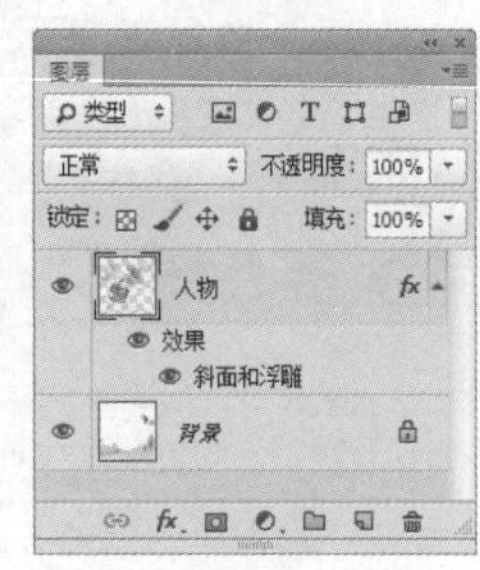

图 10-44

10.2.3 图层样式

Photoshop CC 提供了多种图层样式，既可以单独为图像添加一种样式，也可以同时为图像添加多种样式。

单击“图层”控制面板右上方的图标，将弹出命令菜单，选择“混合选项”命令，弹出“混合选项”对话框，如图 10-45 所示。此对话框用于对当前图层进行特殊效果的处理。单击对话框左侧的任意选项，将弹出相应的效果对话框。

还可以单击“图层”控制面板下方的“添加图层样式”按钮，弹出其下拉菜单命令，如图 10-46 所示。

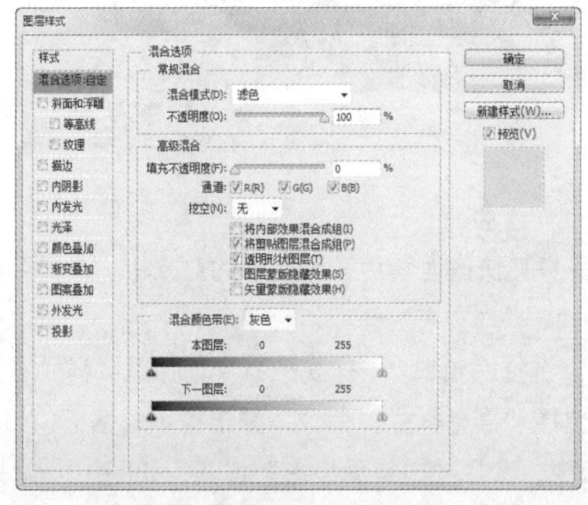

图 10-45

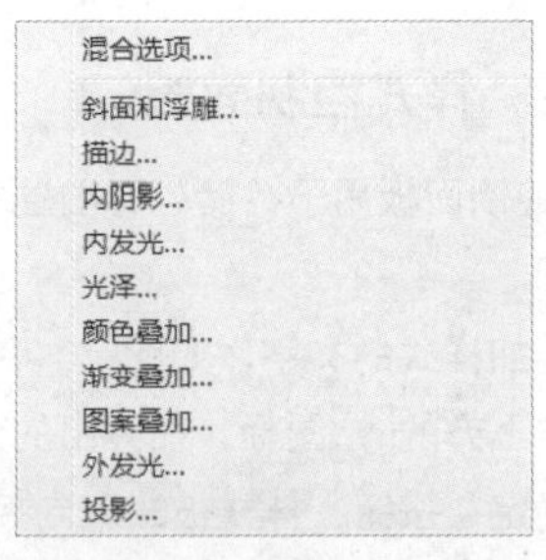

图 10-46

“斜面和浮雕”命令用于使图像产生一种倾斜与浮雕的效果，“描边”命令用于为图像描边，“内阴影”命令用于使图像内部产生阴影效果，效果如图 10-47 所示。

斜面和浮雕

描边

内阴影

图 10-47

“内发光”命令用于在图像的边缘内部产生一种辉光效果，“光泽”命令用于使图像产生一种光泽的效果，“颜色叠加”命令用于使图像产生一种颜色叠加效果，效果如图 10-48 所示。

内发光　　光泽　　颜色叠加

图 10-48

“渐变叠加”命令用于使图像产生一种渐变叠加效果，“图案叠加”命令用于在图像上添加图案效果，效果如图 10-49 所示。“外发光”命令用于在图像的边缘外部产生一种辉光效果，“投影”命令用于使图像产生阴影效果，效果如图 10-50 所示。

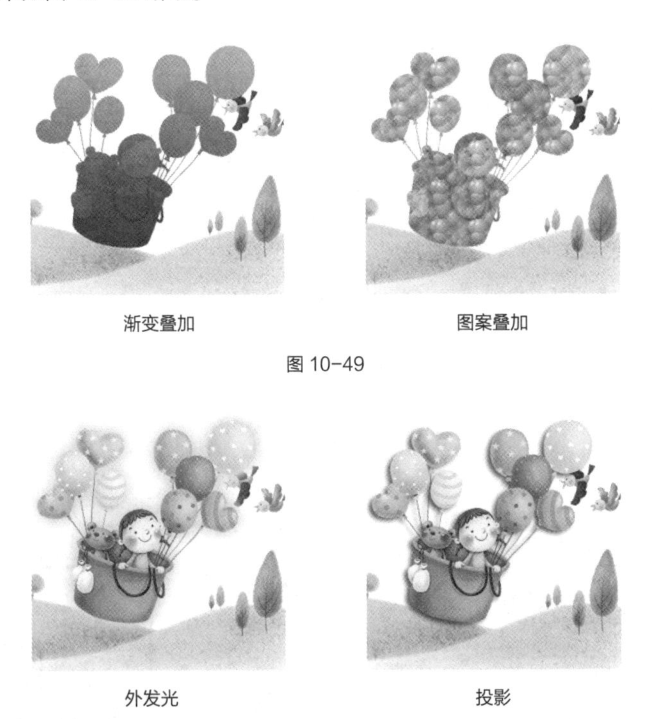

渐变叠加　　图案叠加

图 10-49

外发光　　投影

图 10-50

10.3 新建填充和调整图层

应用填充和调整图层命令可以通过多种方式对图像进行填充和调整，使图像产生不同的效果。

10.3.1 课堂案例——制作照片艺术效果

案例学习目标

学习使用填充和调整图层命令制作艺术照片，使用图层样式命令为文字添加特殊效果。

案例知识要点

使用色阶和曲线调整层更改图片颜色，使用图案填充命令制作底纹效果，使用横排文字工具和添加图层样式命令制作文字，效果如图 10-51 所示。

效果所在位置

资源包/Ch10/效果/制作照片艺术效果.psd。

图 10-51

制作照片艺术效果

STEP 1 按 Ctrl+O 组合键，打开资源包中的“Ch10 > 素材 > 制作照片艺术效果 > 01”文件，如图 10-52 所示。

STEP 2 单击“图层”控制面板下方的“创建新的填充或调整图层”按钮，在弹出的菜单中选择“色阶”命令，在“图层”控制面板中生成“色阶 1”图层，同时弹出“色阶”面板，选项的设置如图 10-53 所示，效果如图 10-54 所示。

图 10-52

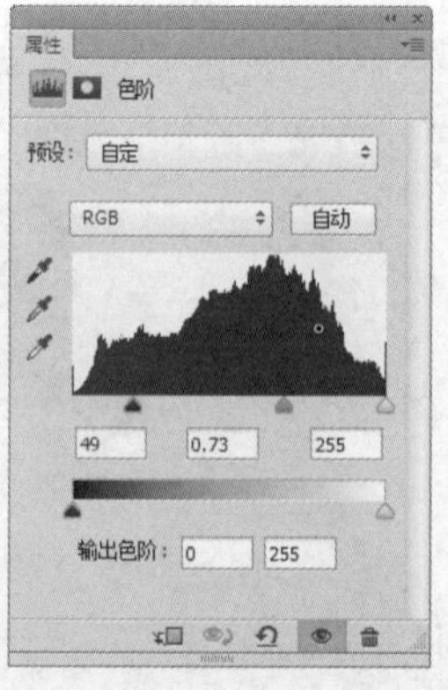

图 10-53

图 10-54

STEP 3 单击“图层”控制面板下方的“创建新的填充或调整图层”按钮，在弹出的菜单中选择“图案填充”命令，在“图层”控制面板中生成“图案填充 1”图层，同时弹出“图案填充”对话框。单击对话框中的“图案”选项右侧的按钮，弹出“图案”面板，单击面板右上方的按钮，在弹出的菜单中选择“艺术表面”命令，弹出提示对话框，单击“追加”按钮。在“形状”面板中选中需要的图案，如图 10-55 所示。返回“图案填充”对话框，选项的设置如图 10-56 所示，单击“确定”按钮，效果如图 10-57 所示。

STEP 4 在“图层”控制面板上方，将“图案填充 1”图层的混合模式选项设为“划分”，“不透明度”选项设为 63%，如图 10-58 所示，图像效果如图 10-59 所示。

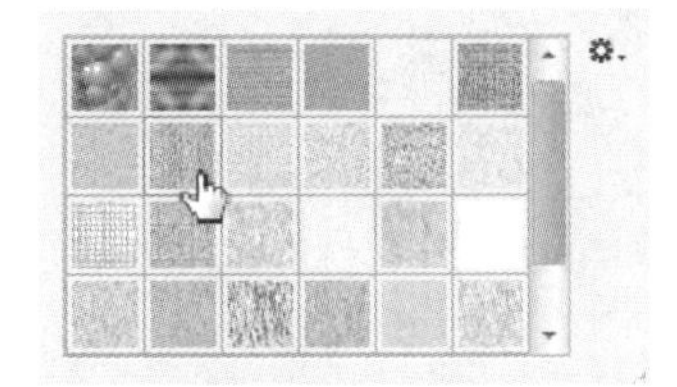

图 10-55

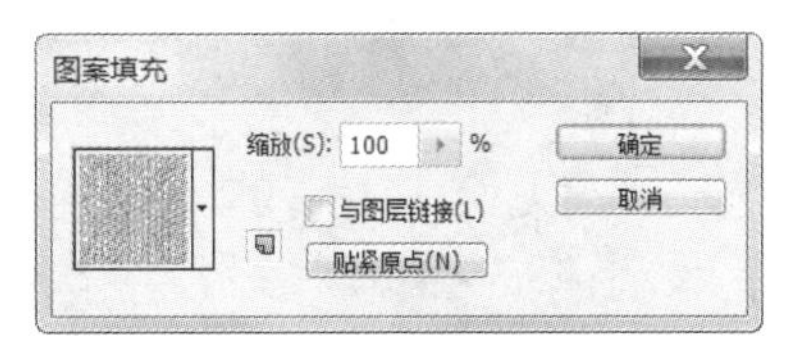

图 10-56

图 10-57

图 10-58

图 10-59

STEP 5 单击“图层”控制面板下方的“创建新的填充或调整图层”按钮，在弹出的菜单中选择“曲线”命令，在“图层”控制面板中生成“曲线 1”图层，同时弹出“曲线”面板，在曲线上单击鼠标添加控制点，将“输入”选项设为 170，“输出”选项设为 192，再次单击鼠标添加控制点，将“输入”选项设为 136，“输出”选项设为 163，再次单击鼠标添加控制点，将“输入”选项设为 111，“输出”选项设为 141，再次单击鼠标添加控制点，将“输入”选项设为 50，“输出”选项设为 75，如图 10-60 所示，效果如图 10-61 所示。

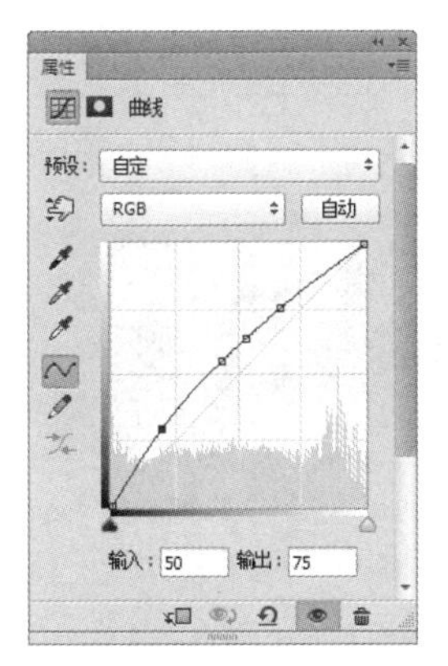

图 10-60

图 10-61

STEP 6 将前景色设为白色。选择“横排文字”工具，在适当的位置分别输入需要的文字并选取文字，在属性栏中选择合适的字体并设置大小，效果如图 10-62 所示，在“图层”控制面板中分别生成新的文字图层。

STEP 7 选取“花语”文字图层。按 Ctrl+T 组合键，文字周围出现变换框，在变换框中单击鼠标右键，在弹出的菜单中选择“斜切”命令，向右拖曳上方中间的控制手柄到适当的位置，斜切文字，按 Enter 键确认操作，效果如图 10-63 所示。

图 10-62

图 10-63

STEP 8 单击“图层”控制面板下方的“添加图层样式”按钮 fx.，在弹出的菜单中选择“描边”命令，弹出对话框，将描边颜色设为绿色（其 R、G、B 的值分别为 3、59、35），其他选项的设置如图 10-64 所示；选择对话框左侧的“投影”选项，切换到相应的对话框，选项的设置如图 10-65 所示，单击“确定”按钮，效果如图 10-66 所示。

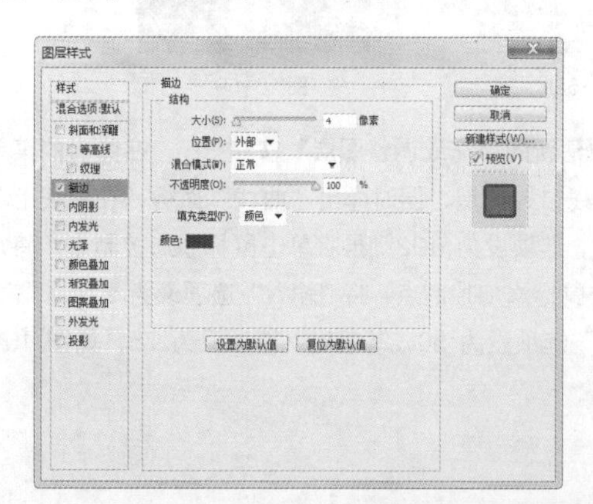

图 10-64

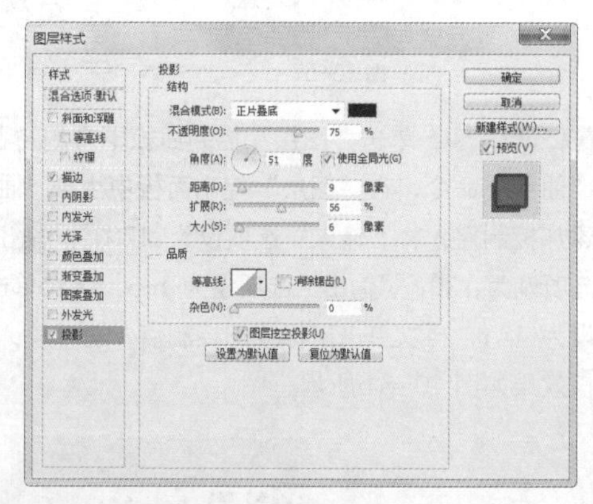

图 10-65

图 10-66

STEP 9 选取需要的文字图层。单击“图层”控制面板下方的“添加图层样式”按钮 fx.，在弹出的菜单中选择“描边”命令，弹出对话框，将描边颜色设为绿色（其 R、G、B 的值分别为 3、59、35），其他选项的设置如图 10-67 所示；选择对话框左侧的“投影”选项，切换到相应的对话框，选项的设置如图 10-68 所示，单击“确定”按钮，效果如图 10-69 所示。

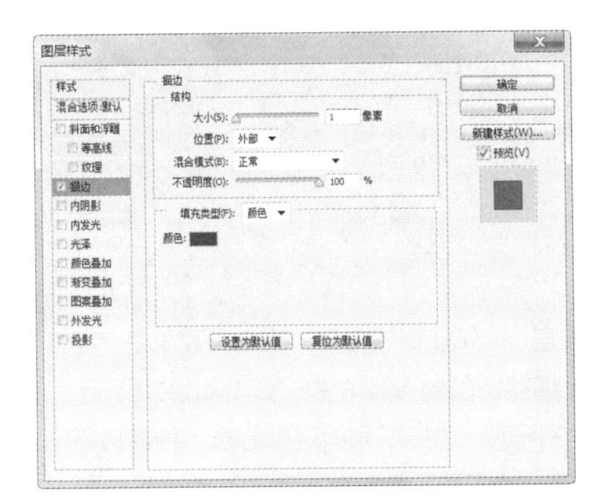

图 10-67

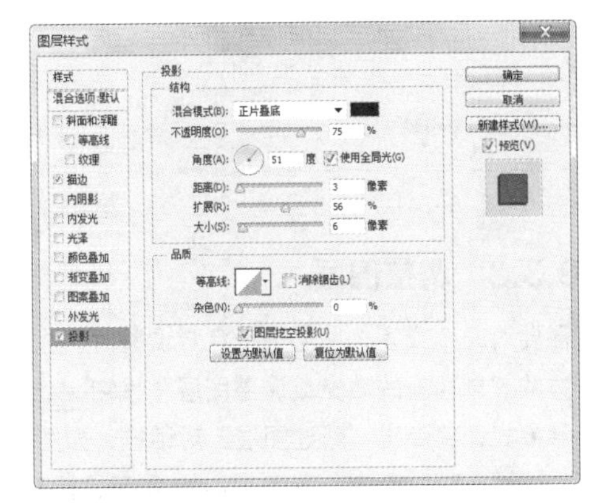

图 10-68

图 10-69

STEP 10 在“Flower”文字图层上单击鼠标右键，在弹出的菜单中选择“拷贝图层样式”命令。在“The white rose”图层上单击鼠标右键，在弹出的菜单中选择“粘贴图层样式”命令，如图 10-70 所示，图像效果如图 10-71 所示。照片艺术效果制作完成，如图 10-72 所示。

图 10-70

图 10-71

图 10-72

10.3.2 填充图层

当需要新建填充图层时，选择“图层 > 新建填充图层”命令，或单击“图层”控制面板下方的“创建新的填充和调整图层”按钮，弹出填充图层的 3 种方式，如图 10-73 所示，选择其中的一种方式，将弹出“新建图层”对话框，如图 10-74 所示，单击“确定”按钮，将根据选择的填充方式弹出不同的填充对话框。这里以“渐变填充”为例，如图 10-75 所示，单击“确定”按钮，“图层”控制面板和图像的效果如图 10-76、图 10-77 所示。

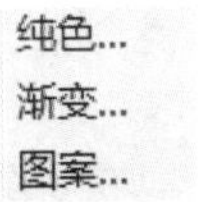

纯色...
渐变...
图案...

图 10-73

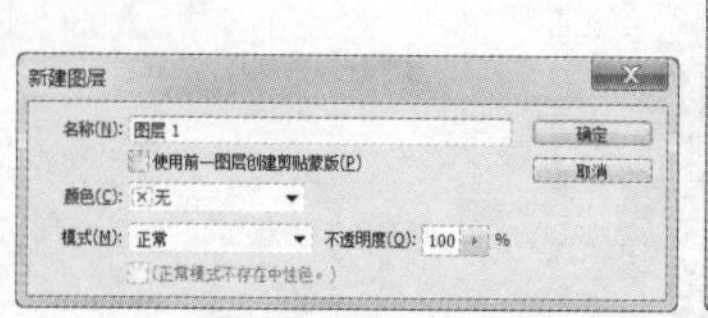

图 10-74

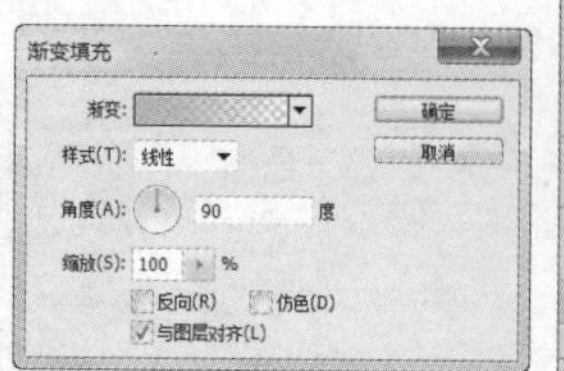

图 10-75

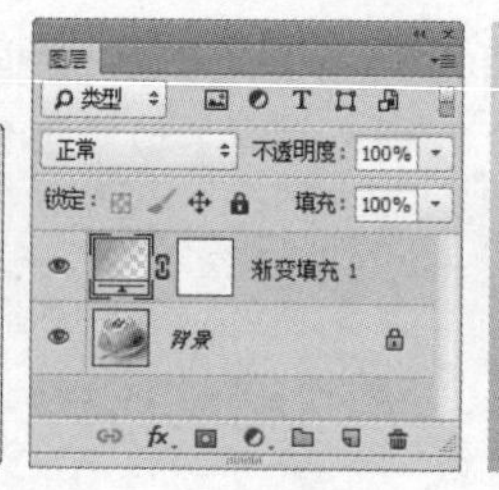

图 10-76

图 10-77

10.3.3 调整图层

当需要对一个或多个图层进行色彩调整时，选择“图层 > 新建调整图层”命令，或单击“图层”控制面板下方的“创建新的填充或调整图层”按钮，弹出调整图层的多种方式，如图 10-78 所示，选择其中的一种方式，将弹出“新建图层”对话框，如图 10-79 所示，选择不同的调整方式，将弹出不同的调整对话框，以“色阶”为例，如图 10-80 所示，按 Enter 键，“图层”控制面板和图像的效果如图 10-81、图 10-82 所示。

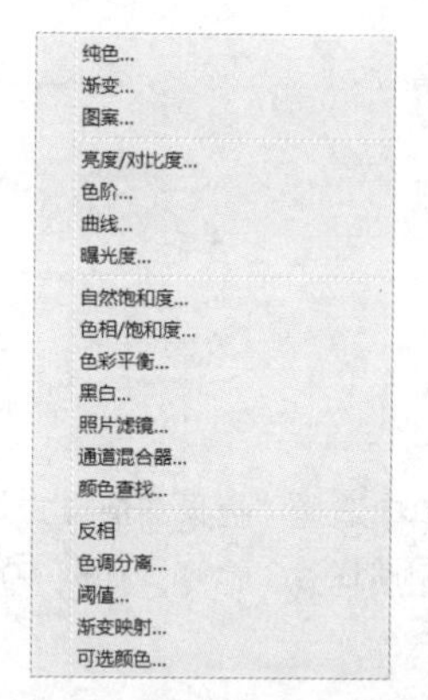

图 10-78

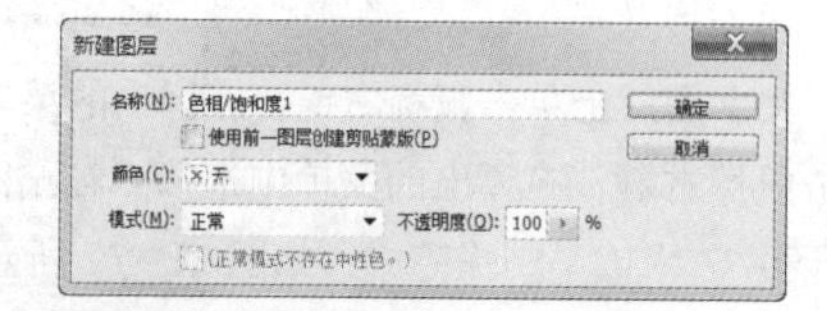

图 10-79

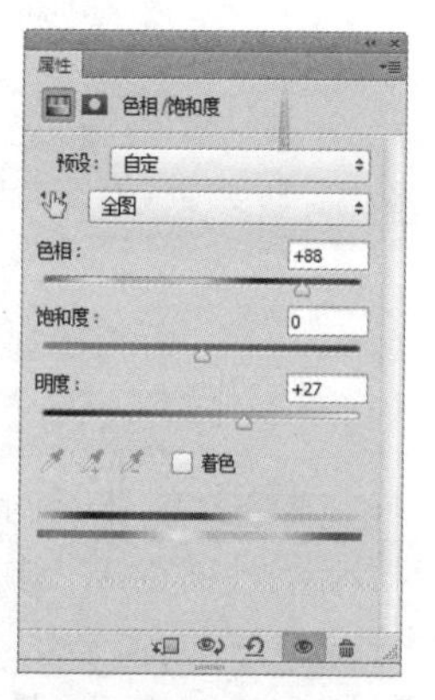

图 10-80

图 10-81

图 10-82

10.4 图层复合、盖印图层与智能对象图层

应用图层复合、盖印图层、智能对象图层命令可以提高制作图像的效率，快速得到制作过程中的步骤效果。

10.4.1 课堂案例——制作科技时代界面

案例学习目标

学习使用图层面板和图层复合面板制作科技时代界面。

案例知识要点

使用图层的混合模式制作界面背景图，使用图层复合面板制作不同的图层复合，使用横排文字工具和不透明度添加文字，效果如图 10-83 所示。

效果所在位置

资源包/Ch10/效果/制作科技时代界面.psd。

图 10-83

制作科技时代界面

STEP 1 按 Ctrl+O 组合键，打开资源包中的“Ch10 > 素材 > 制作科技时代界面 > 01”文件，如图 10-84 所示。按 Ctrl + O 组合键，打开资源包中的“Ch10 > 素材 > 制作科技时代界面 > 02”文件，选择“移动”工具，将图片拖曳到图像窗口中适当的位置，并调整其大小，效果如图 10-85 所示，在“图层”控制面板中生成新图层并将其命名为“图片 1”。

STEP 2 在“图层”控制面板上方，将“图片 1”图层的混合模式选项设为“正片叠底”，如图 10-86 所示，图像效果如图 10-87 所示。

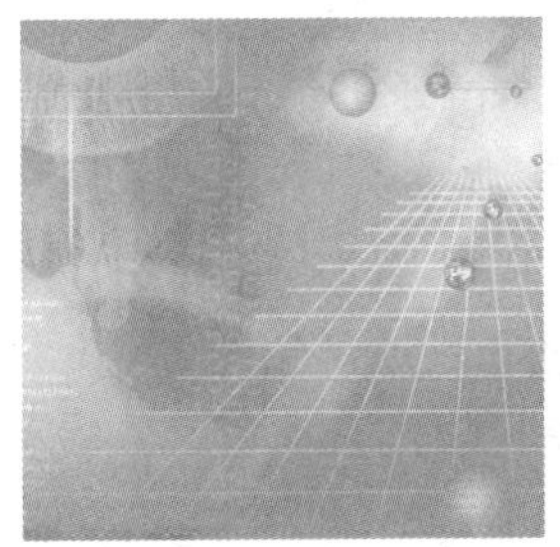

图 10-84

图 10-85

图 10-86

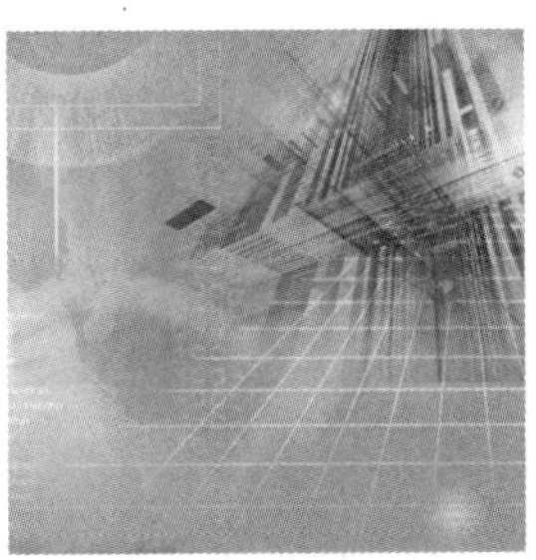

图 10-87

STEP 3 按 Ctrl + O 组合键，打开资源包中的“Ch10 > 素材 > 制作科技时代界面 > 03”文件，选择“移动”工具，将图片拖曳到图像窗口中适当的位置，并调整其大小，效果如图 10-88 所示，在“图层”控制面板中生成新图层并将其命名为“图片 2”。

STEP 4 在“图层”控制面板上方，将“图片 2”图层的混合模式选项设为“正片叠底”，如图 10-89 所示，图像效果如图 10-90 所示。

图 10-88

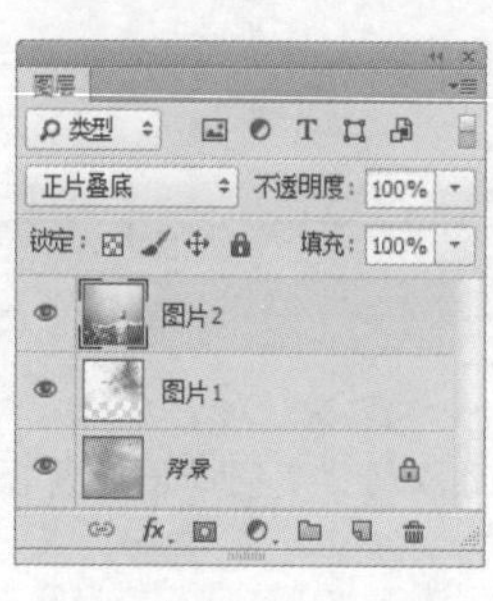

图 10-89

图 10-90

STEP 5 选择“窗口 > 图层复合”命令，弹出“图层复合”控制面板，如图 10-91 所示。单击下方的“创建新的图层复合”按钮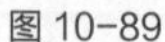，弹出“新建图层复合”对话框，如图 10-92 所示，单击“确定”按钮，面板如图 10-93 所示。

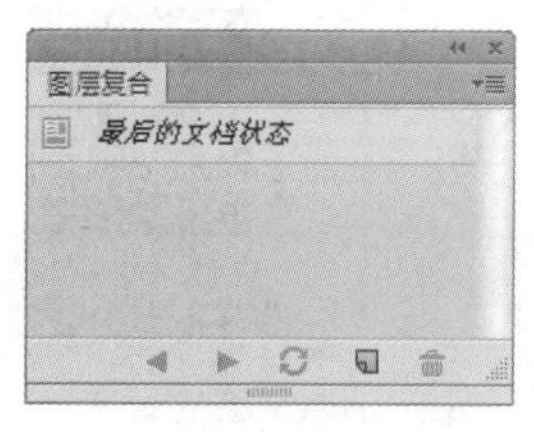

图 10-91

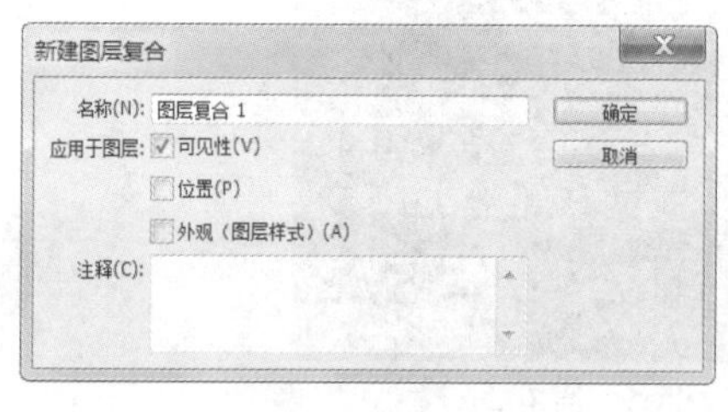

图 10-92

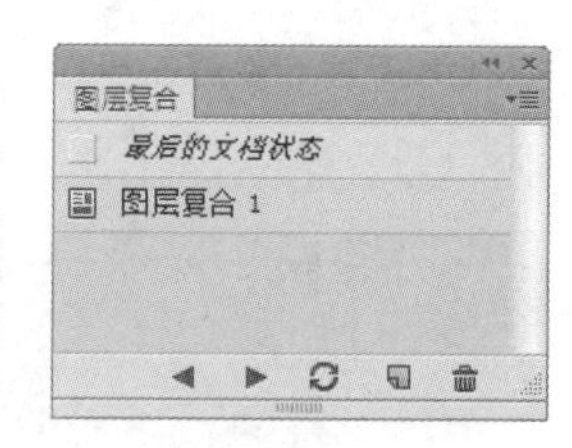

图 10-93

STEP 6 按 Ctrl + O 组合键，打开资源包中的“Ch10 > 素材 > 制作科技时代界面 > 04”文件，选择“移动”工具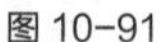，将图片拖曳到图像窗口中适当的位置，并调整其大小，效果如图 10-94 所示，在“图层”控制面板中生成新图层并将其命名为“装饰图形”。在控制面板上方，将“装饰图形”图层的“不透明度”选项设为 60%，如图 10-95 所示，图像效果如图 10-96 所示。

图 10-94

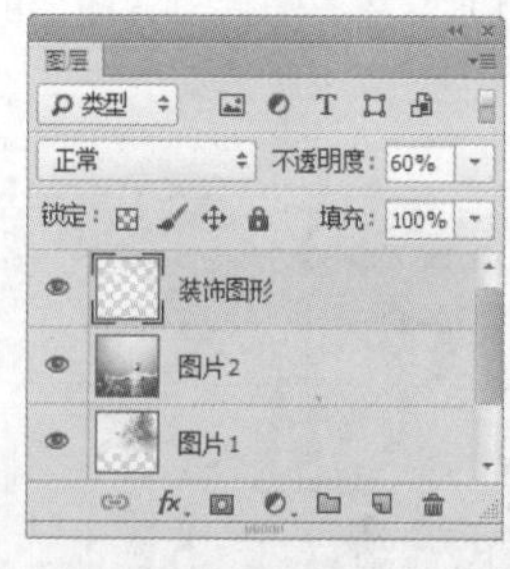

图 10-95

图 10-96

STEP 7 将前景色设为白色。选择“横排文字”工具 T，在适当的位置输入需要的文字并选取文字，在属性栏中选择合适的字体并分别设置大小，效果如图 10-97 所示，在“图层”控制面板中生成新的文字图层。分别选取需要的文字，在属性栏中将“填充”选项设为浅青色（其 R、G、B 的值分别为 201、229、243），文字效果如图 10-98 所示。

STEP 8 选择“移动”工具，按 Ctrl+T 组合键，在文字周围出现变换框，将指针放在变换框的控制手柄外边，指针变为旋转图标，拖曳鼠标将文字旋转到适当的角度，并调整其位置，按 Enter 键确定操作，效果如图 10-99 所示。

图 10-97

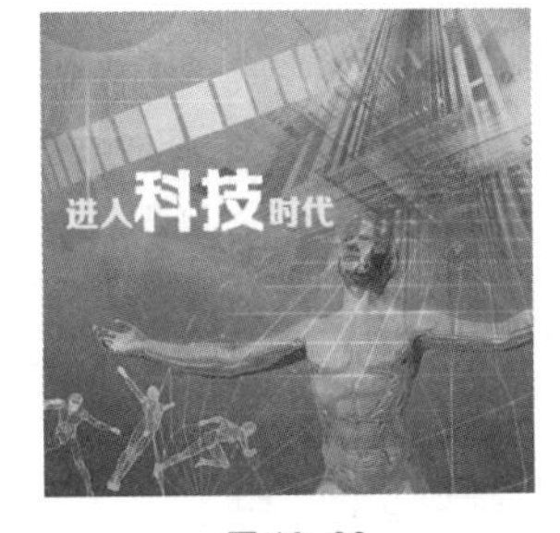

图 10-98

图 10-99

STEP 9 在“图层”控制面板上方，将文字图层的“不透明度”选项设为 78%，如图 10-100 所示，图像效果如图 10-101 所示。

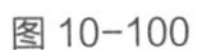

图 10-100

图 10-101

STEP 10 在“图层复合”控制面板中，单击“图层复合 1”左侧的方框，显示图标，如图 10-102 所示，可以观察“图层复合 1”中的图像，效果如图 10-103 所示。单击“最后的文档状态”左侧的方框，显示图标，如图 10-104 所示，可以观察最后生成的图像，效果如图 10-105 所示。科技时代制作完成。

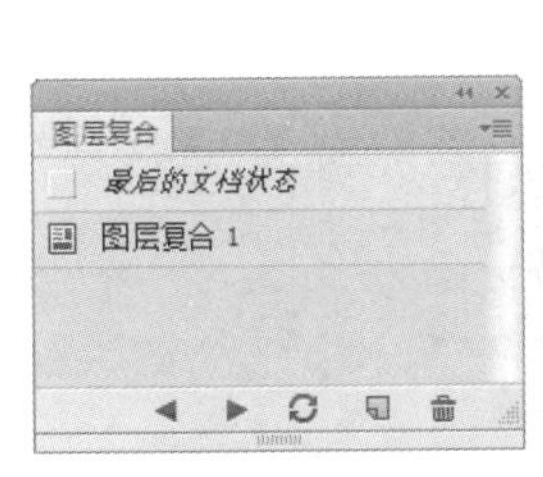

图 10-102

图 10-103

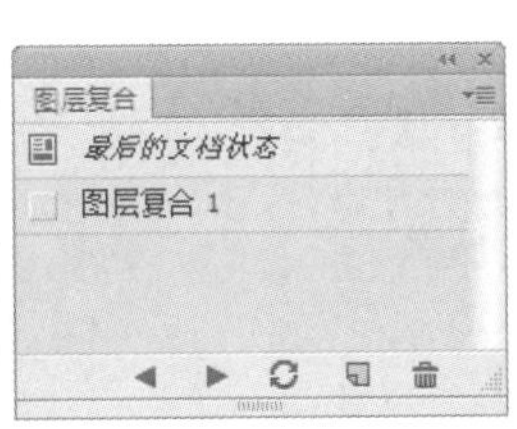

图 10-104

图 10-105

10.4.2 图层复合

将同一文件中的不同图层效果组合并另存为多个“图层效果组合”，可以对不同的图层复合中的效果进行比对。

1. 图层复合与图层复合控制面板

“图层复合”控制面板可将同一文件中的不同图层效果组合并另存为多个“图层效果组合”，可以更加方便快捷地展示和比较不同图层组合设计的视觉效果。

设计好的图像效果如图 10-106 所示，“图层”控制面板中的效果如图 10-107 所示。选择“窗口 > 图层复合”命令，弹出“图层复合”控制面板，如图 10-108 所示。

图 10-106

图 10-107

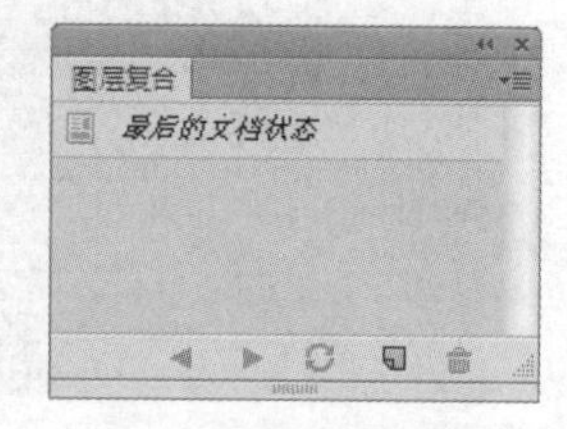

图 10-108

2. 创建图层复合

单击“图层复合”控制面板右上方的图标，在弹出式菜单中选择“新建图层复合”命令，弹出“新建图层复合”对话框，如图 10-109 所示，单击“确定”按钮，建立“图层复合 1”，如图 10-110 所示，所建立的“图层复合 1”中存储的是当前的制作效果。

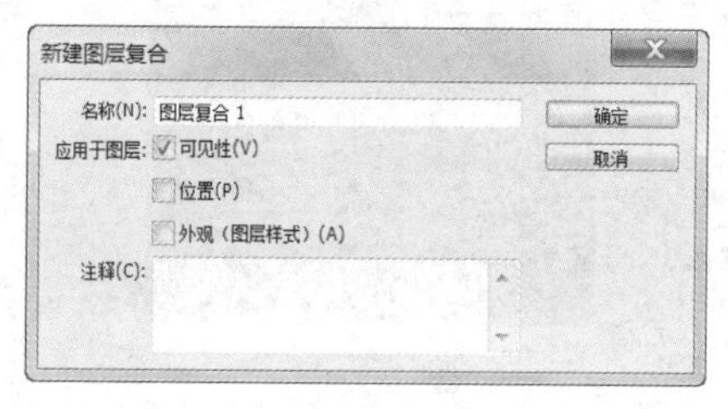

图 10-109

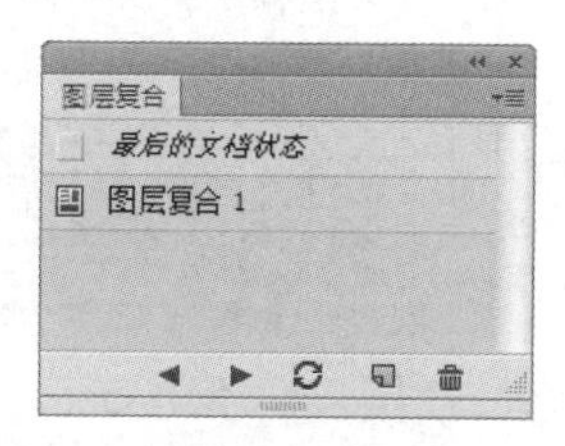

图 10-110

3. 应用和查看图层复合

再对图像进行修饰和编辑，图像效果如图 10-111 所示，“图层”控制面板如图 10-112 所示。选择“新建图层复合”命令，建立“图层复合 2”，如图 10-113 所示，所建立的“图层复合 2”中存储的是修饰编辑后的制作效果。

图 10-111

图 10-112

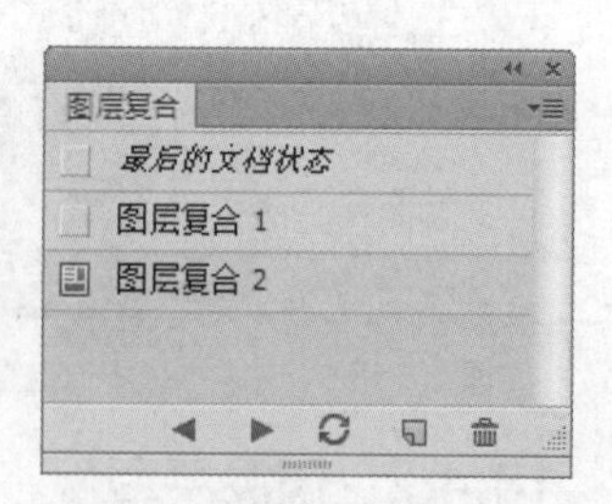

图 10-113

4. 导出图层复合

在“图层复合”控制面板中，单击“图层复合 1”左侧的方框，显示图标，如图 10-114 所示，可以观察“图层复合 1”中的图像，效果如图 10-115 所示。单击“图层复合 2”左侧的方框，显示图标，如图 10-116 所示，可以观察“图层复合 2”中的图像，效果如图 10-117 所示。

单击“应用选中的上一图层复合”按钮和“应用选中的下一图层复合”按钮，可以快速地对两次的图像编辑效果进行比较。

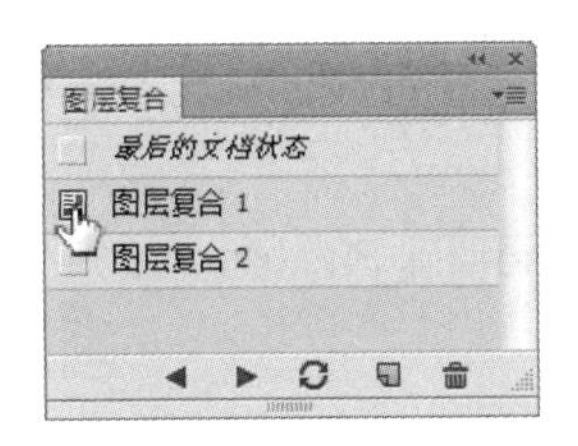

图 10-114

图 10-115

图 10-116

图 10-117

10.4.3 盖印图层

盖印图层是将图像窗口中所有当前显示出来的图像合并到一个新的图层中。

在“图层”控制面板中选中一个可见图层，如图 10-118 所示，选择 Ctrl+Alt+Shift+E 组合键，将每个图层中的图像复制并合并到一个新的图层中，如图 10-119 所示。

图 10-118

图 10-119

在执行此操作时，必须选择一个可见的图层，否则将无法实现此操作。

10.4.4 智能对象图层

智能对象的全称为智能对象图层。智能对象可以将一个或多个图层，甚至是一个矢量图形文件包含在 Photoshop 文件中。以智能对象形式嵌入到 Photoshop 文件中的位图或矢量文件与当前的 Photoshop 文件能够保持相对的独立性。当对 Photoshop 文件进行修改或对智能对象进行变形、旋转时，不会影响嵌入的位图或矢量文件。

1. 创建智能对象

使用置入命令：选择“文件 > 置入”命令为当前的图像文件置入一个矢量文件或位图文件。

使用转换为智能对象命令：选中一个或多个图层后，选择“图层 > 智能对象 > 转换为智能对象”命令，可以将选中的图层转换为智能对象图层。

使用粘贴命令：在 Illustrator 软件中对矢量对象进行复制，再回到 Photoshop 软件中将复制的对象进行粘贴。

2. 编辑智能对象

智能对象以及“图层”控制面板中的效果如图 10-120、图 10-121 所示。

双击“树屋”图层的缩览图，Photoshop CC 将打开一个新文件，即为智能对象“树屋”，如图 10-122 所示。此智能对象文件包含一个普通图层，如图 10-123 所示。

图 10-120

图 10-121

图 10-122

图 10-123

在智能对象文件中对图像进行修改并保存，效果如图 10-124 所示，修改操作将影响嵌入此智能对象文件的图像的最终效果，如图 10-125 所示。

图 10-124

图 10-125

10.5 课堂练习——制作金属效果

练习知识要点

用横排文字工具添加文字，使用添加图层样式命令和剪贴蒙版命令制作文字效果，效果如图 10-126 所示。

资源包/Ch10/效果/制作金属效果.psd。

图 10-126

制作金属效果

10.6 课后习题——制作混合风景

习题知识要点

使用色阶命令和图层混合模式命令更改图像的显示效果，使用画笔工具涂抹图像，使用横排文字工具和添加图层样式命令制作文字效果，效果如图 10-127 所示。

效果所在位置

资源包/Ch10/效果/制作混合风景.psd。

图 10-127

制作混合风景

Photoshop CC

Chapter 11

第 11 章 应用文字

本章主要介绍了 Photoshop 中文字的应用技巧。通过本章的学习要了解并掌握文字的功能及特点，快速地掌握点文字、段落文字的输入方法以及变形文字的设置和路径文字的制作技巧。

课堂学习目标

- 熟练掌握文字的输入和编辑的技巧
- 熟练掌握创建变形文字与路径文字的技巧

11.1 文字的输入与编辑

应用文字工具输入文字并使用字符控制面板对文字进行调整。

11.1.1 课堂案例——制作日历

案例学习目标

学习使用横排文字工具和字符面板制作日历。

案例知识要点

使用横排文字工具输入需要的文字，使用填充工具添加文字，使用字符面板编辑文字，如图 11-1 所示。

效果所在位置

资源包/Ch11/效果/制作日历.psd。

图 11-1

制作日历

STEP 1 按 Ctrl+O 组合键，打开资源包中的“Ch11 > 素材 > 制作日历 > 01”文件，如图 11-2 所示。按 Ctrl + O 组合键，打开资源包中的“Ch11 > 素材 > 制作日历 > 02”文件，选择“移动”工具，将图片拖曳到图像窗口中适当的位置，并调整其大小，效果如图 11-3 所示，在“图层”控制面板中生成新图层并将其命名为“花”。

图 11-2

图 11-3

STEP 2 在“图层”控制面板上方，将“花”图层的混合模式选项设为“正片叠底”，如图 11-4 所示，图像效果如图 11-5 所示。

STEP 3 将前景色设为灰色（其 R、G、B 的值分别为 170、170、170）。选择“椭圆”工具，在属性栏的“选择工具模式”选项中选择“形状”，按住 Shift 键的同时，在图像窗口中绘制圆形，如图 11-6 所示，在“图层”控制面板中生成新的图层。

图 11-4

图 11-5

图 11-6

STEP 4 选择"移动"工具，按 Ctrl+Alt+T 组合键，在圆形周围出现变换框，按住 Shift 键的同时，将圆形水平向右拖曳到适当的位置，按 Enter 键确认操作，效果如图 11-7 所示。连续按 Ctrl+Shift+Alt+T 组合键，复制多个圆形，效果如图 11-8 所示。按住 Shift 键的同时，将圆形图层及拷贝图层同时选取，按 Ctrl+E 组合键，合并图层并将其命名为"挂环"。

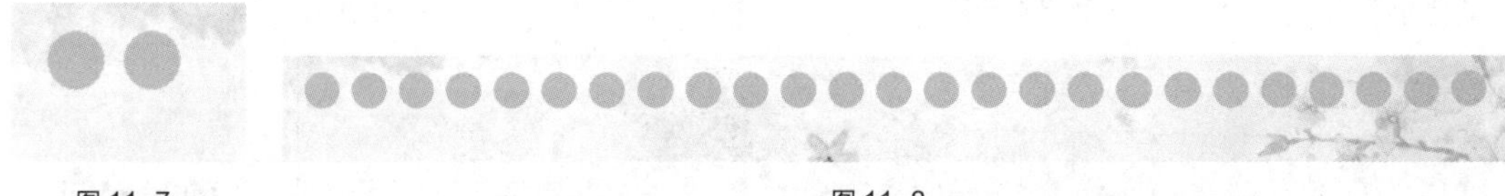

图 11-7　　图 11-8

STEP 5 按 Ctrl + O 组合键，打开资源包中的"Ch11 > 素材 > 制作日历 > 03"文件，选择"移动"工具，将图片拖曳到图像窗口中适当的位置，并调整其大小，效果如图 11-9 所示，在"图层"控制面板中生成新图层并将其命名为"形状"。

STEP 6 将前景色设为黑色。选择"横排文字"工具，在适当的位置拖曳鼠标绘制文本框，输入需要的文字并选取文字，在属性栏中选择合适的字体并设置大小，效果如图 11-10 所示，在"图层"控制面板中生成新的文字图层。

图 11-9

图 11-10

STEP 7 选择"横排文字"工具，选取输入的文字，选择"窗口 > 字符"命令，在弹出的面板中进行设置，如图 11-11 所示，按 Enter 键确认操作，效果如图 11-12 所示。

STEP 8 选择"横排文字"工具，在适当的位置分别输入需要的文字并选取文字，在属性栏中选择合适的字体并设置大小，效果如图 11-13 所示，在"图层"控制面板中分别生成新的文字图层。选取"【羊】"图层，在"字符"面板中进行设置，如图 11-14 所示，按 Enter 键确认操作，效果如图 11-15 所示。

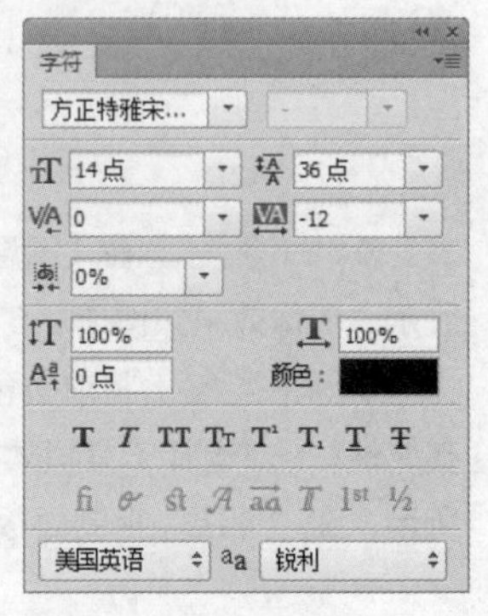

图 11-11

图 11-12

图 11-13

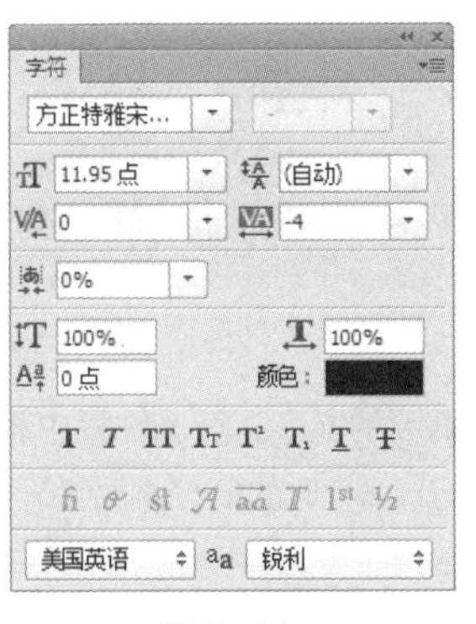

图 11-14

图 11-15

STEP 9 按住 Ctrl 键的同时，将“2 月”图层和“农历乙未年”同时选取，在“字符”面板中进行设置，如图 11-16 所示，按 Enter 键确认操作，效果如图 11-17 所示。

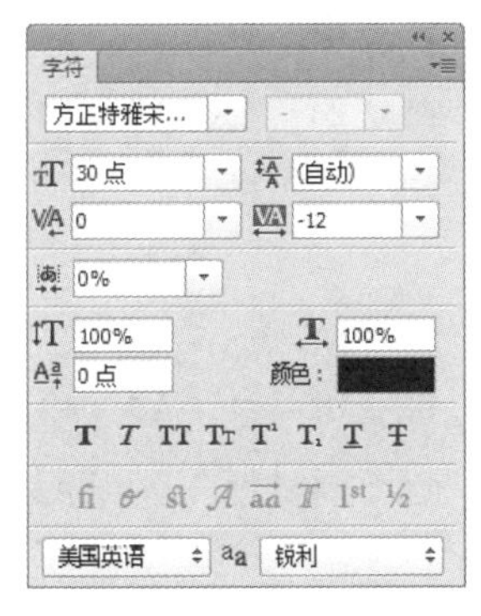

图 11-16

图 11-17

STEP 10 选择“横排文字”工具 T，在适当的位置输入需要的文字并选取文字，在属性栏中选择合适的字体并设置大小，效果如图 11-18 所示，在“图层”控制面板中分别生成新的文字图层。分别选取需要的文字，在属性栏中将“颜色”选项设为暗红色（其 R、G、B 的值分别为 173、0、0），效果如图 11-19 所示。

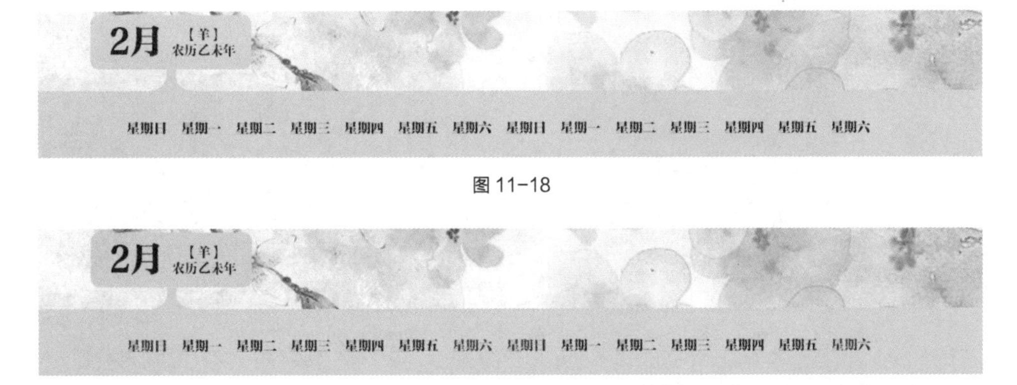

图 11-18

图 11-19

STEP 11 选择“横排文字”工具 T，在适当的位置输入需要的文字并选取文字，在属性栏中选择合适的字体并设置大小，效果如图 11-20 所示，在“图层”控制面板中分别生成新的文字图层。

星期日	星期一	星期二	星期三	星期四	星期五	星期六	星期日	星期一	星期二	星期三	星期四	星期五	星期六
1	2	3	4	5	6	7	8	9	10	11	12	13	14
十三	十四	十五	立春	十七	十八	十九	二十	廿一	廿二	小年	廿四	廿五	情人节
15	16	17	18	19	20	21	22	23	24	25	26	27	28
廿七	廿八	廿九	除夕	春节	初一	初二	初三	初四	初五	初六	初七	初八	初九

图 11-20

STEP 12 分别选取需要的文字，在属性栏中将“颜色”选项设为暗红色（其 R、G、B 的值分别为 173、0、0）和蓝灰色（其 R、G、B 的值分别为 36、65、89），效果如图 11-21 所示。

STEP 13 选择“横排文字”工具 T，在适当的位置拖曳鼠标绘制文本框，输入需要的文字并选取文字，在属性栏中选择合适的字体并设置大小，效果如图 11-22 所示，在“图层”控制面板中生成新的文字图层。

星期日	星期一	星期二	星期三	星期四	星期五	星期六	星期日	星期一	星期二	星期三	星期四	星期五	星期六
1	2	3	4	5	6	7	8	9	10	11	12	13	14
十三	十四	十五	立春	十七	十八	十九	二十	廿一	廿二	小年	廿四	廿五	情人节
15	16	17	18	19	20	21	22	23	24	25	26	27	28
廿七	廿八	廿九	除夕	春节	初一	初二	初三	初四	初五	初六	初七	初八	初九

图 11-21

星期日	星期一	星期二	星期三	星期四	星期五	星期六	星期日	星期一	星期二	星期三	星期四	星期五	星期六
1	2	3	4	5	6	7	8	9	10	11	12	13	14
十三	十四	十五	立春	十七	十八	十九	二十	廿一	廿二	小年	廿四	廿五	情人节
15	16	17	18	19	20	21	22	23	24	25	26	27	28
廿七	廿八	廿九	除夕	春节	初一	初二	初三	初四	初五	初六	初七	初八	初九

迎春花学名（Jasminum nudiflorum Lindl.），别名迎春、黄素馨、金腰带，落叶灌木丛生。株高30–100厘米。小枝细长直立或拱形下垂，呈纷披状。3小叶复叶交互对生，叶卵形至矩圆形。花单生在去年生的枝条上，先于叶开放，有清香，金黄色，外染红晕，花期2–4月。因其在百花之中开花最早，花后即迎来百花齐放的春天而得名。

图 11-22

STEP 14 选择“横排文字”工具 T，在适当的位置输入需要的文字并选取文字，在属性栏中选择合适的字体并设置大小，效果如图 11-23 所示，在“图层”控制面板中生成新的文字图层。日历制作完成，效果如图 11-24 所示。

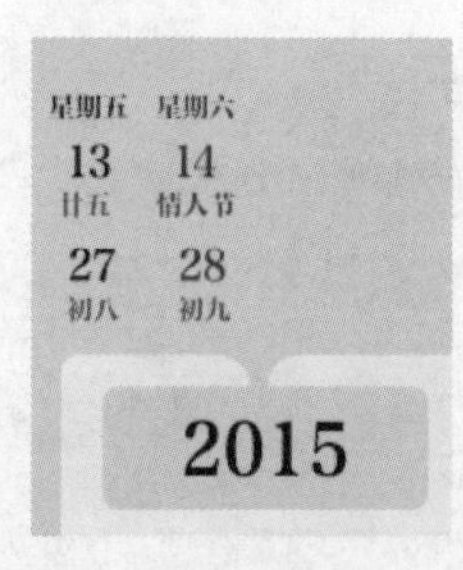

图 11-23

图 11-24

11.1.2 输入水平、垂直文字

选择“横排文字”工具 T，或按 T 键，属性栏如图 11-25 所示。

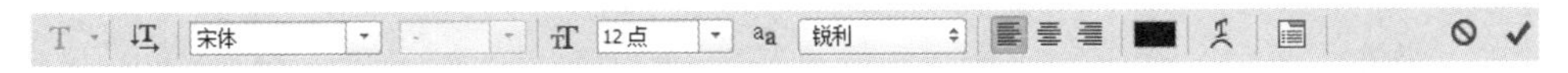

图 11-25

切换文本取向：用于切换文字输入的方向。

：用于设定文字的字体及属性。

：用于设定字体的大小。

：用于消除文字的锯齿，包括无、锐利、犀利、浑厚和平滑 5 个选项。

：用于设定文字的段落格式，分别是左对齐、居中对齐和右对齐。

：用于设置文字的颜色。

创建文字变形：用于对文字进行变形操作。

切换字符和段落面板：用于打开“段落”和“字符”控制面板。

取消所有当前编辑：用于取消对文字的操作。

提交所有当前编辑：用于确定对文字的操作。

选择“直排文字”工具，可以在图像中建立垂直文本，创建垂直文本工具属性栏和创建文本工具属性栏的功能基本相同。

11.1.3 课堂案例——制作日记

案例学习目标

学习使用文字工具、字符面板和段落面板制作日记。

案例知识要点

使用横排文字工具输入需要的文字，使用字符面板和段落面板编辑文字，如图 11-26 所示。

效果所在位置

资源包/Ch11/效果/制作日记.psd。

图 11-26

制作日记

STEP 1 按 Ctrl+O 组合键，打开资源包中的“Ch11 > 素材 > 制作日记 > 01”文件。将前景色设为暗绿色（其 R、G、B 的值分别为 0、86、31）。选择“直线”工具，在属性栏的“选择工具模式”选项中选择“形状”，按住 Shift 键的同时，在图像窗口中绘制直线，如图 11-27 所示，在“图层”控制面板中生成新的图层。

STEP 2 选择“横排文字”工具，在适当的位置分别输入需要的文字并选取文字，在属性栏中选择合适的字体并设置大小，效果如图 11-28 所示，在“图层”控制面板中分别生成新的文字图层。

图 11-27

图 11-28

STEP 3 选取需要的文字图层。选择“窗口 > 字符”命令，在弹出的面板中进行设置，如图 11-29 所示，按 Enter 键确认操作，效果如图 11-30 所示。

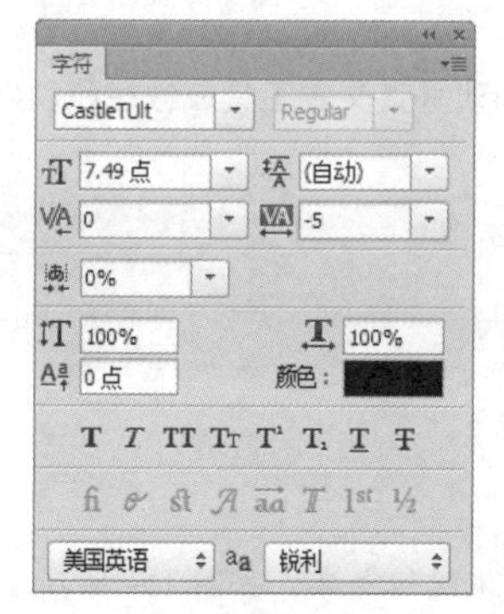

图 11-29

图 11-30

STEP 4 选取需要的文字图层。在“字符”面板中进行设置，如图 11-31 所示，按 Enter 键确认操作，效果如图 11-32 所示。

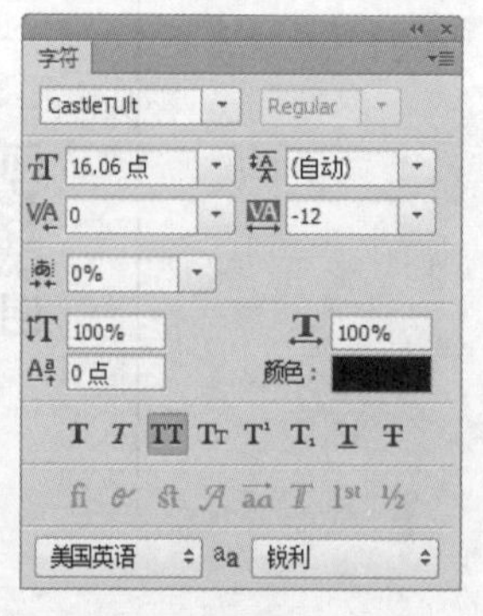

图 11-31

图 11-32

STEP 5 选择“横排文字”工具 T，分别选取需要的文字，在属性栏中将“颜色”选项设为鸢尾色（其 R、G、B 的值分别为 157、67、154）和蓝色（其 R、G、B 的值分别为 21、67、154），效果如图 11-33 所示。

STEP 6 选择“横排文字”工具 T，在适当的位置拖曳鼠标绘制文本框，输入需要的文字并选取文字，在属性栏中选择合适的字体并分别设置大小，效果如图 11-34 所示，在“图层”控制面板中生成新的文字图层。

图 11-33

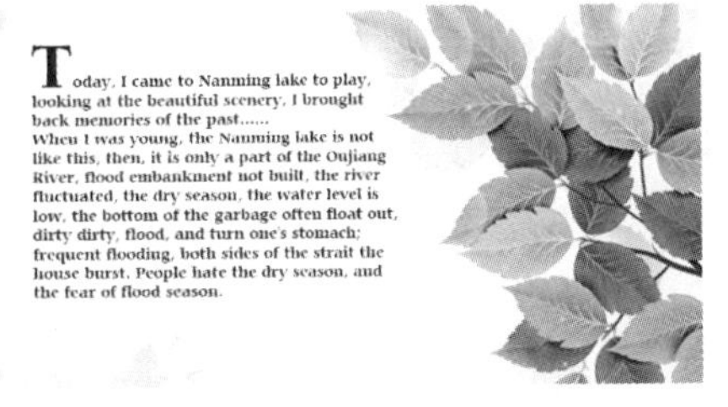

图 11-34

STEP 7 选取输入的文字。在属性栏中将“颜色”选项设为蓝色（其 R、G、B 的值分别为 21、67、154），效果如图 11-35 所示。在“字符”面板中进行设置，如图 11-36 所示，按 Enter 键确认操作，效果如图 11-37 所示。

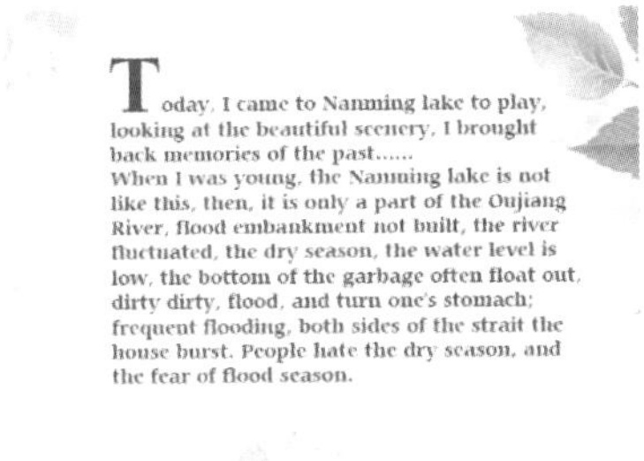

图 11-35

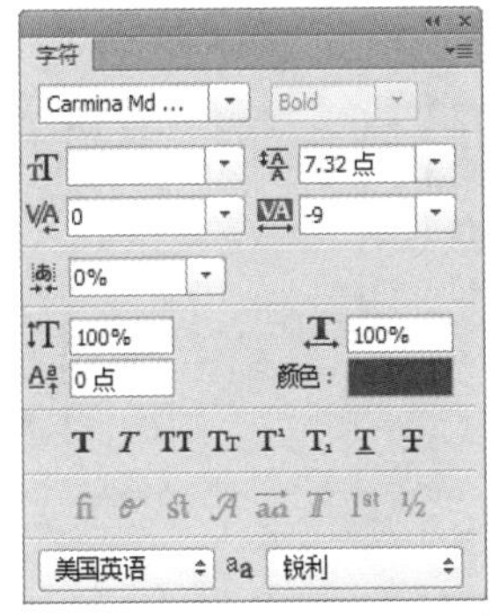

图 11-36

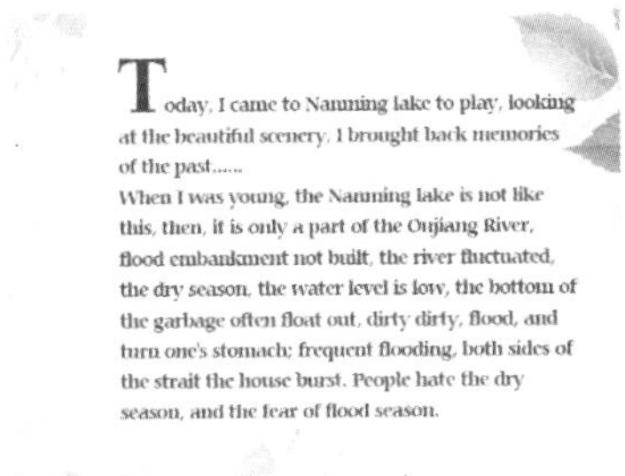

图 11-37

STEP 8 选择“窗口 > 段落”命令，弹出“段落”面板，单击“最后一行左对齐”按钮，如图 11-38 所示，文字效果如图 11-39 所示。日记制作完成，效果如图 11-40 所示。

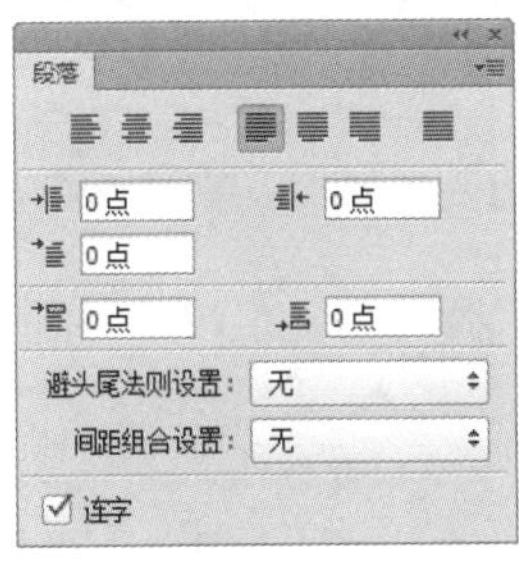

图 11-38

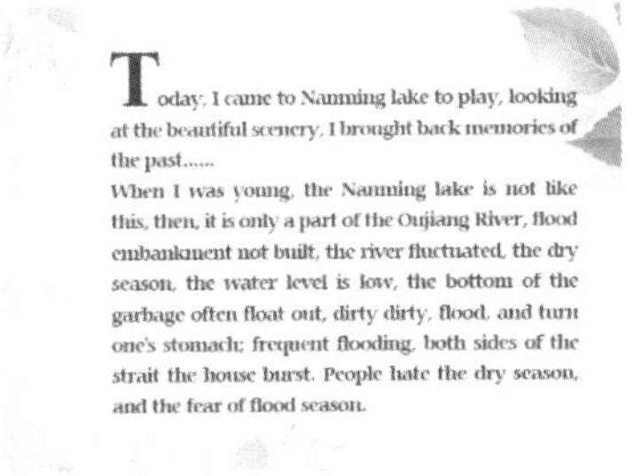

图 11-39

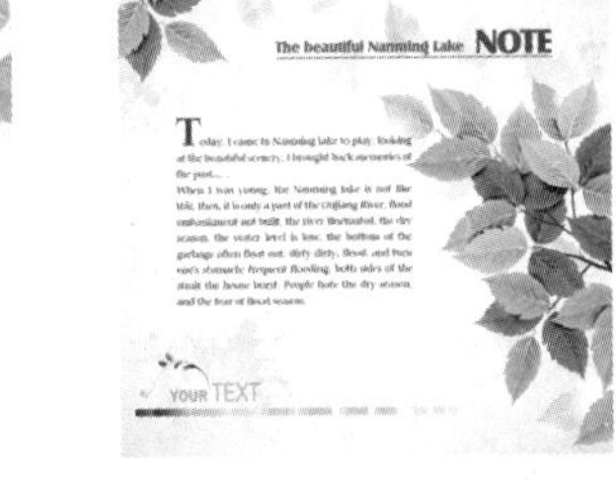

图 11-40

11.1.4 输入段落文字

建立段落文字图层就是以段落文字框的方式建立文字图层。将“横排文字”工具 T 移动到图像窗口中，鼠标指针变为 I 图标。单击并按住鼠标左键不放，拖曳鼠标在图像窗口中创建一个段落定界框，如图 11-41 所示。插入点显示在定界框的左上角，段落定界框具有自动换行的功能，如果输入的文字较多，那么当文字遇到定界框时会自动换到下一行显示，输入文字，效果如图 11-42 所示。

如果输入的文字需要分段落，可以按 Enter 键进行操作，还可以对定界框进行旋转、拉伸等操作。

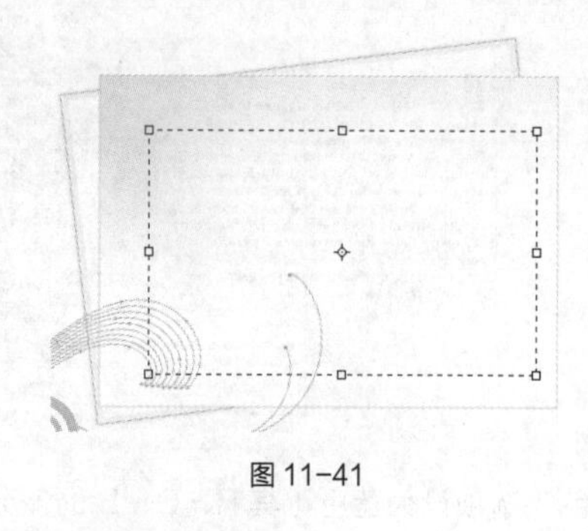

图 11-41

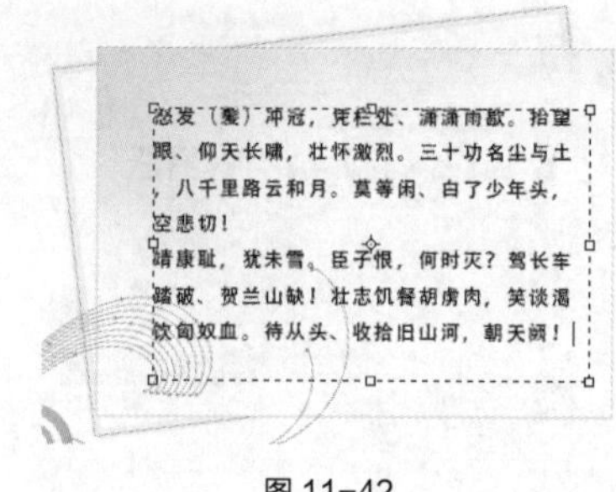

图 11-42

11.1.5　栅格化文字

“图层”控制面板中文字图层的效果如图 11-43 所示，选择“文字 > 栅格化文字图层”命令，可以将文字图层转换为图像图层，如图 11-44 所示。也可以用鼠标右键单击文字图层，在弹出的菜单中选择“栅格化文字”命令。

图 11-43

图 11-44

11.1.6　载入文字的选区

通过文字工具在图像窗口中输入文字后，在“图层”控制面板中会自动生成文字图层，如果需要文字的选区，可以将此文字图层载入选区。按住 Ctrl 键的同时，单击文字图层的缩览图，即可载入文字选区。

11.2　创建变形文字与路径文字

在 Photoshop 中，应用创建变形文字与路径文字命令制作出多样的文字变形。

11.2.1　课堂案例——制作励志海报

案例学习目标

学习使用创建变形文字命令制作海报文字。

案例知识要点

使用横排文字工具输入文字，使用创建变形文字命令制作变形文字，效果如图 11-45 所示。

效果所在位置

资源包/Ch11/效果/制作励志海报.psd。

图 11-45

制作励志海报

STEP 1 按 Ctrl + N 组合键，新建一个文件，宽度为 17.6cm，高度为 25cm，分辨率为 300 像素/英寸，颜色模式为 RGB，背景内容为白色，单击“确定”按钮。

STEP 2 选择“渐变”工具，单击属性栏中的“点按可编辑渐变”按钮，弹出“渐变编辑器”对话框，在“位置”选项中分别输入 0、32、79、100 四个位置点，设置四个位置点颜色的 RGB 值为 0（50、228、246）、32（26、190、203）、79（143、172、250）、100（142、244、238），如图 11-46 所示，单击“确定”按钮。按住 Shift 键的同时，在图像窗口中由上至下拖曳渐变色，效果如图 11-47 所示。

STEP 3 按 Ctrl + O 组合键，打开资源包中的“Ch11 > 素材 > 制作励志海报 > 01”文件，选择“移动”工具，将图片拖曳到图像窗口中适当的位置，并调整其大小，效果如图 11-48 所示，在“图层”控制面板中生成新图层并将其命名为“底图”。

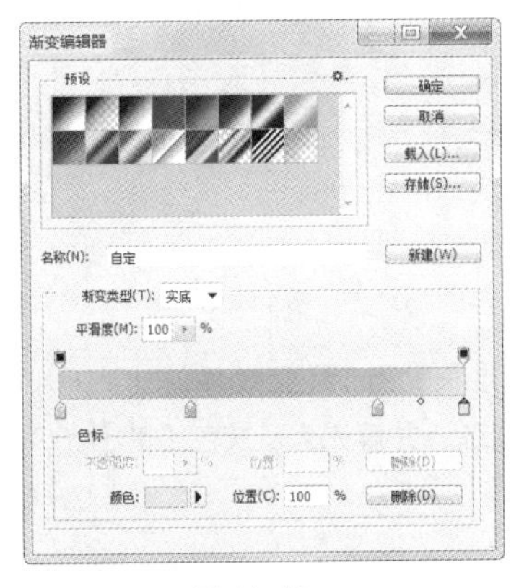

图 11-46

图 11-47

图 11-48

STEP 4 在“图层”控制面板上方，将“底图”图层的混合模式选项设为“强光”，如图 11-49 所示，图像效果如图 11-50 所示。

STEP 5 按 Ctrl + O 组合键，打开资源包中的“Ch11 > 素材 > 制作励志海报 > 02”文件，选择“移动”工具，将图片拖曳到图像窗口中适当的位置，并调整其大小，效果如图 11-51 所示，在“图层”控制面板中生成新图层并将其命名为“人物”。

STEP 6 在“图层”控制面板上方，将“人物”图层的混合模式选项设为“正片叠底”，“不透明度”选项设为 74%，如图 11-52 所示，图像效果如图 11-53 所示。

图 11-49

图 11-50

图 11-51

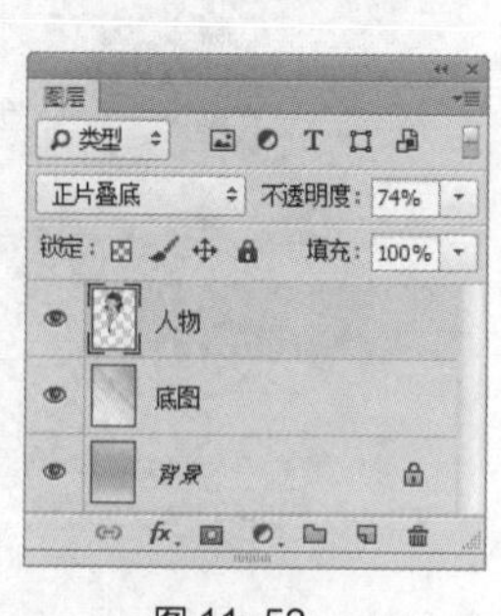

图 11-52

图 11-53

STEP 7 将前景色设为黄色（其 R、G、B 的值分别为 255、247、153）。选择“椭圆”工具，在属性栏的“选择工具模式”选项中选择“形状”，按住 Shift 键的同时，在图像窗口中绘制圆形，如图 11-54 所示，在“图层”控制面板中生成新的图层。

STEP 8 选择“移动”工具，按住 Alt 键的同时，将圆形拖曳到适当的位置，复制图形，如图 11-55 所示，在“图层”控制面板中生成新的拷贝图层。双击拷贝图层的图层缩览图，在弹出的“拾色器”面板中将填充颜色设为紫色（其 R、G、B 的值分别为 118、31、180），单击“确定”按钮，效果如图 11-56 所示。

图 11-54

图 11-55

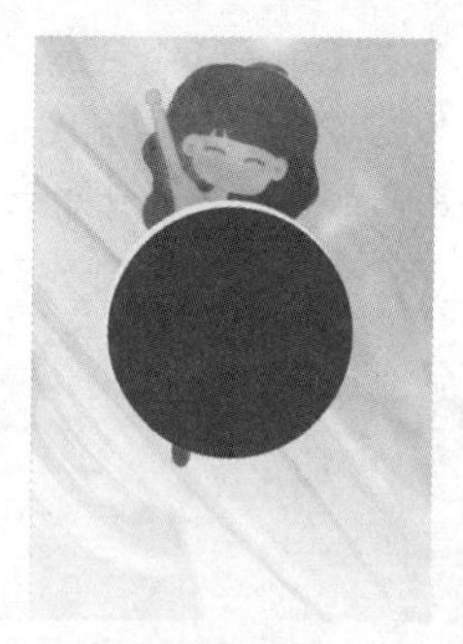

图 11-56

STEP 9 在“图层”控制面板中，将“椭圆 1 拷贝”图层拖曳到“椭圆 1”图层的下方，如图 11-57 所示，图像效果如图 11-58 所示。用相同的方法制作下方的圆形，并填充为蓝灰色（其 R、G、B 的值分别为 118、186、209），效果如图 11-59 所示。

图 11-57

图 11-58

图 11-59

STEP 10 将前景色设为玫红色（其 R、G、B 的值分别为 222、76、126）。选择“横排文字”

工具 T ，在适当的位置输入需要的文字并选取文字，在属性栏中选择合适的字体并设置大小，效果如图 11-60 所示，在“图层”控制面板中生成新的文字图层。选择“窗口 > 字符”命令，在弹出的面板中进行设置，如图 11-61 所示，按 Enter 键确认操作，效果如图 11-62 所示。

图 11-60

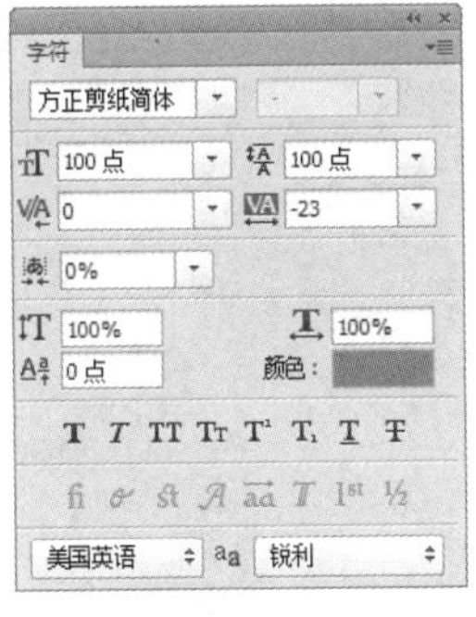

图 11-61

图 11-62

STEP 11 单击属性栏中的“创建文字变形”按钮，在弹出的“变形文字”对话框中进行设置，如图 11-63 所示，单击“确定”按钮，效果如图 11-64 所示。

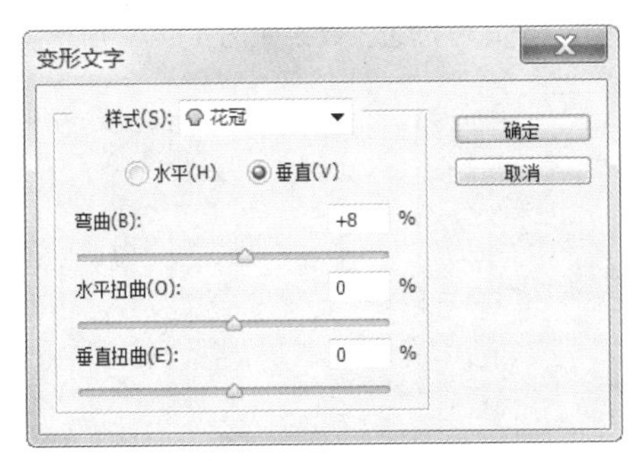

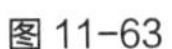

图 11-63

图 11-64

STEP 12 选择“移动”工具，按住 Alt 键的同时，将文字拖曳到适当的位置，复制文字，在“图层”控制面板中生成新的拷贝图层。双击该图层的图层缩览图，在属性栏中将填充颜色设为青绿色（其 R、G、B 的值分别为 127、226、227），效果如图 11-65 所示。

STEP 13 在“图层”控制面板中，将文字拷贝图层拖曳到文字图层的下方，图像效果如图 11-66 所示。用相同的方法制作下方的文字，并填充为欧薄荷色（其 R、G、B 的值分别为 219、213、237），效果如图 11-67 所示。

图 11-65

图 11-66

图 11-67

STEP 14 将前景色设为暗红色（其 R、G、B 的值分别为 153、36、59）。选择“横排文字”工具 T，在适当的位置分别输入需要的文字并选取文字，在属性栏中选择合适的字体并设置大小，效果如图 11-68 所示，在“图层”控制面板中分别生成新的文字图层。在“字符”面板中进行设置，如图 11-69 所示，按 Enter 键确认操作，效果如图 11-70 所示。

图 11-68

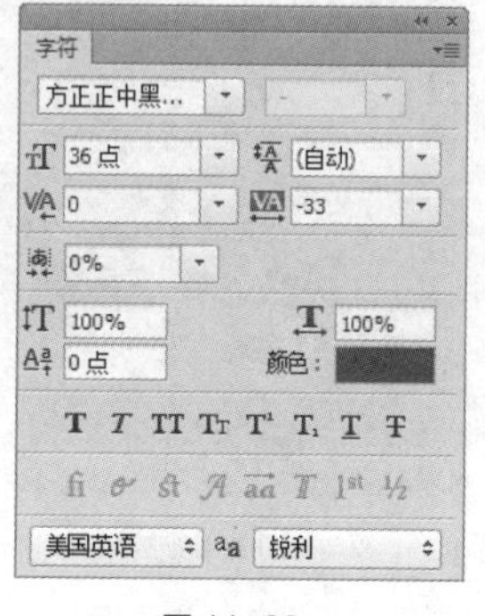

图 11-69

图 11-70

STEP 15 选取需要的文字图层。单击属性栏中的“创建文字变形”按钮，在弹出的“变形文字”对话框中进行设置，如图 11-71 所示，单击“确定”按钮，效果如图 11-72 所示。

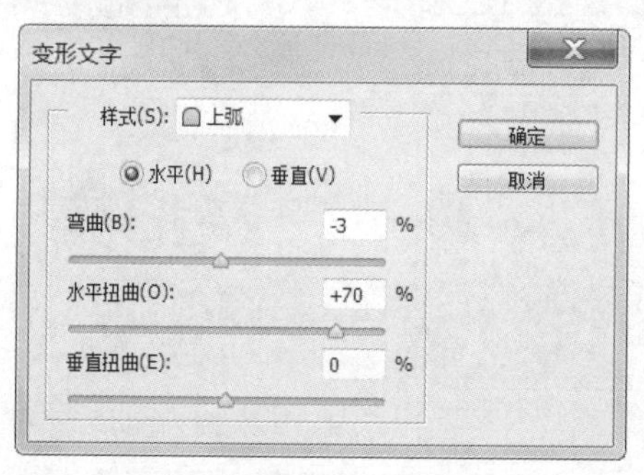

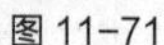
图 11-71

图 11-72

STEP 16 选取需要的文字图层。单击属性栏中的“创建文字变形”按钮，在弹出的“变形文字”对话框中进行设置，如图 11-73 所示，单击“确定”按钮，效果如图 11-74 所示。励志海报制作完成。

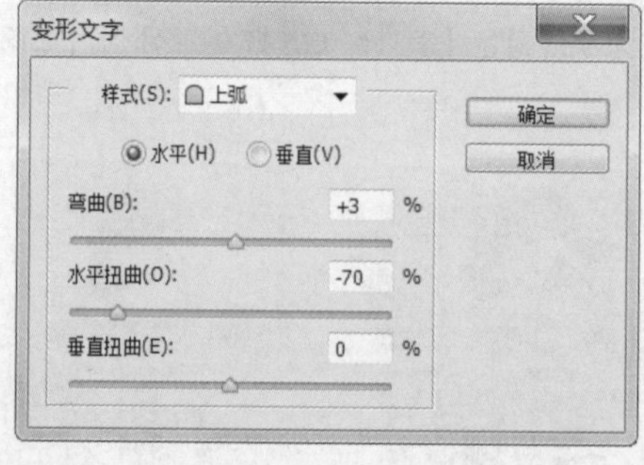

图 11-73

图 11-74

11.2.2 变形文字

应用“变形文字”对话框可以将文字进行多种样式的变形，如扇形、旗帜、波浪、膨胀、扭转等。

1. 制作扭曲变形文字

根据需要可以对文字进行各种变形。在图像中输入文字，如图 11–75 所示，单击文字工具属性栏中的“创建文字变形”按钮，弹出“变形文字”对话框，如图 11–76 所示，在“样式”选项的下拉列表中包含多种文字的变形效果，如图 11–77 所示。

图 11–75

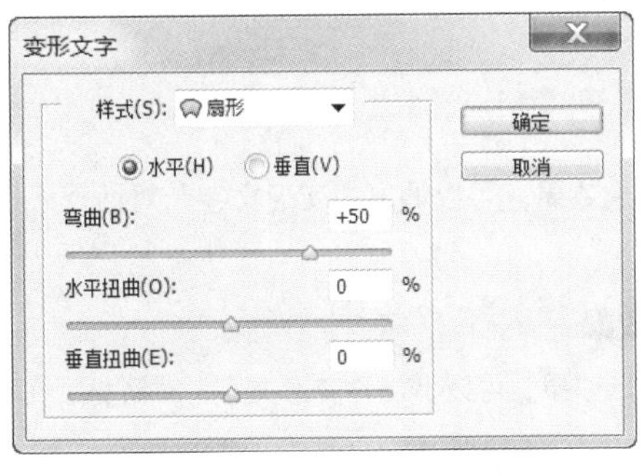

图 11–76

无
扇形
下弧
上弧
拱形
凸起
贝壳
花冠
旗帜
波浪
鱼形
增加
鱼眼
膨胀
挤压
扭转

图 11–77

文字的多种变形效果如图 11–78 所示。

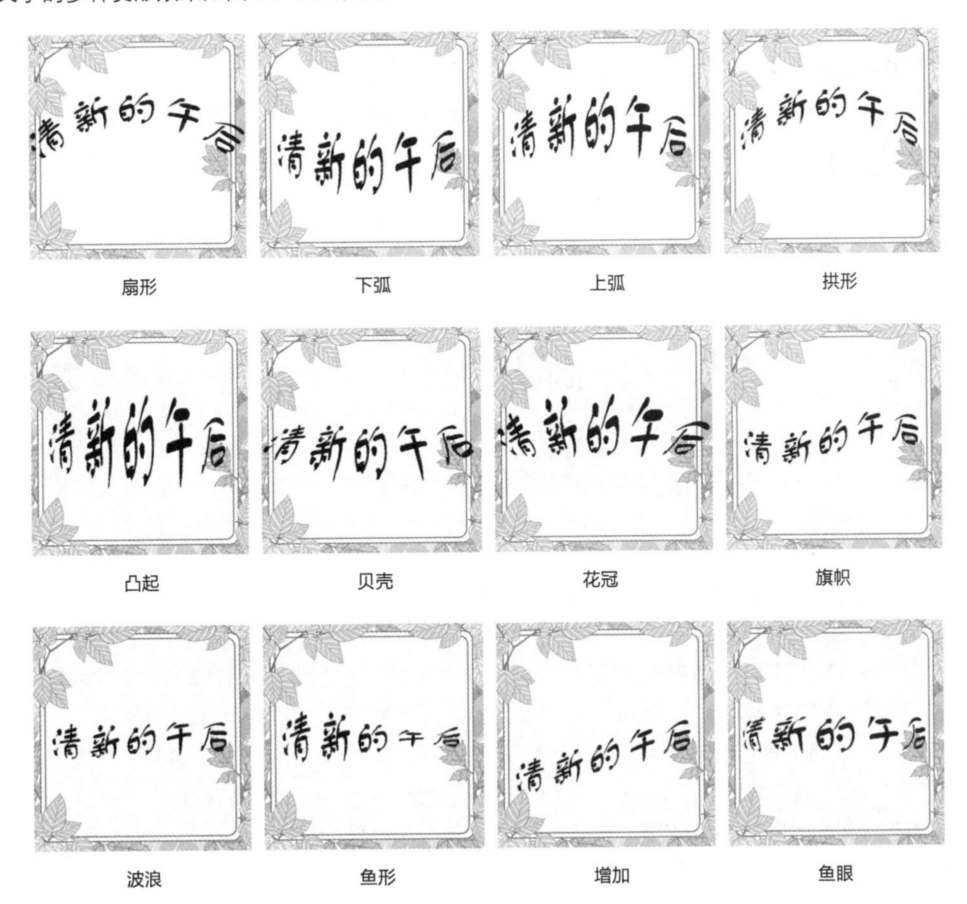

图 11–78

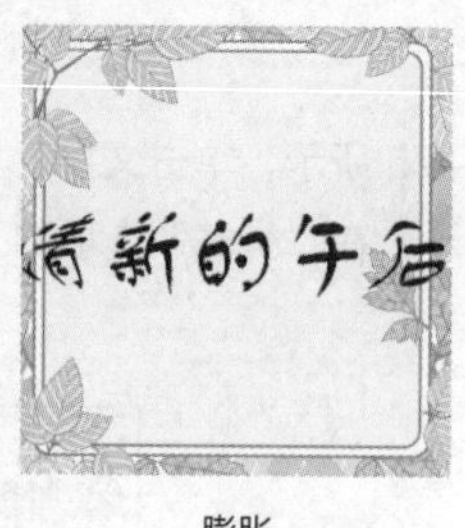

膨胀

挤压

扭转

图 11-78（续）

2. 设置变形选项

如果要修改文字的变形效果，可以调出“变形文字”对话框，在对话框中重新设置样式或更改当前应用样式的数值。

3. 取消文字变形效果

如果要取消文字的变形效果，可以调出“变形文字”对话框，在“样式”选项的下拉列表中选择“无”。

11.2.3 课堂案例——制作洗衣液广告

案例学习目标

学习使用路径文字制作海报文字。

案例知识要点

使用钢笔工具绘制图形和路径，使用横排文字工具和字符面板输入文字，效果如图 11-79 所示。

效果所在位置

资源包/Ch11/效果/制作洗衣液广告.psd。

图 11-79

制作洗衣液广告

STEP 1 按 Ctrl+O 组合键，打开资源包中的“Ch11 > 素材 > 制作洗衣液广告 > 01”文件，如图 11-80 所示。按 Ctrl + O 组合键，打开资源包中的“Ch11 > 素材 > 制作洗衣液广告 > 02、03 和 04”文件，选择“移动”工具，将图片分别拖曳到图像窗口中适当的位置，并调整其大小，效果如图 11-81 所示，在“图层”控制面板中分别生成新图层并将其命名为“衣服”“洗衣粉”和“洗衣液”。

STEP 2 将前景色设为黄色（其 R、G、B 的值分别为 255、255、0）。选择“钢笔”工具，在属性栏的“选择工具模式”选项中选择“形状”，在图像窗口中绘制形状，如图 11-82 所示，在“图层”控制面板中生成新的图层。在属性栏的“选择工具模式”选项中选择“路径”，再绘制一条路径，如图 11-83 所示。

图 11-80

图 11-81

图 11-82

图 11-83

STEP 3 选择“横排文字”工具 T，将鼠标指针放置在路径上时会变为 图标，单击鼠标左键，在路径上出现闪烁的光标，输入需要的文字并选取文字，在属性栏中选择合适的字体并设置大小，设置文字填充色为白色，效果如图 11-84 所示，在“图层”控制面板中生成新的文字图层。按 Enter 键，隐藏路径。

图 11-84

STEP 4 选取输入的文字，选择“窗口 > 字符”命令，在弹出的“字符”面板中进行设置，如图 11-85 所示，按 Enter 键确认操作，效果如图 11-86 所示。

图 11-85

图 11-86

STEP 5 单击“图层”控制面板下方的“添加图层样式”按钮 fx，在弹出的菜单中选择“描边”命令，弹出对话框，将描边颜色设为暗绿色（其 R、G、B 的值分别为 13、69、13），其他选项的设置如图 11-87 所示，单击“确定”按钮，效果如图 11-88 所示。

STEP 6 选择“钢笔”工具 ，在适当的位置绘制路径，如图 11-89 所示。选择“横排文字”工具 T，将鼠标指针放置在路径上时会变为 图标，单击鼠标左键，在路径上出现闪烁的光标，输入需要的文字并选取文字，在属性栏中选择合适的字体并设置大小，设置文字填充色为白色，效果如图 11-90 所示，在“图层”控制面板中生成新的文字图层。按 Enter 键，隐藏路径。

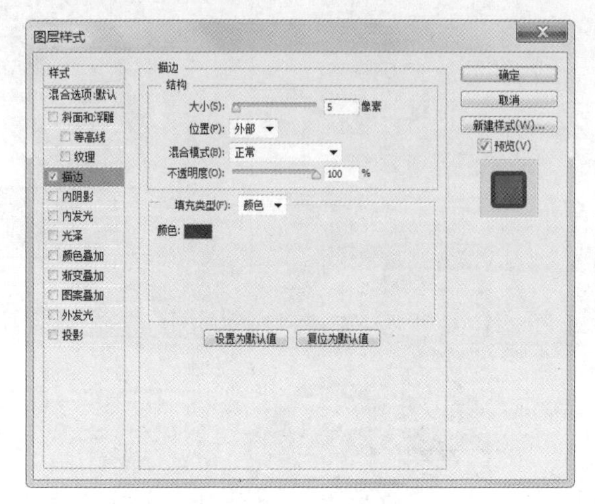

图 11-87

图 11-88

图 11-89

图 11-90

STEP 7 选取输入的文字，选择“窗口 > 字符”命令，在弹出的“字符”面板中进行设置，如图 11-91 所示，按 Enter 键确认操作，效果如图 11-92 所示。

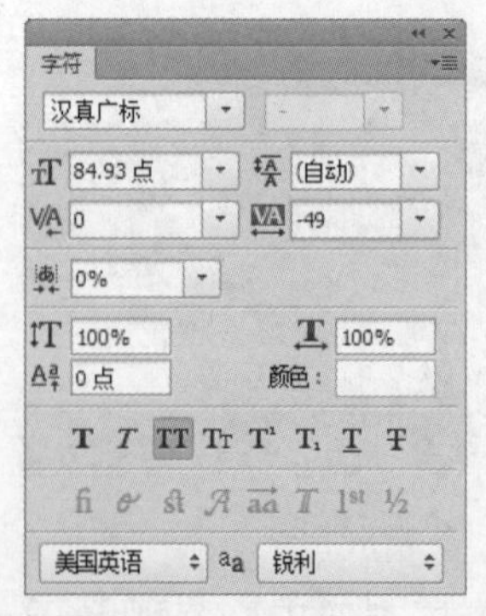

图 11-91

图 11-92

STEP 8 单击“图层”控制面板下方的“添加图层样式”按钮 fx，在弹出的菜单中选择“描边”命令，弹出对话框，将描边颜色设为暗绿色（其 R、G、B 的值分别为 13、69、13），其他选项的设置如图 11-93 所示，单击“确定”按钮，效果如图 11-94 所示。洗衣液广告制作完成。

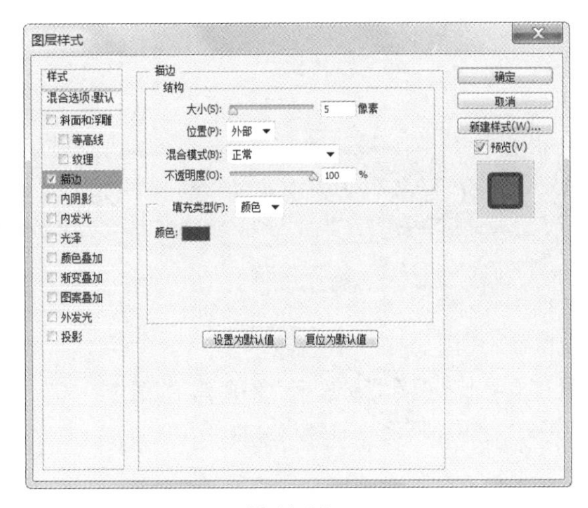

图 11-93

图 11-94

11.2.4 路径文字

可以将文字建立在路径上，并应用路径对文字进行调整。

1. 在路径上创建文字

选择“钢笔”工具，在图像中绘制一条路径，如图 11-95 所示。选择“横排文字”工具，将鼠标指针放在路径上，鼠标指针将变为图标，如图 11-96 所示，单击路径出现闪烁的光标，此处为输入文字的起始点。输入的文字会沿着路径的形状进行排列，效果如图 11-97 所示。

图 11-95

图 11-96

图 11-97

文字输入完成后，在“路径”控制面板中会自动生成文字路径层，如图 11-98 所示。取消“视图 > 显示额外内容”命令的选中状态，可以隐藏文字路径，如图 11-99 所示。

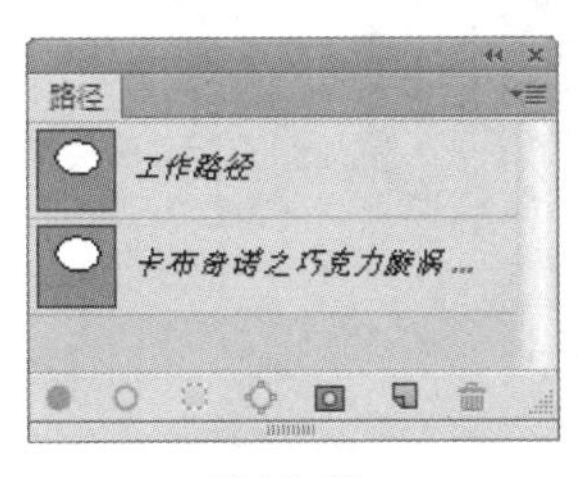

图 11-98

图 11-99

提示

“路径”控制面板中的文字路径层与“图层”控制面板中相对的文字图层是相链接的，删除文字图层时，文字的路径层会自动被删除，删除其他工作路径不会对文字的排列有影响。如果要修改文字的排列形状，需要对文字路径进行修改。

2. 在路径上移动文字

选择“路径选择”工具，将鼠标指针放置在文字上，鼠标指针显示为图标，如图 11-100 所示，单击并沿着路径拖曳鼠标，可以移动文字，效果如图 11-101 所示。

图 11-100

图 11-101

3. 在路径上翻转文字

选择“路径选择”工具，将鼠标指针放置在文字上，鼠标指针显示为图标，如图 11-102 所示，将文字向路径内部拖曳，可以沿路径翻转文字，效果如图 11-103 所示。

图 11-102

4. 修改路径绕排文字的形态

创建了路径绕排文字后，同样可以编辑文字绕排的路径。选择“直接选择”工具，在路径上单击，路径上显示出控制手柄，拖曳控制手柄修改路径的形状，如图 11-104 所示，文字会按照修改后的路径进行排列，效果如图 11-105 所示。

图 11-103

图 11-104

图 11-105

11.3 课堂练习——制作文字效果

练习知识要点

使用横排文字工具和创建文字变形按钮制作文字变形效果，使用椭圆工具和横排文字工具创建路径文字，使用添加图层样式按钮制作文字特殊效果，效果如图 11-106 所示。

效果所在位置

资源包/Ch11/效果/制作文字效果.psd。

图 11-106

制作文字效果

11.4 课后习题——制作运动鞋促销海报

习题知识要点

使用文字变形命令将文字变形，使用添加图层蒙版和画笔工具绘制音符效果，效果如图 11-107 所示。

效果所在位置

资源包/Ch11/效果/制作运动鞋促销海报.psd。

图 11-107

制作运动鞋促销海报

Photoshop CC

Chapter

12

第12章 通道与蒙版

本章主要介绍 Photoshop 中通道与蒙版的使用方法。通过本章的学习，将掌握通道的基本操作和运算方法，还有各类蒙版的创建和使用技巧，这样可以快速、准确地创作出精美的图像。

课堂学习目标

- 掌握通道、运算和蒙版的方法
- 熟练掌握图层蒙版的使用
- 掌握剪贴蒙版和矢量蒙版的创建方法

12.1 通道的操作

应用通道控制面板可以对通道进行创建、复制、删除、分离、合并等操作。

12.1.1 课堂案例——制作狗粮广告

案例学习目标

学习使用通道控制面板制作出需要的效果。

案例知识要点

使用通道控制面板、色阶命令和画笔工具抠出小狗图片，使用投影命令为图片添加投影效果，使用横排文字工具添加文字，效果如图 12-1 所示。

效果所在位置

资源包/Ch12/效果/制作狗粮广告.psd。

图 12-1

制作狗粮广告

STEP 1 按 Ctrl+O 组合键，打开资源包中的“Ch12 > 素材 > 制作狗粮广告 > 01、02”文件，效果如图 12-2、图 12-3 所示。

图 12-2

图 12-3

STEP 2 选中 02 素材文件。选择“通道”控制面板，选中“蓝”通道，将其拖曳到“通道”控制面板下方的“创建新通道”按钮上进行复制，生成新的通道“蓝 拷贝”，如图 12-4 所示。选择“图像 > 调整 > 色阶”命令，在弹出的“色阶”对话框中进行设置，如图 12-5 所示，单击“确定”按钮，效果如图 12-6 所示。

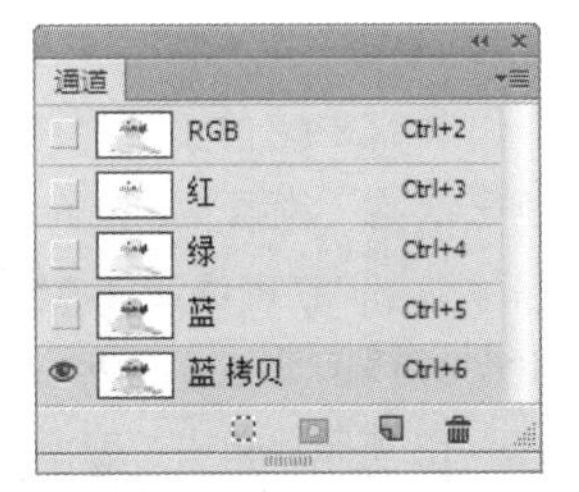

图 12-4

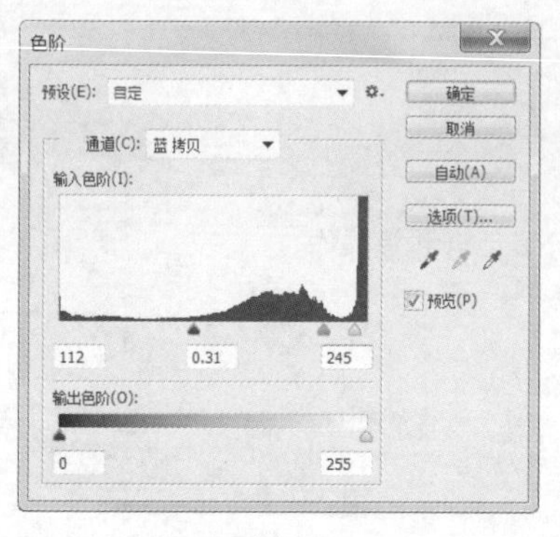

图 12-5

图 12-6

STEP 3 将前景色设为黑色。选择“画笔”工具，在属性栏中单击“画笔”选项右侧的按钮，弹出画笔选择面板，选择需要的画笔形状，如图 12-7 所示。在图像窗口中将小狗部分涂抹为黑色，效果如图 12-8 所示。

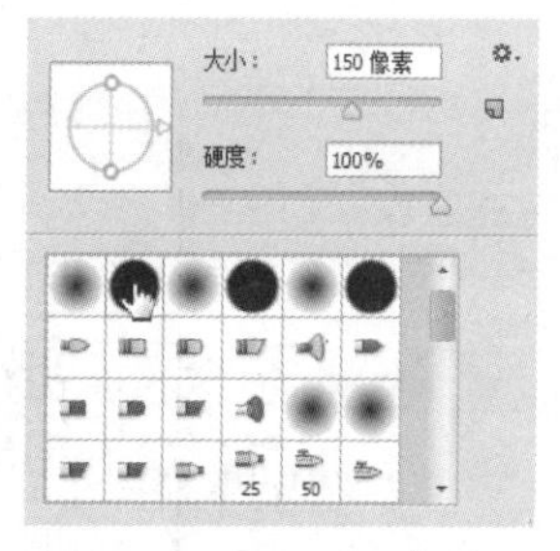

图 12-7

图 12-8

STEP 4 按住 Ctrl 键的同时，单击“蓝 拷贝”通道 的缩览图，图像周围生成选区。按 Ctrl+Shift+I 组合键，将选区反选，如图 12-9 所示。单击“RGB”通道，返回“图层”控制面板，按 Ctrl+J 组合键，将选区中的图像复制到新的图层中，在“图层”控制面板中生成新的图层并将其命名为“小狗”，如图 12-10 所示。

图 12-9

图 12-10

STEP 5 选择“移动”工具，将小狗图像拖曳到 01 文件图像窗口适当的位置，如图 12-11 所示，在“图层”控制面板中生成新的图层“效果”。新建图层并将其命名为“阴影”。选择“椭圆选框”工具，在图像窗口中绘制椭圆选区，如图 12-12 所示。

STEP 6 选择“选择 > 修改 > 羽化”命令，在弹出的“羽化选区”对话框中进行设置，如图 12-13 所示，单击“确定”按钮，羽化选区，如图 12-14 所示。

图 12-11

图 12-12

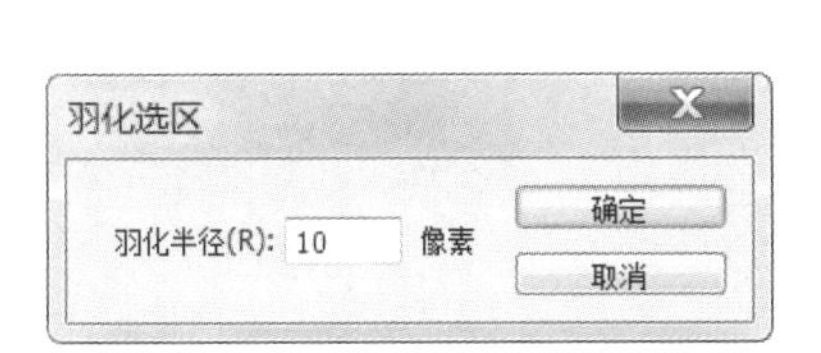

图 12-13

图 12-14

STEP 7 按 Alt+Delete 组合键，用前景色填充选区，按 Ctrl+D 组合键，取消选区，效果如图 12-15 所示。在“图层”控制面板上方，将“阴影”图层的“不透明度”选项设为 67%，并将其拖曳到“小狗”图层的下方，如图 12-16 所示，图像效果如图 12-17 所示。

STEP 8 按 Ctrl + O 组合键，打开资源包中的“Ch12 > 素材 > 制作狗粮广告 > 02”文件，选择“移动”工具，将图片拖曳到图像窗口中适当的位置并调整其大小，效果如图 12-18 所示，在“图层”控制面板中生成新图层并将其命名为“狗粮”。

图 12-15

图 12-16

图 12-17

图 12-18

STEP 9 单击“图层”控制面板下方的“添加图层样式”按钮 fx，在弹出的菜单中选择“投影”命令，在弹出的对话框中进行设置，如图 12-19 所示，单击“确定”按钮，效果如图 12-20 所示。

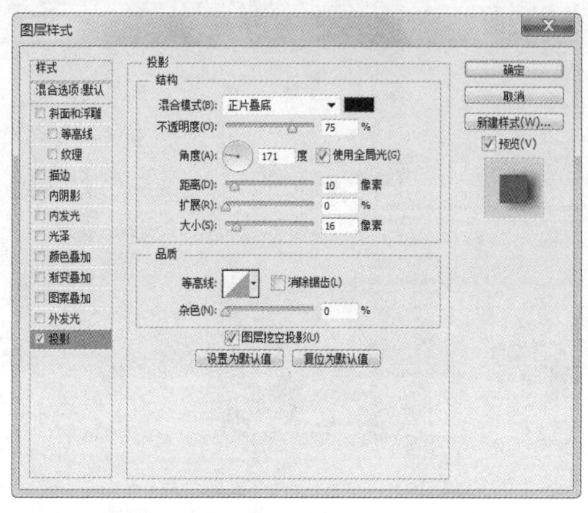

图 12-19

图 12-20

STEP 10 按 Ctrl+J 组合键，复制“狗粮”图层，生成新的图层“狗粮 拷贝”。按 Ctrl+T 组合键，在图像周围出现变换框，按住 Alt+Shift 组合键的同时，拖曳右上角的控制手柄等比例缩小图片，按 Enter 键确定操作，效果如图 12-21 所示。

STEP 11 将前景色设为蓝色（其 R、G、B 的值分别为 38、139、235）。选择“横排文字”工具 T，在适当的位置输入需要的文字并选取文字，在属性栏中选择合适的字体并设置大小，按 Alt+向右方向键，调整文字适当的间距，效果如图 12-22 所示，在“图层”控制面板中生成新的文字图层。

图 12-21

图 12-22

STEP 12 选择“横排文字”工具 T，在属性栏中选择合适的字体并设置大小，在图像窗口中鼠标指针变为 ⌶ 图标，单击并按住鼠标不放向右下方拖曳鼠标，拖曳至适当位置后释放鼠标，拖曳出一个段落文本框，如图 12-23 所示。在文本框中输入需要的文字，效果如图 12-24 所示。

图 12-23

图 12-24

STEP 13 选择“横排文字”工具T，选取需要的文字，如图 12-25 所示。在属性栏中设置适当的文字颜色，取消文字选取状态，效果如图 12-26 所示。狗粮广告制作完成。

图 12-25

图 12-26

12.1.2 通道控制面板

通道控制面板可以管理所有的通道并对通道进行编辑。选择“窗口 > 通道”命令，弹出“通道”控制面板，如图 12-27 所示。

在“通道”控制面板的右上方有 2 个系统按钮，分别是“折叠为图标”按钮和“关闭”按钮。单击“折叠为图标”按钮可以将控制面板折叠，只显示图标。单击“关闭”按钮可以将控制面板关闭。

在“通道”控制面板中，放置区用于存放当前图像中存在的所有通道。在通道放置区中，如果选中的只是其中的一个通道，则只有这个通道处于选中状态，通道上将出现一个深色条。如果想选中多个通道，可以按住 Shift 键，再单击其他通道。通道左侧的眼睛图标用于显示或隐藏颜色通道。

在“通道”控制面板的底部有 4 个工具按钮，如图 12-28 所示。

将通道作为选区载入：用于将通道作为选择区域调出。

将选区存储为通道：用于将选择区域存入通道中。

创建新通道：用于创建或复制新的通道。

删除当前通道：用于删除图像中的通道。

图 12-27

图 12-28

12.1.3 创建新通道

在编辑图像的过程中，可以建立新的通道。

单击“通道”控制面板右上方的图标，弹出其命令菜单，选择“新建通道”命令，弹出“新建通道”对话框，如图 12-29 所示。

名称：用于设置当前通道的名称。

色彩指示：用于选择两种区域方式。

颜色：用于设置新通道的颜色。

不透明度：用于设置当前通道的不透明度。

单击“确定”按钮，“通道”控制面板中将创建一个新通道，即 Alpha 1，面板如图 12-30 所示。

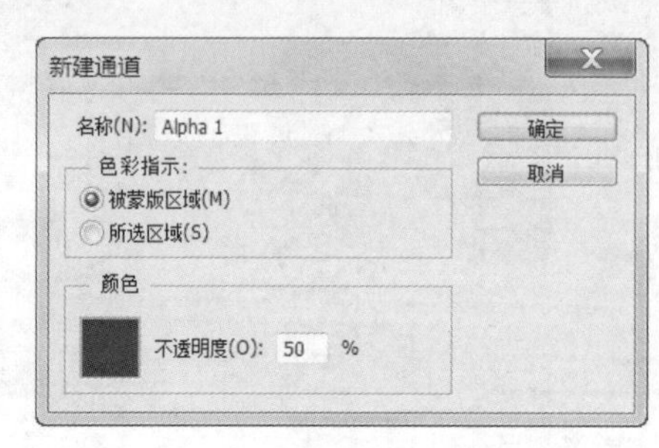

图 12-29

图 12-30

单击“通道”控制面板下方的“创建新通道”按钮，也可以创建一个新通道。

12.1.4 复制通道

复制通道命令用于将现有的通道进行复制，产生相同属性的多个通道。

单击“通道”控制面板右上方的图标，弹出其命令菜单，选择“复制通道”命令，弹出“复制通道”对话框，如图 12-31 所示。

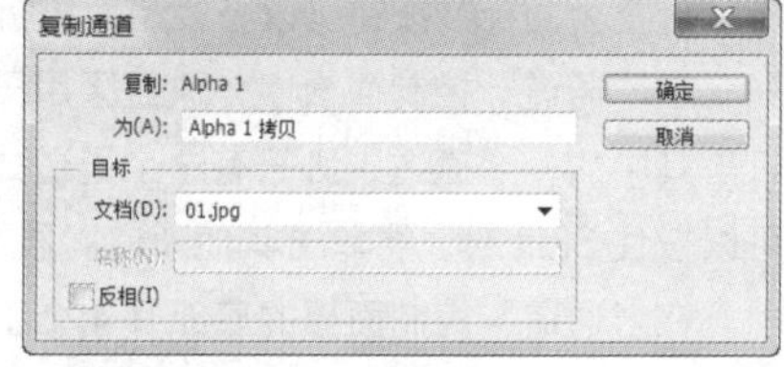

图 12-31

为：用于设置复制的新通道名称。

文档：用于设置复制通道的文件来源。

将“通道”控制面板中需要复制的通道拖曳到下方的“创建新通道”按钮上，即可将所选的通道复制为一个新的通道。

12.1.5 删除通道

不用的或废弃的通道可以将其删除，以免影响操作。

单击“通道”控制面板右上方的图标，弹出其命令菜单，选择“删除通道”命令，即可将通道删除。

单击“通道”控制面板下方的“删除当前通道”按钮，弹出提示对话框，如图 12-32 所示，单击“是”按钮，将通道删除。也可将需要删除的通道直接拖曳到“删除当前通道”按钮上进行删除。

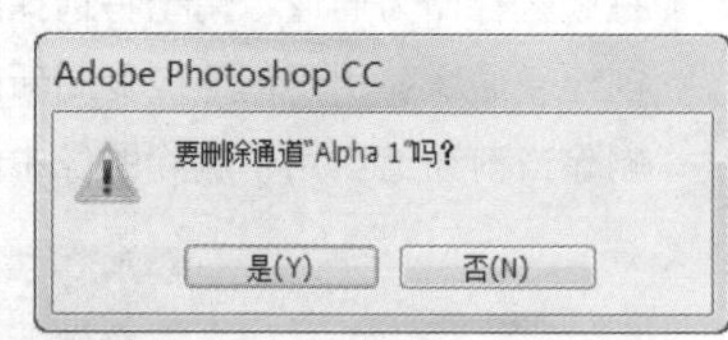

图 12-32

12.1.6 通道选项

“通道选项”命令用于设定 Alpha 通道。单击“通道”控制面板右上方的图标，弹出其下拉命令菜单，在弹出式菜单中选择“通道选项”命令，弹出“通道选项”对话框，如图 12-33 所示。

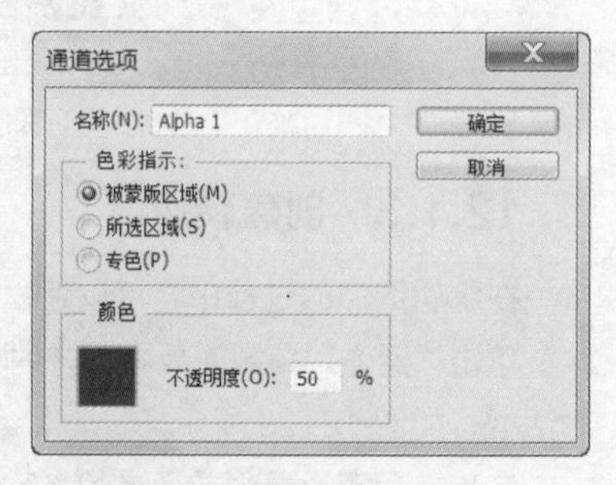

图 12-33

在“通道选项”对话框中，“名称”选项用于命名通道名称；“色彩指示”选项组用于设定通道中蒙版的显示方式，其中，“被蒙版区域”选项表示蒙版区为深色显示、非蒙版区为透明显示，“所选区域”选项表示蒙版区为透明显示、非蒙版区为深色显示，“专色”选项表示以专色显示；“颜色”选项用于设定填充蒙版的颜色；“不透明度”选项用于设定蒙版的不透明度。

12.1.7 课堂案例——制作海边蜡笔画

案例学习目标

学习使用分离通道和合并通道命令制作图像。

案例知识要点

使用分离通道、合并通道命令制作图像效果，使用粗糙蜡笔滤镜命令为图片添加特殊效果，如图 12-34 所示。

效果所在位置

资源包/Ch12/效果/制作海边蜡笔画.psd。

图 12-34

制作海边蜡笔画

STEP 1 按 Ctrl + O 组合键，打开资源包中的“Ch12 > 素材 > 制作海边蜡笔画 > 01”文件，如图 12-35 所示。选择“窗口 > 通道”命令，弹出“通道”控制面板，如图 12-36 所示。

图 12-35

图 12-36

STEP 2 单击“通道”控制面板右上方的图标，在弹出的菜单中选择“分离通道”命令，将图像分离成“红”“绿”“蓝”3 个通道文件，效果如图 12-37 所示。选择通道文件“绿”，如图 12-38 所示。

图 12-37

图 12-38

STEP 3 选择“滤镜 > 滤镜库”命令，在弹出的对话框中进行设置，如图 12-39 所示，单击“确定”按钮，效果如图 12-40 所示。

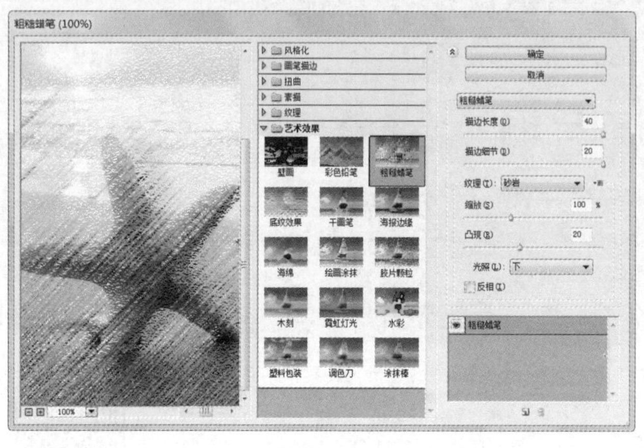

图 12-39

图 12-40

STEP 4 单击“通道”控制面板右上方的图标，在弹出的菜单中选择“合并通道”命令，在弹出的“合并通道”对话框中进行设置，如图 12-41 所示，单击“确定”按钮，弹出“合并 RGB 通道”对话框，如图 12-42 所示，单击“确定”按钮，合并通道，图像效果如图 12-43 所示。

STEP 5 将前景色设为褐色（其 R、G、B 的值分别为 170、67、14）。选择“横排文字”工具 T，在适当的位置输入需要的文字并选取文字，在属性栏中选择合适的字体并设置大小，按 Alt+向左方向键，调整文字适当的间距，效果如图 12-44 所示，在“图层”控制面板中生成新的文字图层。

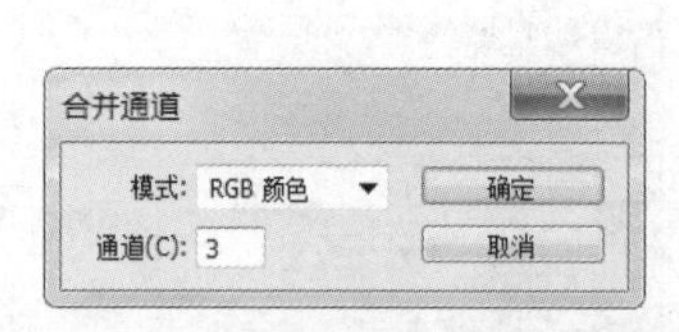

图 12-41

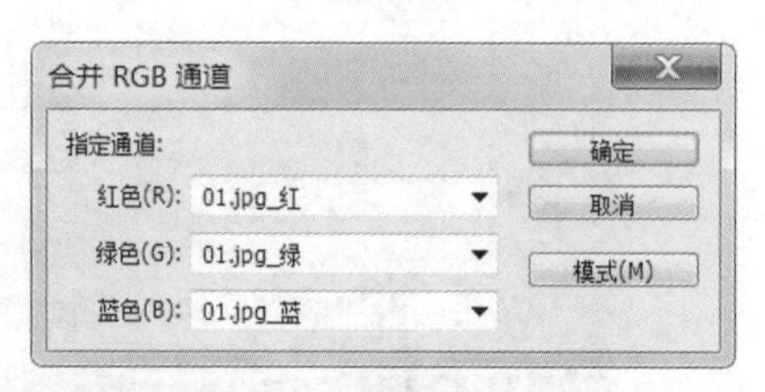

图 12-42

图 12-43

图 12-44

STEP 6 选择“横排文字”工具 T，单击属性栏中的“右对齐文本”按钮，在属性栏中选择合适的字体并设置大小，在图像窗口中鼠标指针变为图标，单击并按住鼠标不放向右下方拖曳鼠标，拖曳至适当位置后释放鼠标，拖曳出一个段落文本框，如图 12-45 所示。在文本框中输入需要的文字并选取文字，按 Alt+向左方向键，调整文字适当的间距，效果如图 12-46 所示。海边蜡笔画制作完成。

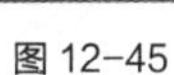
图 12-45

图 12-46

12.1.8 专色通道

专色通道是指在 CMYK 四色以外单独制作的一个通道，用来放置金色、银色或者一些需要特别要求的专色。

1. 新建专色通道

单击“通道”控制面板右上方的图标，弹出其下拉命令菜单。在弹出式菜单中选择“新建专色通道”命令，弹出“新建专色通道”对话框，如图 12-47 所示。

在“新建专色通道”对话框中，“名称”选项的文本框用于输入新通道的名称；“颜色”选项用于选择特别的颜色；“密度”选项的文本框用于输入特别色的显示透明度，数值在 0%~100%之间。

2. 制作专色通道

单击“通道”控制面板中新建的专色通道。选择“画笔”工具，在“画笔”工具属性栏中进行设定，如图 12-48 所示。在图像中合适的位置进行绘制，如图 12-49 所示。

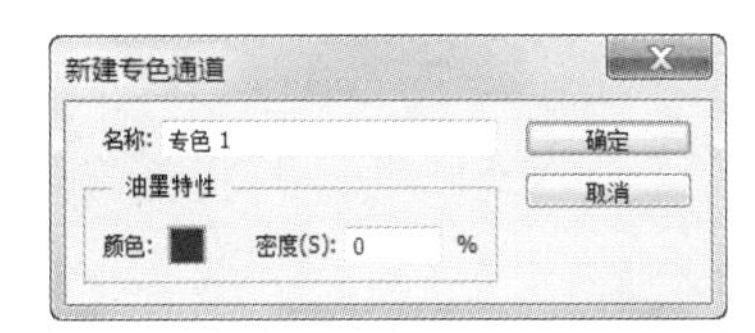

图 12-47

图 12-48

图 12-49

提示

前景色为黑色，绘制时的专色是完全的。前景色是其他中间色，绘制时的专色是不同透明度的特别色。前景色为白色，绘制时的专色是没有的。

3. 将新通道转换为专色通道

单击“通道”控制面板中的“Alpha 1”通道，如图 12-50 所示。单击“通道”控制面板右上方的图标，弹出其下拉命令菜单。在弹出式菜单中选择“通道选项”命令，弹出“通道选项”对话框，选中“专色”单选项，其他选项如图 12-51 所示进行设定。单击“确定”按钮，将“Alpha 1”通道转换为专色通道，如图 12-52 所示。

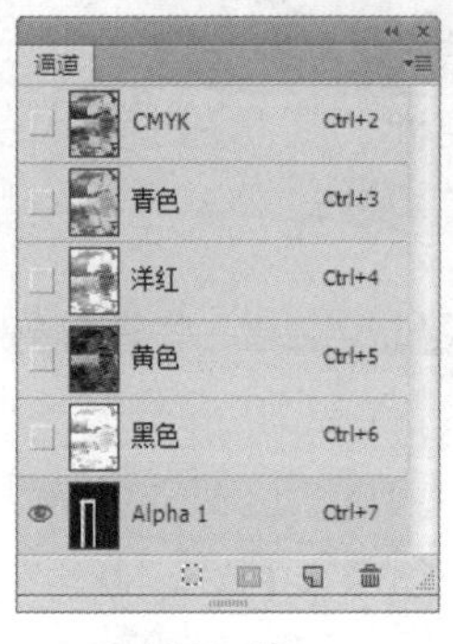

图 12-50

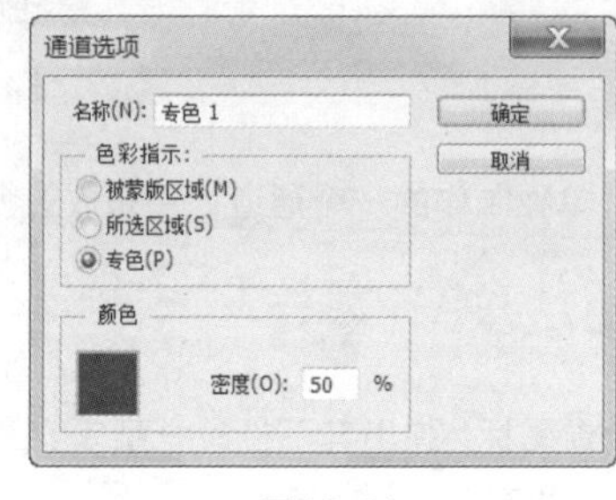

图 12-51

图 12-52

4. 合并专色通道

单击“通道”控制面板中新建的专色通道。如图 12-53 所示。单击“通道”控制面板右上方的图标，弹出其下拉命令菜单，在弹出式菜单中选择“合并专色通道”命令，将专色通道合并，效果如图 12-54 所示。

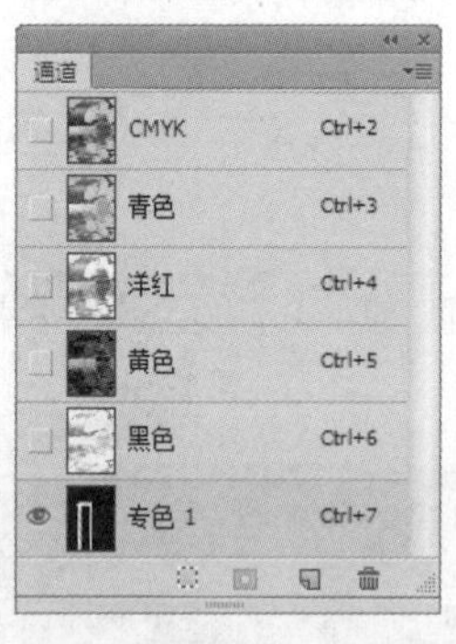

图 12-53

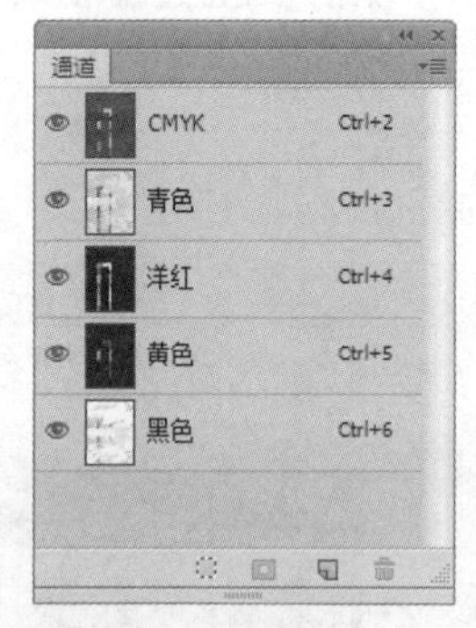

图 12-54

12.1.9 分离与合并通道

“分离通道”命令用于把图像的每个通道拆分为独立的图像文件。合并通道命令可以将多个灰度图像合并为一个图像。

单击“通道”控制面板右上方的图标，弹出其下拉命令菜单，在弹出式菜单中选择“分离通道”命令，将图像中的每个通道分离成各自独立的 8bit 灰度图像。分离前后的效果如图 12-55 所示。

单击“通道”控制面板右上方的图标，弹出其下拉命令菜单，在弹出式菜单中选择“合并通道”命令，弹出“合并通道”对话框，如图 12-56 所示。

在“合并通道”对话框中，“模式”选项用于选择 RGB 颜色模式、CMYK 颜色模式、Lab 颜色模式或多通道模式；“通道”选项用于设定生成图像的通道数目，一般采用系统的默认设定值。

在“合并通道”对话框中选择“CMYK 颜色”模式，单击“确定”按钮，弹出“合并 CMYK 通道”对话框，如图 12-57 所示。在该对话框中，可以在选定的色彩模式中为每个通道指定一幅灰度图像，被指定的图像可以是同一幅图像，也可以是不同的图像，但这些图像的大小必须是相同的。在合并之前，所有要合并的图像都必须是打开的，尺寸要绝对一样，而且一定要为灰度图像，单击“确定”按钮，效果如图 12-58 所示。

图 12-55

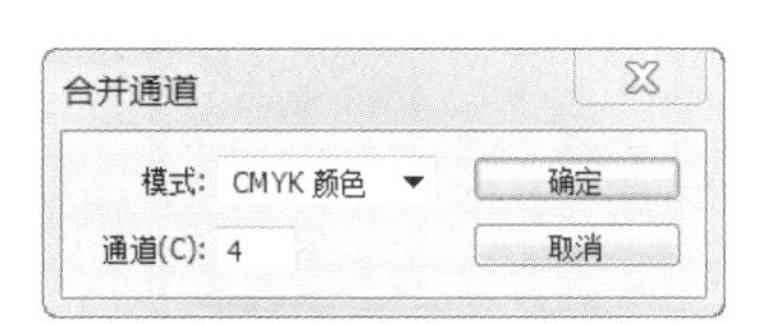

图 12-56

图 12-57

图 12-58

12.2 通道运算

通道运算可以按照各种合成方式合成单个或几个通道中的图像内容。通道运算的图像尺寸必须一致。

12.2.1 课堂案例——调整图像色调

案例学习目标

学习使用计算和应用图像命令调整图像颜色。

案例知识要点

使用计算、应用图像命令调整图像色调，如图 12-59 所示。

效果所在位置

资源包/Ch12/效果/调整图像色调.psd。

图 12-59

调整图像色调

STEP 1 按 Ctrl + O 组合键，打开资源包中的“Ch12 > 素材 > 调整图像色调 > 01”文件，效果如图 12-60 所示。

STEP 2 选择“图像 > 计算”命令，弹出“计算”对话框，将混合模式选项设为“柔光”，其他选项的设置如图 12-61 所示，单击“确定”按钮，图像效果如图 12-62 所示。在“通道”控制面板中生成新通道“Alpha1”，如图 12-63 所示。

图 12-60

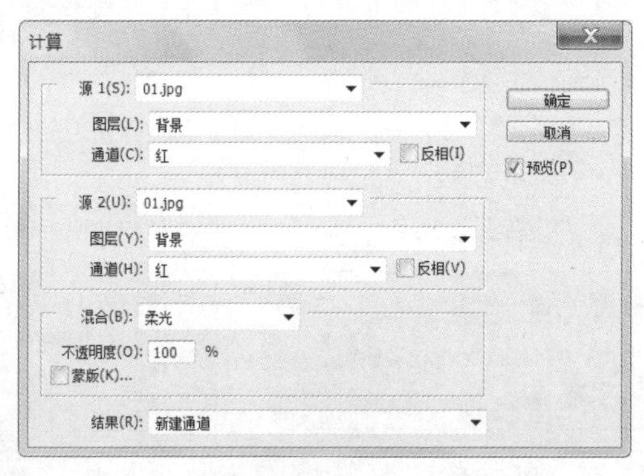

图 12-61

图 12-62

图 12-63

STEP 3 单击“RGB”通道，返回“图层”控制面板。选择“图像 > 应用图像”命令，在弹出的对话框中进行设置，如图 12-64 所示，单击“确定”按钮，效果如图 12-65 所示。调整图像色调制作完成。

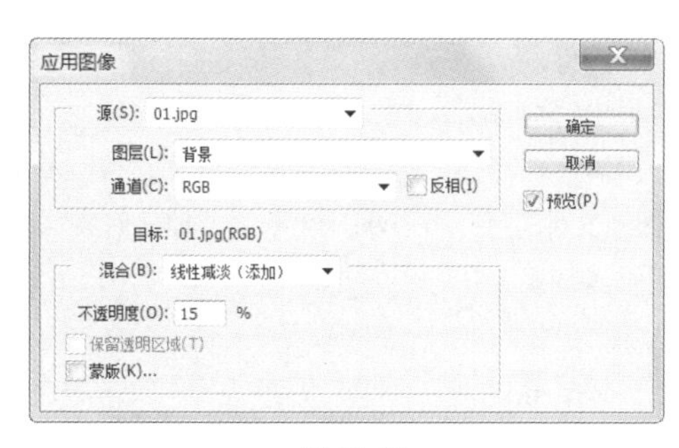

图 12-64

图 12-65

STEP 4 单击“图层”控制面板下方的“创建新的填充或调整图层”按钮，在弹出的菜单中选择“色阶”命令，在“图层”控制面板中生成“色阶 1”图层，同时在弹出的“色阶”面板中进行设置，如图 12-66 所示，按 Enter 键，效果如图 12-67 所示。

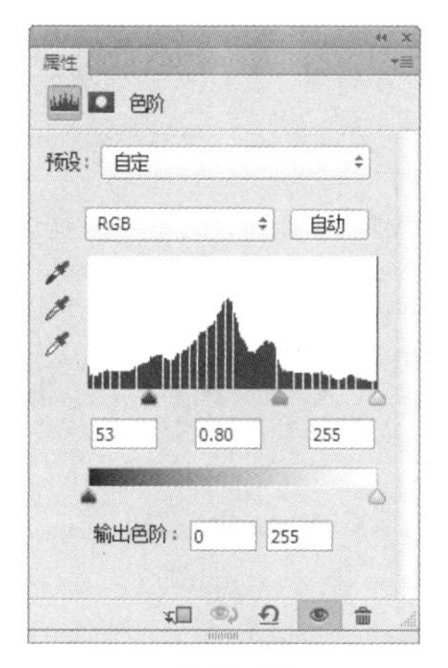

图 12-66

图 12-67

STEP 5 将前景色设为黄色（其 R、G、B 的值分别为 254、235、56）。选择“横排文字”工具 T，在适当的位置输入需要的文字并选取文字，在属性栏中选择合适的字体并设置大小，按 Alt+向左方向键，调整文字适当的间距，效果如图 12-68 所示，在“图层”控制面板中生成新的文字图层。选取文字“烛光”，在属性栏中设置文字大小，取消文字选取状态，效果如图 12-69 所示。图像色调调整完成。

图 12-68

图 12-69

12.2.2 应用图像

“应用图像”命令用于计算处理通道内的图像，使图像混合产生特殊效果。选择“图像 > 应用图像”命令，弹出“应用图像”对话框，如图 12-70 所示。

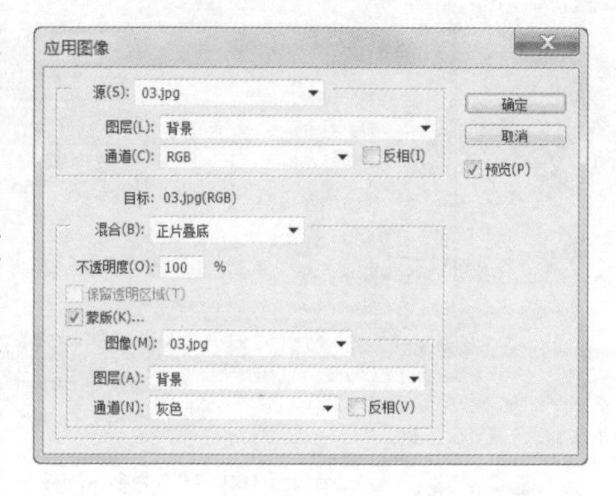

图 12-70

在“应用图像”对话框中，“源”选项用于选择源文件；“图层”选项用于选择源文件的层；“通道”选项用于选择源通道；“反相”选项用于在处理前先反转通道内的内容；“目标”选项能显示出目标文件的文件名、层、通道及色彩模式等信息；“混合”选项用于选择混色模式，即选择两个通道对应像素的计算方法；“不透明度”选项用于设定图像的不透明度；“蒙版”选项用于加入蒙版以限定选区。

提示

“应用图像”命令要求源文件与目标文件的尺寸大小必须相同，因为参加计算的两个通道内的像素是一一对应的。

打开两幅图像，选择“图像 > 图像大小”命令，弹出“图像大小”对话框。将两张图像设置为相同的尺寸，然后单击“确定”按钮，效果如图 12-71 和图 12-72 所示。

图 12-71

图 12-72

在两幅图像的“通道”控制面板中分别建立通道蒙版，其中黑色表示遮住的区域。返回到两张图像的 RGB 通道，效果如图 12-73 和图 12-74 所示。

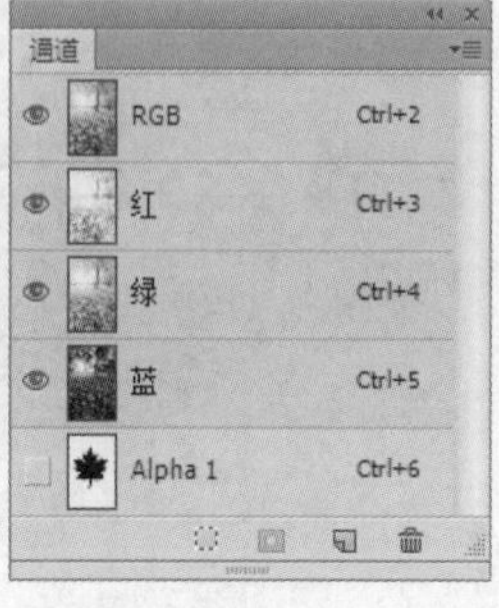

图 12-73

图 12-74

选择“风景”文件，再选择“图像 > 应用图像”命令，弹出“应用图像”对话框，如图 12-75 所示。设置完成后，单击“确定”按钮，两幅图像混合后的效果如图 12-76 所示。

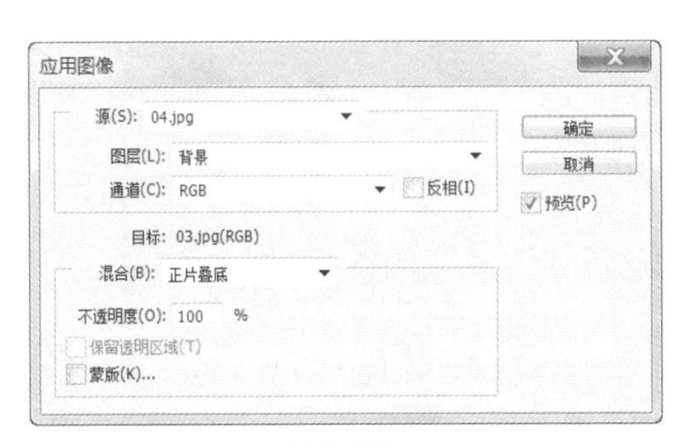

图 12-75

图 12-76

在“应用图像”对话框中，勾选“蒙版”复选框，弹出蒙版的其他选项，如图 12-77 所示。设置好后，单击“确定”按钮，两幅图像混合后的效果如图 12-78 所示。

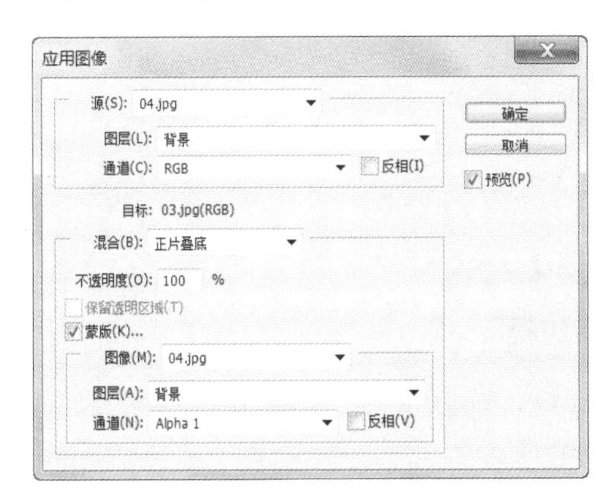

图 12-77

图 12-78

12.2.3 运算

“计算”命令用于计算处理两个通道内的相应内容，但主要用于合成单个通道的内容。

选择“图像 > 计算”命令，弹出“计算”对话框，如图 12-79 所示。

在“计算”对话框中，第 1 个选项组的“源 1”选项用于选择源文件 1，“图层”选项用于选择源文件 1 中的层，“通道”选项用于选择源文件 1 中的通道，“反相”选项用于反转；第 2 个选项组的“源 2”“图层”“通道”和“反相”选项用于选择源文件 2 的相应信息；第 3 个选项组的“混合”选项用于选择混色模式，“不透明度”选项用于设定不透明度；“结果”选项用于指定处理结果的存放位置。

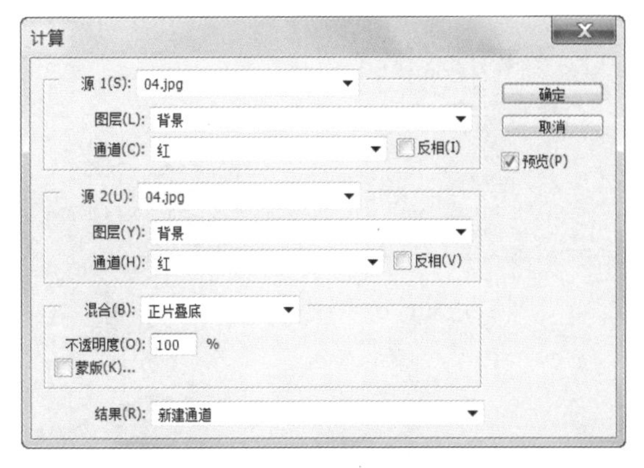

图 12-79

“计算”命令虽然与“应用图像”命令一样，也是对两个通道的相应内容进行计算处理的命令，但是二者也有区别。用“应用图像”命令处理后的结果可作为源文件或目标文件使用；而用“计算”命令处理后的结果则存成一个通道（如 Alpha 通道），使其可转变为选区以供其他工具使用。

选择“图像 > 计算”命令，弹出“计算”对话框，如图 12-80 所示进行设置，单击“确定”按钮，两张图像通道运算后的新通道效果如图 12-81 所示。

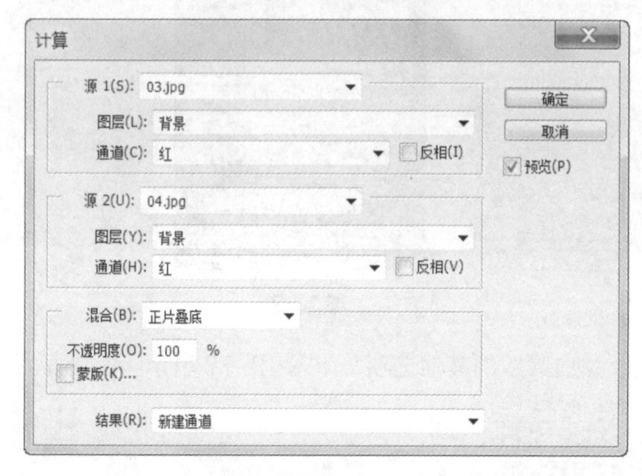

图 12-80

图 12-81

12.3 通道蒙版

在通道中可以快速地创建蒙版，还可以存储蒙版。

12.3.1 课堂案例——添加旋转边框

案例学习目标

学习使用通道蒙版及不同的滤镜制作边框。

案例知识要点

使用快速蒙版制作图像效果，使用晶格化和旋转扭曲滤镜命令制作边框，使用添加图层样式命令为图像添加特殊效果，如图 12-82 所示。

效果所在位置

资源包/Ch12/效果/添加旋转边框.psd。

图 12-82

添加旋转边框

STEP 1 按 Ctrl+O 组合键，打开资源包中的“Ch12 > 素材 > 添加旋转边框 > 01、02”文件，如图 12-83 所示。选择“移动”工具，将人物图片拖曳到 01 图像窗口中适当的位置，并调整其大小，效果如图 12-84 所示，在“图层”控制面板中生成新的图层并将其命名为“人物”。

图 12-83

图 12-84

STEP 2 选择“自定形状”工具，在属性栏中的“选择工具模式”选项中选择“路径”选项。单击属性栏中的“形状”选项，弹出“形状”面板，单击面板右上方的黑色按钮，在弹出的菜单中选择“台词框”选项，弹出提示对话框，单击“追加”按钮。在“形状”面板中选中需要的图形，如图 12-85 所示。在图像窗口中绘制一个不规则图形，如图 12-86 所示。按 Ctrl+Enter 组合键，将路径转换为选区，如图 12-87 所示。

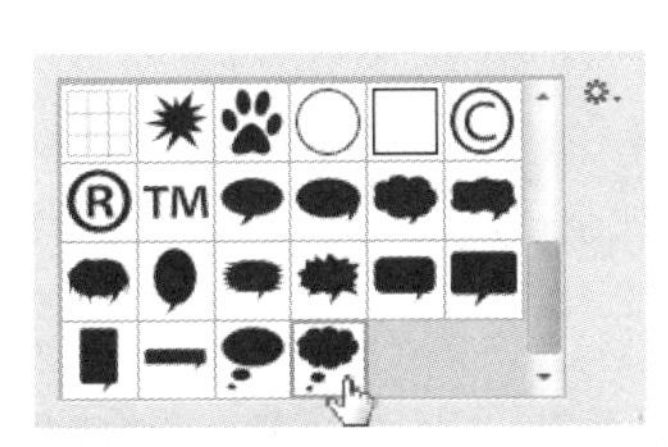

图 12-85

图 12-86

图 12-87

STEP 3 单击工具箱下方的“以快速蒙版模式编辑”按钮，进入蒙版状态，效果如图 12-88 所示。选择“滤镜 > 像素化 > 晶格化”命令，在弹出的对话框中进行设置，如图 12-89 所示，单击“确定”按钮，效果如图 12-90 所示。

图 12-88

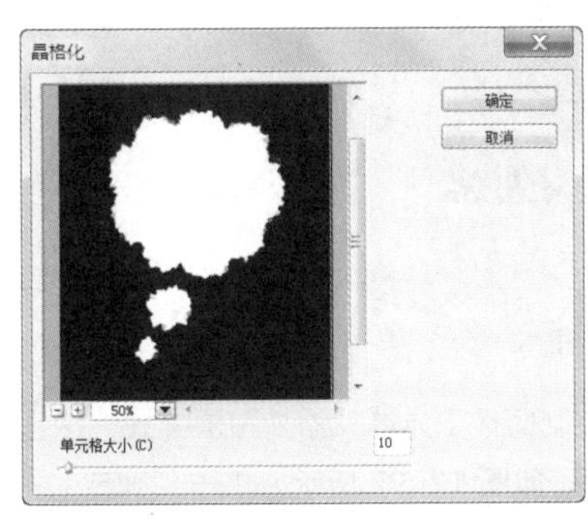

图 12-89

图 12-90

STEP 4 选择“滤镜 > 扭曲 > 旋转扭曲”命令，在弹出的对话框中进行设置，如图 12-91 所示，单击“确定”按钮，效果如图 12-92 所示。

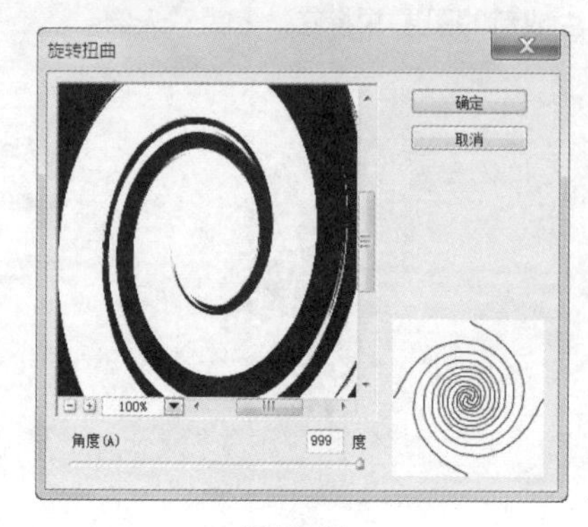

图 12-91

图 12-92

STEP 5 选择“橡皮擦”工具，在属性栏中单击“画笔”选项右侧的按钮，弹出画笔选择面板，选项的设置如图 12-93 所示。在图像窗口中擦除不需要的图像，效果如图 12-94 所示。

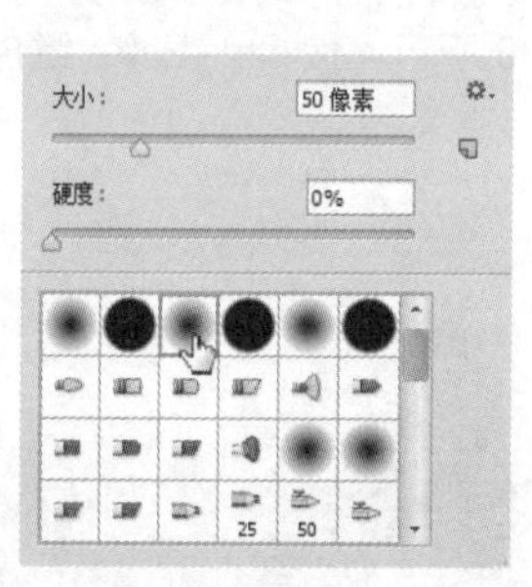

图 12-93

图 12-94

STEP 6 单击工具箱下方的“以标准模式编辑”按钮，恢复到标准编辑状态，蒙版形状转换为选区，效果如图 12-95 所示。按 Ctrl+Shift+I 组合键，将选区反选，按 Delete 键，删除选区中的图像，按 Ctrl+D 组合键，取消选区，效果如图 12-96 所示。

图 12-95

图 12-96

STEP 7 单击“图层”控制面板下方的“添加图层样式”按钮 fx，在弹出的菜单中选择“投影”命令，在弹出的对话框中进行设置，如图 12-97 所示，单击“确定”按钮，效果如图 12-98 所示。

STEP 8 按 Ctrl + O 组合键，打开资源包中的“Ch12 > 素材 > 添加喷溅边框 > 03”文件，选择“移动”工具，将装饰图片拖曳到图像窗口中适当的位置，效果如图 12-99 所示，在“图层”控制面板中生成新的图层并将其命名为“装饰”。添加旋转边框制作完成。

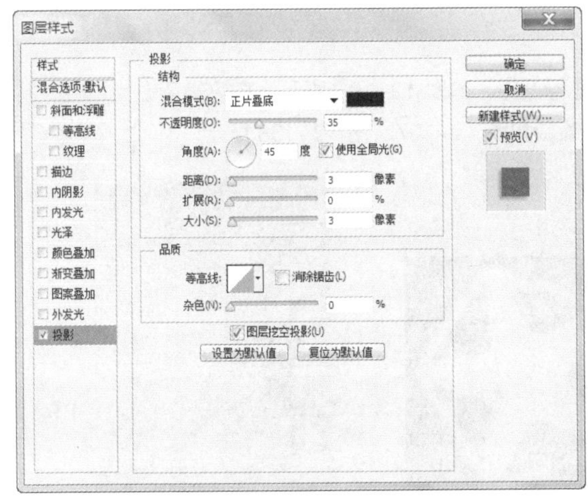

图 12-97

图 12-98

图 12-99

12.3.2 快速蒙版的制作

选择快速蒙版命令，可以使图像快速地进入蒙版编辑状态。打开一幅图像，效果如图 12-100 所示。选择“魔棒”工具，在魔棒工具属性栏中进行设定，如图 12-101 所示。按住 Shift 键，魔棒工具指针旁出现“+”号，连续单击选择星形图形，如图 12-102 所示。

图 12-100

图 12-101

图 12-102

单击工具箱下方的“以快速蒙版模式编辑”按钮，进入蒙版状态，选区暂时消失，图像的未选择区域变为红色，如图 12-103 所示。“通道”控制面板中将自动生成快速蒙版，如图 12-104 所示。快速蒙版图像如图 12-105 所示。

图 12-103

图 12-104

图 12-105

提示

系统预设蒙版颜色为半透明的红色。

选择“画笔”工具，在画笔工具属性栏中进行设定，如图 12-106 所示。将前景色设为白色，将快速蒙版中的星形图形涂抹成白色，图像效果和快速蒙版如图 12-107、图 12-108 所示。

图 12-106

图 12-107

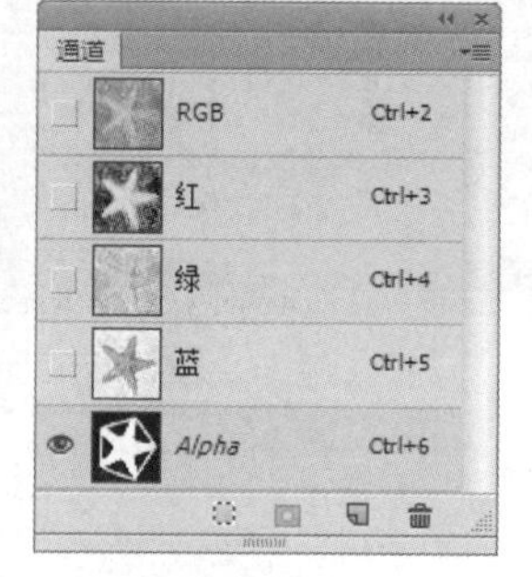

图 12-108

12.3.3 在 Alpha 通道中存储蒙版

可以将编辑好的蒙版存储到 Alpha 通道中。

用选取工具选中主体人物，生成选区，效果如图 12-109 所示。选择“选择 > 存储选区”命令，弹出“存储选区”对话框，如图 12-110 所示进行设定，单击“确定”按钮，建立通道蒙版“人物”。或单击“通道”控制面板中的“将选区存储为通道”按钮，建立通道蒙版“人物”，效果如图 12-111、图 12-112 所示。

图 12-109

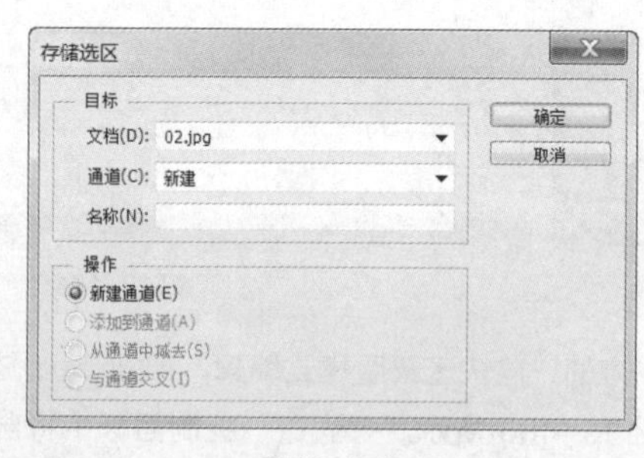

图 12-110

图 12-111

图 12-112

将图像保存，再次打开图像时，选择“选择 > 载入选区”命令，弹出“载入选区”对话框，如图 12-113 所示进行设定，单击“确定”按钮，将“人物”通道的选区载入。或单击“通道”控制面板中的“将通道作为选区载入”按钮 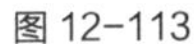，将“人物”通道作为选区载入，效果如图 12-114 所示。

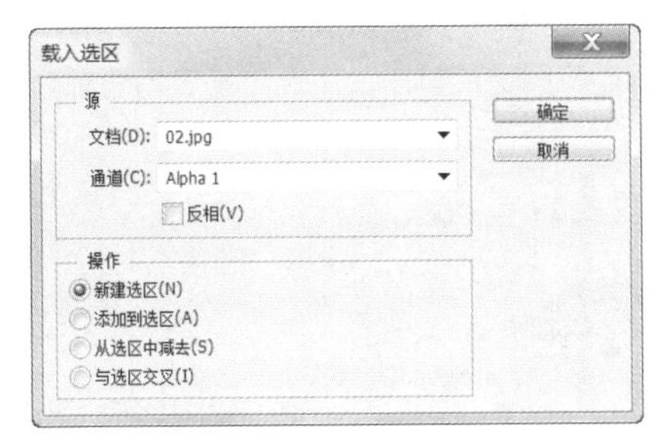

图 12-113

图 12-114

12.4 图层蒙版

图层蒙版可以使图层中图像的某些部分被处理成透明和半透明的效果，而且可以恢复已经处理过的图像，是 Photoshop 的一种独特的处理图像方式。

12.4.1 课堂案例——制作哈密城堡

案例学习目标

学习使用添加图层蒙版命令制作图片部分的遮罩效果。

案例知识要点

使用渐变工具、图层混合模式选项制作图片合成效果，使用添加图层蒙版按钮、画笔工具制作局部遮罩效果，效果如图 12-115 所示。

效果所在位置

资源包/Ch12/效果/制作哈密城堡.psd。

图 12-115

制作哈密城堡

STEP 1 按 Ctrl + N 组合键，新建一个文件，宽度为 29.7cm，高度为 21cm，分辨率为 300 像素/英寸，颜色模式为 RGB，背景内容为白色，单击“确定”按钮。

STEP 2 按 Ctrl + O 组合键，打开资源包中的“Ch12 > 素材 > 制作哈密城堡 > 01”文件，选择“移动”工具 ，将图片拖曳到图像窗口中适当的位置，效果如图 12-116 所示，在“图层”控制面板中生成新图层并将其命名为“天空”。

STEP 3 新建图层并将其命名为“渐变条”。选择“渐变”工具，单击属性栏中的“点按可编辑渐变”按钮，弹出“渐变编辑器”对话框，在“位置”选项中分别输入0、50、100三个位置点，分别设置三个位置点颜色的RGB值为0（15、89、101），50（147、242、236），100（148、97、75），如图12-117所示。按住Shift键的同时，在图像窗口中由上至下拖曳渐变色，效果如图12-118所示。

图12-116

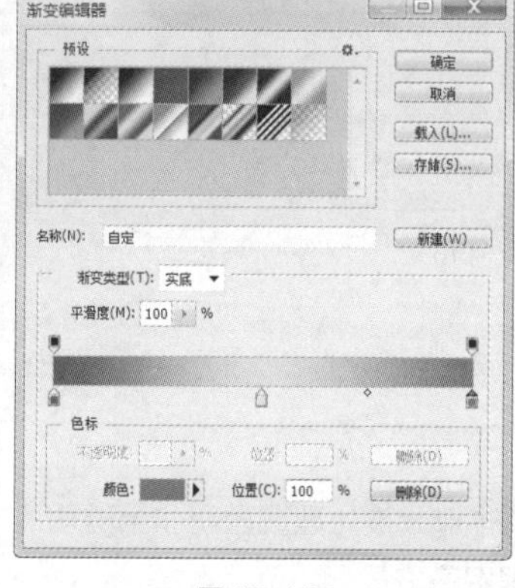

图12-117

图12-118

STEP 4 在“图层”控制面板上方，将“渐变条”图层的混合模式选项设为“强光”，如图12-119所示，图像效果如图12-120所示。

图12-119

图12-120

STEP 5 按Ctrl+O组合键，打开资源包中的“Ch12 > 素材 > 制作哈密城堡 > 02”文件，选择“移动”工具，将图片拖曳到图像窗口中适当的位置，效果如图12-121所示，在“图层”控制面板中生成新图层并将其命名为“沙滩”。单击“图层”控制面板下方的“添加图层蒙版”按钮，为“沙滩”图层添加图层蒙版，如图12-122所示。

图12-121

图12-122

STEP 6 将前景色设为黑色。选择“画笔”工具，在属性栏中单击“画笔”选项右侧的按钮，在弹出的面板中选择需要的画笔形状，如图 12-123 所示，在属性栏中将“不透明度”选项设为 80%，在图像窗口中拖曳鼠标擦除不需要的图像，效果如图 12-124 所示。

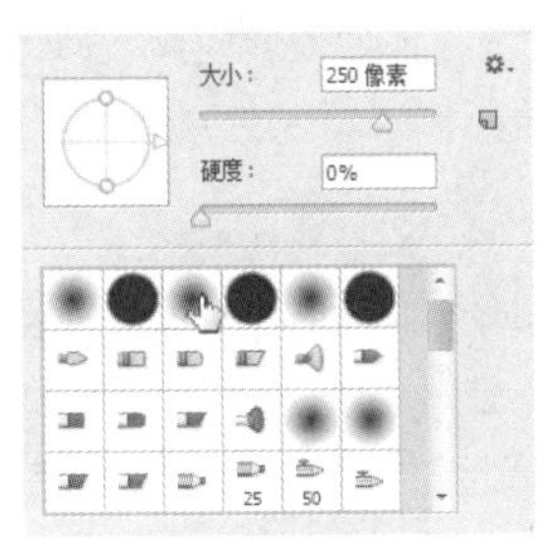

图 12-123

图 12-124

STEP 7 新建图层并将其命名为“渐变叠加”。选择“渐变”工具，单击属性栏中的“点按可编辑渐变”按钮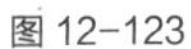，弹出“渐变编辑器”对话框，将渐变色设为黑色到透明色，在图像窗口中从下向上拖曳渐变色，松开鼠标左键，效果如图 12-125 所示。

STEP 8 在“图层”控制面板上方，将“渐变叠加”图层的混合模式选项设为“叠加”，“不透明度”选项设为 50%，如图 12-126 所示，图像效果如图 12-127 所示。

图 12-125

图 12-126

图 12-127

STEP 9 按 Ctrl＋O 组合键，打开资源包中的“Ch12 > 素材 > 制作哈密城堡 > 03、04”文件，选择“移动”工具，将图片分别拖曳到图像窗口中适当的位置，效果如图 12-128 所示，在“图层”控制面板中生成新图层并将其命名为“图片”“树木”。

STEP 10 在“图层”控制面板上方，将“树木”图层的混合模式选项设为“正片叠底”，如图 12-129 所示，图像效果如图 12-130 所示。

图 12-128

图 12-129

图 12-130

STEP 11 将前景色设为白色。选择“横排文字”工具，在适当的位置分别输入需要的文字并选取文字，在属性栏中分别选择合适的字体并设置大小，按 Alt+向左方向键，调整文字适当的间距，效果如图 12-131 所示，在“图层”控制面板中生成新的文字图层。哈密城堡制作完成，效果如图 12-132 所示。

图 12-131

图 12-132

12.4.2 添加图层蒙版

使用控制面板按钮或快捷键：单击“图层”控制面板下方的“添加图层蒙版”按钮，可以创建一个图层的蒙版，如图 12-133 所示。按住 Alt 键，单击“图层”控制面板下方的“添加图层蒙版”按钮，可以创建一个遮盖图层全部的蒙版，如图 12-134 所示。

使用菜单命令：选择“图层 > 图层蒙版 > 显示全部”命令，效果如图 12-133 所示。选择“图层 > 图层蒙版 > 隐藏全部”命令，效果如图 12-134 所示。

图 12-133

图 12-134

12.4.3 隐藏图层蒙版

按住 Alt 键的同时，单击图层蒙版缩览图，图像窗口中的图像将被隐藏，只显示蒙版缩览图中的效果，如图 12-135 所示，“图层”控制面板中的效果如图 12-136 所示。按住 Alt 键，再次单击图层蒙版缩览图，将恢复图像窗口中的图像效果。按住 Alt+Shift 组合键的同时，单击图层蒙版缩览图，将同时显示图像和图层蒙版的内容。

图 12-135

图 12-136

12.4.4 图层蒙版的链接

在"图层"控制面板中图层缩览图与图层蒙版缩览之间存在链接图标，当图层图像与蒙版关联时，移动图像时蒙版会同步移动，单击链接图标，将不显示此图标，可以分别对图像与蒙版进行操作。

12.4.5 应用及删除图层蒙版

在"通道"控制面板中，双击"人物蒙版"通道，弹出"图层蒙版显示选项"对话框，如图 12-137 所示，可以对蒙版的颜色和不透明度进行设置。

选择"图层 > 图层蒙版 > 停用"命令，或按 Shift 键的同时单击"图层"控制面板中的图层蒙版缩览图，图层蒙版被停用，如图 12-138 所示，图像将全部显示，如图 12-139 所示。按住 Shift 键，再次单击图层蒙版缩览图，将恢复图层蒙版效果，如图 12-140 所示。

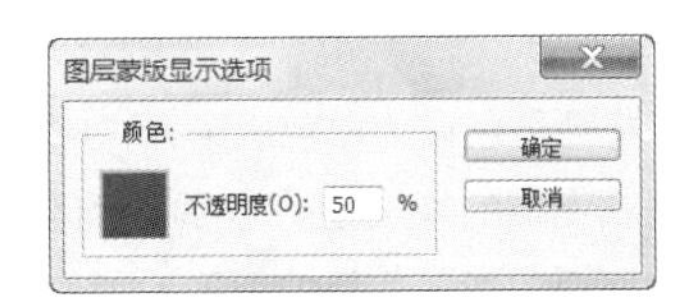

图 12-137

图 12-138

图 12-139

图 12-140

选择"图层 > 图层蒙版 > 删除"命令，或在图层蒙版缩览图上单击鼠标右键，在弹出的下拉菜单中选择"删除图层蒙版"命令，可以将图层蒙版删除。

12.5 剪贴蒙版

剪贴蒙版是使用某个图层的内容来遮盖其上方的图层，遮盖效果由基底图层决定。

12.5.1 课堂案例——制作美妆宣传单

案例学习目标

学习创建剪贴蒙版制作图片。

案例知识要点

使用剪贴蒙版命令为图片添加剪贴蒙版效果，使用添加图层样式命令为图片添加特殊效果，使用横排

文字工具添加文字，如图 12-141 所示。

效果所在位置

资源包//Ch12/效果/制作美妆宣传单.psd。

图 12-141

制作美妆宣传单

STEP 1 按 Ctrl + O 组合键，打开资源包中的“Ch12 > 素材 > 制作美妆宣传单 > 01”文件，如图 12-142 所示。

STEP 2 新建图层并将其命名为“蝴蝶 1”。将前景色设为白色。选择“自定形状”工具，单击属性栏中的“形状”选项，弹出“形状”面板，单击右上方的按钮，在弹出的菜单中选择“全部”选项，弹出提示对话框，单击“确定”按钮。在“形状”面板中选择需要的图形，如图 12-143 所示。在属性栏中的“选择工具模式”选项中选择“像素”，按住 Shift 键的同时，拖曳鼠标绘制图形，效果如图 12-144 所示。

图 12-142

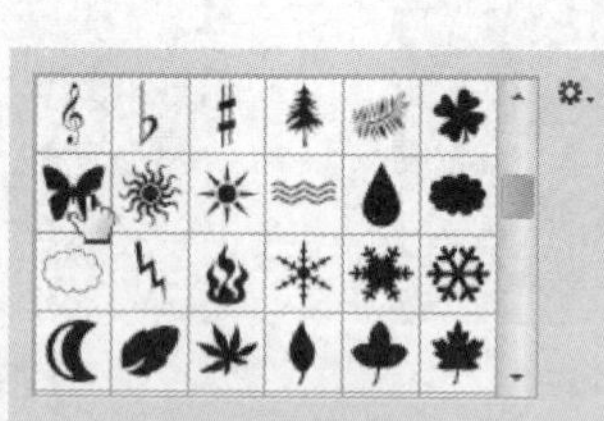

图 12-143

图 12-144

STEP 3 按 Ctrl+T 组合键，在图像周围出现变换框，将指针放在变换框的控制手柄外边，指针变为旋转图标，拖曳鼠标将图像旋转到适当的角度，按 Enter 键确定操作，效果如图 12-145 所示。使用相同的方法绘制其他蝴蝶图形并旋转到适当的角度，效果如图 12-146 所示。

图 12-145

图 12-146

STEP 4 按 Ctrl + O 组合键，打开资源包中的“Ch12 > 素材 > 制作美妆宣传单 > 02”文件，选择“移动”工具，将图片拖曳到图像窗口中适当的位置，效果如图 12-147 所示，在“图层”控制面板中生成新图层并将其命名为“图片”。

STEP 5 在“图层”控制面板上方，将“图片”图层的“不透明度”选项设为 35%，如图 12-148 所示，图像效果如图 12-149 所示。

图 12-147

图 12-148

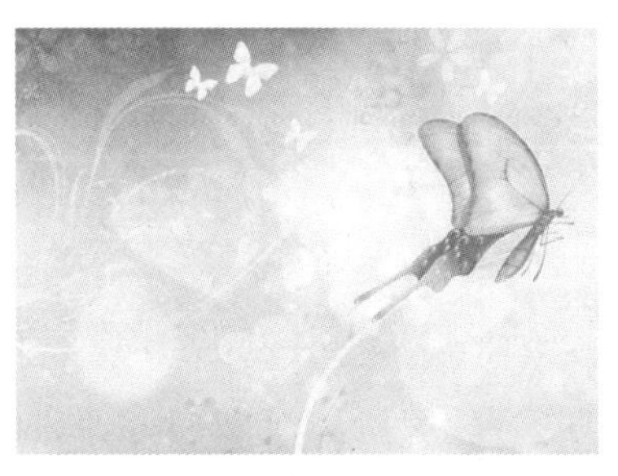

图 12-149

STEP 6 单击“图层”控制面板下方的“创建新的填充或调整图层”按钮，在弹出的菜单中选择“色相/饱和度”命令，在“图层”控制面板中生成“色相/饱和度 1”图层，同时在弹出的“色相/饱和度”面板中进行设置，如图 12-150 所示，按 Enter 键，效果如图 12-151 所示。

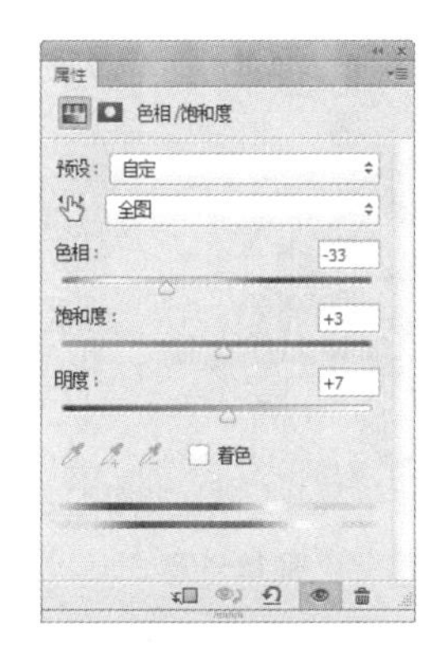

图 12-150

图 12-151

STEP 7 新建图层并将其命名为“蝴蝶形”。选择“钢笔”工具，在属性栏中的“选择工具模式”选项中选择“路径”，在图像窗口中绘制路径，如图 12-152 所示。按 Ctrl+Enter 组合键，将路径转换为选区。按 Alt+Delete 组合键，用前景色填充选区，按 Ctrl+D 组合键，取消选区，效果如图 12-153 所示。

图 12-152

图 12-153

STEP 8 单击“图层”控制面板下方的“添加图层样式”按钮 fx，在弹出的菜单中选择“内阴影”命令，在弹出的对话框中进行设置，如图 12-154 所示，单击“确定”按钮，效果如图 12-155 所示。

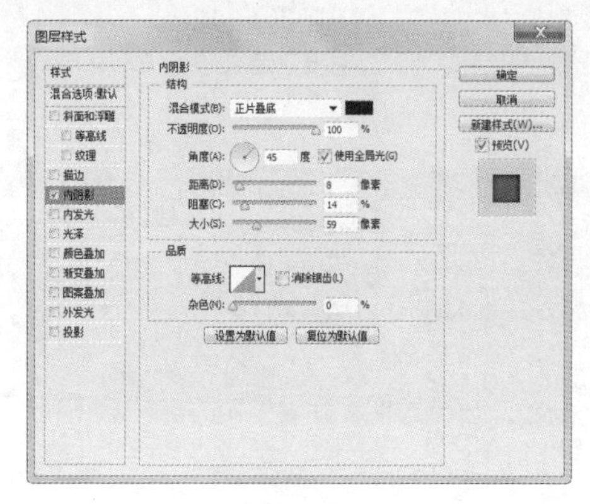

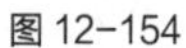
图 12-154

图 12-155

STEP 9 按 Ctrl + O 组合键，打开资源包中的“Ch12 > 素材 > 制作美妆宣传单 > 03”文件，选择“移动”工具，将图片拖曳到图像窗口中适当的位置，效果如图 12-156 所示，在“图层”控制面板中生成新图层并将其命名为“图片 1”。按 Ctrl+Alt+G 组合键，为“图片 1”图层创建剪贴蒙版，图像效果如图 12-157 所示。

图 12-156

图 12-157

STEP 10 新建图层并将其命名为“蝴蝶形 1”。选择“自定形状”工具，按住 Shift 键的同时，在图像窗口中拖曳鼠标绘制图形，并旋转到适当的角度，效果如图 12-158 所示。将“图片 1”图层拖曳到“图层”控制面板下方的“创建新图层”按钮上进行复制，生成新的图层“图片 1 拷贝”，并将其拖曳到“蝴蝶形 1”图层的上方，如图 12-159 所示。

图 12-158

图 12-159

STEP 11 按住 Alt 键的同时，将鼠标指针放在“图片 1 拷贝”图层和“蝴蝶形 1”图层的中间，鼠标指针变为↓□，如图 12-160 所示，单击鼠标，为“图片 1 拷贝”图层创建剪切蒙版，效果如图 12-161 所示。使用相同的方法制作其他图片蒙版效果，如图 12-162 所示。

图 12-160

图 12-161

图 12-162

STEP 12 新建图层并将其命名为“蝴蝶 3”。将前景色设为绿色（其 R、G、B 的值分别为 137、201、151），选择“自定形状”工具，按住 Shift 键的同时，在图像窗口中拖曳鼠标绘制图形，并旋转到适当的角度，效果如图 12-163 所示。使用相同的方法分别绘制其他蝴蝶图形，并填充相应的颜色，效果如图 12-164 所示。

图 12-163

图 12-164

STEP 13 将前景色设为紫色（其 R、G、B 的值分别为 116、12、111）。选择“横排文字”工具 T，在适当的位置输入需要的文字并选取文字，在属性栏中选择合适的字体并设置大小，按 Alt+向右方向键，调整文字适当的间距，效果如图 12-165 所示，在“图层”控制面板中生成新的文字图层。

STEP 14 将前景色设为黑色。选择“横排文字”工具 T，在适当的位置分别输入需要的文字并选取文字，在属性栏中分别选择合适的字体并设置大小，效果如图 12-166 所示，在“图层”控制面板中分别生成新的文字图层。

图 12-165

图 12-166

STEP 15 选中“美从蜕变开始”图层。按 Ctrl+T 组合键，文字周围出现变换框，在变换框中单击鼠标右键，在弹出的菜单中选择“斜切”命令，向右拖曳上边中间的控制手柄到适当的位置，如图 12-167

所示，按 Enter 键确定操作，效果如图 12-168 所示。

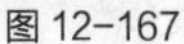
图 12-167

图 12-168

STEP 16 选择“横排文字”工具 T，选取文字“美”，在属性栏中设置文字适当的大小，填充文字为紫色（其 R、G、B 的值分别为 102、35、126），效果如图 12-169 所示。按 Ctrl+T 组合键，在弹出的“字符”面板中单击“仿粗体”按钮 T，将文字加粗，其他选项的设置如图 12-170 所示，按 Enter 键确定操作，效果如图 12-171 所示。使用相同的方法制作文字“蜕变”，效果如图 12-172 所示。美妆宣传单制作完成。

图 12-169

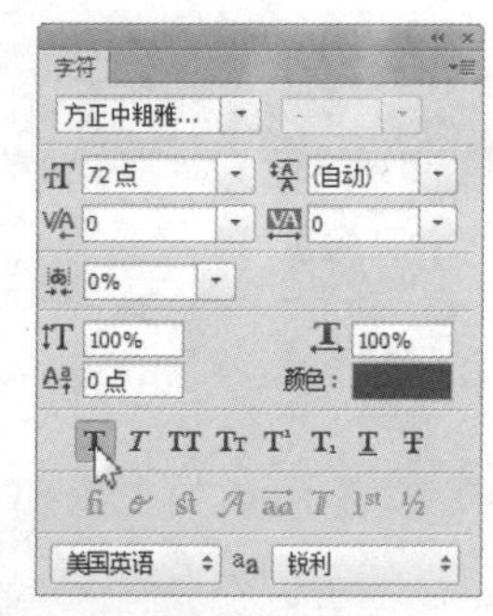

图 12-170

图 12-171

图 12-172

12.5.2 创建及取消剪贴蒙版

创建剪贴蒙版：设计好的图像效果如图 12-173 所示，“图层”控制面板中的效果如图 12-174 所示，按住 Alt 键的同时，将鼠标放置到“图层 1”和“图层 2”的中间位置，鼠标指针变为↓□图标，如图 12-175 所示。

单击鼠标，制作图层的剪贴蒙版，如图 12-176 所示，图像窗口中的效果如图 12-177 所示。用“移动”工具 可以随时移动“图层 2”图像，效果如图 12-178 所示。

取消剪贴蒙版：如果要取消剪贴蒙版，可以选中剪贴蒙版组中上方的图层，选择“图层 > 释放剪贴蒙版”命令，或按 Alt+Ctrl+G 组合键即可删除。

图 12-173

图 12-174

图 12-175

图 12-176

图 12-177

图 12-178

12.6 矢量蒙版

矢量蒙版应用矢量的图形或路径可以制作图像的遮罩效果。

12.6.1 课堂案例——制作蒙版效果

案例学习目标

学习使用矢量蒙版制作图片效果。

案例知识要点

使用矢量蒙版命令为图层添加矢量蒙版，使用添加图层样式命令为图片添加特殊效果，使用横排文字工具添加文字，如图 12-179 所示。

效果所在位置

资源包/Ch12/效果/制作蒙版效果.psd。

图 12-179

制作蒙版效果

STEP 1 按 Ctrl+O 组合键，打开资源包中的“Ch12 > 素材 > 制作蒙版效果 > 01、02”文件，如图 12-180 所示。选择“移动”工具，将 02 人物图片拖曳到 01 图像窗口中适当的位置，效果如图 12-181 所示，在“图层”控制面板中生成新的图层并将其命名为“图片”。

图 12-180

图 12-181

STEP 2 按 Ctrl+T 组合键，在图像周围出现变换框，将鼠标指针放在变换框的控制手柄外边，指针变为旋转图标，拖曳鼠标将图像旋转到适当的角度，按 Enter 键确定操作，效果如图 12-182 所示。

STEP 3 选择“自定义形状”工具，单击属性栏中的“形状”选项，弹出“形状”面板，单击面板右上方的黑色按钮，在弹出的菜单中选择“全部”选项，弹出提示对话框，单击“追加”按钮。在“形状”面板中选中需要的图形，如图 12-183 所示。在属性栏中的“选择工具模式”选项中选择“路径”选项，在图像窗口中绘制一个路径，效果如图 12-184 所示。

STEP 4 选择“图层 > 矢量蒙版 > 当前路径”命令，创建矢量蒙版，效果如图 12-185 所示。单击“图层”控制面板下方的“添加图层样式”按钮，在弹出的菜单中选择“描边”命令，弹出对话框，设置描边颜色为粉色（其 R、G、B 的值分别为 255、206、199），其他选项的设置如图 12-186 所示。选择“内阴影”选项，切换到相应的对话框，选项的设置如图 12-187 所示，单击“确定”按钮，效果如图 12-188 所示。

图 12-182

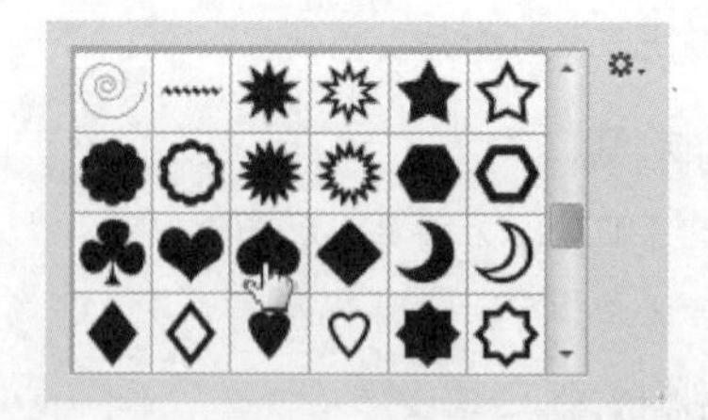
图 12-183

图 12-184

图 12-185

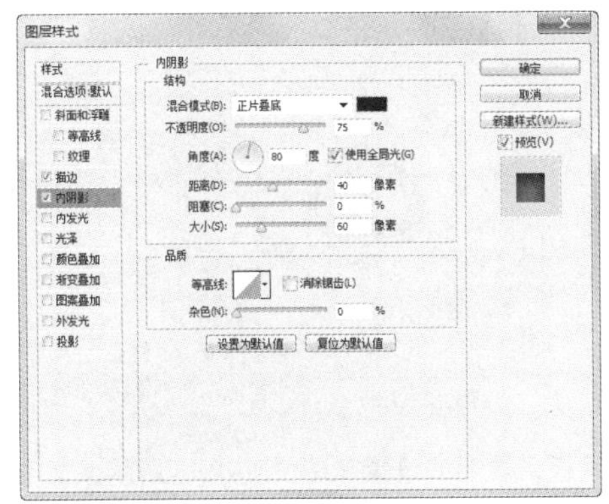

图 12-186

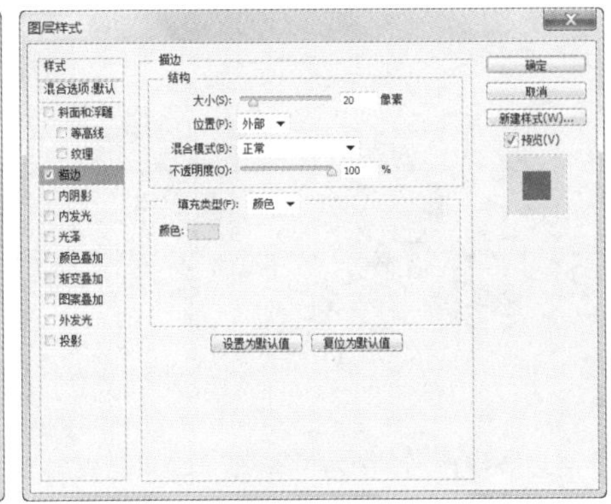

图 12-187

图 12-188

STEP 5 选择“移动”工具，单击矢量蒙版缩览图，进入蒙版编辑状态，如图 12-189 所示。选择“自定形状”工具，单击属性栏中的“形状”选项，选中需要的图形，如图 12-190 所示。在图像窗口中绘制一个路径，效果如图 12-191 所示。

图 12-189

图 12-190

图 12-191

STEP 6 用相同的方法绘制其他图形，效果如图 12-192 所示。按 Ctrl+O 组合键，打开资源包中的“Ch12 > 素材 > 制作蒙版效果 > 03”文件，选择“移动”工具，将图片拖曳到图像窗口中适当的位置，效果如图 12-193 所示，在“图层”控制面板中生成新的图层并将其命名为“装饰”。

图 12-192

图 12-193

STEP 7 将前景色设为粉红色（其 R、G、B 的值分别为 239、110、136）。选择“横排文字”工具 T，输入需要的文字，在属性栏中选择合适的字体并设置文字大小，效果如图 12-194 所示，在控制面板中生成新的文字图层。选取需要的文字，填充为蓝色（其 R、G、B 的值分别为 133、186、225），效果如图 12-195 所示。

图 12-194　　　　图 12-195

STEP 8 选择“窗口 > 字符”命令，弹出“字符”面板，选项的设置如图 12-196 所示，文字效果如图 12-197 所示。按 Ctrl+T 组合键，在文字周围出现变换框，将鼠标指针放在变换框的控制手柄外边，指针变为旋转图标，拖曳鼠标将文字旋转到适当的角度，按 Enter 键确定操作，效果如图 12-198 所示。

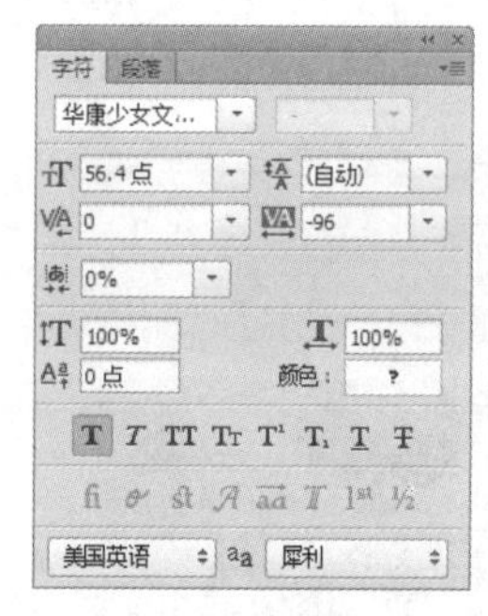

图 12-196

图 12-197

图 12-198

STEP 9 单击“图层”控制面板下方的“添加图层蒙版”按钮，为“Colorful World”图层添加蒙版。将前景色设为黑色。选择“画笔”工具，在属性栏中单击“画笔”选项右侧的按钮，在弹出的画笔面板中选择需要的画笔形状，其他选项的设置如图 12-199 所示。在图像窗口中擦除不需要的图像，效果如图 12-200 所示。

STEP 10 按 Ctrl+O 组合键，打开资源包中的“Ch12 > 素材 > 制作蒙版效果 > 04”文件，选择“移动”工具，将人物图片拖曳到图像窗口中适当的位置，效果如图 12-201 所示，在“图层”控制面板中生成新的图层并将其命名为“文字”。蒙版效果制作完成。

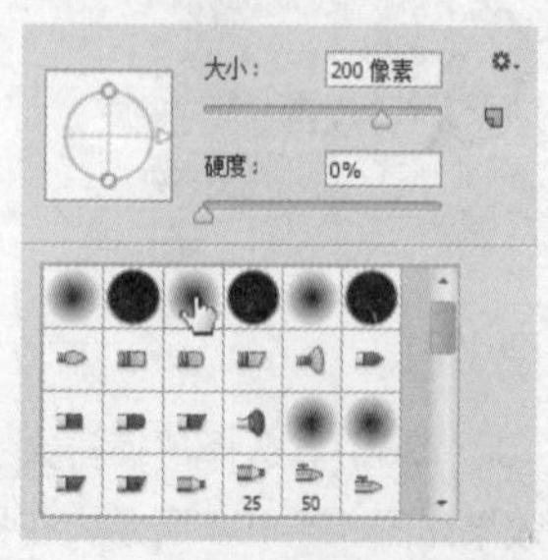

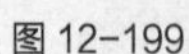

图 12-199

图 12-200

图 12-201

12.6.2 应用矢量蒙版

原始图像效果如图 12-202 所示。选择“自定形状”工具，在属性栏中的“选择工具模式”选项中选择“路径”，在形状选择面板中选中“蝴蝶”图形，如图 12-203 所示。

图 12-202

图 12-203

在图像窗口中绘制路径，如图 12-204 所示，选中“图层 1”，选择“图层 > 矢量蒙版 > 当前路径”命令，为“图层 1”添加矢量蒙版，如图 12-205 所示，图像窗口中的效果如图 12-206 所示。选择“直接选择”工具可以修改路径的形状，从而修改蒙版的遮罩区域，如图 12-207 所示。

图 12-204

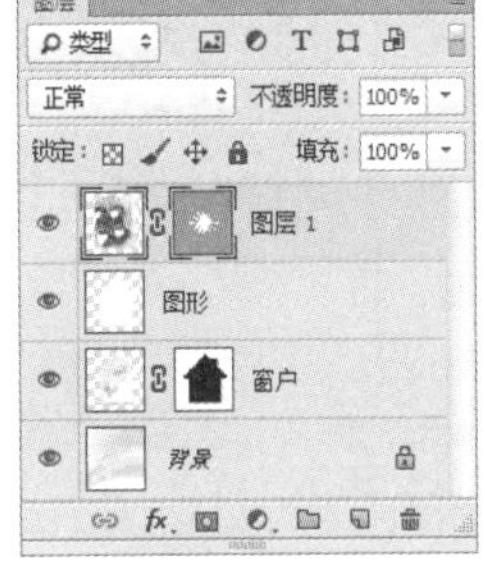

图 12-205

图 12-206

图 12-207

12.7 课堂练习——变换时尚背景

练习知识要点

使用通道、钢笔工具、画笔工具变换婚纱照背景，效果如图 12-208 所示。

效果所在位置

资源包/Ch12/效果/变换时尚背景.psd。

图 12-208

变换时尚背景

12.8 课后习题——制作儿童摄影宣传单

习题知识要点

使用画笔工具绘制背景圆形；使用创建变形文字命令制作广告语的扭曲变形效果；使用添加图层样式命令制作特殊文字效果；使用创建剪贴蒙版命令制作旗帜图形；使用自定形状工具添加背景图案，效果如图 12-209 所示。

效果所在位置

资源包/Ch12/效果/制作儿童摄影宣传单.psd。

图 12-209

制作儿童摄影宣传单 1

制作儿童摄影宣传单 2

Photoshop CC

Chapter 13

第13章 滤镜效果

本章将主要介绍 Photoshop 强大的滤镜功能，包括滤镜的分类、滤镜的重复使用以及滤镜的使用技巧。通过本章的学习，能够应用丰富的滤镜资源制作出多变的图像效果。

课堂学习目标

- 掌握滤镜菜单及应用方法
- 熟练掌握滤镜的使用技巧

13.1 滤镜菜单及应用

Photoshop CC 的滤镜菜单下提供了多种滤镜，选择这些滤镜命令，可以制作出奇妙的图像效果。单击“滤镜”菜单，弹出如图 13-1 所示的下拉菜单。

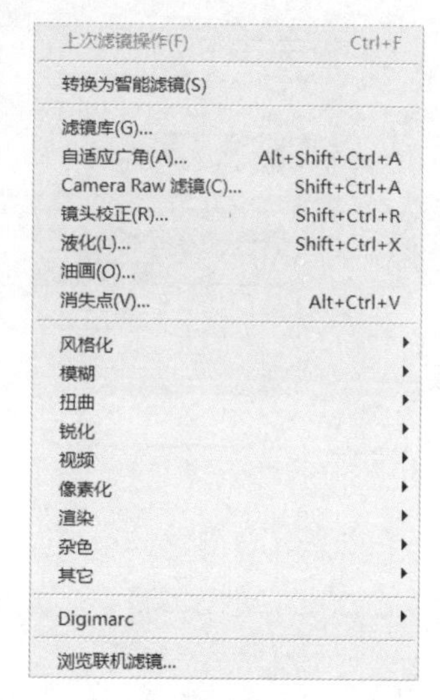

图 13-1

Photoshop CC 滤镜菜单被分为 6 部分，并用横线划分开。

第 1 部分为最近一次使用的滤镜，没有使用滤镜时，此命令为灰色，不可选择。使用任意一种滤镜后，当需要重复使用这种滤镜时，只要直接选择这种滤镜或按 Ctrl+F 组合键，即可重复使用。

第 2 部分为转换为智能滤镜，智能滤镜的应用可随时对效果进行修改操作。

第 3 部分为 7 种 Photoshop CC 滤镜，每个滤镜的功能都十分强大。

第 4 部分为 9 种 Photoshop CC 滤镜组，每个滤镜组中都包含多个子滤镜。

第 5 部分为 Digimarc 滤镜。

第 6 部分为浏览联机滤镜。

13.1.1 课堂案例——制作彩色半调人像

案例学习目标

学习使用锐化滤镜和滤镜库命令制作彩色半调人像。

案例知识要点

使用图层的混合模式、USM 锐化滤镜命令和滤镜库命令制作背景效果图，使用横排文字工具和字符面板添加文字，彩色半调人像效果如图 13-2 所示。

效果所在位置

资源包/Ch13/效果/制作彩色半调人像.psd。

图 13-2

制作彩色半调人像

STEP 1 按 Ctrl + O 组合键，打开资源包中的“Ch13 > 素材 > 制作彩色半调人像 > 01”文件，效果如图 13-3 所示。将“背景”图层拖曳到控制面板下方的“创建新图层”按钮 上进行复制，生成新的拷贝图层，如图 13-4 所示。

图 13-3

图 13-4

STEP 2 在“图层”控制面板上方，将“背景 拷贝”图层的混合模式选项设为“正片叠底”，如图 13-5 所示，图像效果如图 13-6 所示。

图 13-5

图 13-6

STEP 3 选择“滤镜 > 锐化 > USM 锐化”命令，在弹出的“USM 锐化”对话框中进行设置，如图 13-7 所示，单击“确定”按钮，效果如图 13-8 所示。

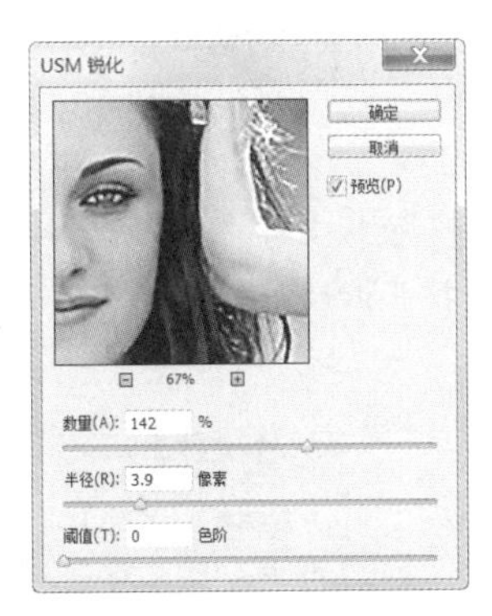

图 13-7

图 13-8

STEP 4 将前景色设为红紫色（其 R、G、B 的值分别为 204、101、195）。选择“滤镜 > 滤镜库”命令，在弹出的对话框中进行设置，如图 13-9 所示，单击“确定”按钮，效果如图 13-10 所示。

STEP 5 选择“横排文字”工具 T，在适当的位置分别输入需要的文字并选取文字，在属性栏中分别选择合适的字体并设置大小，效果如图 13-11 所示，在“图层”控制面板中分别生成新的文字图层。

STEP 6 分别选取“时光”和“荏苒”文字图层。按 Ctrl+T 组合键，在文字周围出现变换框，将指针放在变换框的控制手柄外边，指针变为旋转图标，拖曳鼠标将文字旋转到适当的角度，按 Enter 键确认操作，效果如图 13-12 所示。

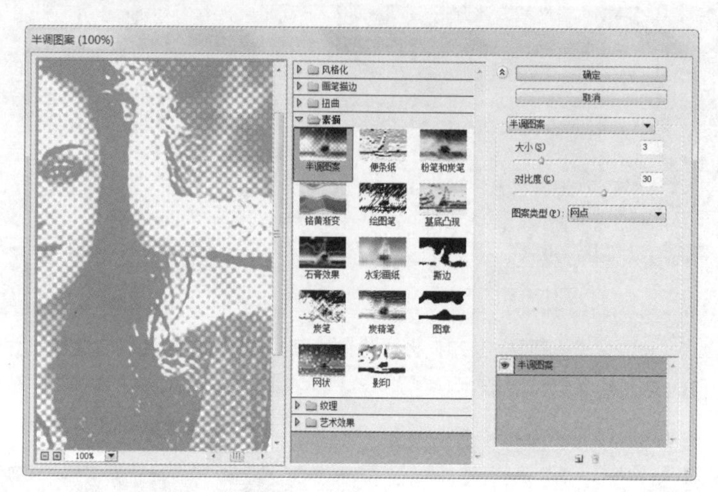

图 13-9

图 13-10

图 13-11

图 13-12

STEP 7 按住 Shift 键的同时，将“时光”和“荏苒”文字图层同时选取。选择“窗口 > 字符”命令，弹出“字符”面板，将“设置所选字符的字距调整”  选项设置为-13，其他选项的设置如图 13-13 所示，按 Enter 键确认操作，效果如图 13-14 所示。

STEP 8 将“时间一点……”文字图层选中，在“字符”面板中将“设置所选字符的字距调整” 选项设置为-1，其他选项的设置如图 13-15 所示，按 Enter 键确认操作，效果如图 13-16 所示。彩色半调人像制作完成，效果如图 13-17 所示。

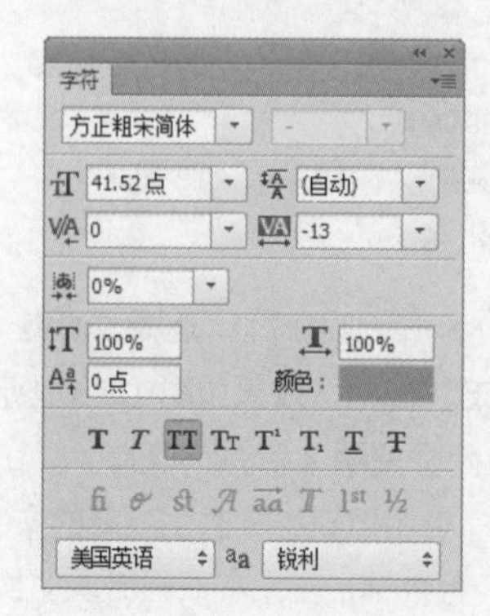

图 13-13

图 13-14

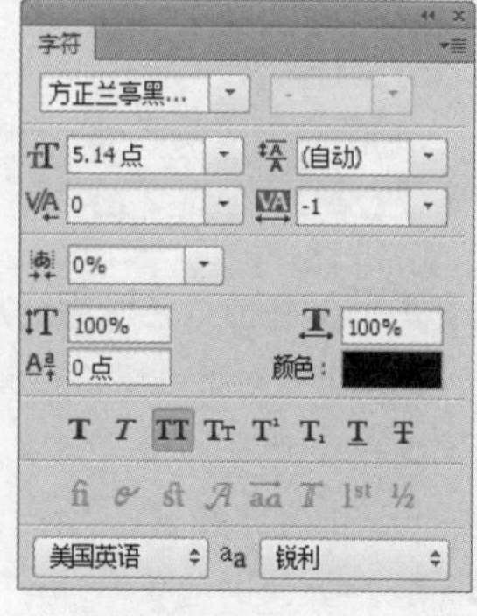

图 13-15

图 13-16

图 13-17

13.1.2 滤镜库的功能

Photoshop CC 的滤镜库将常用滤镜组组合在一个面板中，以折叠菜单的方式显示，并为每一个滤镜提供了直观的效果预览，使用十分方便。

选择“滤镜 > 滤镜库”命令，弹出“滤镜库”对话框。在“滤镜库”对话框中，左侧为滤镜预览框，可显示滤镜应用后的效果；中部为滤镜列表，每个滤镜组下面包含了多个特色滤镜，单击需要的滤镜组，可以浏览到滤镜组中的各个滤镜和其相应的滤镜效果；右侧为滤镜参数设置栏，可设置所用滤镜的各个参数值，如图 13-18 所示。

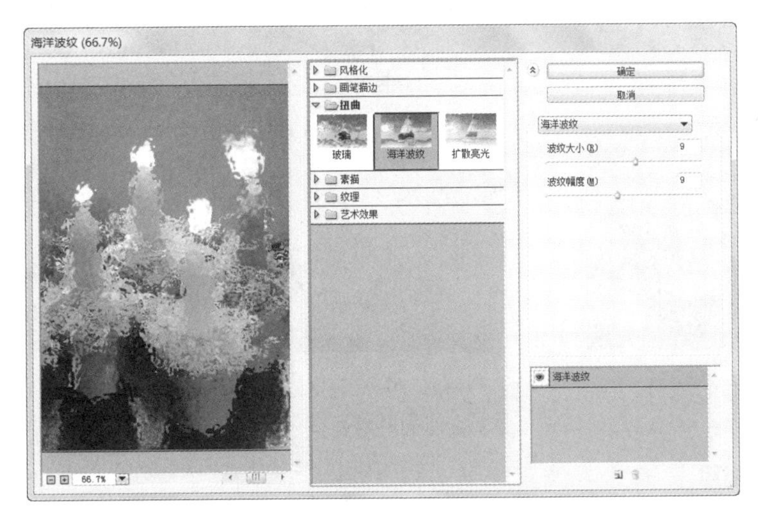

图 13-18

1. 风格化滤镜组

风格化滤镜组只包含一个照亮边缘滤镜，如图 13-19 所示。此滤镜可以搜索主要颜色的变化区域并强化其过渡像素产生轮廓发光的效果，应用滤镜前后的效果如图 13-20、图 13-21 所示。

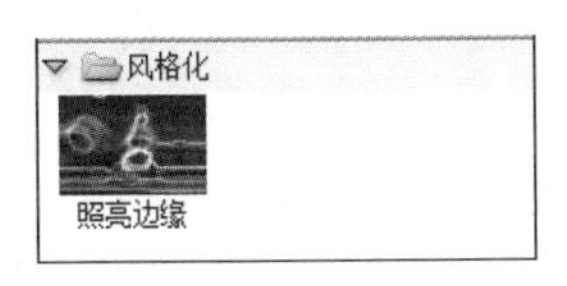

图 13-19

图 13-20

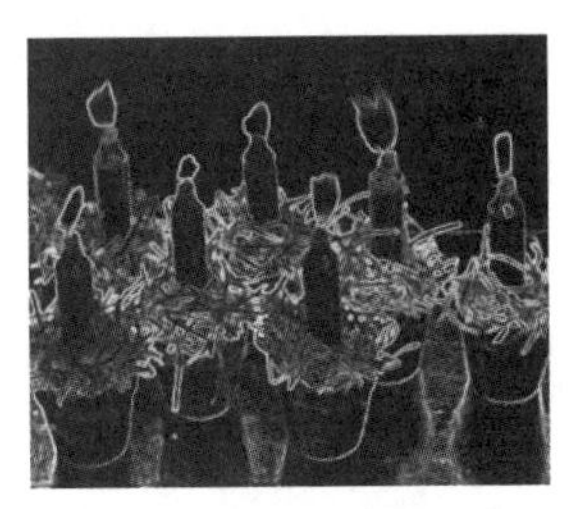

图 13-21

2. 画笔描边滤镜组

画笔描边滤镜组包含 8 个滤镜，如图 13-22 所示。此滤镜组对 CMYK 和 Lab 颜色模式的图像都不起作用。应用不同的滤镜制作出的效果如图 13-23 所示。

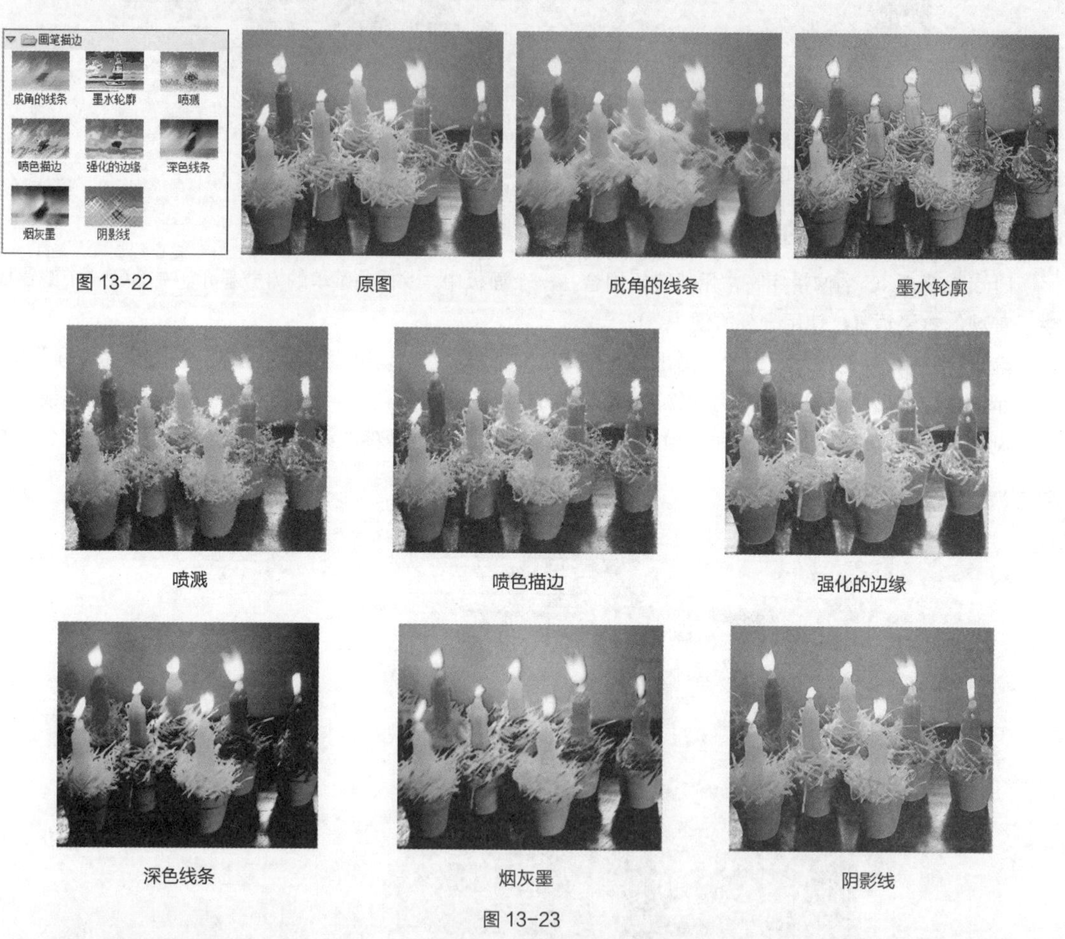

图 13-22

原图 成角的线条 墨水轮廓

喷溅 喷色描边 强化的边缘

深色线条 烟灰墨 阴影线

图 13-23

3. 扭曲滤镜组

扭曲滤镜组包含 3 个滤镜，如图 13-24 所示。此滤镜组可以生成一组从波纹到扭曲图像的变形效果。应用不同的滤镜制作出的效果如图 13-25 所示。

图 13-24

原图 玻璃

图 13-25

海洋波纹

扩散亮光

图 13-25（续）

4. 素描滤镜组

素描滤镜组包含 14 个滤镜，如图 13-26 所示。此滤镜只对 RGB 或灰度模式的图像起作用，可以制作出多种绘画效果。应用不同的滤镜制作出的效果如图 13-27 所示。

图 13-26

图 13-27

5. 纹理滤镜

纹理滤镜组包含 6 个滤镜，如图 13-28 所示。此滤镜可以使图像中各颜色之间产生过渡变形的效果。应用不同的滤镜制作出的效果如图 13-29 所示。

图 13-28　　原图　　颗粒　　龟裂缝

马赛克拼贴　　拼缀图　　染色玻璃　　纹理化

图 13-29

6. 艺术效果滤镜

艺术效果滤镜组包含 15 个滤镜，如图 13-30 所示。此滤镜在 RGB 颜色模式和多通道颜色模式下才可用。应用不同的滤镜制作出的效果如图 13-31 所示。

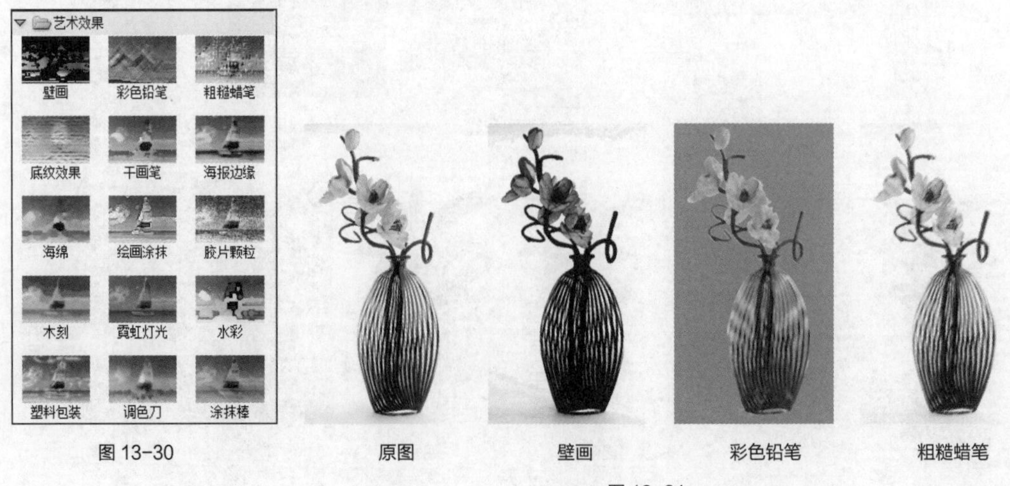

图 13-30　　原图　　壁画　　彩色铅笔　　粗糙蜡笔

图 13-31

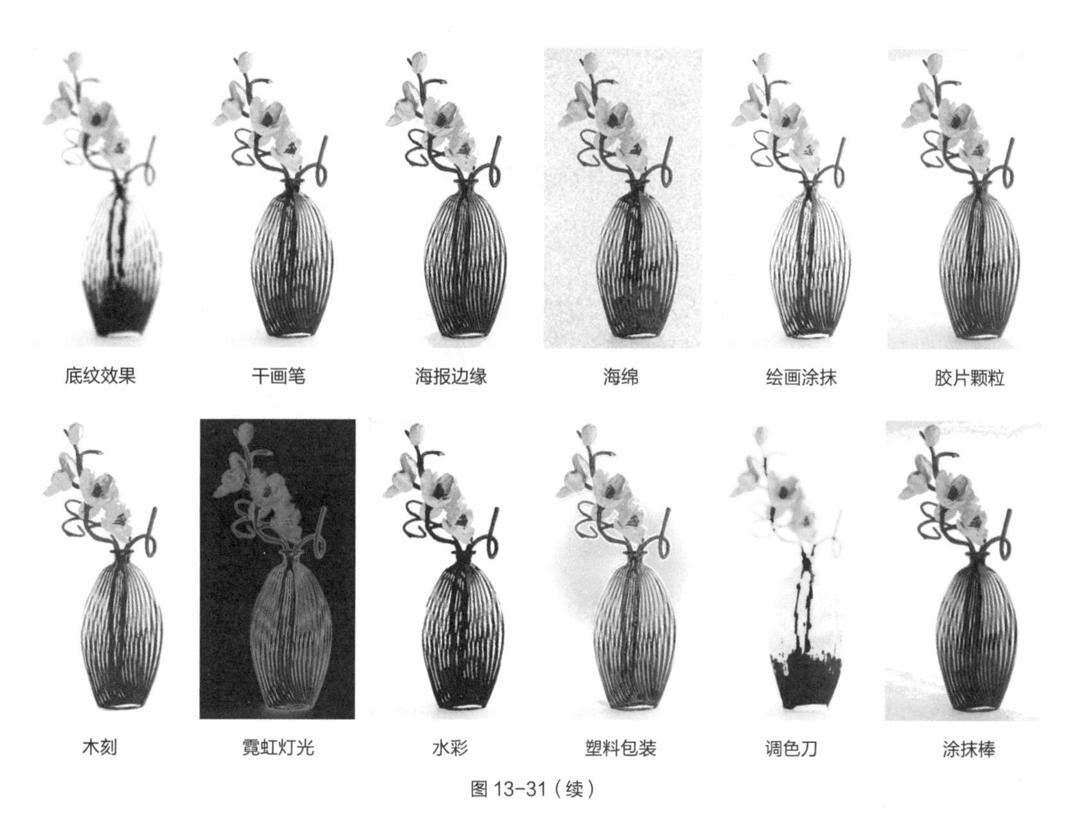

图 13-31（续）

7. 滤镜叠加

在“滤镜库”对话框中可以创建多个效果图层，每个图层可以应用不同的滤镜，从而使图像产生多个滤镜叠加后的效果。

为图像添加“强化的边缘”滤镜，如图 13-32 所示，单击“新建效果图层”按钮，生成新的效果图层，如图 13-33 所示。为图像添加“海报边缘”滤镜，叠加后的如图 13-34 所示。

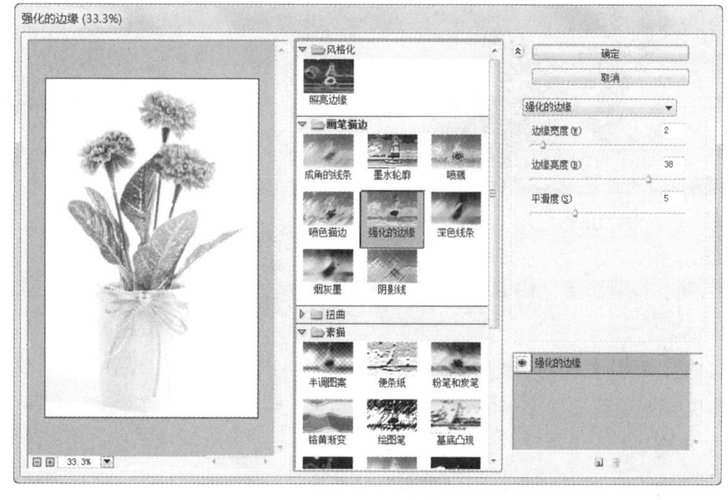

图 13-32

图 13-33

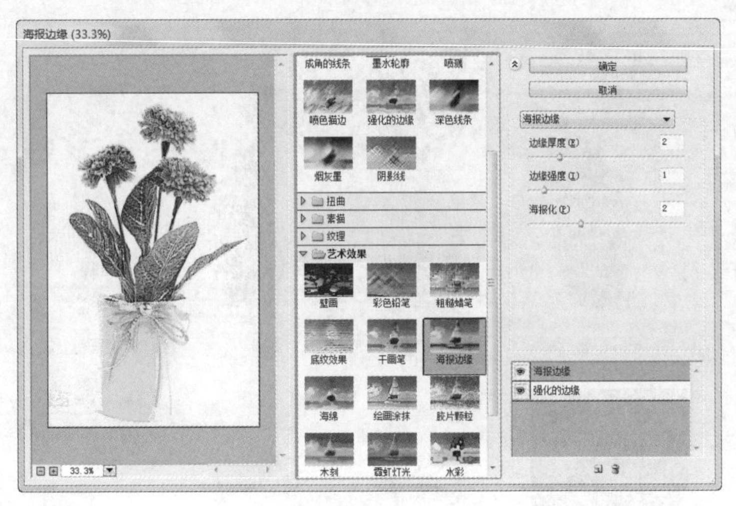

图 13-34

13.1.3 课堂案例——制作手绘变形金刚

案例学习目标

学习使用多种滤镜命令及图层面板制作手绘变形金刚。

案例知识要点

使用图层蒙版和画笔工具擦除不需要的金刚图像，使用图层面板、变换命令和高斯模糊命令制作阴影，使用素描滤镜命令制作铅笔绘图效果，使用曲线调整层调整图像，如图 13-35 所示。

效果所在位置

资源包/Ch13/效果/制作手绘变形金刚.psd。

图 13-35

制作手绘变形金刚

STEP 1 按 Ctrl + O 组合键，打开资源包中的“Ch13 > 素材 > 制作手绘变形金刚 > 01”文件，图像效果如图 13-36 所示。

STEP 2 按 Ctrl + O 组合键，打开资源包中的“Ch13 > 素材 > 制作手绘变形金刚 > 02”文件，选择“移动”工具，将图片拖曳到图像窗口中适当的位置，效果如图 13-37 所示，在“图层”控制面板中生成新图层并将其命名为“变形金刚”。

STEP 3 单击“图层”控制面板下方的“添加图层蒙版”按钮，为“变形金刚”图层添加图层蒙版，如图 13-38 所示。将前景色设为黑色。选择“画笔”工具，在属性栏中单击“画笔”选项右侧的按钮，在弹出的面板中选择需要的画笔形状，将“大小”选项设为 100 像素，如图 13-39 所示，在图像窗口中拖曳鼠标擦除不需要的图像，效果如图 13-40 所示。

图 13-36

图 13-37

图 13-38

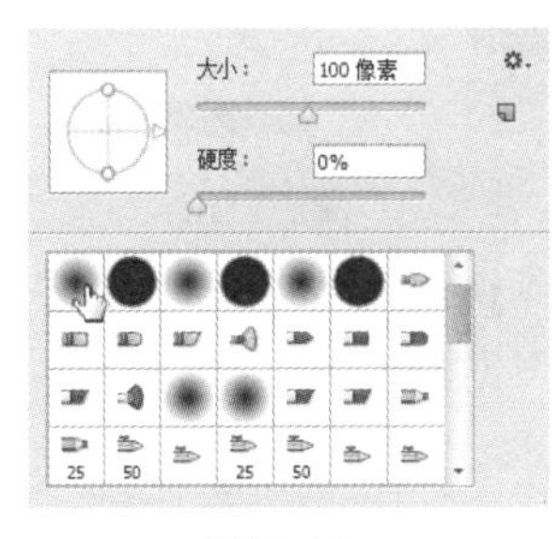

图 13-39

图 13-40

STEP 4 将“变形金刚”图层拖曳到控制面板下方的“创建新图层”按钮 上进行复制，生成新的拷贝图层，如图 13-41 所示。按住 Ctrl 键的同时，单击拷贝图层的图层缩览图，在图像周围生成选区。按 Alt+Delete 组合键，用前景色填充选区。按 Ctrl+D 组合键，取消选区，效果如图 13-42 所示。

图 13-41

图 13-42

STEP 5 在“图层”控制面板上方，将“变形金刚 拷贝”图层的“不透明度”选项设为 42%，如图 13-43 所示，图像效果如图 13-44 所示。

图 13-43

图 13-44

STEP 6 按 Ctrl+T 组合键，图像周围出现变换框，在变换框中单击鼠标右键，在弹出的菜单中选择“扭曲”命令，分别拖曳控制手柄到适当的位置，变形图像，按 Enter 键确认操作，效果如图 13-45 所示。单击“变形金刚 拷贝”图层的图层蒙版缩览图。选择“画笔”工具，在图像窗口中拖曳鼠标擦除不需要的图像，效果如图 13-46 所示。

图 13-45

图 13-46

STEP 7 选择“滤镜 > 模糊 > 高斯模糊”命令，在弹出的“高斯模糊”对话框中进行设置，如图 13-47 所示，单击“确定”按钮，效果如图 13-48 所示。

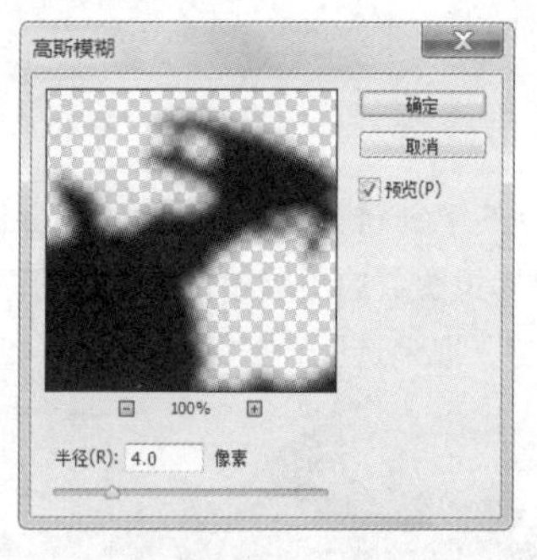

图 13-47

图 13-48

STEP 8 将“变形金刚 拷贝”图层拖曳到“变形金刚”图层的下方，如图 13-49 所示，图像效果如图 13-50 所示。

图 13-49

图 13-50

STEP 9 将“变形金刚”图层拖曳到控制面板下方的“创建新图层”按钮上进行复制，生成新的拷贝图层，拖曳到“变形金刚”图层的下方，如图 13-51 所示。将前景色设为白色，单击“变形金刚 拷贝 2”图层的图层蒙版缩览图，按 Alt+Delete 组合键，用前景色填充蒙版，如图 13-52 所示。单击“变形金刚”图层左侧的眼睛图标，将图层隐藏，如图 13-53 所示。

图 13-51

图 13-52

图 13-53

STEP 10 单击左侧的“变形金刚 拷贝 2”图层缩览图。按 Ctrl+T 组合键，图像周围出现变换框，在变换框中单击鼠标右键，在弹出的菜单中选择“扭曲”命令，分别拖曳控制手柄到适当的位置，变形图像，按 Enter 键确认操作，效果如图 13-54 所示。

STEP 11 单击“变形金刚 拷贝 2”图层的图层蒙版缩览图。将前景色设为黑色。选择“画笔”工具，在属性栏中单击“画笔”选项右侧的按钮，在弹出的面板中选择需要的画笔形状，将“大小”选项设为 175 像素，如图 13-55 所示，在图像窗口中拖曳鼠标擦除不需要的图像，效果如图 13-56 所示。

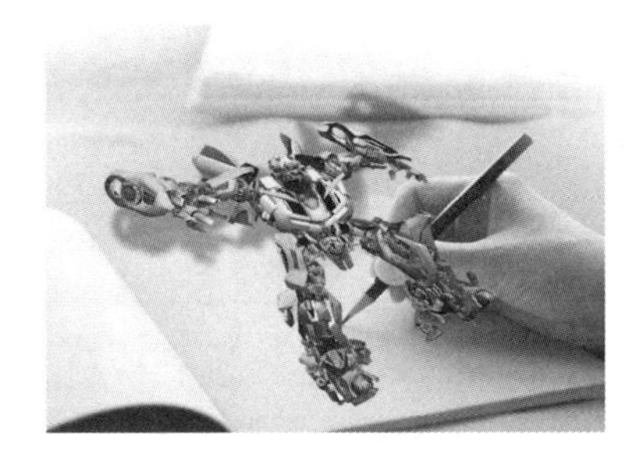

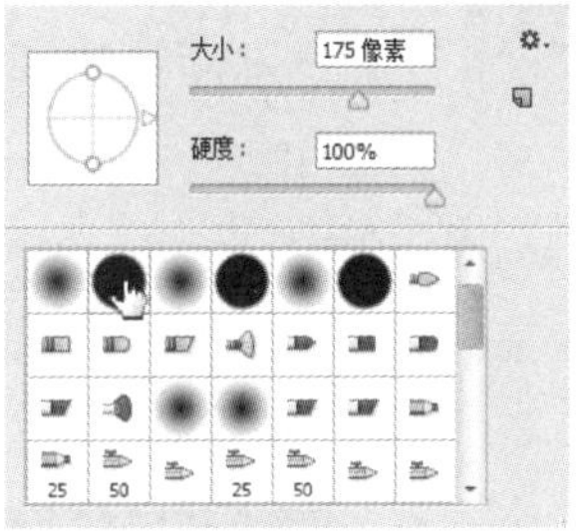

图 13-54

图 13-55

图 13-56

STEP 12 单击“变形金刚”图层左侧的空白图标，显示图层。选择“滤镜 > 滤镜库”命令，在弹出的对话框中进行设置，如图 13-57 所示，单击“确定”按钮，效果如图 13-58 所示。

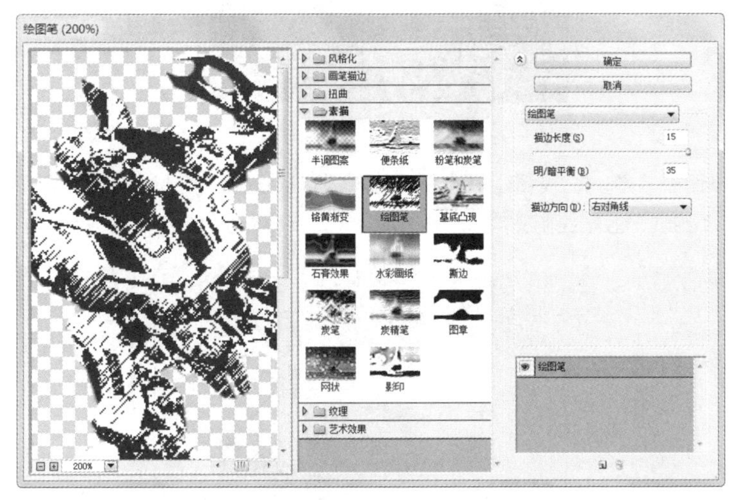

图 13-57

图 13-58

STEP 13 在“图层”控制面板上方，将“变形金刚 拷贝 2”图层的混合模式选项设为“正片叠底”，如图 13-59 所示，图像效果如图 13-60 所示。

STEP 14 单击“图层”控制面板下方的“创建新的填充或调整图层”按钮，在弹出的菜单中选择“曲线”命令，在“图层”控制面板中生成“曲线 1”图层，同时弹出“曲线”面板，在曲线上单击鼠标添加控制点，将“输入”选项设为 203，“输出”选项设为 232，在曲线上再次单击鼠标添加控制点，将“输入”选项设为 103，“输出”选项设为 118，如图 13-61 所示，按 Enter 键确认操作，图像窗口中的效果如图 13-62 所示。

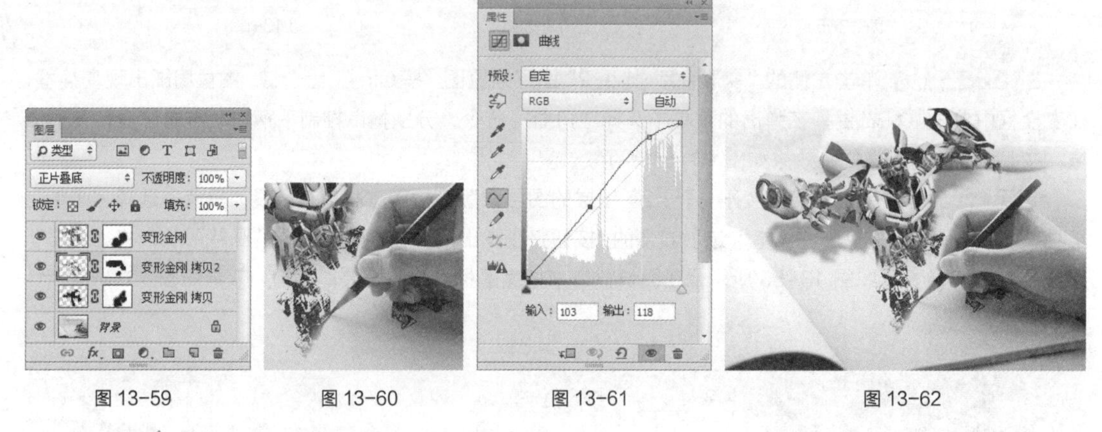

图 13-59　　图 13-60　　图 13-61　　图 13-62

STEP 15 新建图层并将其命名为“阴影”。选择“画笔”工具，在属性栏中单击“画笔”选项右侧的按钮，在弹出的面板中选择需要的画笔形状，如图 13-63 所示，在图像窗口中拖曳鼠标绘制图像，效果如图 13-64 所示。

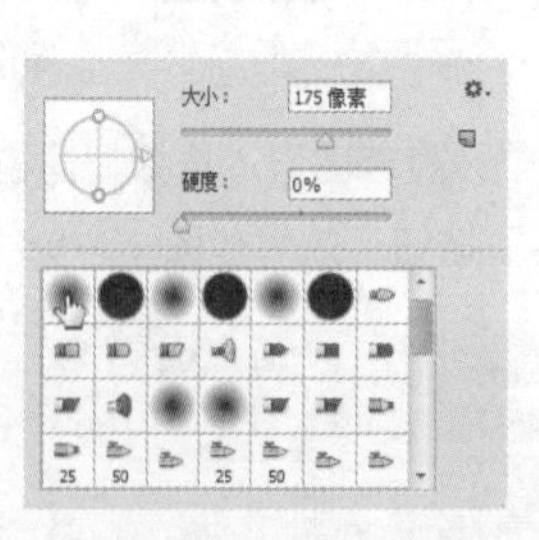

图 13-63

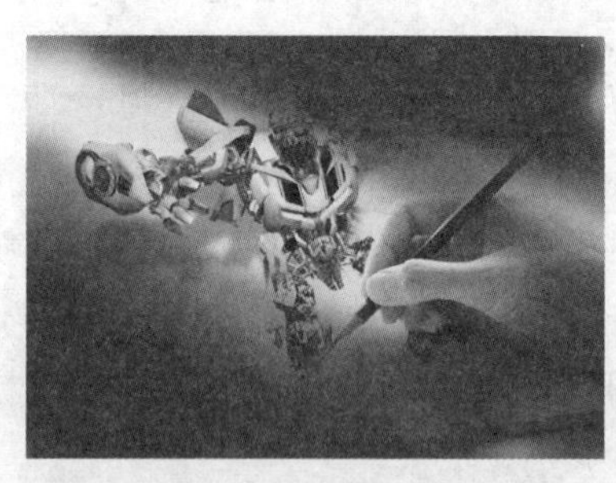

图 13-64

STEP 16 在“图层”控制面板上方，将“阴影”图层的混合模式选项设为“柔光”，如图 13-65 所示，图像效果如图 13-66 所示。手绘变形金刚绘制完成。

图 13-65

图 13-66

13.1.4 自适应广角

自适应广角滤镜是 Photoshop CC 中推出的一项新功能，可以利用它对具有广角、超广角及鱼眼效果的图片进行校正。

打开如图 13-67 所示的图像。选择“滤镜 > 自适应广角”命令，弹出如图 13-68 所示的对话框。

图 13-67

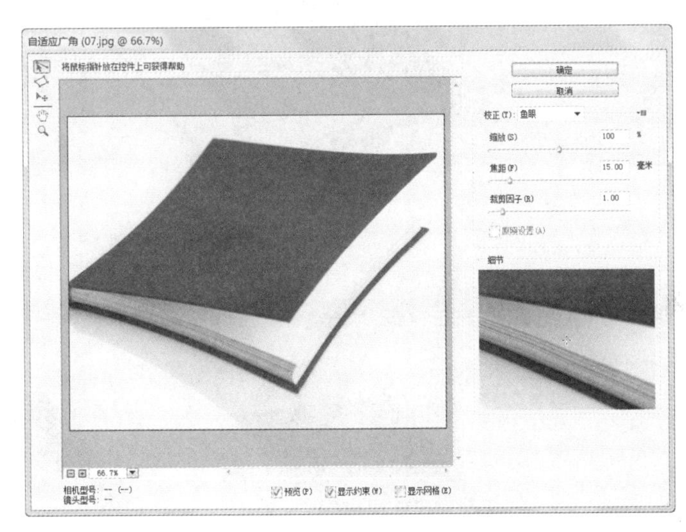

图 13-68

在对话框左侧的图片上需要调整的位置拖曳一条直线，如图 13-69 所示。再将中间的节点向下拖曳到适当的位置，图片自动调整为直线，如图 13-70 所示，单击“确定”按钮，照片调整后的效果如图 13-71 所示。

用相同的方法也可以调整右侧的书边，效果如图 13-72 所示。

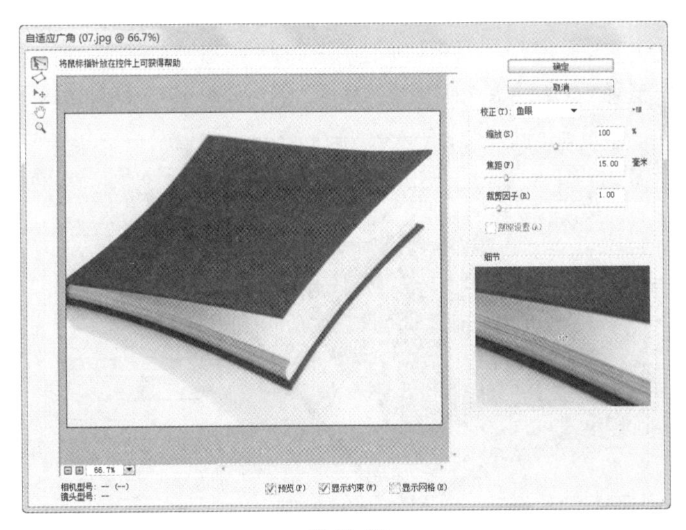

图 13-69

图 13-70

图 13-71　　图 13-72

13.1.5 Camera Raw 滤镜

Camera Raw 滤镜可以调整照片的颜色，包括白平衡、色调以及饱和度，对图像进行锐化处理、减少杂色、纠正镜头问题以及重新修饰。

打开图像。选择“滤镜 > Camera Raw 滤镜”命令，弹出如图 13-73 所示的对话框。

图 13-73

单击“基本”选项卡，设置如图 13-74 所示，单击“确定”按钮，效果如图 13-75 所示。

图 13-74

图 13-75

13.1.6 镜头校正

镜头校正滤镜可以修复常见的镜头瑕疵，如桶形失真、枕形失真、晕影和色差等，也可以使用该滤镜来旋转图像，或修复由于相机在垂直或水平方向上倾斜而导致的图像透视错视现象。打开如图 13-76 所示的图像，选择“滤镜 > 镜头校正”菜单命令，弹出如图 13-77 所示的对话框。

图 13-76

图 13-77

单击“自定”选项卡，设置如图 13-78 所示，单击“确定”按钮，效果如图 13-79 所示。

图 13-78

图 13-79

13.1.7 液化滤镜

液化滤镜命令可以制作出各种类似液化的图像变形效果。

打开一幅图像，选择“滤镜 > 液化”命令，或按 Shift+Ctrl+X 组合键，弹出“液化”对话框，勾选右侧的“高级模式”复选框，如图 13-80 所示。

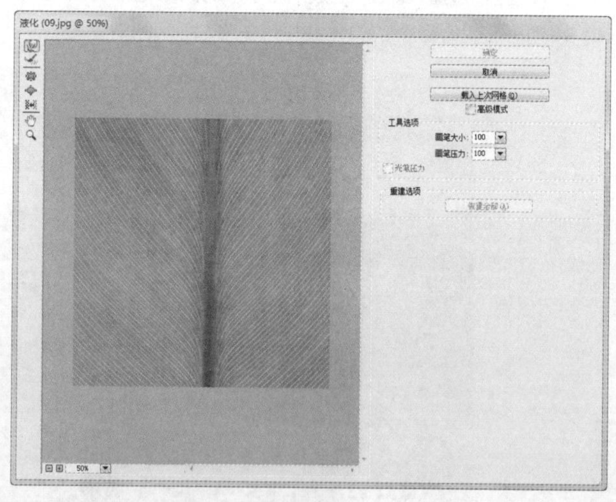

图 13-80

左侧的工具箱由上到下分别为“向前变形”工具、“重建”工具、“褶皱”工具、“膨胀”工具、“左推”工具、“抓手”工具和“缩放”工具。

工具选项：“画笔大小”选项用于设定所选工具的笔触大小；“画笔密度”选项用于设定画笔的浓重度；“画笔压力”选项用于设定画笔的压力，压力越小，变形的过程越慢；“画笔速率”选项用于设定画笔的绘制速度；“光笔压力”选项用于设定压感笔的压力。

重建选项：“重建”按钮用于对变形的图像进行重置；“恢复全部”按钮用于将图像恢复到打开时的状态。

蒙版选项：用于选择通道蒙版的形式。选择“无”按钮，可以不制作蒙版；选择“全部蒙住”按钮，可以为全部的区域制作蒙版；选择“全部反相”按钮，可以解冻蒙版区域并冻结剩余的区域。

视图选项：勾选“显示图像”复选框可以显示图像。勾选“显示网格”复选框可以显示网格，“网格大小”选项用于设置网格的大小，“网格颜色”选项用于设置网格的颜色。勾选“显示蒙版”复选框可以显示蒙版，“蒙版颜色”选项用于设置蒙版的颜色。勾选“显示背景”复选框，在“使用”选项的下拉列表中可以选择“所有图层”。在“模式”选项的下拉列表中可以选择不同的模式。在“不透明度”选项中可以设置不透明度。

在对话框中对图像进行变形，如图 13-81 所示，单击“确定”按钮，完成图像的液化变形，效果如图 13-82 所示。

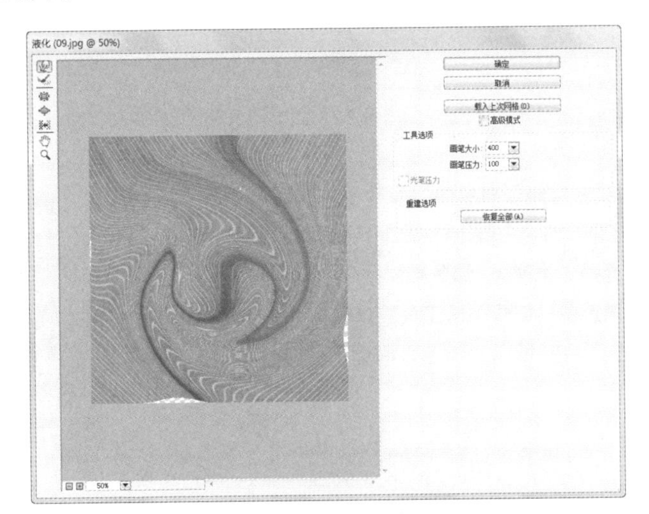

图 13-81

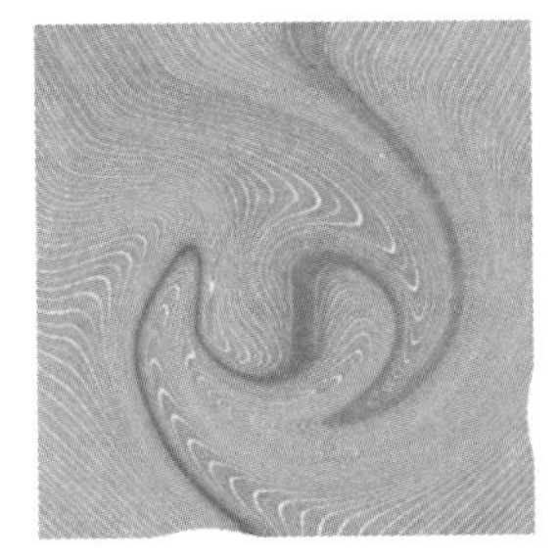

图 13-82

13.1.8 油画滤镜

油画滤镜可以将照片或图片制作成油画效果。

打开如图 13-83 所示的图像。选择“滤镜 > 油画”命令，弹出如图 13-84 所示的对话框。

图 13-83

图 13-84

画笔选项组可以设置笔刷的样式化、清洁度、缩放和硬毛刷细节，光照选项组可以设置角的方向和亮光情况。具体的设置如图 13-85 所示，单击“确定”按钮，效果如图 13-86 所示。

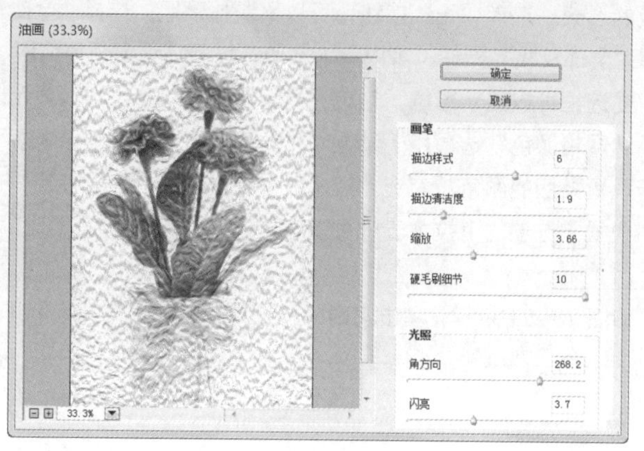

图 13-85

图 13-86

13.1.9 消失点滤镜

应用消失点滤镜，可以制作建筑物或任何矩形对象的透视效果。

选中图像中的建筑物，生成选区，如图 13-87 所示。按 Ctrl + C 组合键复制选区中的图像，取消选区。选择“滤镜 > 消失点”命令，弹出“消失点”对话框，在对话框的左侧选中“创建平面工具”，在图像中单击定义 4 个角的节点，如图 13-88 所示，节点之间会自动连接成为透视平面，如图 13-89 所示。

图 13-87

图 13-88

图 13-89

按 Ctrl + V 组合键将刚才复制过的图像粘贴到对话框中，如图 13-90 所示。将粘贴的图像拖曳到透视平面中，如图 13-91 所示。

按住 Alt 键的同时，复制并向上拖曳建筑物，如图 13-92 所示。用相同的方法，再复制 2 次建筑物，如图 13-93 所示。

图 13-90

图 13-91

图 13-92

图 13-93

单击“确定”按钮，建筑物的透视变形效果如图 13-94 所示。在“消失点”对话框中，透视平面显示为蓝色时为有效的平面；显示为红色时为无效的平面，无法计算平面的长宽比，也无法拉出垂直平面；显示为黄色时为无效的平面，无法解析平面的所有消失点，如图 13-95 所示。

图 13-94

蓝色透视平面

红色透视平面

黄色透视平面

图 13-95

13.1.10 杂色滤镜

杂色滤镜可以混合干扰，制作出着色像素图案的纹理。杂色滤镜的子菜单项如图 13-96 所示。应用不同的滤镜制作出的效果如图 13-97 所示。

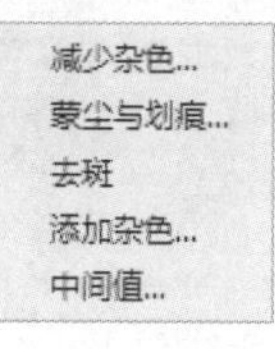

图 13-96

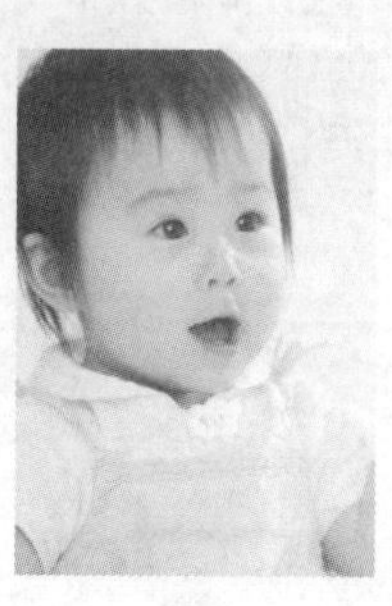

原图

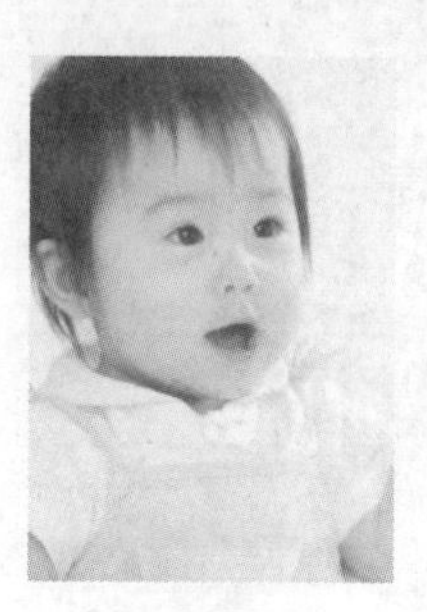

减少杂色

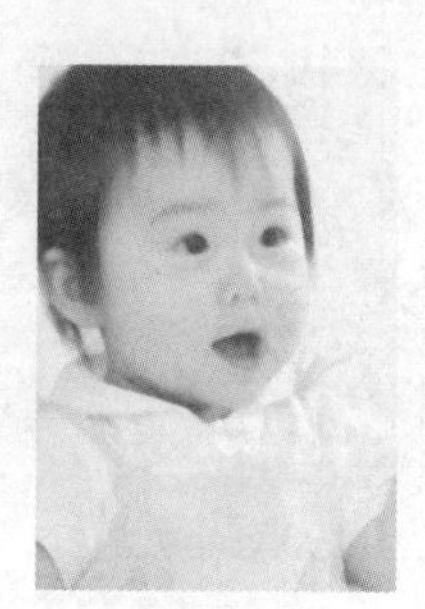

蒙尘与划痕

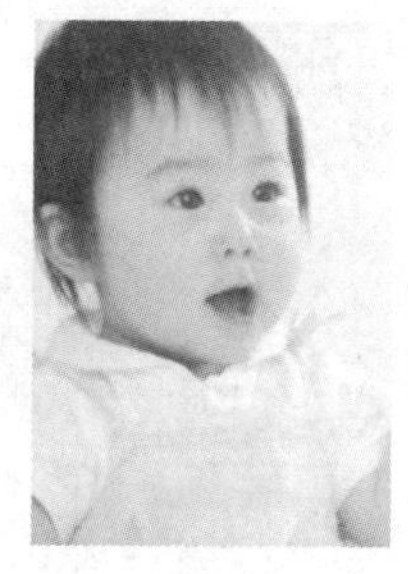

去斑

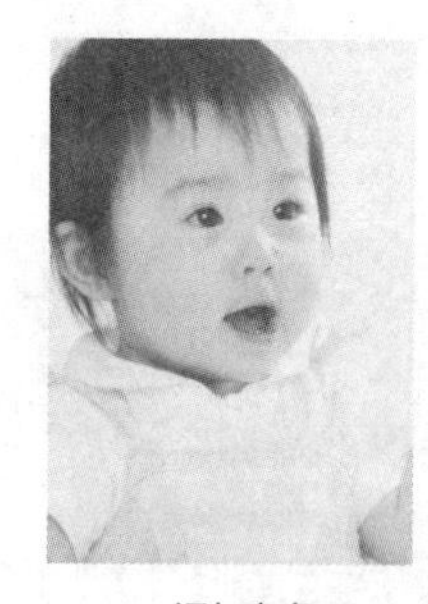

添加杂色

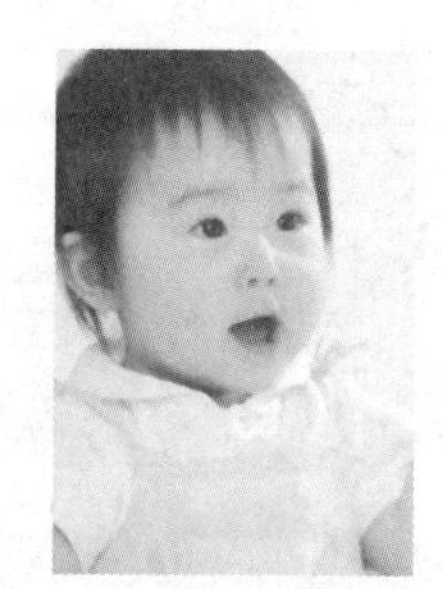

中间值

图 13-97

13.1.11 课堂案例——制作光晕下的景色

案例学习目标

学习使用滤镜命令制作光晕下的景色效果。

案例知识要点

使用打开命令打开背景图片，使用镜头光晕滤镜命令制作光晕下的景色，如图 13-98 所示。

效果所在位置

资源包/Ch13/效果/制作光晕下的景色.psd。

图 13-98

制作光晕下的景色

STEP 1 按 Ctrl + O 组合键，打开资源包中的“Ch13 > 素材 > 制作光晕下的景色 > 01”文件，图像效果如图 13-99 所示。将“背景”图层拖曳到控制面板下方的“创建新图层”按钮上进行复制，生成新的拷贝图层，如图 13-100 所示。

图 13-99

图 13-100

STEP 2 选择“滤镜 > 渲染 > 镜头光晕”命令，弹出“镜头光晕”对话框，将光晕拖曳到适当的位置，其他选项的设置如图 13-101 所示，单击“确定”按钮，效果如图 13-102 所示。光晕下的景色制作完成。

图 13-101

图 13-102

13.1.12 渲染滤镜

渲染滤镜既可以在图片中产生照明的效果，也可以产生不同的光源效果和夜景效果。渲染滤镜菜单如图 13-103 所示。应用不同的滤镜制作出的效果如图 13-104 所示。

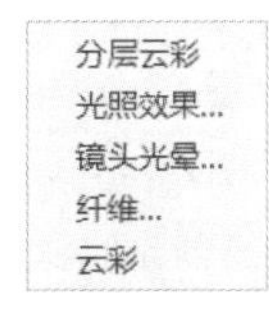

图 13-103

原图

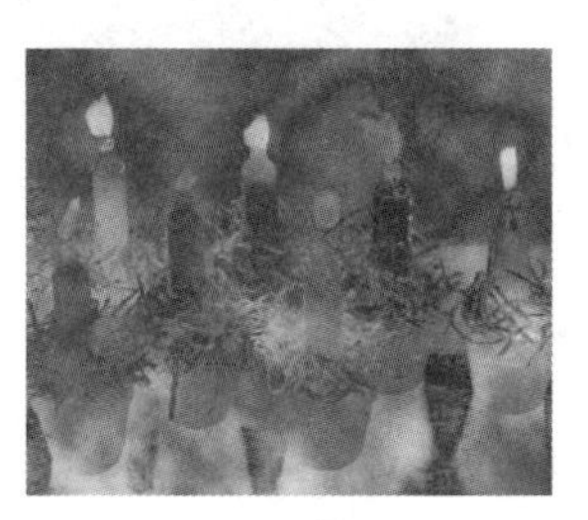

分层云彩

光照效果

图 13-104

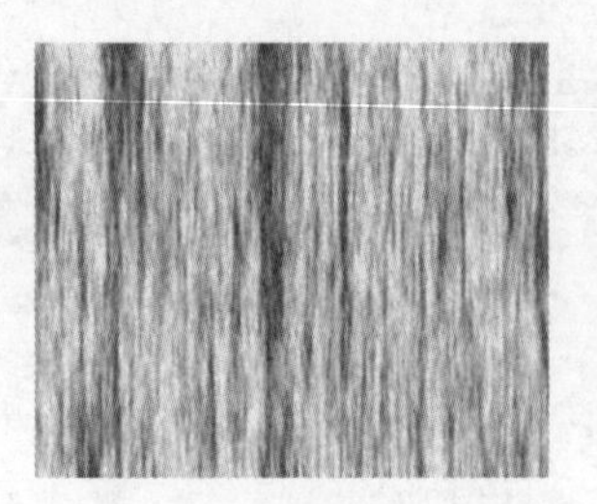

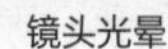

镜头光晕　　纤维　　云彩

图 13-104（续）

13.1.13　像素化滤镜

像素化滤镜可以用于将图像分块或将图像平面化。像素化滤镜的菜单如图 13-105 所示。应用不同的滤镜制作出的效果如图 13-106 所示。

图 13-105

原图　　彩块化　　彩色半调

点状化　　晶格化　　马赛克

碎片　　铜板雕刻

图 13-106

13.1.14　风格化滤镜

风格化滤镜可以产生印象派以及其他风格画派作品的效果，是完全模拟真实艺术手法进行创作的。风格化滤镜菜单如图 13-107 所示。应用不同的滤镜制作出的效果如图 13-108 所示。

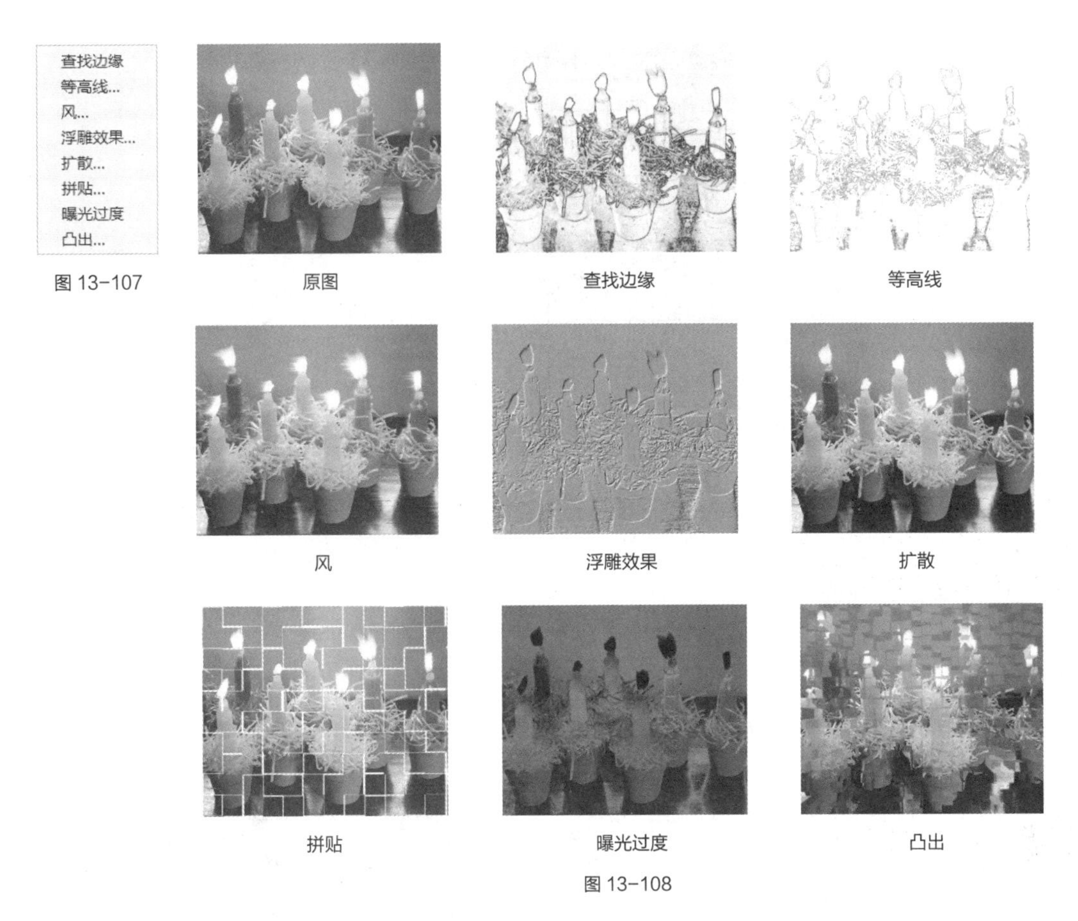

图 13-107

图 13-108

13.1.15 课堂案例——制作动感舞者

案例学习目标

学习使用各种滤镜命令、图层面板和画笔工具制作动感舞者。

案例知识要点

使用填充命令和图层的混合模式制作图片的融合效果，使用高斯模糊命令和波浪滤镜命令制作投影效果，使用画笔工具和画笔面板制作高光，如图 13-109 所示。

效果所在位置

资源包/Ch13/效果/制作动感舞者.psd。

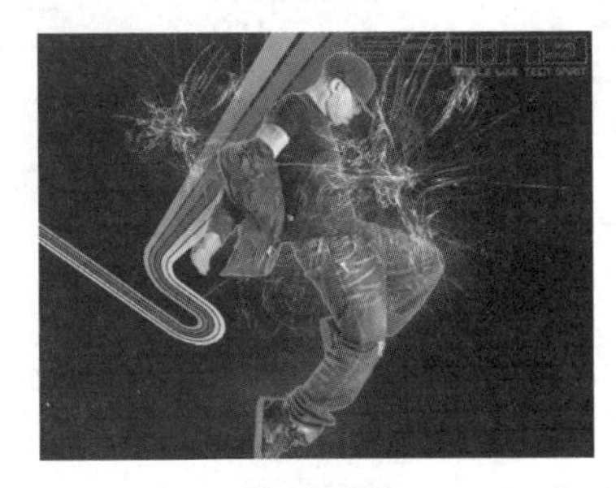

图 13-109

制作动感舞者

STEP 1 按 Ctrl + O 组合键，打开资源包中的“Ch13 > 素材 > 制作动感舞者 > 01”文件，图像效果如图 13-110 所示。在“图层”控制面板中选取“背景素材”图层，如图 13-111 所示。

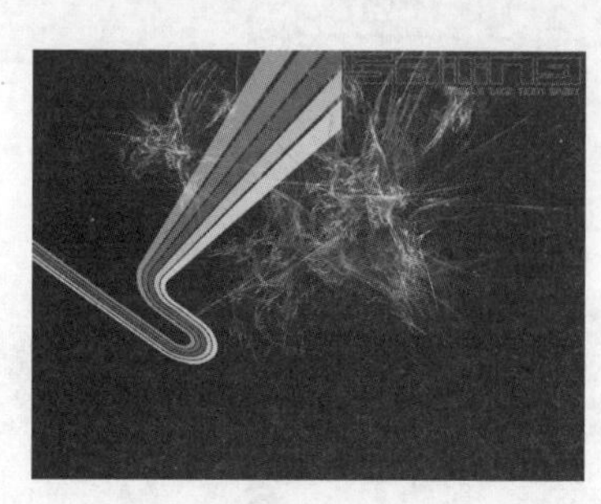

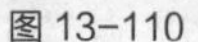

图 13-110

图 13-111

STEP 2 按 Ctrl + O 组合键，打开资源包中的“Ch13 > 素材 > 制作动感舞者 > 02”文件，选择“移动”工具，将图片拖曳到图像窗口中适当的位置，效果如图 13-112 所示，在“图层”控制面板中生成新图层并将其命名为“人物”。

STEP 3 按 Ctrl+T 组合键，在图像周围出现变换框，单击鼠标右键，在弹出的菜单中选择“水平翻转”命令，水平翻转图像，并拖曳到适当的位置，按 Enter 键确认操作，效果如图 13-113 所示。

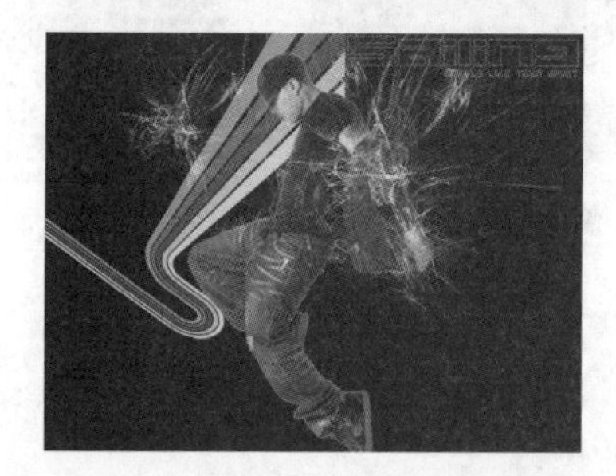

图 13-112

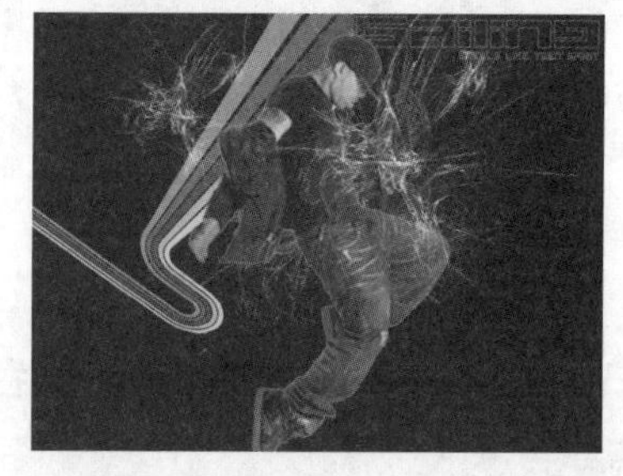

图 13-113

STEP 4 单击“白色光”和“粉色光”图层左侧的眼睛图标，将两个图层隐藏，如图 13-114 所示，图像窗口中的效果如图 13-115 所示。

图 13-114

图 13-115

STEP 5 将“人物”图层拖曳到控制面板下方的“创建新图层”按钮上进行复制，生成新的拷贝图层，如图 13-116 所示。将前景色设为蓝色（其 R、G、B 的值分别为 15、46、173）。按住 Ctrl 键的同时，单击拷贝图层的图层缩览图，在图像周围生成选区。按 Alt+Delete 组合键，用前景色填充选区。

按 Ctrl+D 组合键，取消选区，效果如图 13-117 所示。

STEP 6 在“图层”控制面板上方，将“人物 拷贝”图层的混合模式选项设为“颜色减淡”，如图 13-118 所示，图像效果如图 13-119 所示。

图 13-116

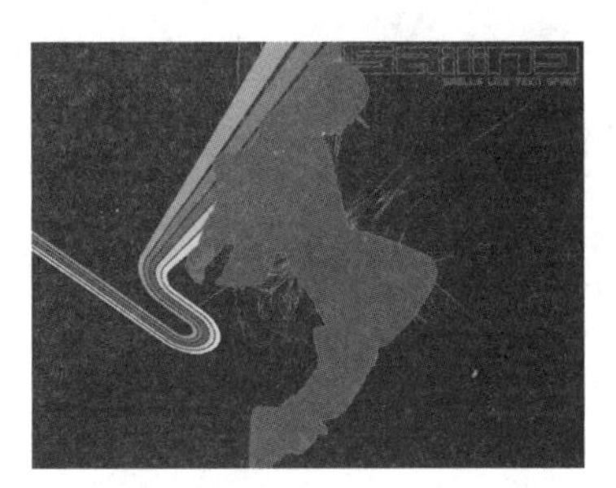

图 13-117

图 13-118

图 13-119

STEP 7 将“人物 拷贝”图层拖曳到控制面板下方的“创建新图层”按钮 上进行复制，生成新的拷贝图层，如图 13-120 所示。将该图层的混合模式选项设为“正常”，图像效果如图 13-121 所示。

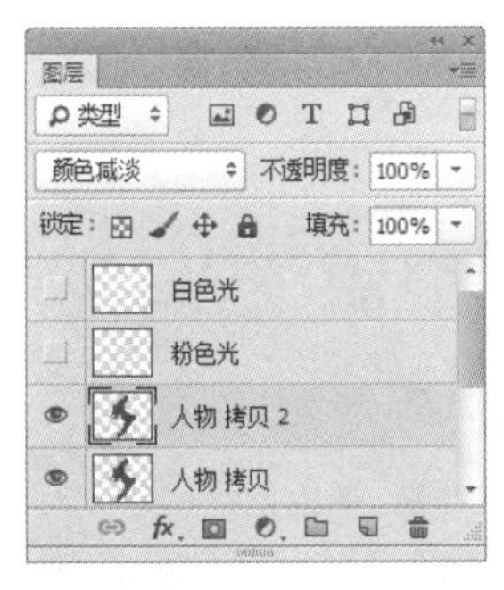

图 13-120

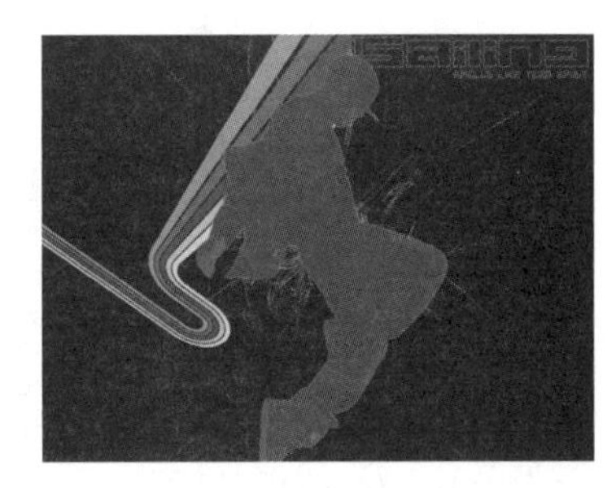

图 13-121

STEP 8 选择“滤镜 > 模糊 > 高斯模糊”命令，在弹出的“高斯模糊”对话框中进行设置，如图 13-122 所示，单击“确定”按钮，效果如图 13-123 所示。

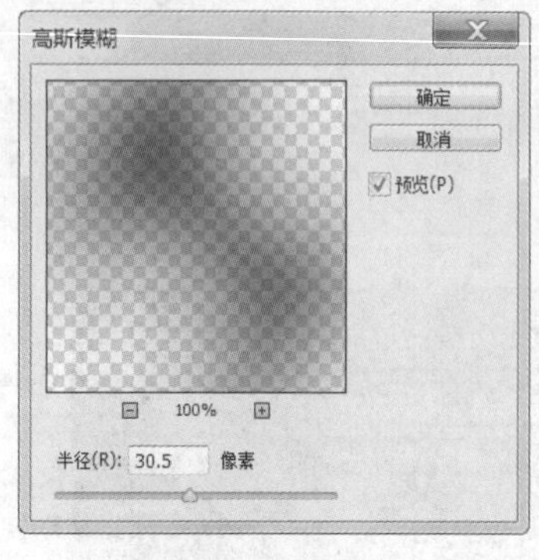

图 13-122

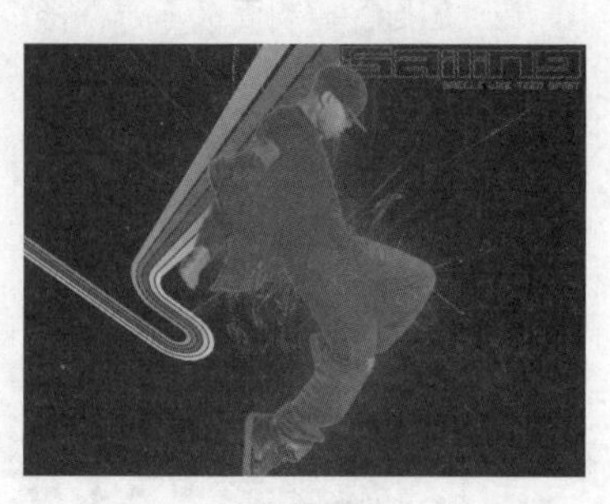

图 13-123

STEP 9 选择“滤镜 > 扭曲 > 波浪”命令，在弹出的“波浪”对话框中进行设置，如图 13-124 所示，单击“确定”按钮，效果如图 13-125 所示。

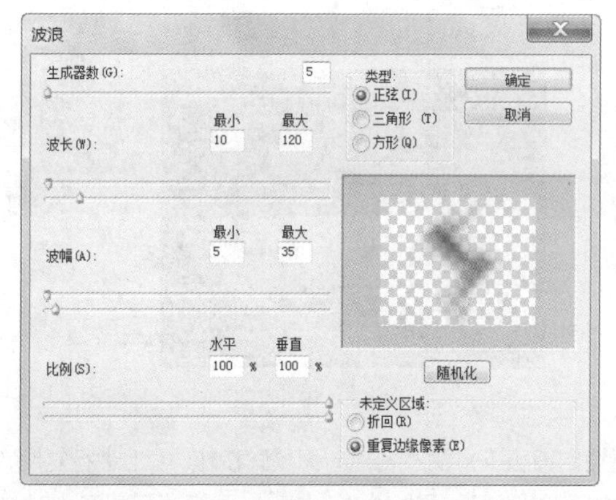

图 13-124

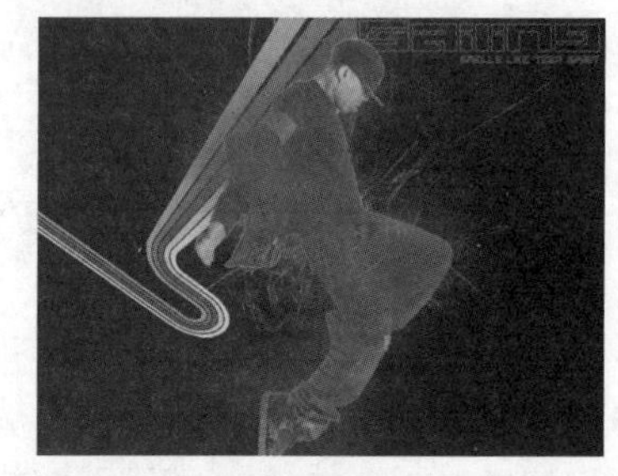

图 13-125

STEP 10 将“人物 拷贝 2”图层拖曳到“人物”图层的下方，如图 13-126 所示，图像效果如图 13-127 所示。

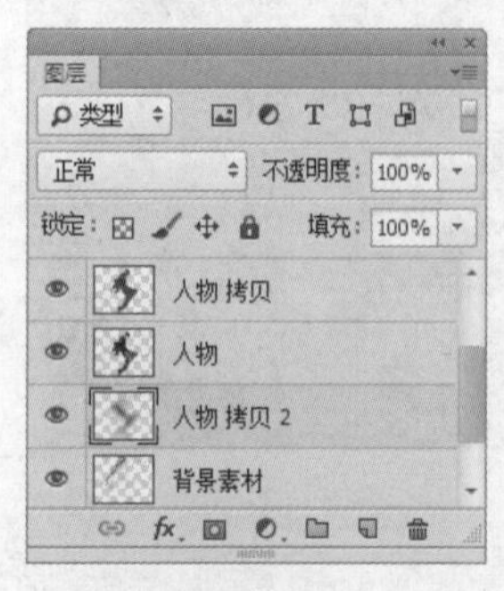

图 13-126

图 13-127

STEP 11 将“人物 拷贝”图层拖曳到控制面板下方的“创建新图层”按钮上进行复制，生成新的拷贝图层，如图 13-128 所示。将前景色设为黑色。按住 Ctrl 键的同时，单击拷贝图层的图层缩览图，在图像周围生成选区。按 Alt+Delete 组合键，用前景色填充选区。将“人物 拷贝 2”图层的混合模式选项设为“正常”，效果如图 13-129 所示。

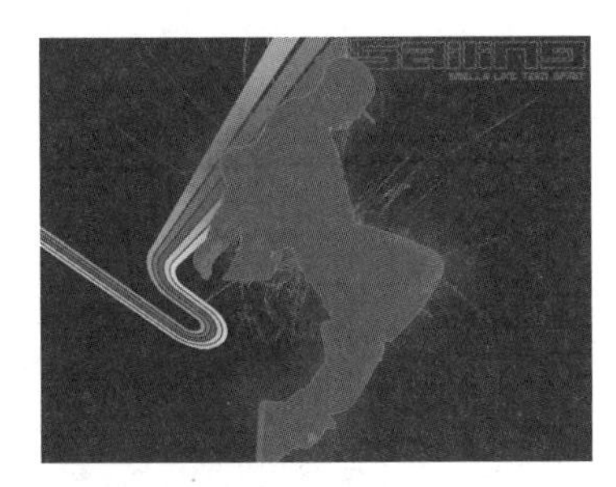

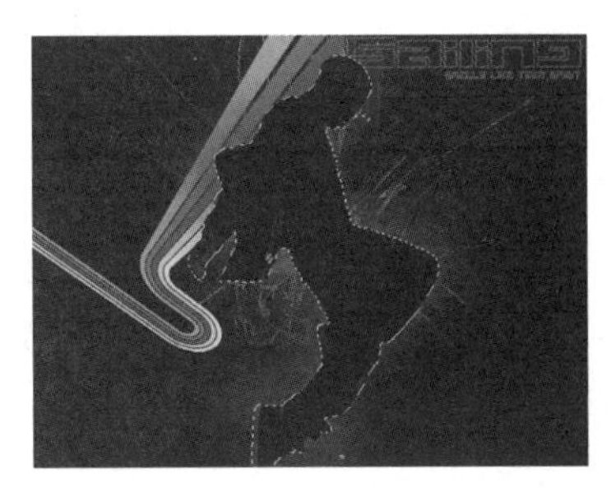

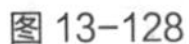

图 13-128　　图 13-129

STEP 12 将前景色设为红紫色（其 R、G、B 的值分别为 215、0、165）。将背景色设为蓝紫色（其 R、G、B 的值分别为 120、10、177）。选择“画笔”工具，在属性栏中单击“切换画笔面板”按钮，弹出“画笔”控制面板，选择“画笔笔尖形状”选项，切换到相应的面板中，选取需要的画笔形状，其他选项的设置如图 13-130 所示；选择“颜色动态”选项，切换到相应的面板中进行设置，如图 13-131 所示。在选区中拖曳鼠标绘制图形，效果如图 13-132 所示。按 Ctrl+D 组合键，取消选区。

图 13-130

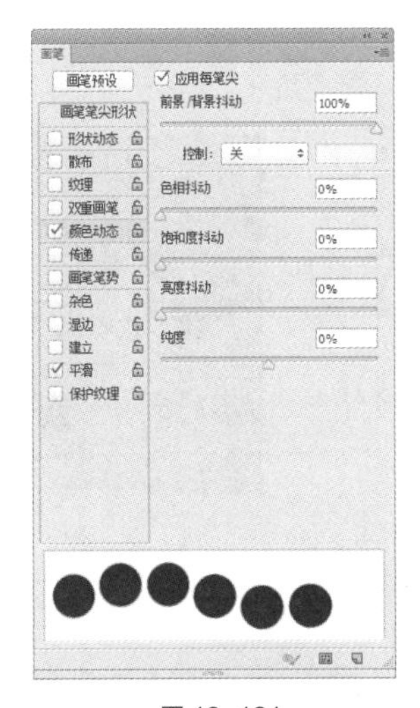

图 13-131

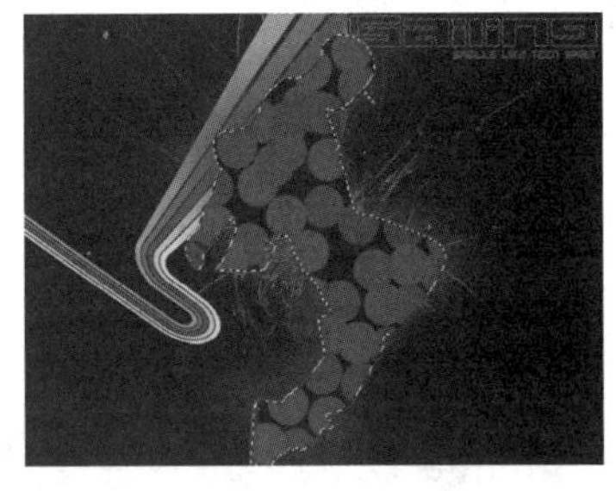

图 13-132

STEP 13 在“图层”控制面板上方，将“人物 拷贝 3”图层的混合模式选项设为“颜色减淡”，如图 13-133 所示，图像效果如图 13-134 所示。

图 13-133

图 13-134

STEP 14 单击“图层”控制面板下方的“添加图层蒙版”按钮，为“人物 拷贝 3”图层添加图层蒙版，如图 13-135 所示。将前景色设为黑色。选择“画笔”工具，在属性栏中单击“画笔”选项右侧的按钮，在弹出的面板中选择需要的画笔形状，将“大小”选项设为 100 像素，如图 13-136 所示，在图像窗口中拖曳鼠标擦除不需要的图像，效果如图 13-137 所示。

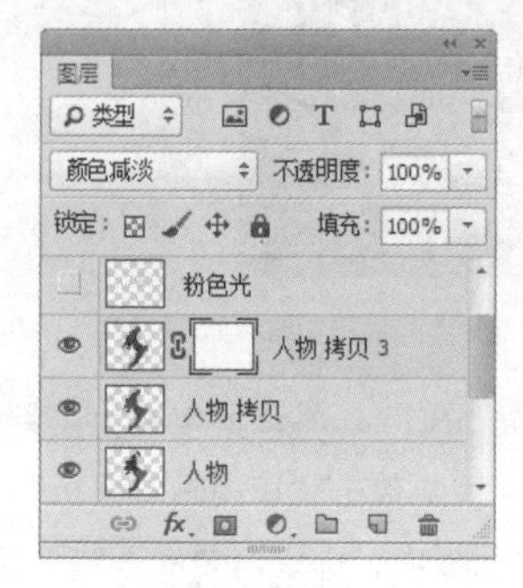

图 13-135

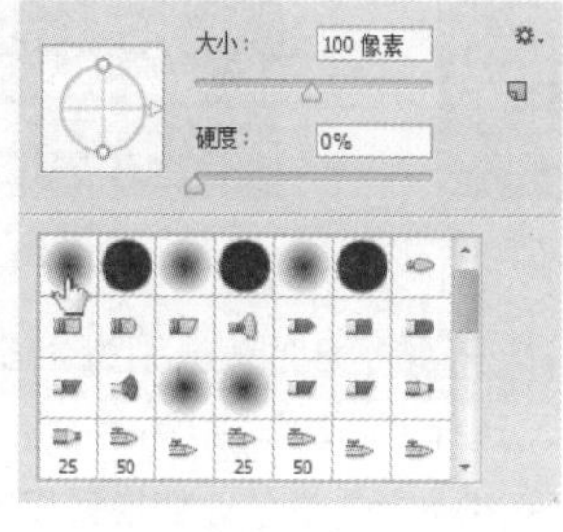

图 13-136

图 13-137

STEP 15 单击“白色光”和“粉色光”图层左侧的空白图标，显示图层，如图 13-138 所示，图像窗口中的效果如图 13-139 所示。动感舞者制作完成。

图 13-138

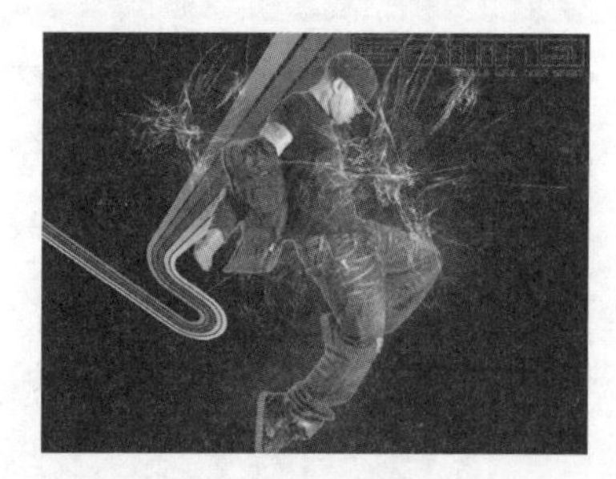

图 13-139

13.1.16 模糊滤镜

模糊滤镜既可以使图像中过于清晰或对比度强烈的区域产生模糊效果，也可以用于制作柔和阴影。模糊效果滤镜菜单如图 13-140 所示。应用不同滤镜制作出的效果如图 13-141 所示。

图 13-140　原图　场景模糊　光圈模糊　移轴模糊　表面模糊

图 13-141

图 13-141（续）

13.1.17 课堂案例——制作漂浮的水果

案例学习目标

学习使用多种滤镜命令及图层蒙版制作漂浮的水果效果。

案例知识要点

使用图层蒙版、画笔工具和高斯模糊命令制作水果与海面的融合效果，使用波纹命令、亮度与对比度命令和画笔工具制作水果阴影，使用横排文字工具和字符面板添加需要的文字，如图 13-142 所示。

效果所在位置

资源包/Ch13/效果/制作漂浮的水果.psd。

图 13-142

制作漂浮的水果

1. 制作图片融合

STEP 1 按 Ctrl＋O 组合键，打开资源包中的“Ch13 > 素材 > 制作漂浮的水果 > 01”文件，效果如图 13-143 所示。按 Ctrl＋O 组合键，打开资源包中的“Ch13 > 素材 > 制作漂浮的水果 > 02”文件，选择“移动”工具，将图片拖曳到图像窗口中适当的位置，效果如图 13-144 所示，在“图层”控制面板中生成新图层并将其命名为“草莓”。

图 13-143

图 13-144

STEP 2 单击“图层”控制面板下方的“添加图层蒙版”按钮，为“草莓”图层添加图层蒙版，如图 13-145 所示。将前景色设为黑色。选择“画笔”工具，在属性栏中单击“画笔”选项右侧的按钮，在弹出的面板中选择需要的画笔形状，将“大小”选项设为 100 像素，如图 13-146 所示，在图像窗口中拖曳鼠标擦除不需要的图像，效果如图 13-147 所示。

图 13-145

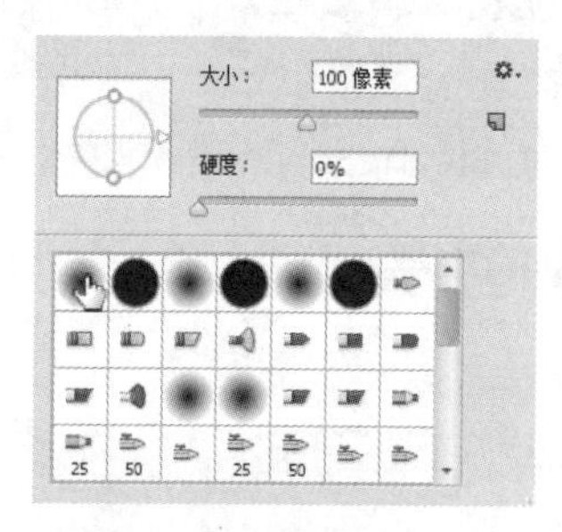

图 13-146

图 13-147

STEP 3 将“草莓”图层拖曳到控制面板下方的“创建新图层”按钮上进行复制，生成新的拷贝图层，如图 13-148 所示。选择“滤镜 > 模糊 > 高斯模糊”命令，在弹出的对话框中进行设置，如图 13-149 所示，单击“确定”按钮，效果如图 13-150 所示。

图 13-148

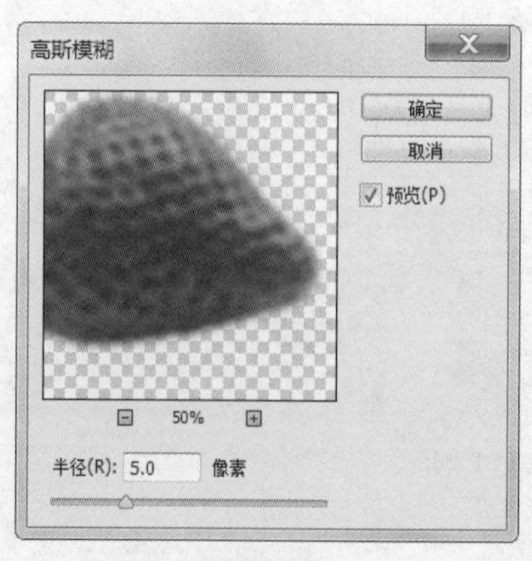

图 13-149

图 13-150

STEP 4 单击“草莓 拷贝”图层的图层蒙版缩览图，如图 13-151 所示。选择“画笔”工具，在属性栏中单击“画笔”选项右侧的按钮，在弹出的面板中选择需要的画笔形状，将“大小”选项设为 150 像素，如图 13-152 所示，在图像窗口中拖曳鼠标擦除不需要的图像，效果如图 13-153 所示。

图 13-151

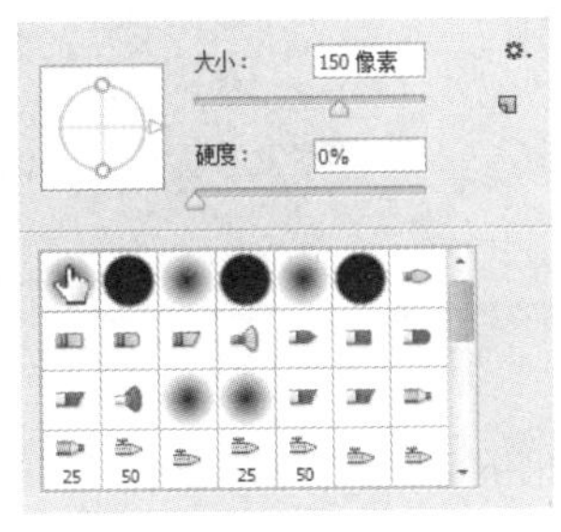

图 13-152

图 13-153

STEP 5 将“草莓”图层拖曳到控制面板下方的“创建新图层”按钮上进行复制，生成新的拷贝图层，如图 13-154 所示。按 Ctrl+T 组合键，在图像周围出现变换框，单击鼠标右键，在弹出的菜单中选择“垂直翻转”命令，垂直翻转图像，并拖曳到适当的位置，按 Enter 键确认操作，效果如图 13-155 所示。

图 13-154

图 13-155

STEP 6 选择“滤镜 > 扭曲 > 波纹”命令，在弹出的“波纹”对话框中进行设置，如图 13-156 所示，单击“确定”按钮，效果如图 13-157 所示。

STEP 7 选择“图像 > 调整 > 亮度/对比度”命令，在弹出的“亮度/对比度”对话框中进行设置，如图 13-158 所示，单击“确定”按钮，效果如图 13-159 所示。

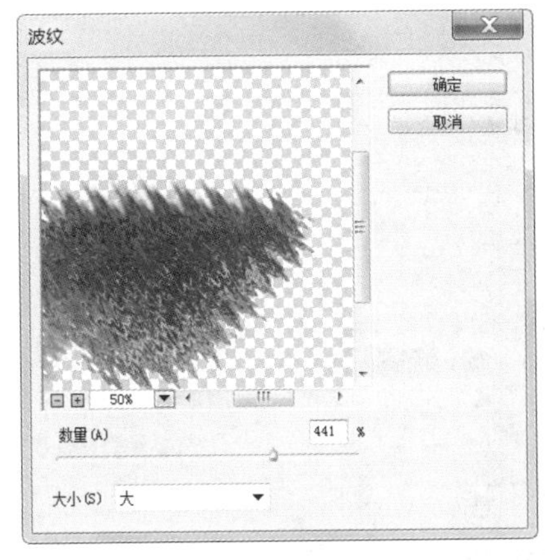

图 13-156

图 13-157

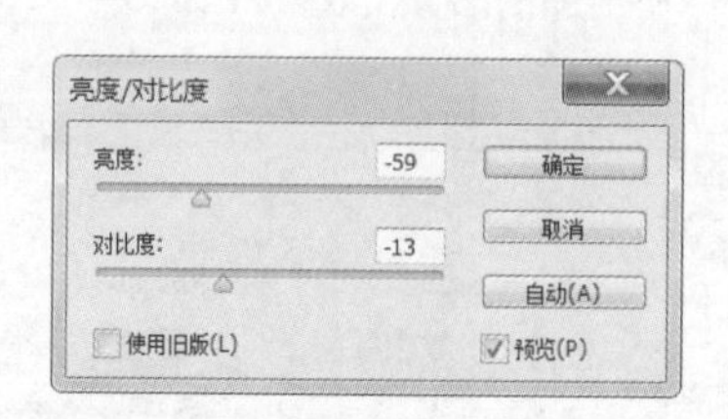

图 13-158

图 13-159

STEP 8 单击“草莓 拷贝 2”图层的图层蒙版缩览图。选择“画笔”工具，在属性栏中将“不透明度”和“流量”选项均设为 30%，在图像窗口中拖曳鼠标擦除不需要的图像，效果如图 13-160 所示。

STEP 9 按 Ctrl + O 组合键，打开资源包中的“Ch13 > 素材 > 制作漂浮的水果 > 03”文件，选择“移动”工具，将图片拖曳到图像窗口中适当的位置，效果如图 13-161 所示，在“图层”控制面板中生成新图层并将其命名为“船”。

图 13-160

图 13-161

2. 添加文字

STEP 1 选择“横排文字”工具，在适当的位置分别输入需要的文字并选取文字，在属性栏中分别选择合适的字体并设置大小，效果如图 13-162 所示，在“图层”控制面板中分别生成新的文字图层。

STEP 2 选取“漂浮的果子”文字。按 Ctrl+T 组合键，弹出“字符”面板，将“设置所选字符的字距调整”选项设置为-50，其他选项的设置如图 13-163 所示，按 Enter 键确认操作，效果如图 13-164 所示。

图 13-162

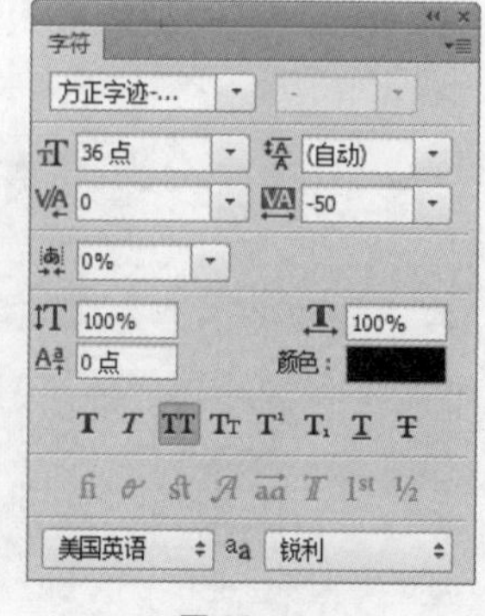

图 13-163

图 13-164

STEP 3 选取“FLOATING FRUIT”文字。按 Ctrl+T 组合键，弹出“字符”面板，将“设置所选字符的字距调整” VA 0 选项设置为-34，其他选项的设置如图 13-165 所示，按 Enter 键确认操作，效果如图 13-166 所示。

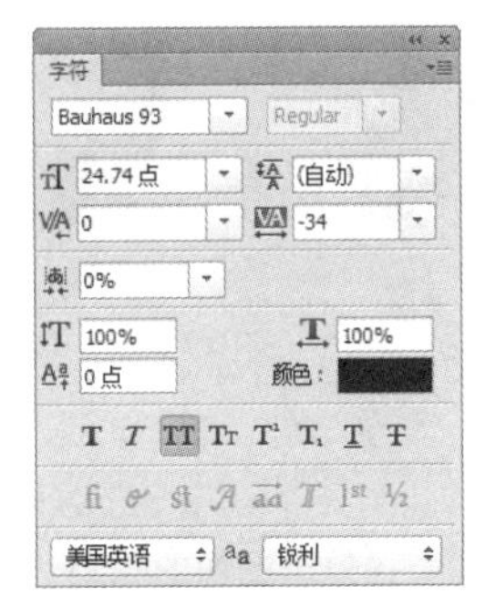

图 13-165

图 13-166

STEP 4 在“漂浮的果子”图层上单击鼠标右键，在弹出的菜单中选择“栅格化图层”命令，栅格化图层，如图 13-167 所示。按 Ctrl+T 组合键，文字周围出现变换框，在变换框中单击鼠标右键，在弹出的菜单中选择“透视”命令，向内拖曳右上方的控制手柄，透视文字，按 Enter 键确认操作，效果如图 13-168 所示。漂浮的水果制作完成，效果如图 13-169 所示。

图 13-167

图 13-168

图 13-169

13.1.18 扭曲滤镜

扭曲滤镜效果可以生成一组从波纹到扭曲图像的变形效果。扭曲滤镜菜单如图 13-170 所示。应用不同滤镜制作出的效果如图 13-171 所示。

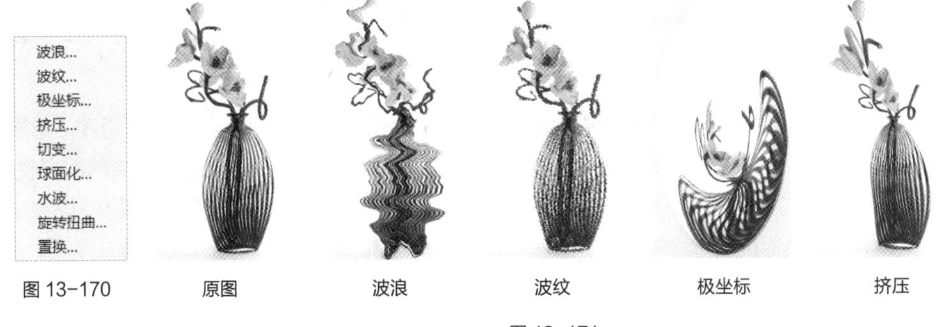

图 13-170　原图　波浪　波纹　极坐标　挤压

图 13-171

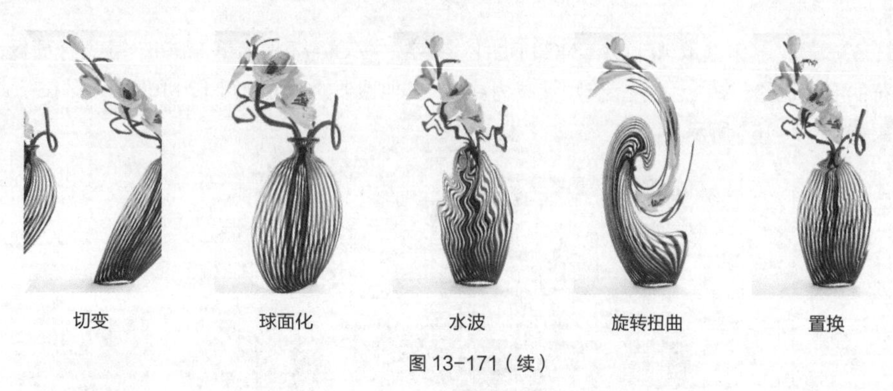

图 13-171（续）

13.1.19 锐化滤镜

锐化滤镜可以通过生成更大的对比度来使图像清晰化和增强处理图像的轮廓。此组滤镜可以减少图像修改后产生的模糊效果。锐化滤镜菜单如图 13-172 所示。应用锐化滤镜组制作的图像效果如图 13-173 所示。

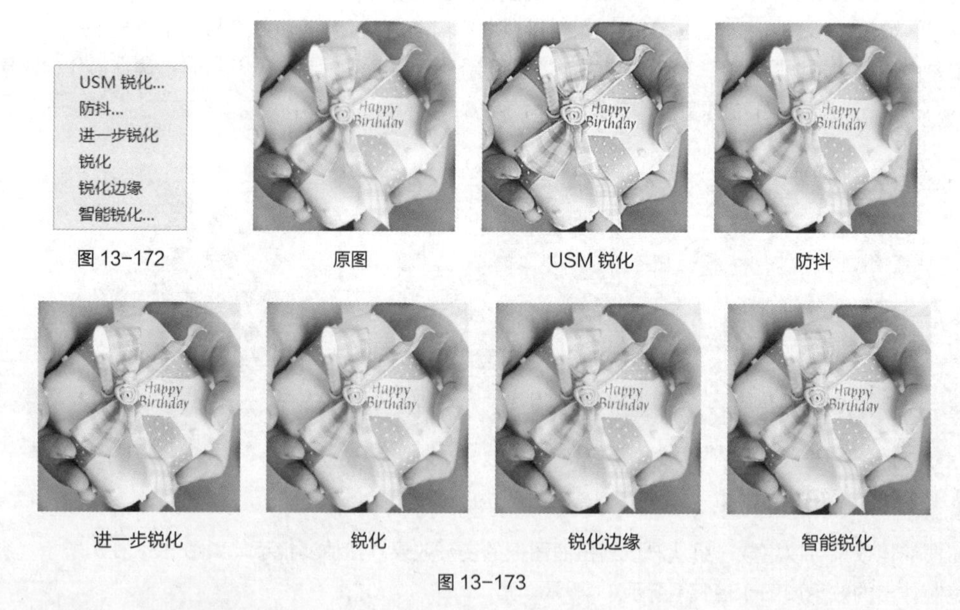

图 13-172

图 13-173

13.1.20 智能滤镜

常用滤镜在应用后就不能改变滤镜命令中的数值了。智能滤镜是针对智能对象使用的、可调节滤镜效果的一种应用模式。

添加智能滤镜：在“图层”控制面板中选中要应用滤镜的图层，如图 13-174 所示。选择“滤镜 > 转换为智能滤镜”命令，将普通滤镜转换为智能滤镜，此时，弹出提示对话框，提示将选中的图层转换为智能对象，单击“确定”按钮，“图层”控制面板中的效果如图 13-175 所示。选择“滤镜 > 模糊 > 动感模糊”命令，为图像添加拼缀图效果，在“图层”控制面板此图层的下方显示出滤镜名称，如图 13-176 所示。

编辑智能滤镜：可以随时调整智能滤镜中各选项的参数来改变图像的效果。双击“图层”控制面板中要修改参数的滤镜名称，在弹出的相应对话框中重新设置参数即可。单击滤镜名称右侧的“双击以编辑滤镜混合选项”图标，弹出“混合选项”对话框，在对话框中可以设置滤镜效果的模式和不透明度，如图13-177所示。

图13-174

图13-175

图13-176

图13-177

13.1.21 课堂案例——制作眼妆广告

案例学习目标

学习使用滤镜命令、渐变工具和横排文字工具制作眼妆广告。

案例知识要点

使用位移滤镜命令和渐变工具制作背景效果，使用画笔工具擦除不需要的图像，使用文字工具添加文字，如图13-178所示。

效果所在位置

资源包/Ch13/效果/制作眼妆广告.psd。

图13-178

制作眼妆广告

STEP 1 按Ctrl+O组合键，打开资源包中的“Ch13 > 素材 > 制作眼妆广告 > 01”文件，图像效果如图 13-179 所示。选择“滤镜 > 其他 > 位移”命令，在弹出的“位移”对话框中进行设置，如图 13-180 所示，单击“确定”按钮，效果如图 13-181 所示。

图 13-179

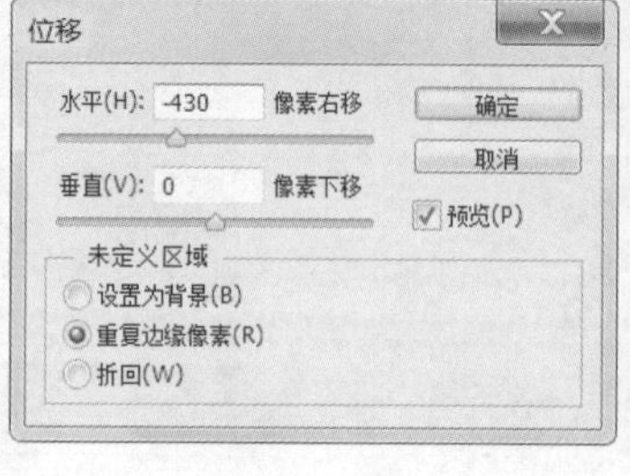

图 13-180

图 13-181

STEP 2 新建图层并将其命名为“渐变”。将前景色设为浅棕色（其 R、G、B 的值分别为 227、196、148）。选择“渐变”工具，单击属性栏中的“点按可编辑渐变”按钮，弹出“渐变编辑器”对话框，在“预设”选项组中选择“从前景色到透明渐变”选项，如图 13-182 所示，在图像窗口中从右上角向中间拖曳渐变色，效果如图 13-183 所示。

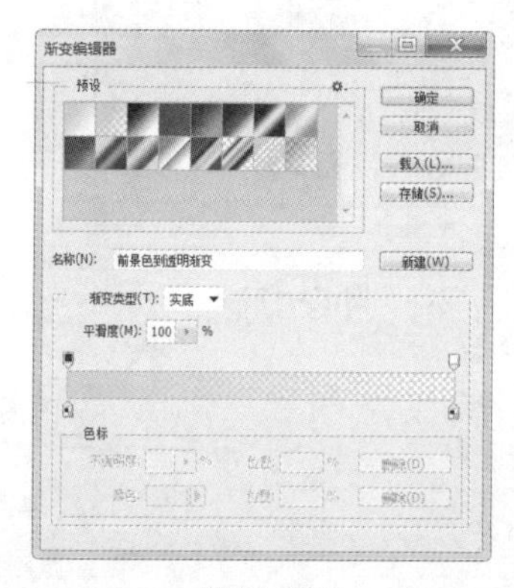

图 13-182

图 13-183

STEP 3 按 Ctrl + O 组合键，打开资源包中的“Ch13 > 素材 > 制作眼妆广告 > 02”文件，选择“移动”工具，将图片拖曳到图像窗口中适当的位置并调整其大小，效果如图 13-184 所示，在“图层”控制面板中生成新图层并将其命名为“羽毛”。

STEP 4 按 Ctrl+T 组合键，在图像周围出现变换框，单击鼠标右键，在弹出的菜单中选择“水平翻转”命令，水平翻转图像，按 Enter 键确定操作，效果如图 13-185 所示。

图 13-184

图 13-185

STEP 5 单击“羽毛”图层的图层蒙版缩览图，如图 13-186 所示。将前景色设为黑色。选择“画笔”工具，在属性栏中单击“画笔”选项右侧的按钮，在弹出的面板中选择需要的画笔形状，将“大小”选项设为 100 像素，“硬度”选项设为 66%，如图 13-187 所示，在图像窗口中拖曳鼠标擦除不需要的图像，效果如图 13-188 所示。

图 13-186

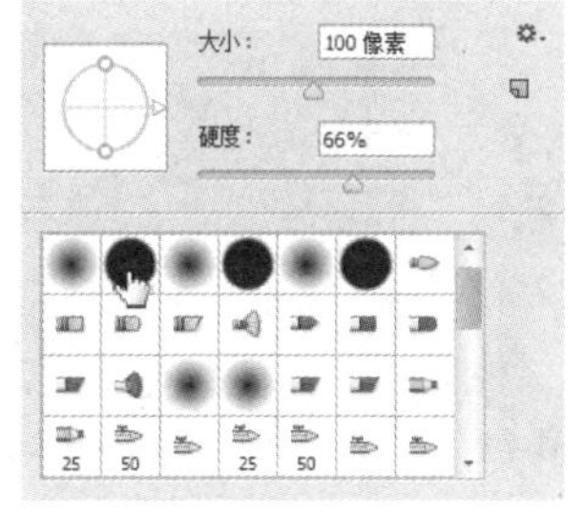

图 13-187

图 13-188

STEP 6 选择“横排文字”工具，在适当的位置分别输入需要的文字并选取文字，在属性栏中分别选择合适的字体并设置大小，效果如图 13-189 所示，在“图层”控制面板中分别生成新的文字图层。

STEP 7 选择“横排文字”工具，分别选取需要的文字，在属性栏中将填充选项设为粉色（其 R、G、B 的值分别为 255、84、216）和蓝色（其 R、G、B 的值分别为 64、156、233），填充文字，效果如图 13-190 所示。

图 13-189

图 13-190

STEP 8 按 Ctrl + O 组合键，打开资源包中的“Ch13 > 素材 > 制作眼妆广告 > 03”文件，选择“移动”工具，将图片拖曳到图像窗口中适当的位置，效果如图 13-191 所示，在“图层”控制面板中生成新图层并将其命名为“睫毛膏”。

STEP 9 按 Ctrl + O 组合键，打开资源包中的“Ch13 > 素材 > 制作眼妆广告 > 04”文件，选择“移动”工具，将图片拖曳到图像窗口中适当的位置，效果如图 13-192 所示，在“图层”控制面板中生成新图层并将其命名为“眼影”。眼妆广告制作完成。

图 13-191

图 13-192

13.1.22 其他滤镜

其他滤镜效果不同于其他分类的滤镜组，在此滤镜效果中，可以创建自己的特殊效果滤镜。其他滤镜菜单如图 13-193 所示。应用不同滤镜制作出来的效果如图 13-194 所示。

图 13-193

原图　高反差保留　位移

自定　最大值　最小值

图 13-194

13.2 滤镜使用技巧

重复使用滤镜、对图像局部使用滤镜可以使图像产生更加丰富、生动的变化。

13.2.1 重复使用滤镜

如果在使用一次滤镜后效果不理想，就可以按 Ctrl+F 组合键，重复使用滤镜。重复使用染色玻璃滤镜的不同效果如图 13-195 所示。

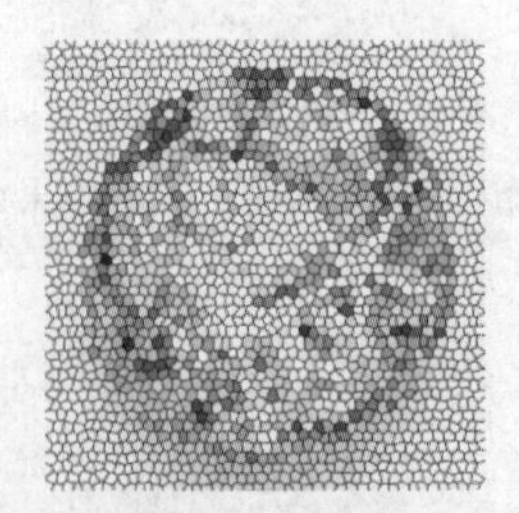
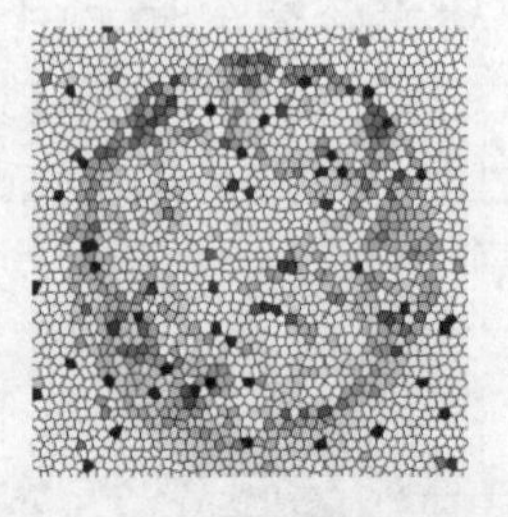

图 13-195

13.2.2 对图像局部使用滤镜

对图像局部使用滤镜是常用的处理图像的方法。在要应用的图像上绘制选区，如图 13-196 所示，对选区中的图像使用球面化滤镜，效果如图 13-197 所示。如果对选区进行羽化后再使用滤镜，就可以得到与原图溶为一体的效果。在“羽化选区”对话框中设置羽化的数值，如图 13-198 所示，对选区进行羽化后再使用滤镜得到的效果如图 13-199 所示。

图 13-196

图 13-197

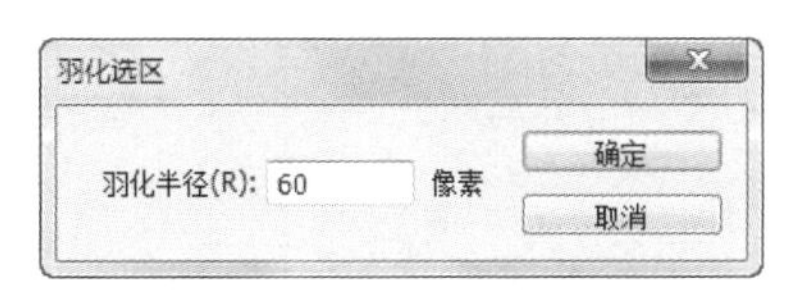

图 13-198

图 13-199

13.2.3 对通道使用滤镜

如果分别对图像的各个通道使用滤镜，结果和对图像使用滤镜的效果是一样的。对图像的单独通道使用滤镜，可以得到一种非常好的效果。原始图像效果如图 13-200 所示，对图像的红、蓝通道分别使用径向模糊滤镜后得到的效果如图 13-201 所示。

图 13-200

图 13-201

13.2.4 对滤镜效果进行调整

对图像应用“点状化”滤镜后，效果如图 13-202 所示，按 Ctrl+Shift+F 组合键，弹出“渐隐”对话框，调整不透明度并选择模式，如图 13-203 所示，单击“确定”按钮，滤镜效果产生变化，如图 13-204 所示。

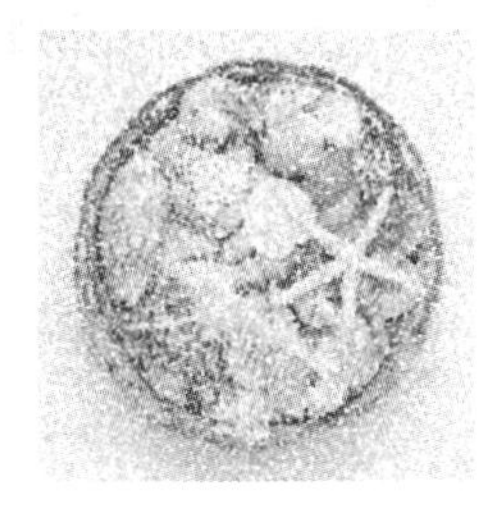

图 13-202

图 13-203

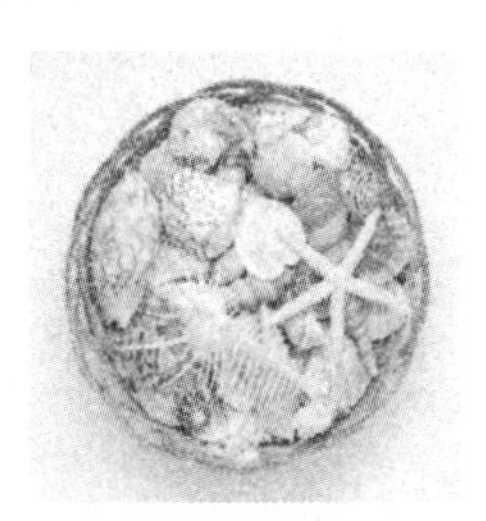

图 13-204

13.3 课堂练习——制作荷花纹理

练习知识要点

使用云彩滤镜命令、高斯模糊和滤镜库命令制作云彩效果，使用色相/饱和度命令调整图像的颜色，使用色阶命令、曲线命令调整图片明暗，使用横排文字工具、添加图层样式命令制作文字特殊效果，效果如图 13-205 所示。

效果所在位置

资源包/Ch13/效果/制作荷花纹理.psd。

图 13-205

制作荷花纹理

13.4 课后习题——制作素描图像效果

习题知识要点

使用特殊模糊滤镜命令和反相命令制作素描图像，使用色阶命令调整图像颜色，效果如图 13-206 所示。

效果所在位置

资源包/Ch13/效果/制作素描图像效果.psd。

图 13-206

制作素描图像效果

Chapter

14

第 14 章 动作的运用

在动作控制面板中，Photoshop CC 提供了多种动作命令。应用这些动作命令，可以快捷地制作出多种实用的图像效果。

本章详细讲解记录并应用动作命令的方法和技巧。通过本章的学习，读者要熟练掌握动作命令的应用方法和操作技巧，并能够根据设计任务的需要自建动作命令，提高图像编辑的效率。

课堂学习目标

- 了解动作控制面板并掌握动作的运用技巧
- 掌握创建动作的使用方法

14.1 动作控制面板及动作应用

在 Photoshop 中，可以直接使用动作控制面板中的动作命令进行设计创作，下面介绍具体的操作方法。

14.1.1 课堂案例——制作火车拼贴

案例学习目标

学习使用动作控制面板制作相应的动作效果。

案例知识要点

使用载入动作命令载入动作，使用载入后的动作命令制作火车拼贴照片，效果如图 14-1 所示。

效果所在位置

资源包/Ch14/效果/制作火车拼贴.psd。

图 14-1

制作火车拼贴

STEP 1 按 Ctrl + O 组合键，打开资源包中的“Ch14 > 素材 > 制作火车拼贴 > 01”文件，如图 14-2 所示。

STEP 2 选择“窗口 > 动作”命令，弹出如图 14-3 所示的“动作”控制面板。单击“动作”控制面板右上方的图标，在弹出的菜单中选择“载入动作”命令，如图 14-4 所示，弹出“载入”对话框，选择资源包中的“Ch14 > 素材 > 制作火车拼贴 > 拼贴动作”文件，单击“载入”按钮，将动作载入面板中。

图 14-2

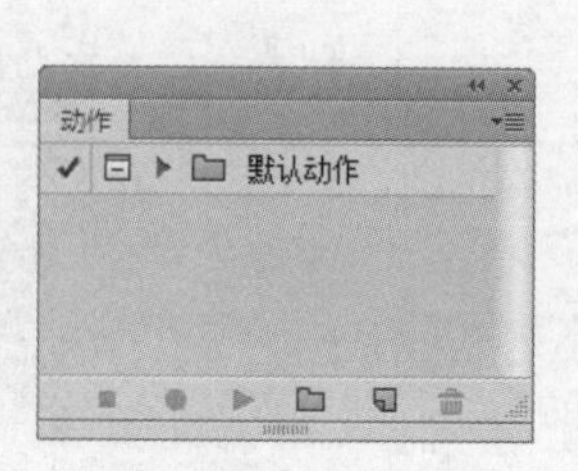

图 14-3

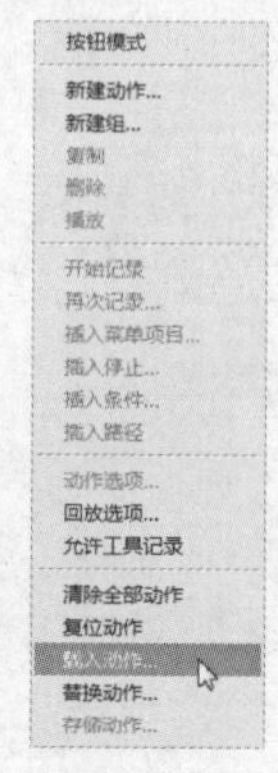

图 14-4

STEP 3 在“动作”控制面板中，单击“拼贴动作”选项左侧的▶按钮，在弹出的下拉列表中选择“拼贴”选项，如图 14-5 所示。单击“拼贴”选项左侧的▶按钮，可以查看动作应用的步骤，如图 14-6 所示。单击“动作”控制面板下方的“播放选定的动作”按钮▶，播放选定的动作，图像效果如图 14-7 所示。

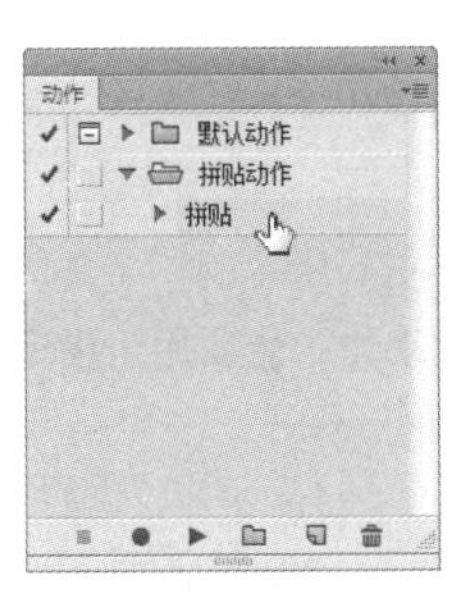

图 14-5

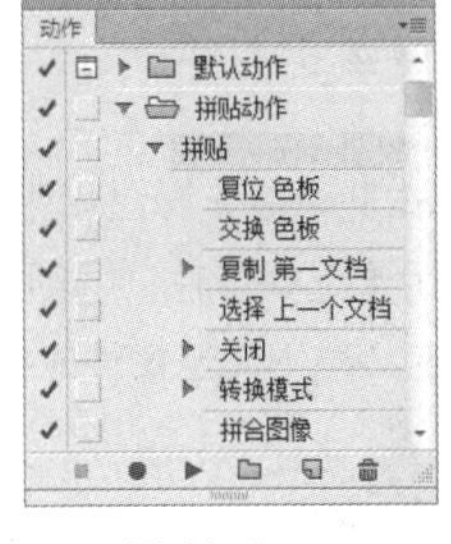

图 14-6

图 14-7

14.1.2 动作控制面板

“动作”控制面板可以用来对一批需要进行相同处理的图像执行批处理操作，以减轻重复操作的麻烦。选择“窗口 > 动作”命令，或按 Alt+F9 组合键，弹出图 14-8 所示的“动作”控制面板。

在图 14-8 所示的“动作”控制面板中，1 为开/关当前默认动作下的所有命令；2 为开/关当前默认动作下的所有断点；3 为开/关当前按钮下的所有命令；4 为开/关当前按钮下的所有断点；5 为折叠命令清单按钮；6 为展开命令清单按钮。控制面板下方的按钮■ ● ▶ 🗀 ◻ 🗑由左至右依次为“停止播放/记录”按钮■、“开始记录”按钮●、“播放选定的动作”按钮▶、“创建新组”按钮🗀、“创建新动作”按钮◻和“删除”按钮🗑。

单击“动作”控制面板右上方的▾≡图标，弹出“动作”控制面板的下拉命令菜单，如图 14-9 所示，下面是各个命令的介绍。

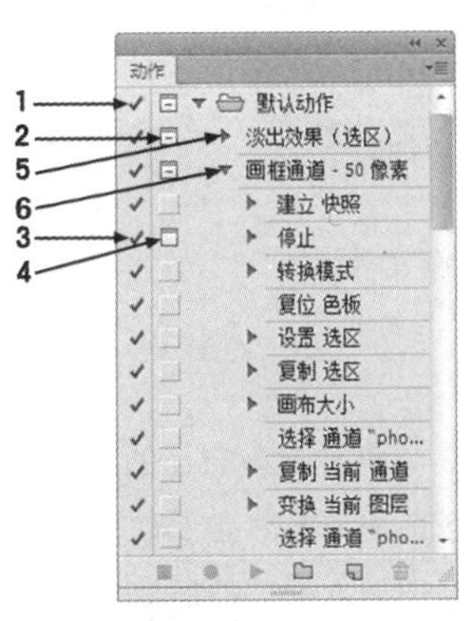

图 14-8

图 14-9

“按钮模式”命令：用于设置“动作”控制面板的显示方式，可以选择以列表显示或以按钮方式显示，效果如图 14-10 所示。

“新建动作”命令：用于新建动作命令并开始录制新的动作命令。

“新建组”命令：用于新建序列设置。

“复制”命令：用于复制“动作”控制面板中的当前命令，使其成为新的动作命令。

“删除”命令：用于删除“动作”控制面板中高亮显示的动作命令。

“播放”命令：用于执行“动作”控制面板中所记录的操作步骤。

“开始记录”命令：用于开始录制新的动作命令。

“再次记录”命令：用于重新录制“动作”控制面板中的当前命令。

“插入菜单项目”命令：用于在当前的“动作”控制面板中插入菜单选项，在执行动作时此菜单选项将被执行。

“插入停止”命令：用于在当前的“动作”控制面板中插入断点，在执行动作遇到此命令时将弹出一个对话框，用于确定是否继续进行。

“插入条件”命令：用于插入有条件的动作，单击此命令，弹出如图 14-11 所示的“条件动作”对话框。在“条件动作”对话框中，“如果当前”选项用于选择条件；“则播放动作”选项用于指定文档满足条件时播放的动作；“否则播放动作”选项用于指定文档不满足条件时播放的动作。

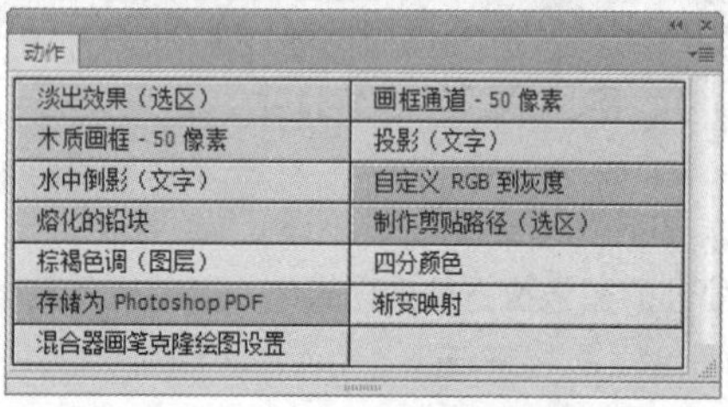

图 14-10

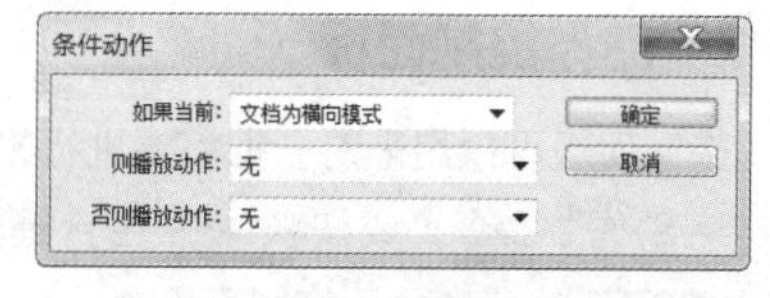

图 14-11

“插入路径”命令：用于在当前的“动作”控制面板中插入路径。

“动作选项”命令：用于设置当前的动作选项。

“回放选项”命令：用于设置动作执行的性能，单击此命令，弹出如图 14-12 所示的“回放选项”对话框。在“回放选项”对话框中，“加速”选项用于快速地按顺序执行“动作”控制面板中的动作命令；“逐步”选项用于逐步地执行“动作”控制面板中的动作命令；“暂停”选项用于设定执行两条动作命令间的延迟秒数。

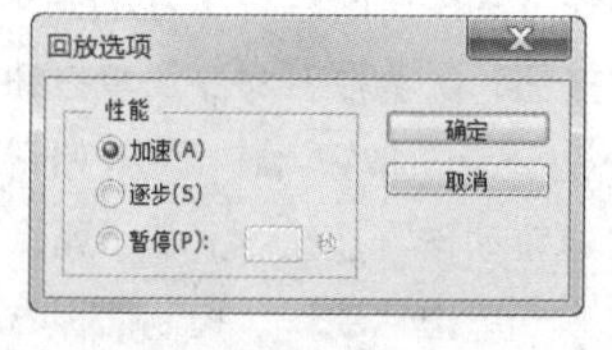

图 14-12

“清除全部动作”命令：用于清除“动作”控制面板中的所有动作命令。

“复位动作”命令：用于重新恢复“动作”控制面板的初始化状态。

“载入动作”命令：用于从硬盘中载入已保存的动作文件。

“替换动作”命令：用于从硬盘中载入并替换当前的动作文件。

“存储动作”命令：用于保存当前的动作命令。

“命令”以下都是配置的动作命令。

“动作”控制面板的应用提供了灵活、便捷的工作方式，只需建立好自己的动作命令，然后将千篇一律的工作交给它去完成即可。在建立动作命令之前，首先应该选用“清除全部动作”命令清除或保存已有的动作命令，然后再选用“新建动作”命令并在弹出的对话框中输入相关的参数，最后单击“确定”按钮即可完成。

14.2 记录并应用动作

在 Photoshop 中，读者可以非常便捷地记录并应用动作。下面进行具体的介绍。

14.2.1 课堂案例——制作冰霜夏日广告

案例学习目标

学习使用动作面板制作重复操作。

案例知识要点

使用矩形工具、直接选择工具和动作面板制作背景装饰线条，使用横排文字工具、变换命令添加并编辑文字，效果如图 14-13 所示。

效果所在位置

资源包/Ch14/效果/制作冰霜夏日广告.psd。

图 14-13

制作冰霜夏日广告

STEP 1 按 Ctrl + O 组合键，打开资源包中的“Ch14 > 素材 > 制作冰霜夏日广告 > 01”文件，如图 14-14 所示。

STEP 2 单击“图层”控制面板下方的“创建新图层”按钮，生成新的图层并将其命名为“放射光”。将前景色设为蓝色（其 R、G、B 的值分别为 69、195、242）。选择“矩形”工具，在属性栏中的“选择工具模式”选项中选择“路径”，在图像窗口中绘制矩形路径，效果如图 14-15 所示。

图 14-14

图 14-15

STEP 3 选择“直接选择”工具，向左拖曳右下角的节点到适当的位置；向右拖曳左下角的节点到适当的位置，如图 14-16 所示。按 Ctrl+Enter 组合键，将路径转换为选区，如图 14-17 所示。按 Alt+Delete 组合键，用前景色填充选区，按 Ctrl+D 组合键，取消选区，效果如图 14-18 所示。

STEP 4 选择“窗口 > 动作”命令，弹出“动作”面板，单击控制面板下方的“创建新动作”按钮，弹出“新建动作”对话框，选项的设置如图 14-19 所示，单击“记录”按钮。

STEP 5 将“放射光”图层拖曳到控制面板下方的“创建新图层”按钮上进行复制，生成新的图层“放射光 拷贝”，如图 14-20 所示。按 Ctrl+T 组合键，在图像周围出现变换框，将旋转中心拖曳到变换框的下方，将图形旋转到适当的角度，按 Enter 键确定操作，效果如图 14-21 所示。

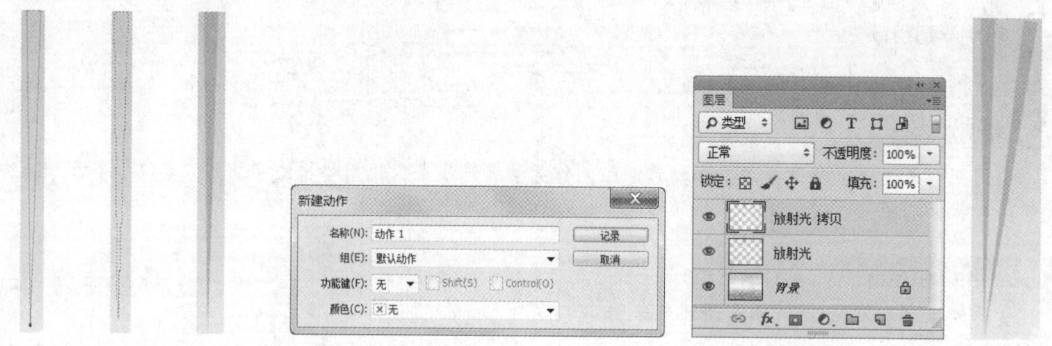

图 14-16 图 14-17 图 14-18　　图 14-19　　图 14-20　　图 14-21

STEP 6 单击“动作”控制面板下方的“停止播放/记录”按钮■，停止动作的录制。连续单击“动作”控制面板下方的“播放选定的动作”按钮▶，直到形状铺满窗口，效果如图 14-22 所示。

STEP 7 在“图层”控制面板中，按住 Shift 键的同时，单击“放射光”图层，将“放射光”图层及其副本图层同时选取，按 Ctrl+E 组合键，合并图层并将其命名为“放射光”，如图 14-23 所示。

图 14-22

图 14-23

STEP 8 选择“滤镜 > 模糊 > 高斯模糊”命令，在弹出的“高斯模糊”对话框中进行设置，如图 14-24 所示，单击“确定”按钮，效果如图 14-25 所示。

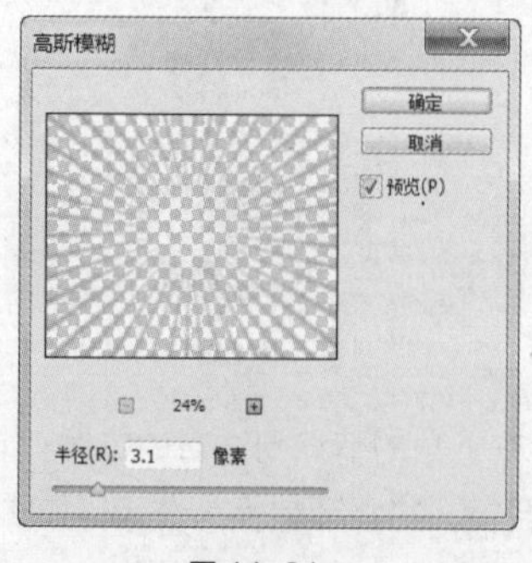

图 14-24

图 14-25

STEP 9 在“图层”控制面板上方，将“放射光”图层的混合模式选项设为“强光”，“不透明度”选项设为 60%，如图 14-26 所示，图像效果如图 14-27 所示。

图 14-26

图 14-27

STEP 10 按 Ctrl + O 组合键，打开资源包中的“Ch14 > 素材 > 制作冰霜夏日广告 > 02、03、04”文件，选择“移动”工具，将图片分别拖曳到图像窗口中适当的位置，调整其大小并将其旋转到适当的角度，效果如图 14-28 所示，在“图层”控制面板中生成新图层并将其命名为“冰块”“企鹅”“图片 1”。

STEP 11 在“图层”控制面板上方，将“图片 1”图层的混合模式选项设为“划分”，如图 14-29 所示，图像效果如图 14-30 所示。

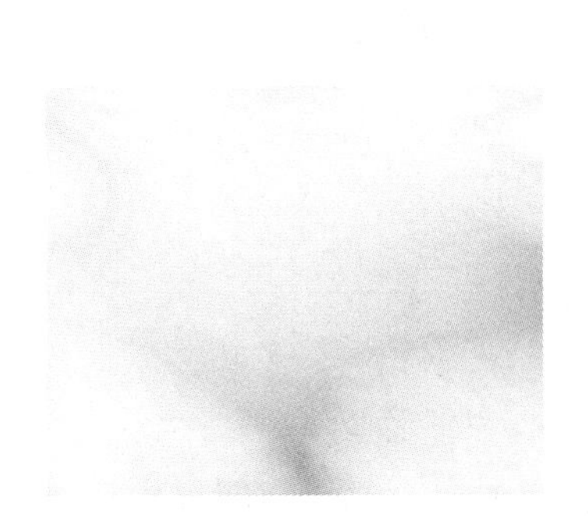

图 14-28

图 14-29

图 14-30

STEP 12 按 Ctrl + O 组合键，打开资源包中的“Ch14 > 素材 > 制作冰霜夏日广告 > 05”文件，选择“移动”工具，将图片拖曳到图像窗口中适当的位置并调整大小，效果如图 14-31 所示，在“图层”控制面板中生成新图层并将其命名为“文字图形”。

STEP 13 将前景色设为红色（其 R、G、B 的值分别为 255、37、42）。选择“横排文字”工具，在适当的位置输入需要的文字并选取文字，在属性栏中选择合适的字体并设置大小，效果如图 14-32 所示，在“图层”控制面板中生成新的文字图层。选择“图层 > 栅格化 > 文字”命令，将文字图层转化为图像图层。

图 14-31

图 14-32

STEP 14 按 Ctrl+T 组合键，图像周围出现变换框，在变换框中单击鼠标右键，在弹出的快捷菜单中选择“透视”命令，将图片进行透视调整；按住 Alt+Shift 组合键的同时，拖曳右上角的控制手柄等比例缩小图片，并将其旋转到适当的角度，按 Enter 键确定操作，效果如图 14-33 所示。

STEP 15 新建图层并将其命名为“箭头”。将前景色设为橙黄色（其 R、G、B 的值分别为 241、145、73）。选择“自定形状”工具，单击属性栏中的“形状”选项右侧的按钮，在弹出的“形状”面板中选中需要的图形，如图 14-34 所示。在属性栏中的“选择工具模式”选项中选择“像素”，在图像窗口中拖曳光标绘制图形，效果如图 14-35 所示。

STEP 16 按 Ctrl+T 组合键，图像周围出现变换框，在变换框中单击鼠标右键，在弹出的快捷菜单中选择“透视”命令，将图片进行透视调整，并旋转到适当角度，按 Enter 键确定操作，效果如图 14-36 所示。

图 14-33

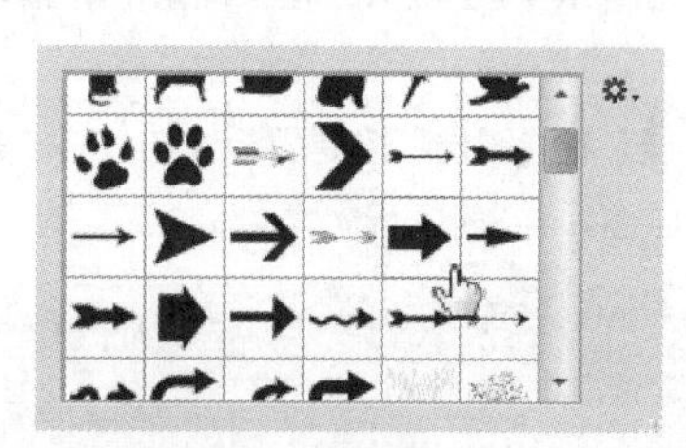

图 14-34

图 14-35

图 14-36

STEP 17 单击“图层”控制面板下方的“添加图层样式”按钮，在弹出的菜单中选择“斜面和浮雕”命令，弹出对话框，将阴影颜色设为蓝色（其 R、G、B 的值分别为 13、60、213），其他选项的设置如图 14-37 所示，单击“确定”按钮，效果如图 14-38 所示。

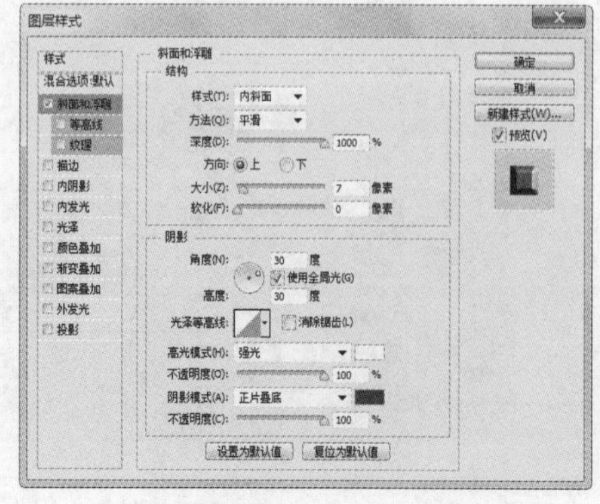

图 14-37

图 14-38

STEP 18 在“图层”控制面板中，将“箭头”图层拖曳到“文字图形”图层的下方，如图 14-39 所示，图像效果如图 14-40 所示。

图 14-39

图 14-40

14.2.2 应用记录的动作

在“动作”控制面板中，可以非常便捷地记录并应用动作。打开一幅图像，如图 14-41 所示。在“动作”控制面板的下拉命令菜单中选择“新建动作”命令，弹出“新建动作”对话框，如图 14-42 所示进行设定。单击“记录”按钮，在“动作”控制面板中出现“动作 1”，如图 14-43 所示。

图 14-41

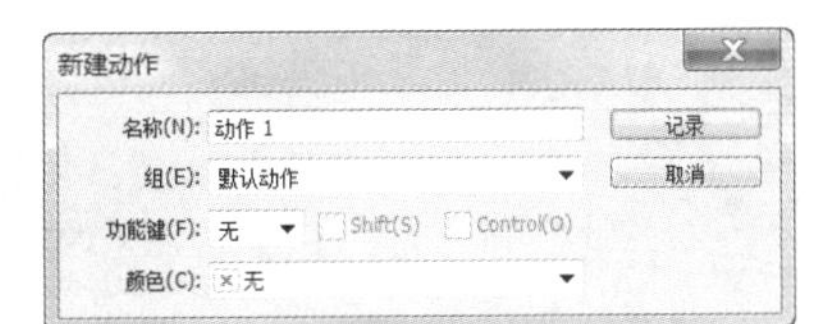

图 14-42

图 14-43

在“图层”控制面板中新建“图层 1”，如图 14-44 所示，在“动作”控制面板中记录下了新建“图层 1”的动作，如图 14-45 所示。

在“图层 1”中绘制出渐变效果，如图 14-46 所示。在“动作”控制面板中记录下了渐变的动作，如图 14-47 所示。

图 14-44

图 14-45

图 14-46

图 14-47

在“图层”控制面板中将“混合模式”选项设为“亮光”，如图 14-48 所示。在“动作”控制面板中记录下了选择模式的动作，如图 14-49 所示。

图 14-48

图 14-49

对图像的编辑完成，效果如图 14-50 所示，在“动作”控制面板下拉命令菜单中选择“停止记录”命令，“动作 1”的记录即完成，如图 14-51 所示。

图 14-50

图 14-51

图像的编辑过程被记录在“动作 1”中，“动作 1”中的编辑过程可以应用到其他的图像当中。

打开一幅图像，如图 14-52 所示。在“动作”控制面板中选择“动作 1”，如图 14-53 所示。单击“播放选定的动作”按钮 ▶ ，图像编辑过程和效果就是刚才编辑图像时的编辑过程和效果，最终效果如图 14-54 所示。

图 14-52

图 14-53

图 14-54

14.3 课堂练习——柔和分离色调效果

练习知识要点

使用动作控制面板中的柔和分离色调命令制作柔和分离色调效果，效果如图 14-55 所示。

效果所在位置

资源包/Ch14/效果/柔和分离色调效果.psd。

图 14-55

柔和分离色调效果

14.4 课后习题——创建 LOMO 特效动作

习题知识要点

使用动作命令和矩形工具为图像添加 LOMO 特效动作，效果如图 14-56 所示。

效果所在位置

资源包/Ch14/效果/创建 LOMO 特效动作.psd。

图 14-56

创建 LOMO 特效动作

Photoshop CC

Chapter

15

第 15 章 商业实训案例

本章通过多个商业实训案例，进一步讲解 Photoshop 各大功能的特色和使用技巧，让读者能够快速地掌握软件功能和知识要点，制作出变化丰富的设计作品。

课堂学习目标

- 掌握软件基础知识的使用方法
- 了解 Photoshop 的常用设计领域
- 掌握软件在不同设计领域的使用

15.1 制作冰淇淋广告

15.1.1 案例分析

本案例是要为冰淇淋商店制作促销海报。要求表现出温馨浪漫的画面氛围，在海报设计上要使用明亮鲜艳的色彩搭配，能够让人耳目一新。

在设计绘制过程中，使用蓝色渐变作为海报的背景，使整个画面给人清凉的视觉感受；运用紫色、黄色和粉色等明度较高的颜色来点缀，吸引顾客的视线；立体文字处理，使画面具有空间感，整个画面贴合主题，能够吸引大众视线。

本案例使用魔棒工具、矩形选框工具抠取图片，使用高斯模糊滤镜命令为图片添加模糊效果，使用横排文字工具、变换命令和添加图层样式按钮制作标题文字，使用自定形状工具、图层面板制作装饰图形。

图 15-1

15.1.2 案例设计

本案例最终效果图如图 15-1 所示。

15.1.3 案例制作

1. 添加并编辑主体图片

制作冰淇凌广告 1

STEP 1 按 Ctrl + N 组合键，新建一个文件，宽度为 21cm，高度为 29.7cm，分辨率为 300 像素/英寸，颜色模式为 RGB，背景内容为白色，单击“确定”按钮。

STEP 2 选择“渐变”工具，单击“点按可编辑渐变”按钮，弹出“渐变编辑器”对话框，将渐变颜色设为从蓝色（其 R、G、B 的值分别为 87、172、215）到深蓝色（其 R、G、B 的值分别为 34、130、189），如图 15-2 所示，单击“确定”按钮。选中属性栏中的“径向渐变”按钮，在页面中由中心向右下方拖曳渐变色，效果如图 15-3 所示。

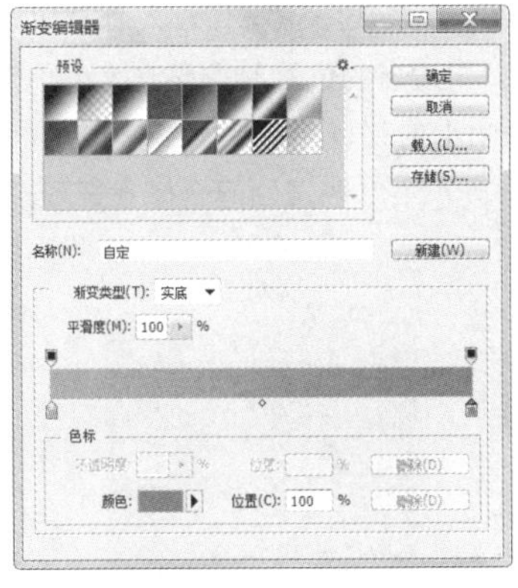

图 15-2

图 15-3

STEP 3 按 Ctrl + O 组合键，打开资源包中的“Ch15 > 素材 > 制作冰淇淋广告 > 03”文件，选择“移动”工具，将图片拖曳到图像窗口中适当的位置并调整其大小，效果如图 15-4 所示，在“图层”控制面板中生成新图层并将其命名为“小鸟”。

STEP 4 在“图层”控制面板上方，将“小鸟”图层的混合模式选项设为“划分”，“不透明度”选项设为 45%，图像效果如图 15-5 所示。

图 15-4

图 15-5

STEP 5 按 Ctrl+J 组合键，复制“小鸟”图层，生成新的图层“小鸟 拷贝”。选择“移动”工具，在图像窗口中将图片拖曳到适当的位置，调整其大小，效果如图 15-6 所示，按 Ctrl+T 组合键，在图像周围出现变换框，单击鼠标右键，在弹出的快捷菜单中选择“水平翻转”命令，水平翻转图像，按 Enter 键确定操作，效果如图 15-7 所示。

图 15-6

图 15-7

STEP 6 按 Ctrl + O 组合键，打开资源包中的“Ch15 > 素材 > 制作冰淇淋广告 > 02”文件，选择“移动”工具，将已有的图片拖曳到图像窗口中适当的位置并调整其大小，效果如图 15-8 所示，在“图层”控制面板中生成新图层并将其命名为“亲吻小鸟”。

STEP 7 在“图层”控制面板上方，将“亲吻小鸟”图层的混合模式选项设为“划分”，“不透明度”选项设为 63%，图像效果如图 15-9 所示。

图 15-8

图 15-9

STEP 8 按 Ctrl + O 组合键，打开资源包中的“Ch15 > 素材 > 制作冰激凌广告 > 01”文件，如图 15-10 所示。选择“魔棒”工具，在属性栏中将“容差”选项设为 20，在白色图像上单击生成选区，如图 15-11 所示。

图 15-10

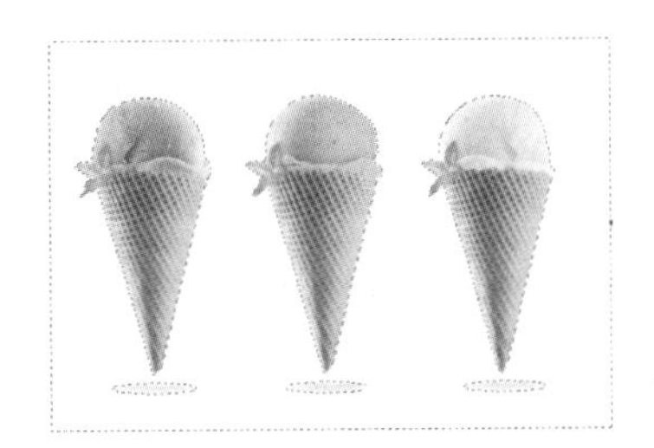
图 15-11

STEP 9 选择“矩形选框”工具，按住 Shift 键的同时，在适当的位置绘制选区，与原选区相加，效果如图 15-12 所示。按 Ctrl+Shift+I 组合键，将选区反选，图像效果如图 15-13 所示。

图 15-12

图 15-13

STEP 10 选择“移动”工具，将图片拖曳到图像窗口中，在“图层”控制面板中生成新图层并将其命名为“紫色甜筒”。选择“矩形选框”工具，在图像窗口中绘制矩形选区，如图 15-14 所示。按 Ctrl+J 组合键，复制选区中的图像，在“图层”控制面板中生成新的图层并将其命名为“黄色甜筒”。

STEP 11 选择“紫色甜筒”图层。选择“矩形选框”工具，在图像窗口中绘制矩形选区，如图 15-15 所示。按 Ctrl+J 组合键，复制选区中的图像，在“图层”控制面板中生成新的图层并将其命名为“粉色甜筒”。

STEP 12 选择“紫色甜筒”图层。选择“矩形选框”工具，按住 Shift 键的同时，框选粉色和黄色甜筒，如图 15-16 所示。按 Delete 键，删除选区中的图像。

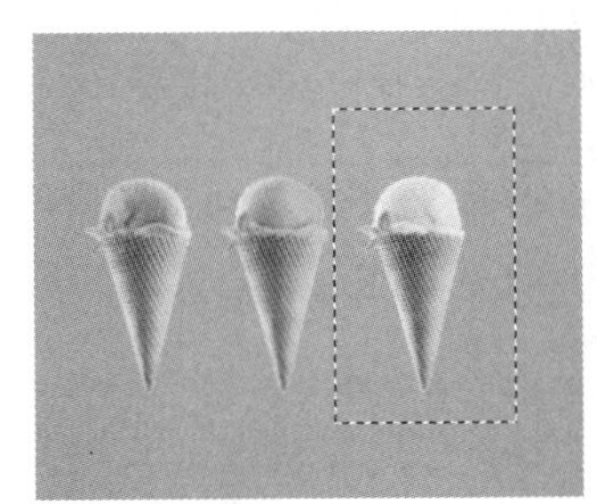
图 15-14

图 15-15

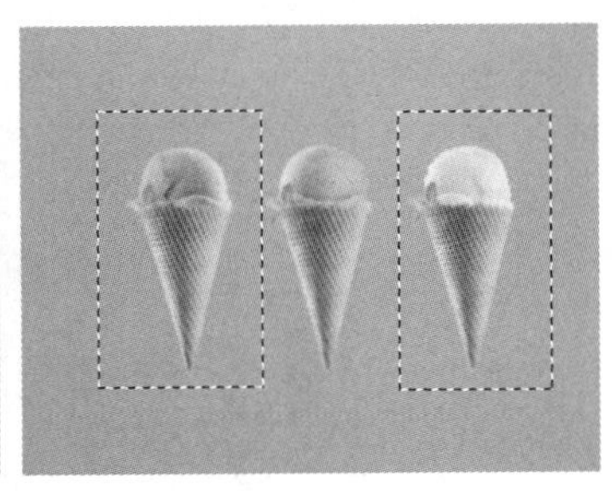
图 15-16

STEP 13 分别选取“黄色甜筒”图层、“紫色甜筒”图层、“粉色甜筒”图层，调整其大小并旋转到适当的角度，效果如图 15-17 所示。

STEP 14 选择“紫色甜筒”图层。选择“滤镜 > 模糊 > 高斯模糊”命令，在弹出的“高斯模糊”对话框中进行设置，如图 15-18 所示，单击“确定”按钮，效果如图 15-19 所示。

图 15-17

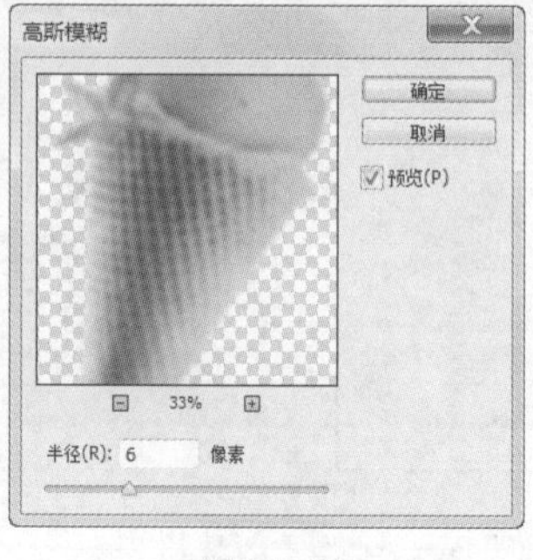

图 15-18

图 15-19

STEP 15 选择“粉色甜筒”图层。选择“滤镜 > 模糊 > 高斯模糊”命令，在弹出的“高斯模糊”对话框中进行设置，如图 15-20 所示，单击“确定”按钮，效果如图 15-21 所示。

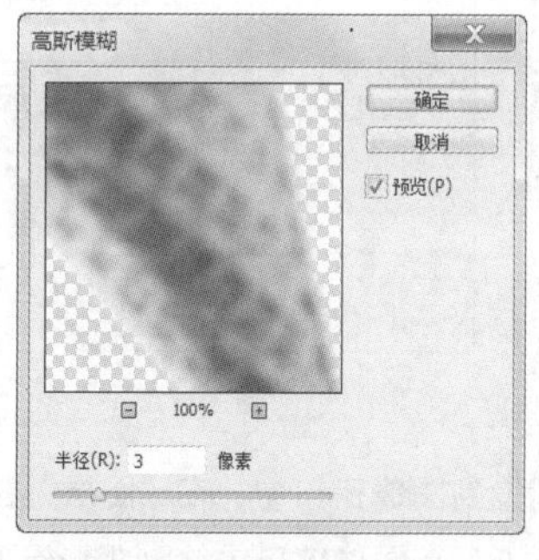

图 15-20

图 15-21

2. 添加装饰图形和标题文字

STEP 1 新建图层并将其命名为“云朵”。将前景色设为白色。选择“自定形状”工具，在属性栏中单击“形状”选项右侧的按钮，弹出“形状”面板，在面板中选中图形“云彩 1”，如图 15-22 所示。在属性栏中的“选择工具模式”选项中选择“像素”，在图像窗口中拖曳鼠标绘制图形，效果如图 15-23 所示。

制作冰淇凌广告 2

STEP 2 按 Ctrl+T 组合键，在图像周围出现变换框，将指针放在变换框的控制手柄外边，指针变为旋转图标，拖曳鼠标将图像旋转到适当的角度，按 Enter 键确定操作，效果如图 15-24 所示。

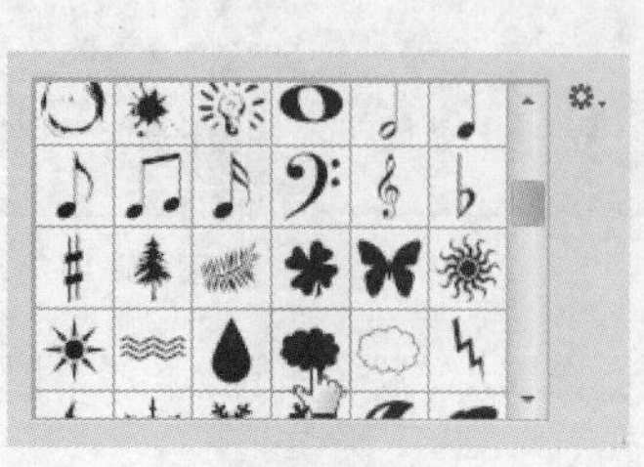
图 15-22

图 15-23

图 15-24

STEP 3 单击“图层”控制面板下方的“添加图层样式”按钮 fx，在弹出的菜单中选择“投影”命令，弹出对话框，将投影颜色设为蓝色（其 R、G、B 的值分别为 6、69、136），如图 15-25 所示，单击“确定”按钮，效果如图 15-26 所示。

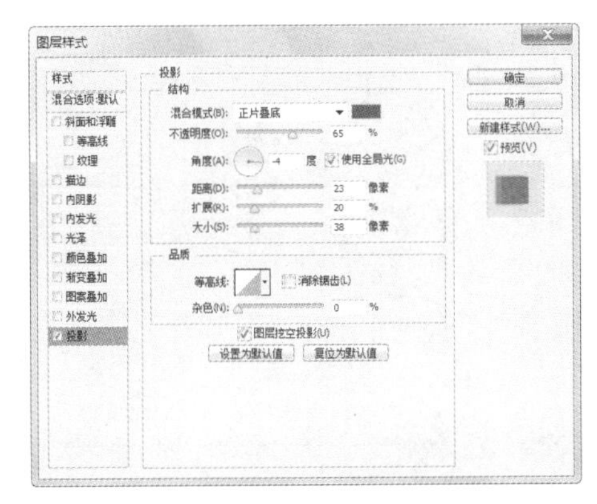

图 15-25

图 15-26

STEP 4 单击“云朵”图层左侧的眼睛图标，将“云朵”图层隐藏。选择“横排文字”工具 T，在适当的位置输入文字并选取文字，在属性栏中选择合适的字体并设置大小，效果如图 15-27 所示，在“图层”控制面板中生成新的文字图层。按 Ctrl+T 组合键，在图像周围出现变换框，拖曳鼠标将图像旋转到适当的角度，按 Enter 键确定操作，效果如图 15-28 所示。

图 15-27

图 15-28

STEP 5 在“好色”文字图层上单击鼠标右键，在弹出的菜单中选择“栅格化文字”命令，将文字图层转化为图像图层。单击“图层”控制面板下方的“添加图层样式”按钮 fx，在弹出的菜单中选择“颜色叠加”命令，弹出对话框，将叠加颜色设为紫色（其 R、G、B 的值分别为 115、71、153），其他选项的设置如图 15-29 所示；选择“描边”选项，切换到相应的对话框中进行设置，如图 15-30 所示；选择“投影”选项，切换到相应的对话框中进行设置，如图 15-31 所示，单击“确定”按钮，效果如图 15-32 所示。

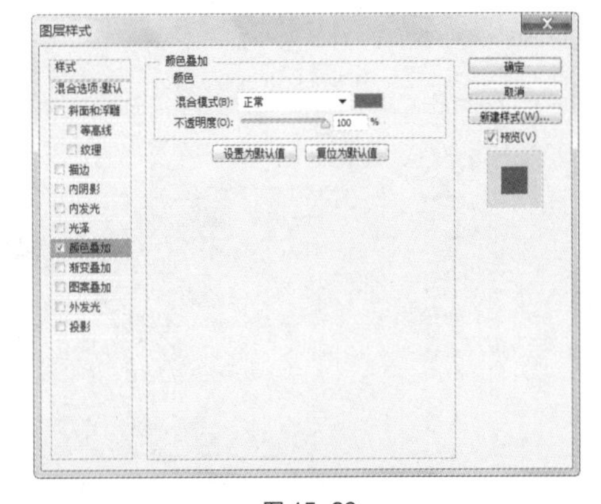

图 15-29

STEP 6 选择“横排文字”工具 T，在适当的位置输入需要的文字并选取文字，在属性栏中选择合适的字体并设置大小，效果如图 15-33 所示，在“图层”控制面板中生成新的文字图层。按 Ctrl+T 组合键，在图像周围出现变换框，拖曳鼠标将图像旋转到适当的角度，按 Enter 键确定操作，效果如图 15-34 所示。

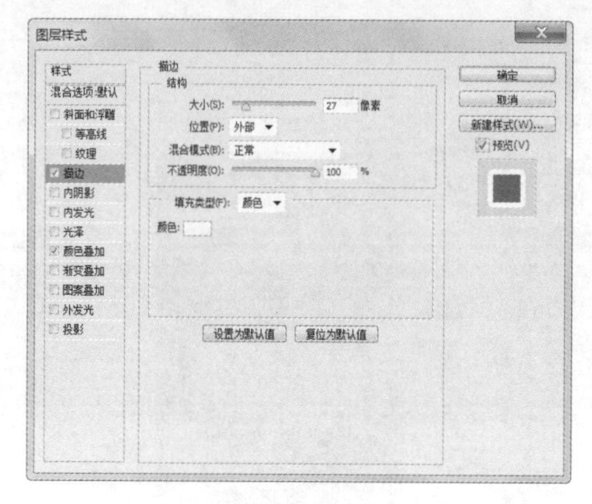

图 15-30

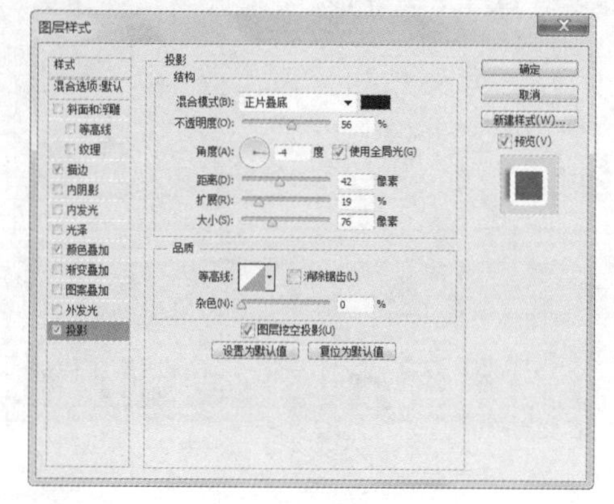

图 15-31

图 15-32

图 15-33

图 15-34

STEP 7 在“上等‘冰’”文字图层上单击鼠标右键，在弹出的菜单中选择“栅格化文字”命令，将文字图层转化为图像图层。单击“图层”控制面板下方的“添加图层样式”按钮 ，在弹出的菜单中选择“颜色叠加”命令，弹出对话框，将叠加颜色设为紫色（其 R、G、B 的值分别为 115、71、153），其他选项的设置如图 15-35 所示；选择“描边”选项，切换到相应的对话框中进行设置，如图 15-36 所示；选择“投影”选项，切换到相应的对话框中进行设置，如图 15-37 所示。单击“确定”按钮，效果如图 15-38 所示。

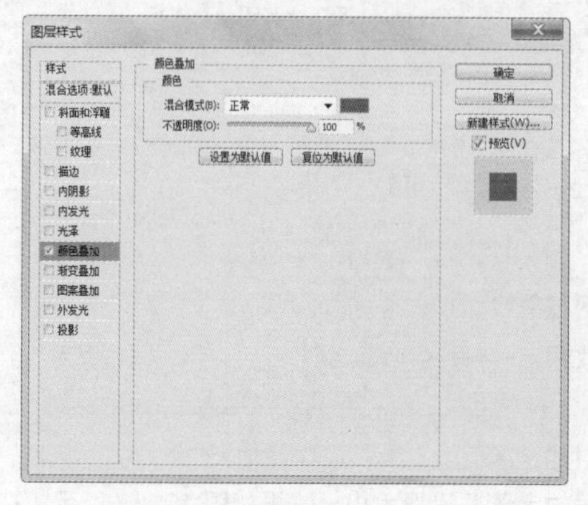

图 15-35

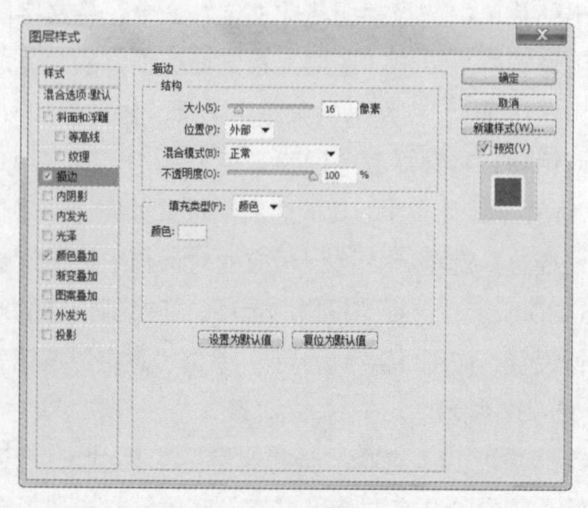

图 15-36

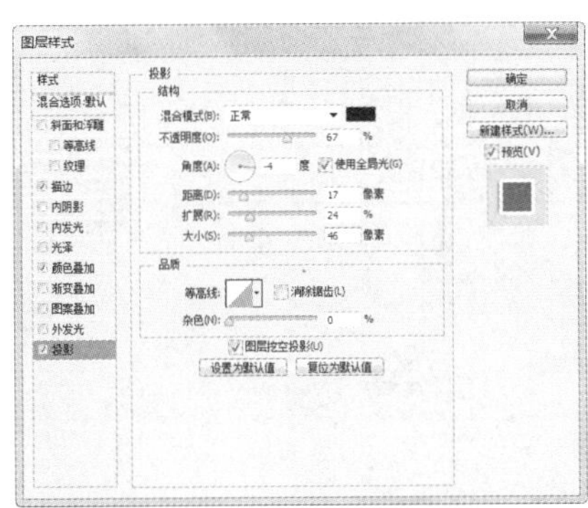

图 15-37

图 15-38

STEP 8 将前景色设为红色（其 R、G、B 的值分别为 222、33、21），选择“横排文字”工具 T，在适当的位置输入需要的文字并选取文字，在属性栏中选择合适的字体并设置大小，效果如图 15-39 所示。按 Ctrl+T 组合键，在图像周围出现变换框，拖曳鼠标将图像旋转到适当的角度，按 Enter 键确定操作，效果如图 15-40 所示。

图 15-39

图 15-40

STEP 9 单击“图层”控制面板下方的“添加图层样式”按钮 fx，在弹出的菜单中选择“颜色叠加”命令，弹出对话框，将叠加颜色设为深红色（其 R、G、B 的值分别为 189、36、33），其他选项的设置如图 15-41 所示；选择“描边”选项，切换到相应的对话框，将描边颜色设为黄色（其 R、G、B 的值分别为 240、227、110），其他选项的设置如图 15-42 所示；选择“内阴影”选项，切换到相应的对话框中进行设置，如图 15-43 所示；选择“投影”选项，切换到相应的对话框中进行设置，如图 15-44 所示，单击“确定”按钮，效果如图 15-45 所示。单击“云朵”图层左侧的空白图标，显示该图层。

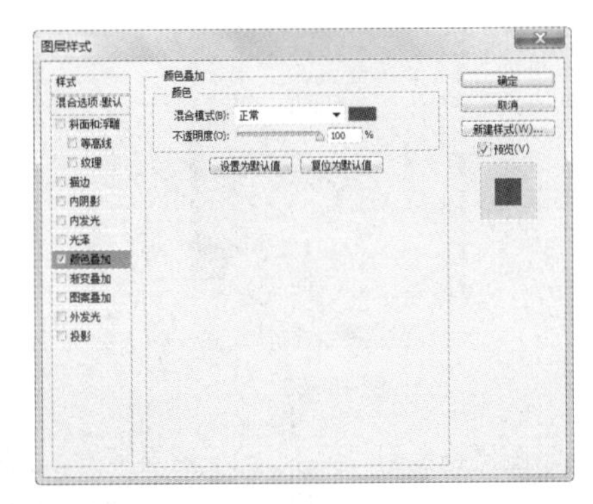

图 15-41

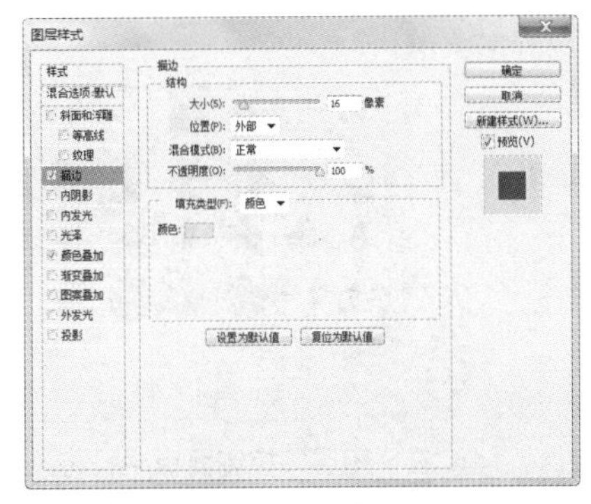

图 15-42

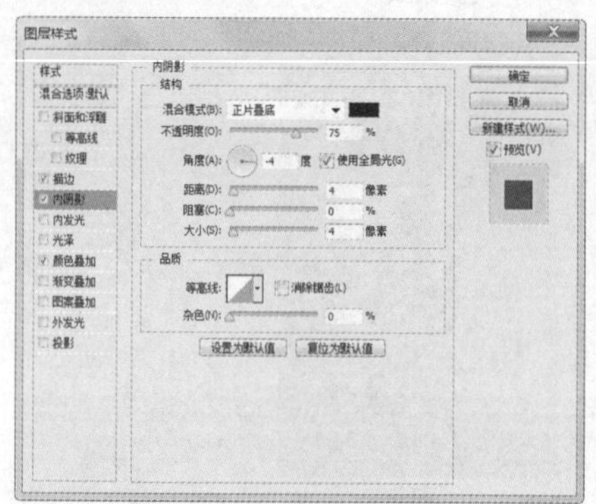
图 15-43

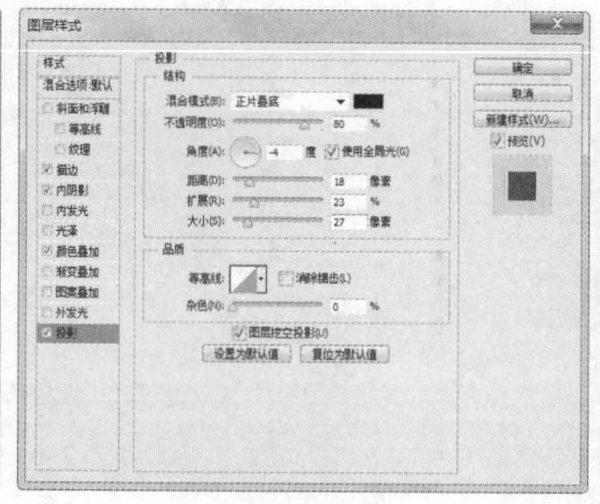
图 15-44

图 15-45

STEP 10 按 Ctrl＋O 组合键，打开资源包中的“Ch15＞素材＞制作冰淇淋广告＞02”文件，如图 15-46 所示。选择“矩形选框”工具，在图像窗口中绘制矩形选区，如图 15-47 所示。选择“移动”工具，将图片拖曳到图像窗口中合适的位置，按 Ctrl+T 组合键，按住 Shift 键的同时，拖曳右上角的控制手柄等比例缩小图片，按 Enter 键确定操作。在“图层”控制面板中生成新图层并将其命名为“心形”，混合模式选项设为“划分”，“不透明度”选项设为 63%，效果如图 15-48 所示。

图 15-46

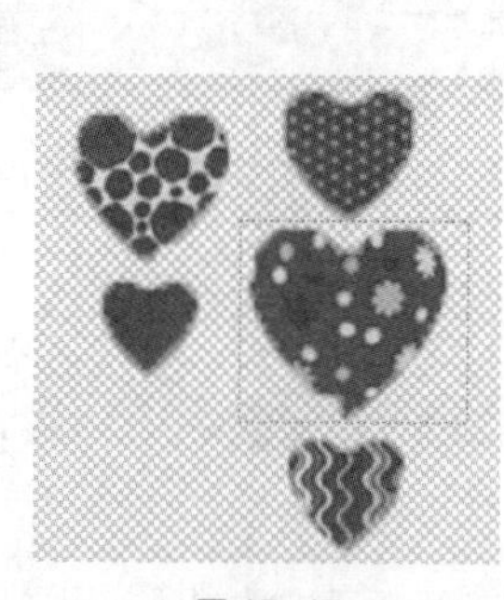
图 15-47

图 15-48

STEP 11 新建图层并将其命名为“雪花 1”。将前景色设为粉色（其 R、G、B 的值分别为 241、159、195），选择“自定形状”工具，单击属性栏中的“形状”选项右侧的按钮，弹出“形状”面板，在面板中选中图形“雪花 2”，如图 15-49 所示。在图像窗口中拖曳鼠标绘制图形，效果如图 15-50 所示。

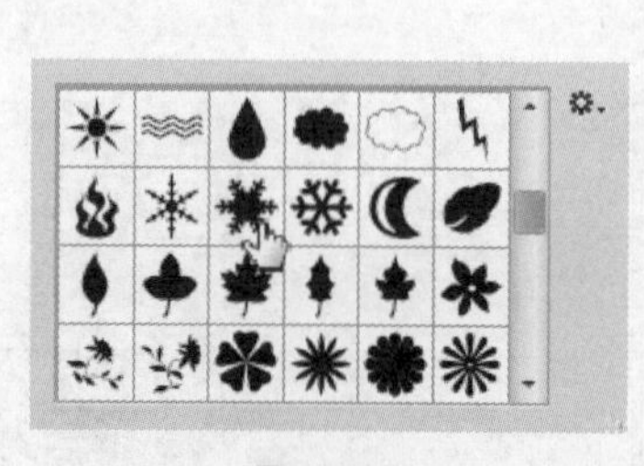
图 15-49

图 15-50

STEP 12 在“图层”控制面板中，将“雪花 1”图层拖曳到“买 1 送 1”图层下方，如图 15-51 所示。单击“图层”控制面板下方的“添加图层样式”按钮 fx，在弹出的菜单中选择“颜色叠加”命令，弹出对话框，将叠加颜色设为蓝色（其 R、G、B 的值分别为 33、131、199），其他选项的设置如图 15-52 所示，单击“确定”按钮。

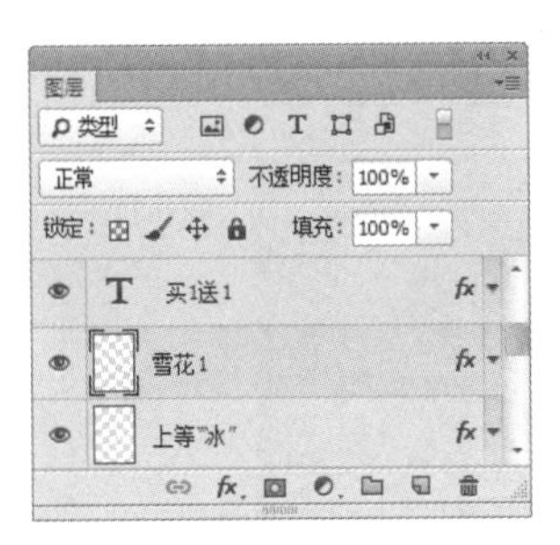
图 15-51

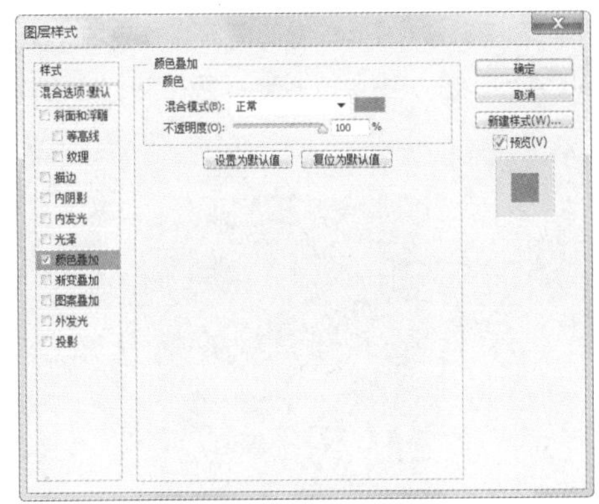
图 15-52

STEP 13 选择“滤镜 > 模糊 > 高斯模糊”命令，在弹出的“高斯模糊”对话框中进行设置，如图 15-53 所示，单击“确定”按钮，效果如图 15-54 所示。

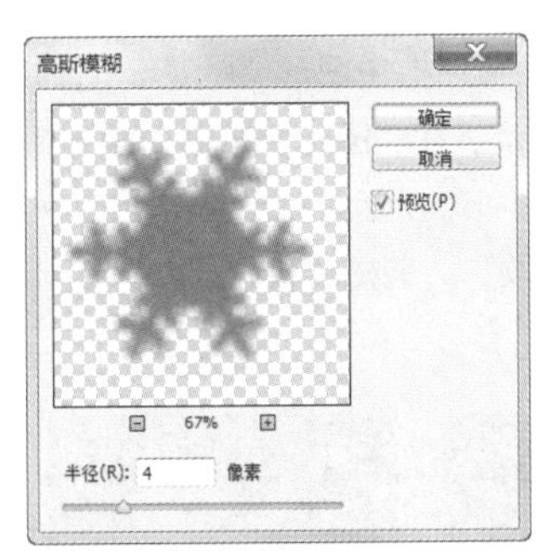
图 15-53

图 15-54

STEP 14 新建图层并将其命名为“形状 1”。将前景色设为浅蓝色（其 R、G、B 的值分别为 33、131、199），选择“自定形状”工具，在图像窗口中再绘制一个雪花，在“图层”控制面板中，将“形状 1”图层拖曳到“云朵”图层下方，效果如图 15-55 所示。

STEP 15 新建图层并将其命名为“形状 2”。将前景色设为深蓝色（其 R、G、B 的值分别为 39、58、134）。选择“自定形状”工具，在属性栏中单击“形状”选项右侧的按钮，在弹出的“形状”面板中选中图形“草 3”，如图 15-56 所示。在图像窗口中拖曳鼠标绘制图形，效果如图 15-57 所示。

图 15-55

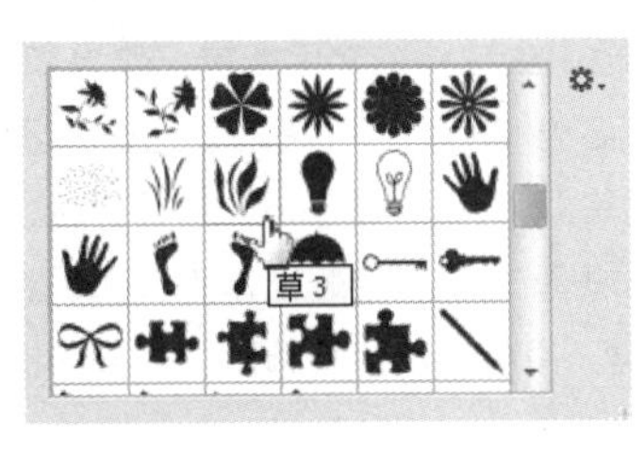

图 15-56

图 15-57

STEP 16 在“图层”控制面板中将“心形”图层拖曳到“图层”控制面板下方的“创建新图层”按钮上进行复制，生成新的图层“心形 拷贝”。选择“移动”工具，在图像窗口中拖曳到适当的位置，按Ctrl+T组合键，按住Shift键的同时，拖曳右上角的控制手柄等比例放大图片，按Enter键确定操作，如图15-58所示。在“图层”控制面板上将“心形 拷贝”图层拖曳到“云朵”图层下方，效果如图15-59所示。

图15-58

图15-59

STEP 17 新建图层并将其命名为“雪花 左下”。将前景色设为白色。选择“自定形状”工具，单击“形状”选项右侧的按钮，在弹出的“形状”面板中选中图形“雪花3”，如图15-60所示。在图像窗口中拖曳鼠标绘制雪花图形，效果如图15-61所示。在“图层”控制面板上方，将“雪花 左下”图层的混合模式选项设为“颜色加深”，图像效果如图15-62所示。

STEP 18 新建图层并将其命名为“雪花 散”。选择“自定形状”工具，在图像窗口中用相同的方法分别绘制其他雪花，效果如图15-63所示。

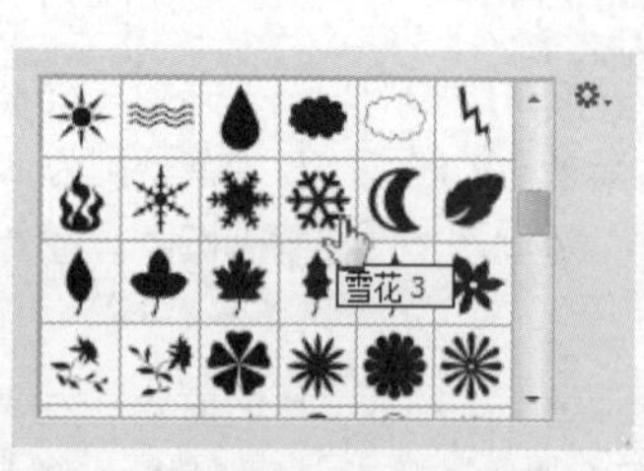

图15-60

图15-61

图15-62

图15-63

3. 制作标志和二维码

制作冰淇凌广告3

STEP 1 将前景色设为黄色（其R、G、B的值分别为255、255、152）。选择“横排文字”工具，在适当的位置输入需要的文字并选取文字，在属性栏中选择合适的字体并设置大小，在“图层”控制面板中生成新的文字图层，效果如图15-64所示。

STEP 2 新建图层并将其命名为“logo”。将前景色设为蓝色（其R、G、B的值分别为40、63、138）。选择“钢笔”工具，在适当的位置绘制一个路径，效果如图15-65所示。单击“路径”控制面板下方的“将路径作为选区载入”按钮，将路径转换为选区，如图15-66所示。按Alt+Delete组合键，用前景色填充选区，效果如图15-67所示。按Ctrl+D组合键，取消选区。

图 15-64

图 15-65

图 15-66

图 15-67

STEP 3 选择“矩形选框”工具，在图像窗口中绘制矩形选区，按 Alt+Delete 组合键，用前景色填充选区，效果如图 15-68 所示。按 Ctrl+D 组合键，取消选区。

STEP 4 将前景色设为黄色（其 R、G、B 的值分别为 241、224、56）。选择“钢笔”工具，在适当的位置绘制一个路径，效果如图 15-69 所示。单击“路径”控制面板下方的“将路径作为选区载入”按钮，将路径转换为选区，如图 15-70 所示。按 Alt+Delete 组合键，用前景色填充选区，效果如图 15-71 所示。按 Ctrl+D 组合键，取消选区。

图 15-68

图 15-69

图 15-70

图 15-71

STEP 5 选择“移动”工具，在图像窗口中拖曳绘制的图形到适当的位置，按 Ctrl+T 组合键，在图像周围出现变换框，按住 Alt+Shift 键的同时，拖曳右上角的控制手柄，等比例缩小图片，并移动到适当的位置，按 Enter 键确定操作，效果如图 15-72 所示。

图 15-72

STEP 6 将前景色设为黄色（其 R、G、B 的值分别为 143、171、92）。选择“横排文字”工具，在适当的位置输入需要的文字并选取文字，在属性栏中选择合适的字体并设置大小，并将其旋转到适当的角度，效果如图 15-73 所示，在“图层”控制面板中生成新的文字图层。

STEP 7 将前景色设为白色。选择“横排文字”工具，在适当的位置输入需要的文字并选取文字，在属性栏中选择合适的字体并设置大小，并将其旋转到适当的角度，效果如图 15-74 所示，在“图层”控制面板中生成新的文字图层。

STEP 8 选择“横排文字”工具，在适当的位置输入需要的文字并选取文字，在属性栏中选择合适的字体并设置大小，效果如图 15-75 所示。在“图层”控制面板中生成新的文字图层。

STEP 9 按 Ctrl + O 组合键，打开资源包中的“Ch15 > 素材 > 制作冰淇淋广告 > 04”文件。选择“移动”工具，将二维码图片拖曳到图像窗口中适当的位置并调整大小，效果如图 15-76 所示，在“图层”控制面板中生成新图层并将其命名为“二维码”。

图 15-73

图 15-74

图 15-75

图 15-76

STEP 10 新建图层并将其命名为“二维码头像”。选择“矩形选框”工具，在图像窗口中绘制矩形选区，如图 15-77 所示。按 Alt+Delete 组合键，用前景色填充选区，效果如图 15-78 所示。将“logo”图层拖曳到“图层”控制面板下方的“创建新图层”按钮上进行复制，生成新的图层“logo 拷贝”。按住 Ctrl 键的同时，分别单击选取 “logo 拷贝”图层和“二维码头像”图层，按 Ctrl+E 组合键，合并图层，并将其命名为“二维码头像”。

图 15-77

图 15-78

STEP 11 按 Ctrl+T 组合键，在图像周围出现变换框，按住 Alt+Shift 键的同时，拖曳右上角的控制手柄等比例缩小图片，并拖曳到适当位置，按 Enter 键确定操作，效果如图 15-79 所示。冰淇淋广告制作完成，效果如图 15-80 所示。

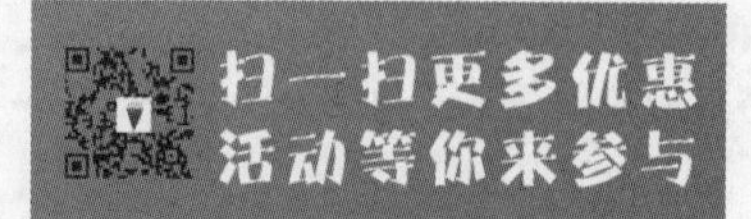

图 15-79

图 15-80

15.2 制作茶叶包装

15.2.1 案例分析

本案例是为食品公司制作的茶叶包装，要求表现出茶叶产品的的特色，在画面制作上要清新有创意，符合公司的定位与要求。

在设计绘制过程中，使用清新素雅的颜色作为包装的背景，使用几何图形作为产品名称的底图，使名称的字体在画面中更加突出，使画面具有空间感。

本案例使用添加图层样式按钮为图片添加特殊效果，使用椭圆工具、变换选区命令和描边命令制作装饰圆形，使用横排文字工具添加产品名称及介绍性文字，使用多边形套索工具、钢笔工具和填充命令制作标志，使用变换命令制作立体图效果，使用多边形套索工具、渐变工具和不透明度选项制作立体图倒影效果。

15.2.2 案例设计

本案例最终效果图如图 15-81 所示。

图 15-81

15.2.3 案例制作

1. 制作包装平面展开图

制作茶叶包装 1

STEP 1 按 Ctrl + N 组合键，新建一个文件，宽度为 9cm，高度为 15cm，分辨率为 300 像素/英寸，颜色模式为 RGB，背景内容为白色，单击“确定”按钮。将前景色设为黄绿色（其 R、G、B 的值分别为 212、204、152），按 Alt+Delete 组合键，用前景色填充“背景”图层，效果如图 15-82 所示。

STEP 2 按 Ctrl + O 组合键，打开资源包中的“Ch15 > 素材 > 制作茶叶包装 > 01”文件，选择“移动”工具，将图片拖曳到图像窗口中适当的位置，效果如图 15-83 所示，在“图层”控制面板中生成新图层并将其命名为“图片 1”。

图 15-82

图 15-83

STEP 3 单击“图层”控制面板下方的“添加图层样式”按钮 fx，在弹出的菜单中选择“颜色叠加”命令，弹出对话框，将叠加颜色设为绿色（其 R、G、B 的值分别为 17、151、17），其他选项的设置如图 15-84 所示，单击“确定”按钮，效果如图 15-85 所示。

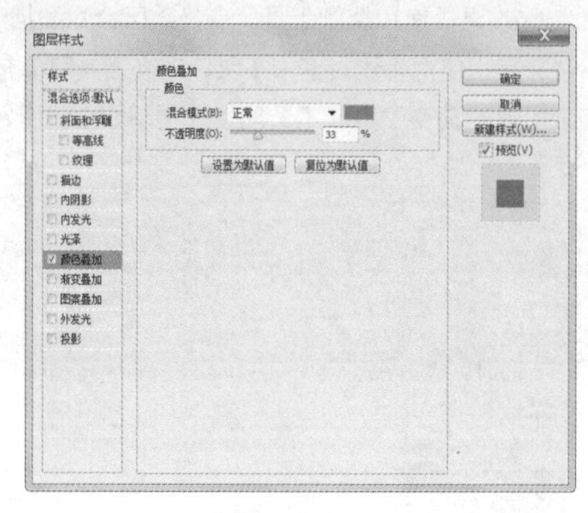

图 15-84

图 15-85

STEP 4 单击“图层”控制面板下方的“添加图层样式”按钮 fx，在弹出的菜单中选择“渐变叠加”命令，弹出对话框，单击“点按可编辑渐变”按钮，弹出“渐变编辑器”对话框，将渐变颜色设为从深绿色（其 R、G、B 的值分别为 31、95、9）到青绿色（其 R、G、B 的值分别为 33、193、176），如图 15-86 所示，单击“确定”按钮，返回到“图层样式”对话框，其他选项的设置如图 15-87 所示，单击“确定”按钮，效果如图 15-88 所示。

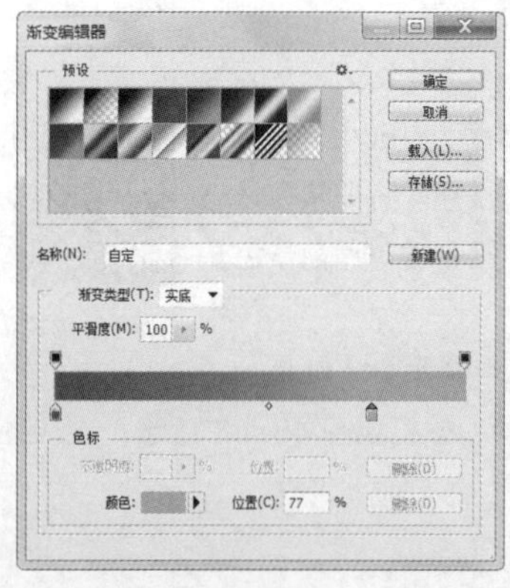

图 15-86

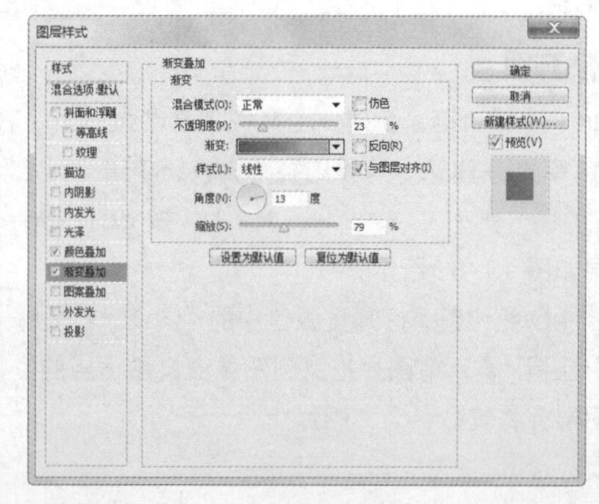

图 15-87

图 15-88

STEP 5 在“图层”控制面板上方，将“图片 1”图层的混合模式选项设为“正片叠底”，如图 15-89 所示，图像效果如图 15-90 所示。

STEP 6 单击“图层”控制面板下方的“创建新的填充或调整图层”按钮，在弹出的菜单中选择“色彩平衡”命令，在“图层”控制面板中生成“色彩平衡 1”图层，同时在弹出的“色彩平衡”面板中进行设置，如图 15-91 所示，按 Enter 键确定操作，效果如图 15-92 所示。

STEP 7 新建图层并将其命名为“矩形”。将前景色设为黑色。选择“矩形”工具，在属性栏中的“选择工具模式”选项中选择“像素”，在图像窗口中拖曳鼠标绘制一个矩形，效果如图 15-93 所示。

图 15-89

图 15-90

图 15-91

图 15-92

图 15-93

STEP 8 新建图层并将其命名为“圆形”。将前景色设为淡黄色（其 R、G、B 的值分别为 212、204、152）。选择“椭圆”工具，在属性栏中的“选择工具模式”选项中选择“像素”，按住 Shift 键的同时，在图像窗口中拖曳鼠标绘制一个圆形，效果如图 15-94 所示。

STEP 9 按住 Ctrl 键的同时，单击“圆形”图层的缩览图，图像周围生成选区，如图 15-95 所示。选择“选择 > 变换选区”命令，在选区周围出现控制手柄，按住 Shift 键的同时，拖曳右上角的控制手柄到适当的位置，调整选区的大小，按 Enter 键确定操作，如图 15-96 所示。

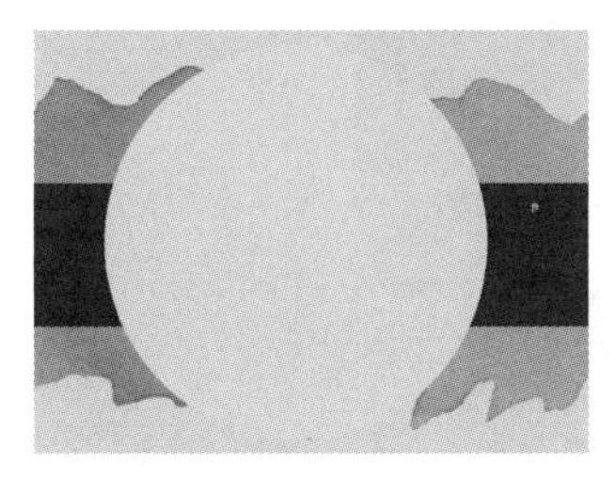

图 15-94

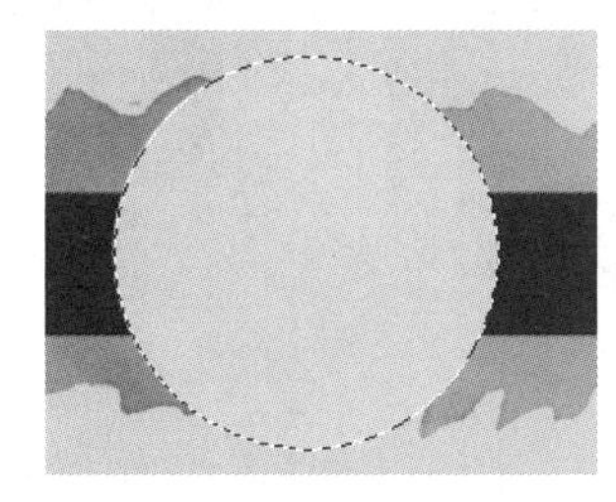

图 15-95

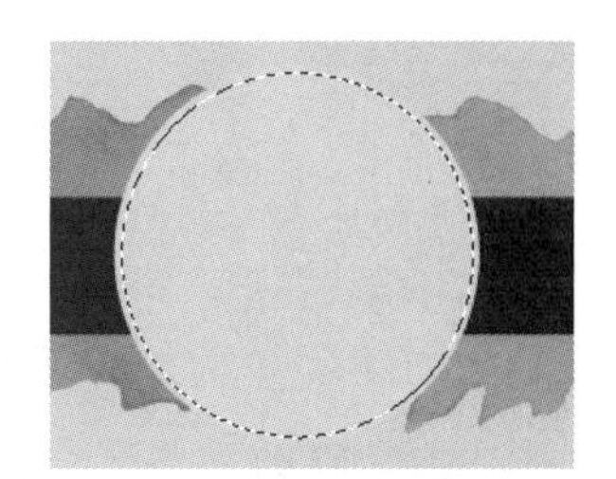

图 15-96

STEP 10 将前景色设为青绿色（其 R、G、B 的值分别为 45、168、135）。选择“编辑 > 描边”命令，弹出“描边”对话框，选项的设置如图 15-97 所示，单击“确定”按钮，按 Ctrl+D 组合键，取消选区，效果如图 15-98 所示。

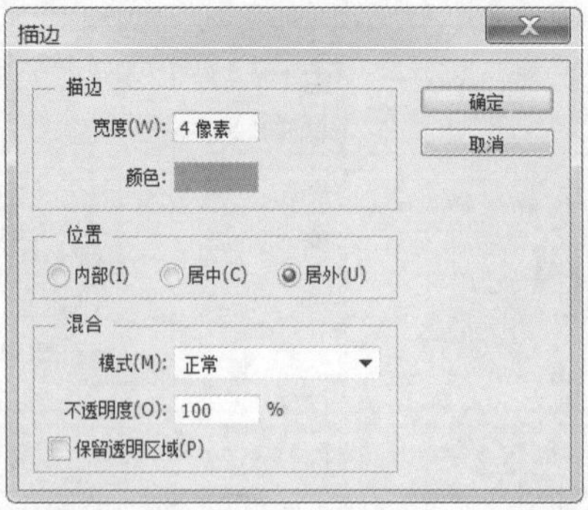

描边

描边
宽度(W): 4 像素
颜色:
确定
取消

位置
内部(I) 居中(C) 居外(U)

混合
模式(M): 正常
不透明度(O): 100 %
保留透明区域(P)

图 15-97

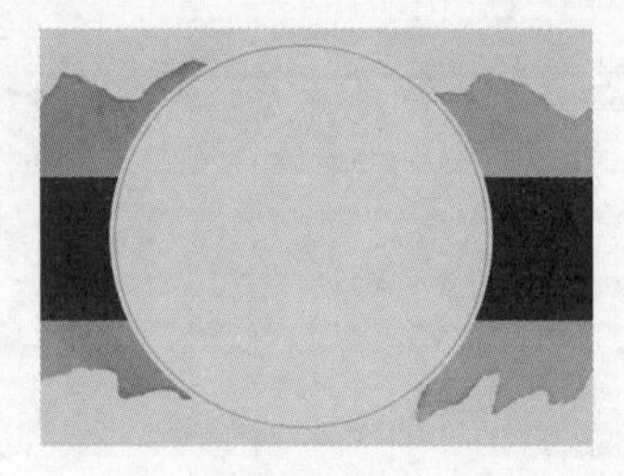

图 15-98

STEP 11 将前景色设为黑色。选择“横排文字”工具T，在适当的位置分别输入需要的文字并选取文字，在属性栏中分别选择合适的字体并设置大小，效果如图 15-99 所示，在“图层”控制面板中分别生成新的文字图层。

STEP 12 新建图层并将其命名为“直线”。选择“直线”工具，将“粗细”选项设为 4 px，按住 Shift 键的同时，在图像窗口中绘制一条直线，效果如图 15-100 所示。

图 15-99

图 15-100

STEP 13 选择“移动”工具，按住 Alt 键的同时，拖曳直线到适当的位置，复制直线，效果如图 15-101 所示。选择“横排文字”工具T，在适当的位置输入需要的文字并选取文字，在属性栏中选择合适的字体并设置大小，效果如图 15-102 所示，在“图层”控制面板中生成新的文字图层。

图 15-101

图 15-102

STEP 14 选择“横排文字”工具T，选中属性栏中的“居中对齐文本”按钮，在适当的位置输入需要的文字并选取文字，在属性栏中选择合适的字体并设置大小，效果如图 15-103 所示，在“图层”控制面板中生成新的文字图层。

STEP 15 按 Ctrl+T 组合键，弹出“字符”面板，将“设置行距”选项设置为 7.5 点，其他选项的设置如图 15-104 所示，按 Enter 键确定操作，效果如图 15-105 所示。

图 15-103

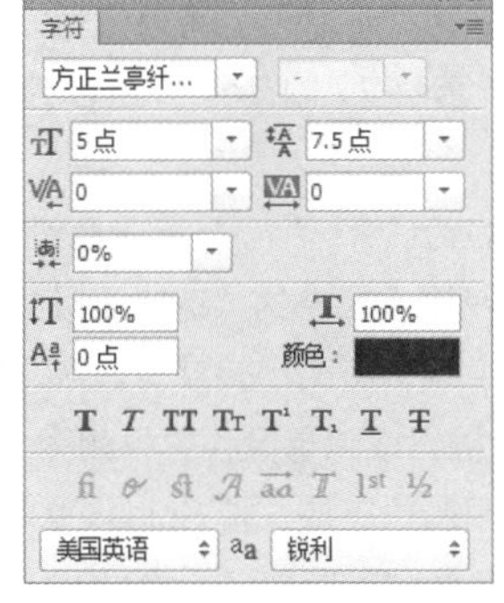

图 15-104

图 15-105

STEP 16 按 Ctrl + O 组合键，打开资源包中的“Ch15 > 素材 > 制作茶叶包装 > 02”文件，选择“移动”工具，将图片拖曳到图像窗口中适当的位置，效果如图 15-106 所示，在“图层”控制面板中生成新图层并将其命名为“LOGO”。

STEP 17 在“图层”控制面板上方，将“LOGO”图层的混合模式选项设为“正片叠底”，如图 15-107 所示，图像效果如图 15-108 所示。

图 15-106

图 15-107

图 15-108

STEP 18 选择“横排文字”工具，选中属性栏中的“左对齐文本”按钮，在适当的位置分别输入需要的文字并选取文字，在属性栏中分别选择合适的字体并设置大小，效果如图 15-109 所示，在“图层”控制面板中生成新的文字图层。选取文字“清香型”，如图 15-110 所示，填充文字为淡黄色（其 R、G、B 的值分别为 31、127、101），取消文字选取状态，效果如图 15-111 所示。

图 15-109

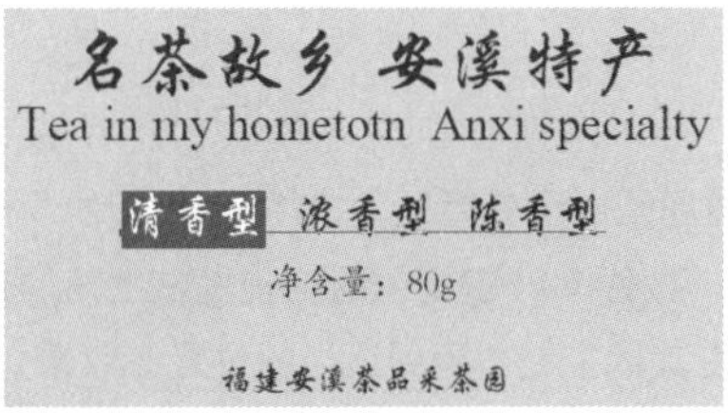

图 15-110

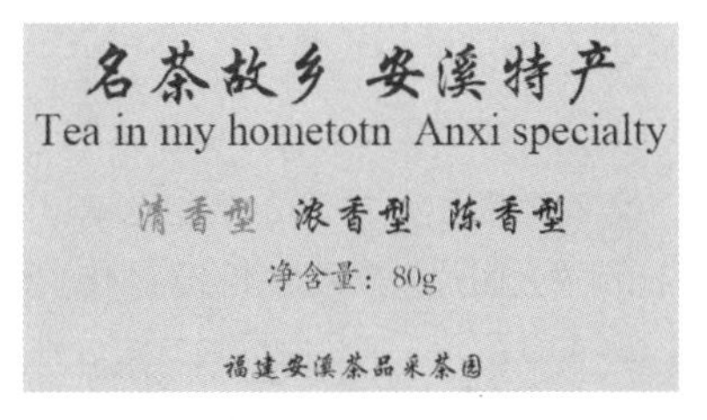

图 15-111

STEP 19 新建图层并将其命名为“形状”。将前景色设为黑色。选择“多边形套索”工具，在图像窗口中绘制选区，如图 15-112 所示。按 Alt+Delete 组合键，用前景色填充选区，按 Ctrl+D 组合键，取消选区，效果如图 15-113 所示。

STEP 20 新建图层并将其命名为“茶杯”。将前景色设为淡黄色（其 R、G、B 的值分别为 212、204、152）。选择“钢笔”工具，在属性栏中的“选择工具模式”选项中选择“路径”，在图像窗口中拖曳鼠标绘制路径，按 Ctrl+Enter 组合键，将路径转换为选区，如图 15-114 所示。按 Alt+Delete 组合键，用前景色填充选区，按 Ctrl+D 组合键，取消选区，效果如图 15-115 所示。

STEP 21 茶叶包装平面展开图制作完成。按 Shift+Ctrl+E 组合键，合并可见图层。按 Ctrl+S 组合键，弹出“存储为”对话框，将其命名为“茶叶包装平面展开图”，保存为 JPEG 格式，单击“保存”按钮，弹出“JPEG 选项”对话框，单击“确定”按钮，将图像保存。

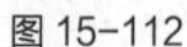
图 15-112

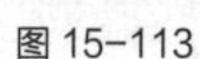
图 15-113

图 15-114

图 15-115

2. 制作包装立体展示图

STEP 1 按 Ctrl + O 组合键，打开资源包中的“Ch15 > 素材 > 制作茶叶包装 > 03”文件，如图 15-116 所示。

STEP 2 按 Ctrl + O 组合键，打开资源包中的“Ch15 > 效果 > 制作茶叶包装 > 茶叶包装平面展开图”文件，选择“移动”工具，将图片拖曳到图像窗口中适当的位置，效果如图 15-117 所示，在“图层”控制面板中生成新图层并将其命名为“茶叶包装平面展开图”。

制作茶叶包装 2

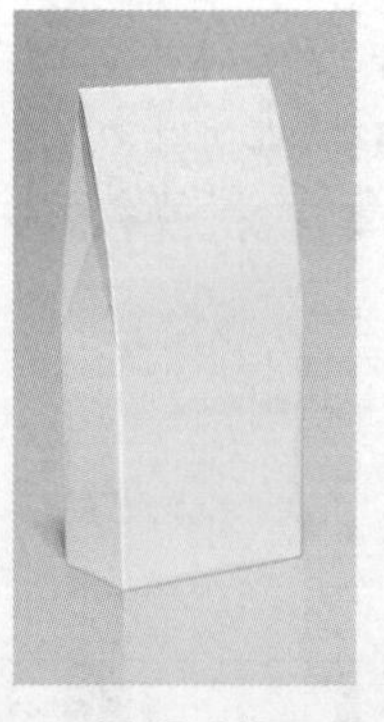
图 15-116

图 15-117

STEP 3 按 Ctrl+T 组合键，图像周围出现变换框，按住 Shift 键的同时，拖曳右上角的控制手柄等比例放大图片，效果如图 15-118 所示。按住 Ctrl 键的同时，拖曳左上角的控制手柄到适当的位置，如图 15-119 所示。使用相同的方法分别拖曳其他控制手柄到适当的位置，效果如图 15-120 所示。

STEP 4 单击属性栏中的“在自由变换和变形模式之间切换”按钮，切换到变形模式，如图

15-121 所示，在属性栏中的“变形模式”选项中选择“拱形”，单击“更改变形方向”按钮，将“弯曲”选项设置为-13，如图 15-122 所示，按 Enter 键确定操作，效果如图 15-123 所示。

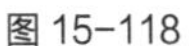

图 15-118

图 15-119

图 15-120

图 15-121

图 15-122

图 15-123

STEP 5 在属性栏中的“变形模式”选项中选择“自定”，出现变形控制手柄，如图 15-124 所示，拖曳右下方的控制手柄到适当的位置，调整其弧度，效果如图 15-125 所示。使用相同的方法分别调整其他控制手柄，效果如图 15-126 所示，按 Enter 键确认变形操作，效果如图 15-127 所示。

STEP 6 新建图层并将其命名为“侧面 1”。将前景色设为浅棕色（其 R、G、B 的值分别为 196、163、112）。选择“钢笔”工具，在图像窗口中拖曳鼠标绘制路径，按 Ctrl+Enter 组合键，将路径转换为选区，如图 15-128 所示。按 Alt+Delete 组合键，用前景色填充选区，按 Ctrl+D 组合键，取消选区，效果如图 15-129 所示。

图 15-124

图 15-125

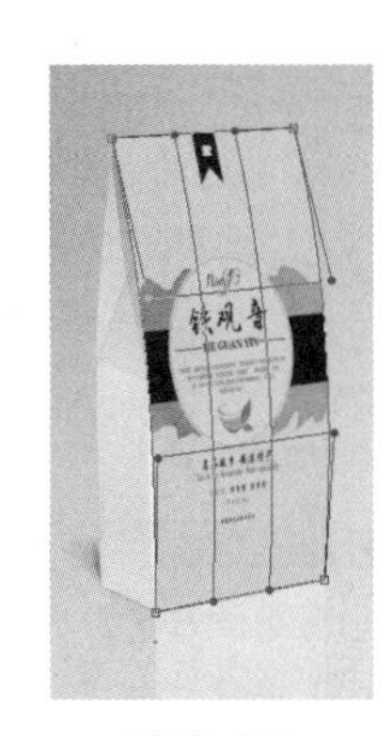

图 15-126

图 15-127

图 15-128

图 15-129

STEP 7 新建图层并将其命名为“高光 1”。将前景色设为浅黄色（其 R、G、B 的值分别为 221、197、135）。选择“多边形套索”工具，在图像窗口中绘制选区，如图 15-130 所示。按 Alt+Delete 组合键，用前景色填充选区，按 Ctrl+D 组合键，取消选区，效果如图 15-131 所示。

图 15-130

图 15-131

STEP 8 在“图层”控制面板上方，将“高光 1”图层的“不透明度”选项设为 70%，如图 15-132 所示，图像效果如图 15-133 所示。使用上述相同的方法制作“高光 2”，效果如图 15-134 所示。

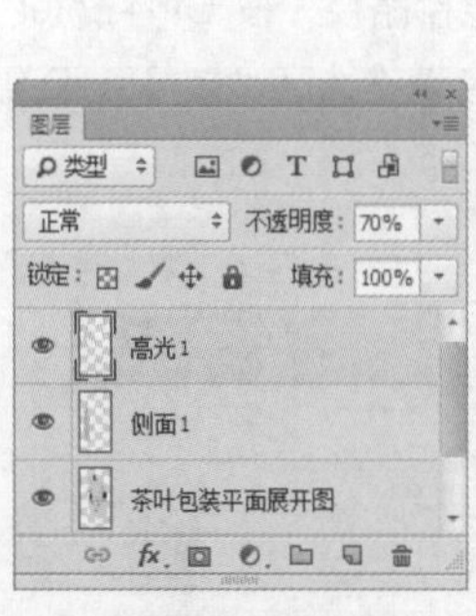

图 15-132

图 15-133

图 15-134

STEP 9 新建图层并将其命名为“侧面 2”。将前景色设为黑色。选择“矩形选框”工具，在图像窗口中绘制出需要的选区，如图 15-135 所示。

STEP 10 选择“选择 > 变换选区”命令，在选区周围出现变换框，在变换框中单击鼠标右键，在弹出的菜单中选择“斜切”命令，拖曳右边中间的控制手柄到适当的位置，如图 15-136 所示，按 Enter 键确定操作。按 Alt+Delete 组合键，用前景色填充选区，按 Ctrl+D 组合键，取消选区，效果如图 15-137 所示。

图 15-135

图 15-136

图 15-137

STEP 11 在“图层”控制面板上方，将“侧面 2”图层的“不透明度”选项设为 85%，如图 15-138 所示，图像效果如图 15-139 所示。按住 Shift 键的同时，将“侧面 2”图层和“高光 1”图层之间的所有图层同时选取，如图 15-140 所示。按 Ctrl+Alt+G 组合键，为选中的图层创建剪贴蒙版，图像效果如图 15-141 所示。

图 15-138

图 15-139

图 15-140

图 15-141

STEP 12 按 Ctrl + O 组合键，打开资源包中的“Ch15 > 素材 > 制作茶叶包装 > 04”文件，选择“移动”工具，将图片拖曳到图像窗口中适当的位置，效果如图 15-142 所示，在“图层”控制面板中生成新图层并将其命名为“条形码”。

STEP 13 按 Ctrl+T 组合键，图像周围出现变换框，如图 15-143 所示，在变换框中单击鼠标右键，在弹出的菜单中选择“斜切”命令，拖曳右边中间的控制手柄到适当的位置，如图 15-144 所示，按 Enter 键确定操作，效果如图 15-145 所示。

STEP 14 选中“背景”图层。新建图层并将其命名为“阴影 1”。选择“多边形套索”工具，在图像窗口中绘制选区，如图 15-146 所示。选择“渐变”工具，单击属性栏中的“点按可编辑渐变”按钮，弹出“渐变编辑器”对话框，将渐变颜色设为从棕色（其 R、G、B 的值分别为 173、144、66）到灰色（其 R、G、B 的值分别为 223、223、223），如图 15-147 所示，单击“确定”按钮。按住 Shift 键的同时，在图像窗口中由上至下拖曳渐变色，按 Ctrl+D 组合键，取消选区，效果如图 15-148 所示。

图 15-142

图 15-143

图 15-144

图 15-145

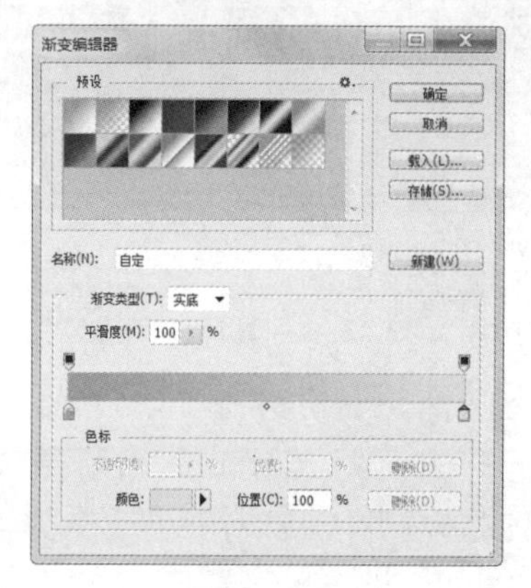

图 15-146

图 15-147

图 15-148

STEP 15 在"图层"控制面板上方，将"阴影 1"图层的"不透明度"选项设为 60%，如图 15-149 所示，图像效果如图 15-150 所示。使用上述相同的方法制作"阴影 2"，效果如图 15-151 所示。茶叶包装制作完成。

图 15-149

图 15-150

图 15-151

15.3 制作家具网页

15.3.1 案例分析

本案例是为家具公司制作的宣传网页。要求网页设计要表现出本公司家具的高品质，将产品特色充分表现，能够吸引消费者。

在设计绘制过程中，网页主体色使用灰色，搭配浅棕色给人值得信任的感觉，网页的强调色使用蓝色搭配黄色，对比突出，使浏览者印象深刻。整个网页设计符合家具网站的特色，给人以舒适、受信任的感觉。

本案例使用横排文字工具、栅格化文字命令和多边形套索工具制作标志，使用矩形工具、直线工具和填充工具制作导航条，使用移动工具、不透明度选项和横排文字工具制作主题图片，使用横排文字工具和自定形状工具添加其他相关信息。

15.3.2 案例设计

本案例最终效果图如图 15-152 所示。

图 15-152

15.3.3 案例制作

1. 制作广告栏

STEP 1 按 Ctrl+N 组合键，新建一个文件，宽度为 842px，高度为 652px，分辨率为 72 像素/英寸，颜色模式为 RGB，背景内容为白色，单击“确定”按钮。

制作家具网页 1

STEP 2 选择“渐变”工具，单击属性栏中的“点按可编辑渐变”按钮，弹出“渐变编辑器”对话框，将渐变颜色设为从浅灰色（其 R、G、B 的值分别为 219、218、217）到灰色（其 R、G、B 的值分别为 185、180、170），如图 15-153 所示，单击“确定”按钮。按住 Shift 键的同时，在图像窗口中由上至下拖曳渐变色，效果如图 15-154 所示。

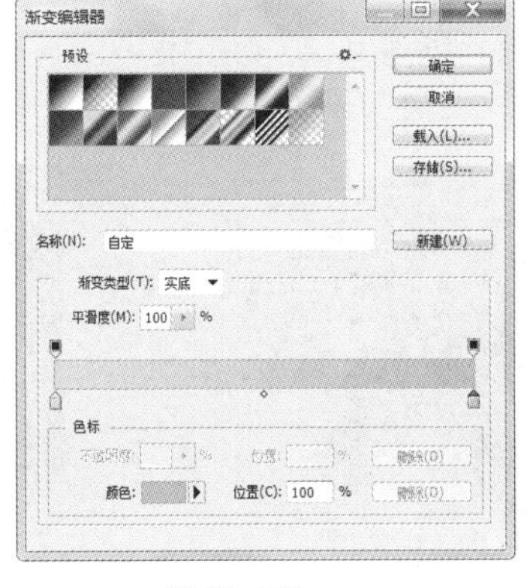

图 15-153

图 15-154

STEP 3 按 Ctrl+O 组合键，打开资源包中的“Ch15 > 素材 > 制作家具网页 > 01”文件，选择“移动”工具，将图片拖曳到图像窗口中适当的位置，效果如图 15-155 所示，在“图层”控制面板中生成新图层并将其命名为“图片”。

STEP 4 将前景色设为蓝色（其 R、G、B 的值分别为 4、57、138）。选择“横排文字”工具 T，在适当的位置分别输入需要的文字并选取文字，在属性栏中选择合适的字体并设置大小，效果如图 15-156 所示，在“图层”控制面板中分别生成新的文字图层。

图 15-155

图 15-156

STEP 5 将前景色设为黄色（其 R、G、B 的值分别为 255、222、0）。选择“横排文字”工具 T，在适当的位置输入需要的文字并选取文字，在属性栏中选择合适的字体并设置大小，效果如图 15-157 所示，在“图层”控制面板中生成新的文字图层。选择“图层 > 栅格化 > 文字”命令，将文字图层转化为图像图层，如图 15-158 所示。

图 15-157

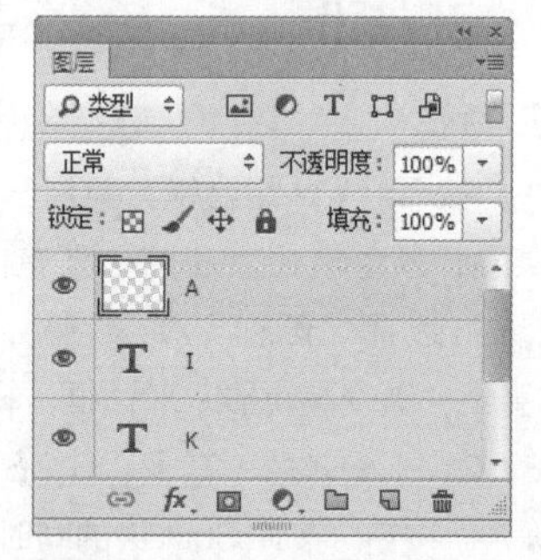

图 15-158

STEP 6 选择“多边形套索”工具，在图像窗口中绘制选区，如图 15-159 所示。按 Delete 键删除选区中的图像，效果如图 15-160 所示。

图 15-159

图 15-160

STEP 7 将前景色设为蓝色（其 R、G、B 的值分别为 4、57、138）。选择“横排文字”工具 T，在适当的位置分别输入需要的文字并选取文字，在属性栏中选择合适的字体并设置大小，效果如图 15-161 所示，在“图层”控制面板中分别生成新的文字图层。

STEP 8 新建图层并将其命名为“渐变条”。将前景色设为蓝色（其 R、G、B 的值分别为 116、

95、78）。选择“矩形”工具，在属性栏中的“选择工具模式”选项中选择“像素”，在图像窗口中拖曳鼠标绘制一个矩形，效果如图 15-162 所示。

图 15-161

图 15-162

STEP 9 单击“图层”控制面板下方的“添加图层样式”按钮，在弹出的菜单中选择“渐变叠加”命令，弹出对话框，单击“点按可编辑渐变”按钮，弹出“渐变编辑器”对话框，将渐变颜色设为从浅灰色（其 R、G、B 的值分别为 246、237、235）到深绿色（其 R、G、B 的值分别为 106、96、61），如图 15-163 所示，单击“确定”按钮，返回到“图层样式”对话框，选项的设置如图 15-164 所示，单击“确定”按钮，效果如图 15-165 所示。

STEP 10 在“图层”控制面板上方，将“渐变条”图层的“不透明度”选项设为 60%，如图 15-166 所示，图像效果如图 15-167 所示。

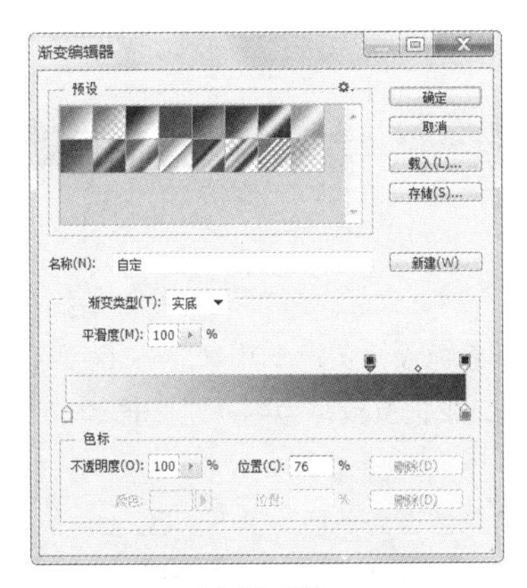

图 15-163

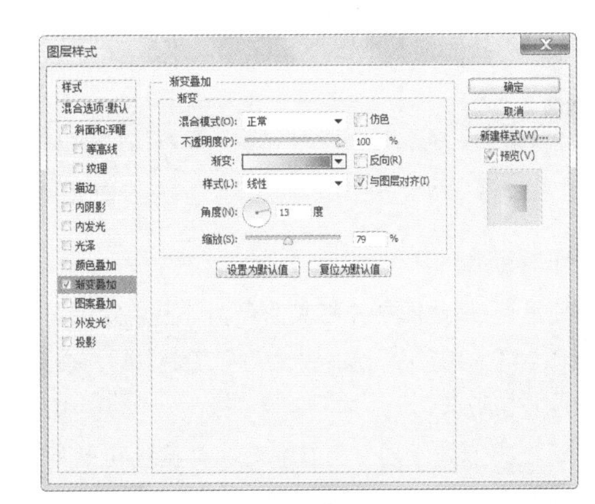

图 15-164

图 15-165

图 15-166

图 15-167

STEP 11 新建图层并将其命名为“矩形 1”。将前景色设为深棕色（其 R、G、B 的值分别为 33、0、1）。选择“矩形”工具，在图像窗口中拖曳鼠标绘制一个矩形，效果如图 15-168 所示。

STEP 12 将前景色设为灰色（其 R、G、B 的值分别为 200、200、200）。选择“横排文字”工具，在适当的位置输入需要的文字并选取文字，在属性栏中选择合适的字体并设置大小，效果如图 15-169 所示，在“图层”控制面板中生成新的文字图层。

STEP 13 在“图层”控制面板中，按住 Shift 键的同时，单击“矩形 1”图层将其同时选取，如图 15-170 所示。将选中的图层拖曳到“图层”控制面板下方的“创建新图层”按钮上进行复制，生成新的拷贝图层，如图 15-171 所示。选择“移动”工具，按住 Shift 键的同时，在图像窗口中向右拖曳复制的图像到适当的位置，效果如图 15-172 所示。

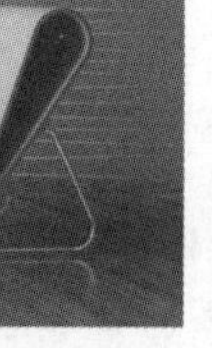
图 15-168

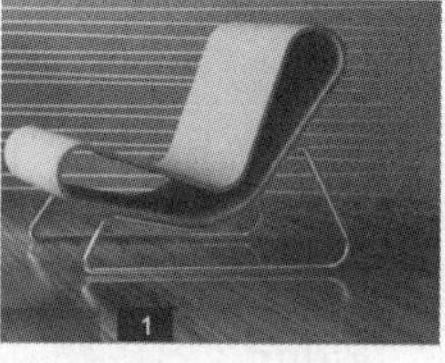
图 15-169

图 15-170

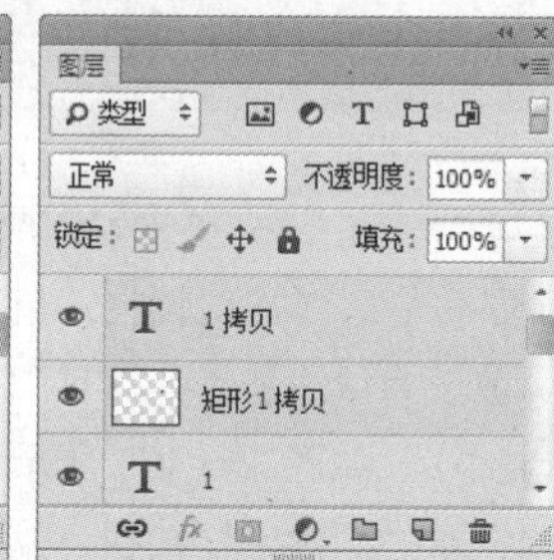

图 15-171

STEP 14 选择“横排文字”工具，选取数字“1”，输入需要的文字，效果如图 15-173 所示。使用相同的方法制作其他图形和文字，效果如图 15-174 所示。

图 15-172

图 15-173

图 15-174

2. 制作导航条

制作家具网页 2

STEP 1 新建图层并将其命名为“蓝色矩形”。将前景色设为蓝色（其 R、G、B 的值分别为 0、44、107）。选择“矩形”工具，在图像窗口中拖曳鼠标绘制一个矩形，效果如图 15-175 所示。

STEP 2 新建图层并将其命名为“黄色矩形”。将前景色设为黄色（其 R、G、B 的值分别为 250、214、0）。选择“矩形”工具，在图像窗口中拖曳鼠标再绘制一个矩形，效果如图 15-176 所示。

图 15-175

图 15-176

STEP 3 新建图层并将其命名为“竖线”。选择“直线”工具，在属性栏中的“选择工具模式”选项中选择“像素”，将“粗细”选项设为 2 px，按住 Shift 键的同时，在图像窗口中绘制竖线，效果如图 15-177 所示。选择“移动”工具，按住 Alt 键的同时，拖曳竖线到适当的位置，复制竖线，效果如图 15-178 所示。

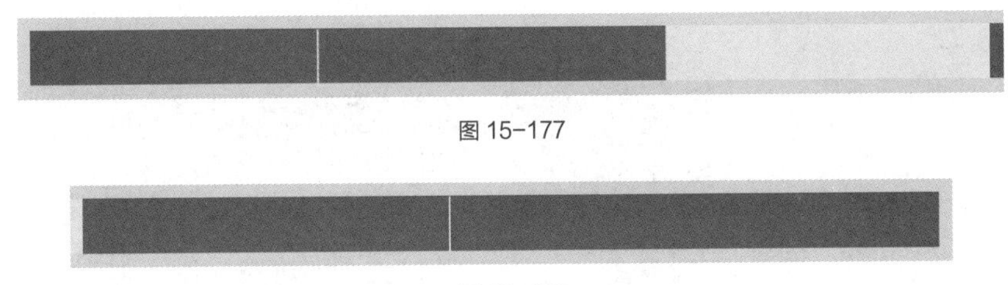

图 15-177

图 15-178

STEP 4 将前景色设为黑色。选择“横排文字”工具，在适当的位置输入需要的文字并选取文字，在属性栏中选择合适的字体并设置大小，按 Alt+ ←组合键，调整文字字距，效果如图 15-179 所示，在“图层”控制面板中生成新的文字图层。

STEP 5 新建图层并将其命名为“线条”。将前景色设为黄色（其 R、G、B 的值分别为 250、214、0）。选择“直线”工具，将“粗细”选项设为 10 px，按住 Shift 键的同时，在图像窗口中绘制线条，效果如图 15-180 所示。

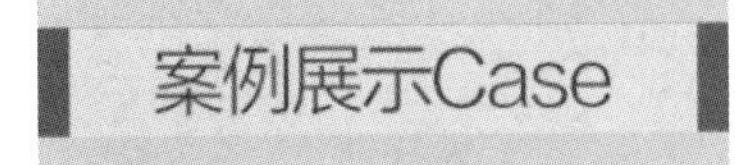

图 15-179

图 15-180

STEP 6 将前景色设为白色。选择“横排文字”工具，在适当的位置输入需要的文字并选取文字，在属性栏中选择合适的字体并设置大小，按 Alt+ ←组合键，调整文字字距，效果如图 15-181 所示，在“图层”控制面板中生成新的文字图层。

STEP 7 新建图层并将其命名为“线条 1”。将前景色设为浅棕色（其 R、G、B 的值分别为 116、95、78）。选择“直线”工具，将“粗细”选项设为 10 px，按住 Shift 键的同时，在图像窗口中绘制线条，效果如图 15-182 所示。使用上述相同的方法制作其他图形和文字，效果如图 15-183 所示。

图 15-181

图 15-182

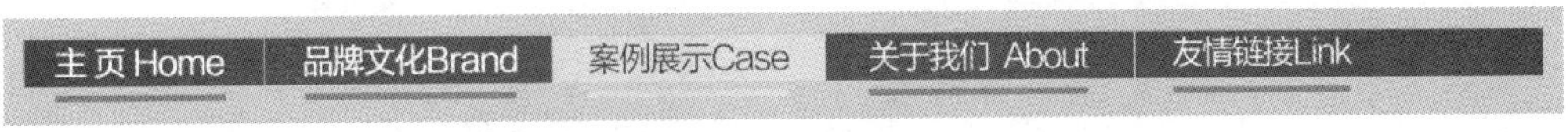

图 15-183

STEP 8 按 Ctrl＋O 组合键，打开资源包中的“Ch15 > 素材 > 制作家具网页 > 02”文件，选择“移动”工具，将图片拖曳到图像窗口中适当的位置，效果如图 15-184 所示，在“图层”控制面板中生成新图层并将其命名为“图片 1”。

STEP 9 在“图层”控制面板上方，将“图片 1”图层的“不透明度”选项设为 45%，如图 15-185 所示，图像效果如图 15-186 所示。

STEP 10 将前景色设为白色。选择“横排文字”工具[T]，在适当的位置输入需要的文字并选取文字，在属性栏中选择合适的字体并设置大小，效果如图 15-187 所示，在“图层”控制面板中生成新的文字图层。

图 15-184

图 15-185

图 15-186

图 15-187

STEP 11 在“图层”控制面板上方，将“田园”图层的“不透明度”选项设为 70%，如图 15-188 所示，图像效果如图 15-189 所示。

图 15-188

图 15-189

STEP 12 使用相同的方法导入其他素材图片并制作如图 15-190 所示的效果。新建图层并将其命名为“矩形 2”。将前景色设为棕色（其 R、G、B 的值分别为 129、115、83）。选择“矩形”工具[▢]，在图像窗口中拖曳鼠标绘制一个矩形，效果如图 15-191 所示。

STEP 13 将前景色设为白色。选择"横排文字"工具T，在适当的位置分别输入需要的文字并选取文字，在属性栏中选择合适的字体并设置大小，效果如图 15-192 所示，在"图层"控制面板中分别生成新的文字图层。

STEP 14 新建图层并将其命名为"直线"。将前景色设为黄色（其 R、G、B 的值分别为 250、214、0）。选择"直线"工具，将"粗细"选项设为 5 px，按住 Shift 键的同时，在图像窗口中绘制直线，效果如图 15-193 所示。

图 15-190

图 15-191

图 15-192

图 15-193

STEP 15 选择"移动"工具，按住 Alt+Shift 组合键的同时，拖曳直线到适当的位置，复制直线，并调整其大小，效果如图 15-194 所示。

图 15-194

STEP 16 新建图层并将其命名为"电话"。选择"自定形状"工具，单击属性栏中的"形状"选项，弹出"形状"面板，单击右上方的按钮，在弹出的菜单中选择"全部"选项，弹出提示对话框，单击"确定"按钮。在"形状"面板中选择需要的图形，如图 15-195 所示。在属性栏中的"选择工具模式"选项中选择"像素"，按住 Shift 键的同时，拖曳鼠标绘制图形，效果如图 15-196 所示。

STEP 17 新建图层并将其命名为"矩形 3"。将前景色设为深绿色（其 R、G、B 的值分别为 53、

41、9）。选择“矩形”工具，在图像窗口中拖曳鼠标绘制一个矩形，效果如图 15-197 所示。

图 15-195

图 15-196

图 15-197

STEP 18 将前景色设为白色。选择“横排文字”工具，在适当的位置分别输入需要的文字并选取文字，在属性栏中选择合适的字体并设置大小，效果如图 15-198 所示，在“图层”控制面板中分别生成新的文字图层。

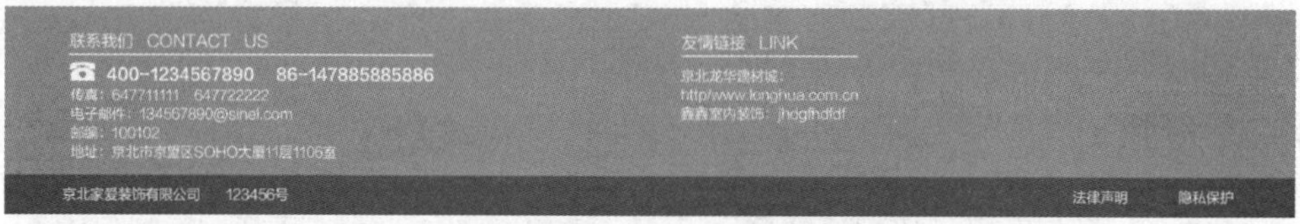

图 15-198

STEP 19 新建图层并将其命名为“竖线”。选择“直线”工具，将“粗细”选项设为 2 px，按住 Shift 键的同时，在图像窗口中绘制竖线，效果如图 15-199 所示。家具网页制作完成，效果如图 15-200 所示。

图 15-199

图 15-200

15.4 课堂练习 1——制作汽车广告

练习知识要点

使用矩形工具、添加图层样式按钮制作背景图；使用横排文字工具、透视命令和投影命令制作标题文字；使用圆角矩形工具和创建剪贴蒙版命令制作图片剪切效果，效果如图 15-201 所示。

效果所在位置

资源包/Ch15/效果/制作汽车广告.psd。

图 15-201

制作汽车广告 1

制作汽车广告 2

制作汽车广告 3

15.5 课堂练习 2——制作少儿读物书籍封面

练习知识要点

使用图案填充命令、图层混合模式选项制作背景效果；使用钢笔工具、横排文字工具、添加图层样式按钮制作标题文字；使用圆角矩形工具、自定形状工具绘制装饰图形；使用钢笔工具、文字工具制作区域文字，效果如图 15-202 所示。

效果所在位置

资源包/Ch15/效果/制作少儿读物书籍封面.psd。

图 15-202

制作少儿读物书籍封面 1

制作少儿读物书籍封面 2

15.6 课后习题 1——制作婚纱摄影网页

习题知识要点

使用自定形状工具、描边命令制作标志图形；使用文字工具添加导航条及其他相关信息；使用移动工具添加素材图片；使用添加图层样式按钮为文字制作文字叠加效果；使用旋转命令旋转文字和图片；使用矩形工具、创建剪切蒙版命令制作图片融合效果；使用去色命令、不透明度选项调整图片色调，效果如图15-203所示。

效果所在位置

资源包/Ch15/效果/制作婚纱摄影网页.psd。

图 15-203

制作婚纱摄影网页 1

制作婚纱摄影网页 2

15.7 课后习题 2——制作方便面包装

习题知识要点

使用钢笔工具和创建剪贴蒙版命令制作背景效果；使用载入选区命令和渐变工具添加亮光；使用文字工具和描边命令添加宣传文字；使用椭圆选框工具和羽化命令制作阴影；使用创建文字变形工具制作文字变形；使用矩形选框工具和羽化命令制作封口，效果如图15-204所示。

效果所在位置

资源包/Ch15/效果/制作方便面包装.psd。

图 15-204

制作方便面包装 1

制作方便面包装 2